千華 **50**th 築夢踏實

千華公職資訊網

千華粉絲團

棒學校線上課程

狂賀！

博客來 **TOP 1**

堅持品質 最受考生肯定

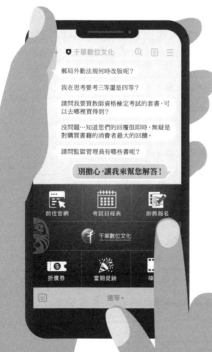

真人客服・最佳學習小幫手

- 真人線上諮詢服務
- 提供您專業即時的一對一問答
- 報考疑問、考情資訊、產品、
  優惠、職涯諮詢

盡在 千華LINE@

LINE 加入好友
千華為您線上服務

千華數位文化

台灣電力(股)公司新進僱用人員甄試

壹、報名資訊

一、報名日期：2024.01.02～2024.01.15。

二、報名學歷資格：公立或立案之私立高中（職）畢業。

完整考試資訊

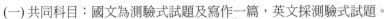

http://goo.gl/GFbwSu

貳、考試資訊

一、筆試日期：2024.05.12。

二、考試科目：

(一) 共同科目：國文為測驗式試題及寫作一篇，英文採測驗式試題。

(二) 專業科目：專業科目A採測驗式試題；專業科目B採非測驗式試題。

類別		專業科目
1.配電線路維護	國文(10%) 英文(10%)	A：物理(30%)、B：基本電學(50%)
2.輸電線路維護		A：輸配電學(30%) B：基本電學(50%)
3.輸電線路工程		
4.變電設備維護		
5.變電工程		
6.電機運轉維護		A：電工機械(40%) B：基本電學(40%)
7.電機修護		
8.儀電運轉維護		A：電子學(40%)、B：基本電學(40%)
9.機械運轉維護		A：物理(30%)、 B：機械原理(50%)
10.機械修護		
11.土木工程		A：工程力學概要(30%) B：測量、土木、建築工程概要(50%)
12.輸電土建工程		
13.輸電土建勘測		
14.起重技術		A：物理(30%)、B：機械及起重常識(50%)
15.電銲技術		A：物理(30%)、B：機械及電銲常識(50%)
16.化學		A：環境科學概論(30%) B：化學(50%)
17.保健物理		A：物理(30%)、B：化學(50%)
18.綜合行政類	國文(20%) 英文(20%)	A：行政學概要、法律常識(30%)、 B：企業管理概論(30%)
19.會計類	國文(10%) 英文(10%)	A：會計審計法規(含預算法、會計法、決算法與審計法)、採購法概要(30%)、 B：會計學概要(50%)

詳細資訊以正式簡章為準

歡迎至千華官網(http://www.chienhua.com.tw/)查詢最新考情資訊

中鋼新進人員甄試

一、報名日期：預計6月。（正確日期以正式公告為準）

二、考試日期：預計7月。（正確日期以正式公告為準）

三、報名資格：

(一)師級：教育行政主管機關認可之大學（含）以上學校畢業，具有學士以上學位者。

(二)員級：教育行政主管機關認可之高職、高中（含）以上學校畢業，具相關證照者尤佳。

＊為適才適所，具碩士（含）以上學位者，請報考師級職位，如有隱匿學歷報考員級職位者，經查獲則不予錄用。

四、甄試方式：

各類組人員之甄試分二階段舉行：

(一)初試（筆試）：分「共同科目」及「專業科目」兩科，均為測驗題（題型為單選題或複選題），採2B鉛筆劃記答案卡方式作答。

　　1.共同科目：含國文（佔40%）、英文（佔60%），佔初試（筆試）之成績為30%。

　　2.專業科目：依各類組需要合併數個專業科目為一科，佔初試（筆試）之成績為70，有關各類組之專業科目，請參閱甄試職位類別之應考專業科目說明。

(二)複試（口試）：依應考人員初試（筆試）成績排序，按各類組（以代碼區分）預定錄取名額至少2倍人數，通知參加複試。

五、甄試類別、各類組錄取名額、測驗科目如下：

(一)師級職位：

類組	專業科目
機械	1.固力學及熱力學、2.流體力學、3.金屬材料與機械製造
電機	1.電路學及電子電路、2.電力系統及電機機械、3.控制系統

類組	專業科目
材料	1.物理冶金、2.熱力學
工業工程	1.工程經濟及效益評估、2.生產管理、3.統計及作業研究
資訊工程	1.程式設計、2.資料庫系統 3.資訊網路工程、4.計算機結構
財務會計	1.會計學、2.稅務法規、3.財務管理
人力資源	1.人力資源管理、2.勞動法規

(二)員級職位：

類組	專業科目
機械	1.機械概論、2.機械製造與識圖
電機	1.電工及電子學、2.數位系統、3.電工機械
化工	1.化工基本概論、2.化學分析

六、進用待遇

(一)基本薪給：師級 NT$40,000 元/月；員級 NT$30,000 元/月。

(二)中鋼公司福利制度完善，每年並另視營運獲利情況及員工績效表現核
發獎金等。

～以上資訊請以正式簡章公告為準～

千華數位文化股份有限公司
新北市中和區中山路三段136巷10弄17號
TEL: 02-22289070　FAX: 02-22289076

目 次

第一章　概 論

第二章　直流電機原理、構造、一般性質

第三章　直流發電機之分類、特性及運用

第四章　直流電動機之分類、特性及運用

第十章 同步電動機

第十一章 特殊電機

第十二章 最新試題與解析

本書特色

敬愛的讀者您好：

　　首先，很感謝你願意在眾多參考書中選擇我的書來做為你練功的工具；而我更倍感榮幸的是，本書在各大書局通路販售，瞬間把我變成千千萬萬的我，讓我可以陪著你一起在書桌上奮鬥；我也竭盡所能地將我所有的專業知識以及經驗匯集成書，好讓苦讀的你，可以見書如見我，馬上點石成金。

本書的特色在於

- 將繁瑣的定義及抽象的機械構造，盡可能地利用圖示來搭配說明，圖像記憶法就彷彿讓腦細胞吃了膨鬆劑，存取空間瞬間膨脹。

- 雜亂的動作流程和工作原理，以表格分項敘述，強化了學習的組織能力，讓你忘也忘不了。

- 每章節搭配的範例練習，更是不得了。每個觀念、公式都有對應的題目，讓你現學現賣，而解題過程，更猶如洋蔥般一層層地剖析，讓你大徹大悟，不再為了考試而背題目、背算式、背過程。

- 每章學後評量都納入了近 10 年的歷屆試題，並且搭配了我獨家的解題 SOP，讓你清楚又輕鬆的掌握破題的技巧。

　　凡事都要自助而後天助，購買本書就是最好的自助!!至於天助呢，我時時刻刻都會戒慎虔誠地祈願，祝福有緣的你我，都能福慧增長、所求皆滿、平安吉祥！

　　最後，感謝千華數位文化給予我機會，讓我可以站上各大書局的書櫃，跟全國考生結此師生緣。當然，我的父母賜予我聰敏的腦袋、靈敏的雙手，我還是不得不說，今日出版的成就要歸於我的雙親，而用功的你倘若金榜題名，那就是我對社會最大的回饋！

鄭祥瑞

作者簡介

鄭祥瑞

最高學歷：國立臺灣科技大學

現　　職：景碩科技股份有限公司主任工程師
　　　　　新竹聯合補習班電機電子類講師

個人榮譽：國立台灣科技大學第九屆校園傑出青年
　　　　　國立台灣科技大學智慧財產學院第九屆院傑出青年

經　　歷：聯合法律事務所資深專利顧問
　　　　　宏達電 (HTC)Studio Antenna Lab. 研發工程師
　　　　　雁博股份有限公司高級工程師
　　　　　台灣先智專利商標事務所專利工程師
　　　　　優競升學管理中心教務長
　　　　　鼎文公職補習班國民營、高普考「電力工程」類講師
　　　　　育達事業集團 (補習班) 電機電子類講師
　　　　　桃園育達高中資訊科老師
　　　　　基隆二信高中電機科老師

專利產品：「多重感應控制式出水裝置」，專利證號：M329712
　　　　　「感應式水龍頭結構改良」，專利證號：M324733

資格證書：TEMI 數位邏輯設計能力認證評審

著　　作：

升科大四技 電工機械完全攻略	
升科大四技 電工機械【歷年試題＋模擬考】	
鐵路特考 電機（電工）機械（含概要、大意）	
鐵路特考 電機（電工）機械（含概要、大意）滿分題庫	千華數位文化
國民營事業 電機（電工）機械（含概要、大意）	
國民營事業 電機（電工）機械（含概要、大意）滿分題庫	

菜 根 譚：對自己要不忘初心、對朋友應不念舊惡、對社會能不變隨緣、
　　　　　對國家作不請之友！

鐵路特考試題分析

高員三級、員級的題目屬於中等不難,都是常見公式及觀念。

高員三級的 V 曲線及倒 V 區線,這是同步電動機的重點,過去幾年也有考過請考生繪出特性曲線;此外,對於變壓器來說,標么的計算是考試重點,幾乎是每年都會考,請記住基本公式 $Z_{base} = \dfrac{V_{base}^2}{VA_{base}}$ 及 $Z_{pu} = \dfrac{Z_e}{Z_{base}}$ 。

員級的試題考得更有指標性。變壓器、直流機、感應機、同步機都考到重點觀念,且題目也不會刁難考生,舉例而言,機械功率、氣隙功率都是沒有一年不考的觀念,建議考生要把相關公式記熟。在同步發電機的考試題型,最容易出現的就是同步電抗,因為與感應電勢的計算有關係,考生不得大意。

佐級的考題分析請看下表:

章	主題	說明
第一章	概論	讀懂即可
第二章	直流電機原理、構造、一般性質	1.改善電樞反應的方法 2.電刷的功用
第三章	直流發電機之分類、特性及運用	外部特性曲線
第四章	直流電動機之分類、特性及運用	1.轉矩、電樞電流的關係 2.電磁功率 Pm。
第五章	直流電機之耗損與效率	員級要注意

章	主題	說明
第六章	變壓器	1. $a = \dfrac{N_1}{N_2} = \dfrac{E_1}{E_2} = \dfrac{I_2}{I_1} = \sqrt{\dfrac{Z_1}{Z_2}}$ 2. 變壓器的效率 3. 短路試驗、開路試驗 4. 標么計算 $Z_{base} = \dfrac{V_{base}^2}{VA_{base}}$ 5. Y－Δ 匝數比 $\sqrt{3}a = \dfrac{V_{L1}}{V_{L2}}$ 6. 電壓調整率 7. 自耦變壓器的構造及計算 8. 比壓器、比流器 9. 短路試驗、開路試驗
第七章	三相感應電動機	出題方向每年一樣，且重要性僅次於變壓器： 1. 氣隙功率（此觀念從來沒有漏考過） 2. 降低啟動電流的方法 3. 如何反轉 4. 每相等效電路的數值必須執行不同的測試 　　才能得到 5. Y－△啟動 6. 感應電動機在不同轉差率下的功用
第八章	單相感應電動機	雙電容單相感應電動機的逆轉方式

(8) 鐵路特考試題分析

章	主題	說明
第九章	同步發電機	1. 無載及滿載在額定轉速下的關係曲線 2. 並聯運用的條件 3. 發電機的端電壓計算 $E_p = \sqrt{(V_p + I_a R_a)^2 + (I_a X_s)^2}$
第十章	同步電動機	1. 負載變動與電樞電流的關係及相位的變化 2. 基本公式 $n_s = \dfrac{120f}{P}$
第十一章	特殊電機	不常考出,讀懂即可。

國營事業暨高普特考趨勢分析

　　電工（機）機械考科比較不好準備的原因，通常在於公式的複雜度偏高，靠死背的方式效果通常不彰；其實，此科的公式都是有跡可循的，例如可以搭配向量圖來協助記憶；因此，建議考生可以試著去理解向量圖，通常向量圖弄懂了，公式自然就記起來了。接下來我們來看看各家試題走向吧！

(1) 高考三級：變壓器一二次側轉換看似複雜，但是因為每年都考，考生應該可以掌握。

(2) 普考：下式在本書有搭配向量圖說明，而在前版的書中有提到，不要死背公式，一定要從向量圖去理解。

$$E_p = \sqrt{(V_p \cos\theta + I_a R_a)^2 + (V_p \sin\theta \pm I_a X_s)^2}$$

(3) 關務三等：右圖相信考生不陌生吧，這種題型已經考到可以背起來了，每年都考，解題技巧請詳閱本書相關章節。

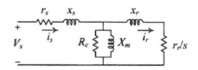

(4) 關務四等：重在標么值計算，標么值公式又長又易忘，考生一定要在考前再溫習公式。

(5) 港務：申論題的考試可能要跌破眼鏡了，平時大家太重計算，忽略了概念理解，如下圖所示。在本書第五章直流電機之耗損與效率的一開始就先做了觀念釐清。希望考生能從觀念著手以站穩腳步。

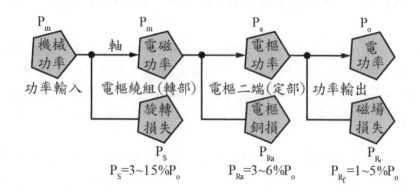

$P_S=3\sim15\%P_o$ 　　　　$P_{Ra}=3\sim6\%P_o$ 　　　　$P_{Rf}=1\sim5\%P_o$

(6) 經濟部所屬事業：像這種綜合性考試，您就專注在變壓器、感應機、同步機即可。考題不難，從一般參考書籍都找得到類似題型。

(7) 中鋼：首重標么值計算、電機並聯運用，建議此類考生把重點放在這裡。

(8) 台電新進雇用人員：重在理解，如下圖所示。

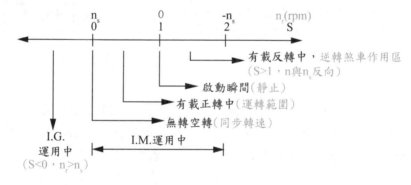

該圖已充分說明了轉差率的特性，此觀念可以幫助考生突破三相感應電動機的難題。

(9) 北水、台糖新進雇用人員：選擇題型的考試不見得會比測驗題型簡單，因為測驗題型只要掌握公式的運用即可，但是選擇題型卻要注意細節理論，不能只有鑽研計算題型；而且屬於計算的題目通常都會考得比較細，例如：$I_o \dfrac{E_A - E_B}{Z_{SA} \pm Z_{SB}}$，此公式在測驗題型的考試中幾乎沒考過，但是卻在選擇題型的考試考出來。

所以，我建議考選擇題型的考生在準備時務必大量地做歷屆試題，或是從市面上買一些模擬試題來做，而在做的時候，要再去翻閱課本找出是從哪裡出的，這樣的好處是，等到題目都寫完了，您自己也會知道那些地方還沒讀到，沒讀到的就是您在課文中沒有註記到的部分。

(10)關務四等：偏重公式推導與理解。在本書的歷屆試題解題中，我都已盡可能地在計算過程之前將公式的來源寫清楚，目的就是要告訴考生，這些觀念都是有跡可循的，只要您用心讀，並沒有超出您的能力。我還是得強調，每個複雜的公式，通常都會是推導出來的，最好能先理解，不要直接背，否則考試時題目一變化就不會寫了。

選擇題型的讀法，就把我的課文版和題庫版每一題都算熟，根本不難。至於測驗題型要拿高分，您可以拿出近五年的考題，觀察一下考什麼，然後翻到課文去找對應的主題，然後反覆推導，大概可以考上了。各位，加油囉！

第一章 概 論

1-1 電工機械之分類

1. 電工機械定義：利用**電磁感應**或**電磁效應**原理，可令**電能**和**機械能**互相轉換，進行發電、用電、變電的裝置或機械設備。

   (1)依機能分類：

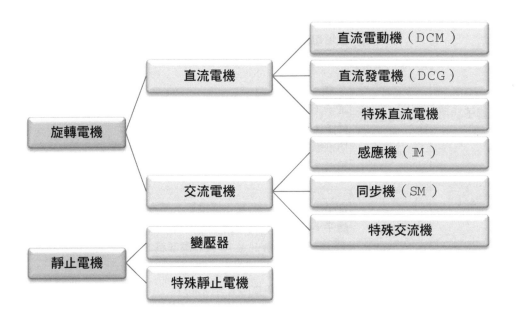

   (2)另有以下分類：

分類	名稱	功能說明	應用
轉能方式	發電機（G）	Input機械能→Output電能	
	電動機（M）	Input電能→Output機械能	
	變壓器（Tr.）	Input電能↔Output電能（電能與電能互換）	
電源性質	直流電機		
	交流電機		

分類	名稱	功能說明	應用
電源相數	單　相		適於交流電機
	多　相	大多為三相。	
轉子功用	旋轉磁場式（如圖 1-1）	又稱「轉磁式」。 **轉子**（轉部）：放置磁場繞組（磁極）。 **定子**（定部）：放置電樞繞組（電樞）**被磁場切割後，產生交流應電勢之電樞繞組。**	①電樞繞組易絕緣 ②匝數多 ③高壓、大容量交流發電機
	旋轉電樞式（如圖 1-2）	又稱「轉電式」。 **定子**（定部）：放置**磁場繞組**（磁極）。 **轉子**（轉部）：放置**電樞繞組**（電樞）去切割磁場後，經電刷由滑環引出交流應電勢之電樞繞組。	①電樞繞組不易絕緣 ②匝數少 ③低壓、小容量交流發電機 ④直流電機
	感應式	**定子**（定部）：放置**磁場繞組**及**電樞繞組。** **轉子**（轉部）：為**感應子。** 🔔轉子由導磁的齒輪狀**感應部**構成。	適於高頻交流電機 (400~10000Hz)
氣隙分佈	凸極式電機（如圖 1-3）	定子與轉子間**氣隙大小不同。**	適於**低速運轉**電機
	隱極式電機（如圖 1-4）	定子與轉子間**氣隙大小相同。**	適於**高速運轉**電機
轉速、頻率及極數關係	同步機	以同步速度旋轉之交流機。	交流發電機
	非同步機	以非同步速度旋轉之交流機。	感應電動機

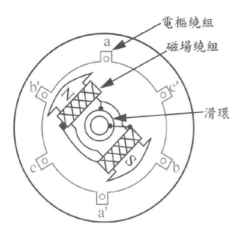

圖 1-1 旋轉磁場式

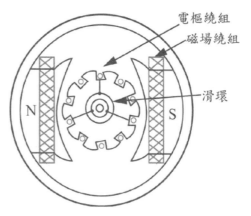

圖 1-2 旋轉電樞式

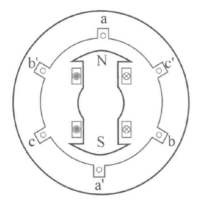

圖 1-3 凸極式電機

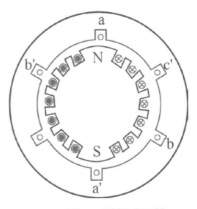

圖 1-4 隱極式電機

(3)變壓器分類

分類	名稱	說明	應用
鐵心構造	積鐵心型		
	捲鐵心型		
繞組與鐵心之組合	內鐵式	**繞組包鐵心，絕緣容易，**散熱良好。	適於**高壓、小電流**
	外鐵式	**鐵心包繞組，可抑制機械**應力，但繞組空間小。	適於**中低壓、大電流**
電力用途	電力變壓器		
	配電變壓器		
	儀器用變壓器		

2.額定（規格）定義：指電機**滿載**（安全運轉）時，在輸入（input）、輸出（output）時的限度及條件之規定。一般均標示於電機之銘牌上。

　(1)**直流機**之重要規格：

名稱	符號	分類說明	對象
額定電壓	V_L		**發電機**
	V_t		電動機
額定容量	P_o	在額定電壓及額定轉速下，**發電機輸出電功率以** W 或 kW 表示。**電動機輸出機械功率以** W 、kW 或 HP（馬力）表示。	
額定轉速	n	以每分鐘之轉速表示（rpm）。	
額定電流	I_L	$\dfrac{P_o}{V_L}$	**發電機**
		$\dfrac{P_o}{V_t \times \eta}$（$\eta$：效率）	電動機

名稱	符號	分類說明	對象
激磁方式		有外激、分激、串激、複激之分	
絕緣等級		依可容許最高溫度（T_{max}）級別區分：	

	Y	A	E	B	F	H	C
	90℃↓	105℃↓	120℃↓	130℃↓	155℃↓	180℃↓	180℃↑

⑵ **交流機**之重要規格：

名稱	符號	說明	對象
額定電壓	V		
額定頻率	f	台灣採用 60Hz。	
額定容量	S	輸出電氣容量以視在功率（S），單位為**伏安**（VA）或**仟伏安**（kVA）。	**發電機**
	P_o	輸出**機械容量**以有效（實）功率（P），單位為瓦（W）**或仟瓦**（kW）。	電動機
額定電流	I	$\dfrac{S}{V}$	單相**發電機**
		$\dfrac{S}{\sqrt{3}V}$	三相**發電機**
		$\dfrac{P_o}{V \times \cos\theta \times \eta}$　　（η：效率）	單相**電動機**
		$\dfrac{P_o}{\sqrt{3}V \times \cos\theta \times \eta}$	三相**電動機**
額定轉速	ns	*以每分鐘之轉速表示*（rpm），*與極數*（P）、*頻率*（f）*有關。*	**發電機**
	nr		電動機

(3)**變壓器**之重要規格：

名稱	符號	說明
相數		單相、三相、多相之分。
額定頻率	f	有 50Hz 及 60Hz 兩種。台灣採用 60Hz。
額定電壓及標準分接頭電壓	V	分接頭點數以 5 **點為標準**，分接頭電壓變動範圍有 ±5% 及 ±2.5% 兩種方式。
額定容量	S	以額定二次電壓及額定二次電流時之二次側視在功率（S）表示。 單位為**伏安**（VA）或**仟伏安**（kVA）。

💡 除上述外，尚有絕緣等級、接線方式、冷卻方式、使用特性等，視需要訂定規格。

3.電工機械常用各國規格代號：

CNS 中華民國國家標準	BS. 英國國家標準	IEC 國際電工標準
ANSI 美國國家標準	JIS 日本工業標準	VDE 德國電機協會
NEMA 美國電機製造協會	JEC 日本電氣工程學會	JEM 日本電機工業協會

江 湖 決 勝 題

1. 有 2kW，100V 之直流發電機，求：滿載電流。

答：∵ 直流發電機　∴ $I_L = \dfrac{P_o}{V_L} = \dfrac{2 \times 10^3}{100} = 2 \times 10 = 20A$

2. 有 2kW，100V 之直流電動機，滿載效率 80%，求：滿載電流。

答：∵ 直流電動機　∴ $I_L = \dfrac{P_o}{V_t \times \eta} = \dfrac{2 \times 10^3}{100 \times 0.8} = 25A$

3.某三相 5 馬力電動機，功率因數 0.75，效率 0.8，電壓 220V 時，求：
額定電流。

答：∵ 三相電動機 ∴ $I=\dfrac{P_o}{\sqrt{3}V \times \cos\theta \times \eta}=\dfrac{5 \times 746}{\sqrt{3} \times 220 \times 0.75 \times 0.8}=16.3A$

> 1 馬力 (ＨＰ)=746 瓦特（Ｗ）

4.某三相交流發電機，容量為 100kVA，60Hz，額定電壓為 550V，求：
額定電流。

答：∵ 三相發電機 ∴ $I=\dfrac{S}{\sqrt{3}V}=\dfrac{100 \times 10^3}{\sqrt{3} \times 550}=104.9 \cong 105A$

> $\sqrt{3} \cong 1.732$；$\sqrt{2} \cong 1.414$（此平方根常出現，請牢記！）

1-2 基礎電磁理論

1.**電磁效應**定義：導體通以**電流後**，其周圍將**產生磁場**，且其磁力線與導體
之平面垂直，此現象稱為「電流磁效應」，簡稱電磁效應。

(1)安培右手定則

①定義：**右手握住導線**，**大姆指**方向為**電流方向**，**彎曲四指**方向為**磁
力線**方向。

②目的：**判斷**載流**直導線**四周所產生的**磁場方向**。

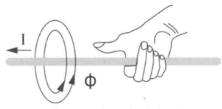

圖 1-5 安培右手定理

(2)螺旋定則

① 定義：**右手**握住**線圈**，**大姆指**方向為**磁力線** N 方向，**彎曲四指**方向為**線圈電流**方向。

② 目的：**判斷載流線圈**中的**磁場方向**。

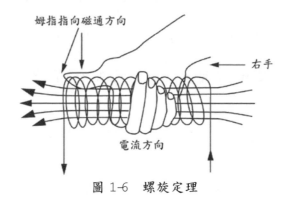

圖 1-6　螺旋定理

(3)佛來銘左手定則

① 定義：用以決定磁場中**載流導體受力方向**，應用於**電動機**，又稱「**電動機定則**」。

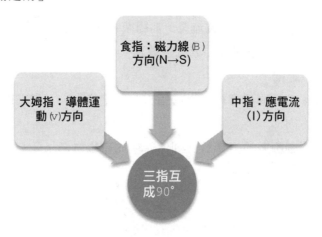

②目的：**判斷**載流直導線在磁場中的**受力方向（大姆指）**。

③**公式：** $F = B \cdot \ell \cdot I \cdot \sin\theta\,(NT)$

④公式說明：

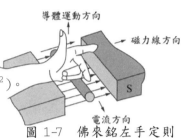

圖 1-7　佛來銘左手定則

F：導體所受之力（NT）。

B：磁通密度（韋伯/平方公尺）（Wb/m²）。

ℓ：導體有效長度（m）。

I：通過導體之電流（A）。

θ：**電流方向與磁力線方向之夾角**。

◆電流方向與磁力線方向**平行**（θ=0°），F=0（NT）。

◆電流方向與磁力線方向**垂直**（θ=90°），F=B・ℓ・I=**最大值**（NT）。

◆電流方向與磁力線方向夾任意**θ角**，F=B・ℓ・I・sinθ（NT）。

⑤在利用佛來銘**左手**定則時，分為「**已知條件**」和「**所求變數**」兩種。

已知條件：食指、中指方向；**所求變數：大姆指方向（導體受力方向）**。

注意

解題時，若是應用佛來銘左手定則，即求「大姆指方向」。

江 湖 決 勝 題

1.如圖所示，長度為 1m 之導線，載有 5A 之電流，磁通密度為 0.5Wb/m²，磁通密度方向與導線垂直，求：

⑴作用力之大小

⑵導體受力方向。

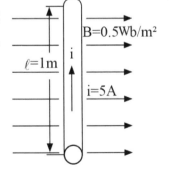

$B=0.5Wb/m^2$

$\ell=1m$

i

i=5A

答：⑴∵①此題求作用力大小及方向，表示「所求變數」為大姆指方向(導體受力方向)，所以，應用原理為「佛來銘左手定則」，公式為 F=B・ℓ・I・sinθ。

②θ：電流方向與磁力線方向之夾角。由圖意得知，電流

方向(I)↑與磁力線(B)方向→互相垂直，故，θ=90°。

∴ℓ=1m，I=5A，B=0.5Wb/m^{2}代入公式，得：

F=B·ℓ·I·sinθ=0.5×1×5×sin90°=0.5×1×5×1=2.5(NT)

(2) 伸出左手的食指和中指，大姆指先收起，食指(磁力線)方向→，

中指(電流)方向↑，再將所求變數的大姆指伸出，就可以發現，

大姆指是指向紙面。故，導體受力方向為迎入紙面。

2.如圖所示，有一導體長度為1.0m，磁通密度

為1.0wb/m^2，若導體上之電流 10A，求：

(1)作用力之大小。

(2)導體受力方向。

答：(1)∵① 此題求作用力大小及方向，表示「所求變數」為大姆

指方向(導體受力方向)，所以，應用原理為「佛來銘左

手定則」，公式為F=B·ℓ·I·sinθ。

② θ：電流方向與磁力線方向之夾角(圖中的×表示磁力

線方向垂直射入紙面)。伸出左手的食指與中指，食指

磁力線(B)方向垂直射入紙面，與中指電流(I)方向→互

相垂直夾θ=90°；但圖示中的電流方向為↗與一平面

夾30°。所以，應將原電流方向→逆時針轉30°為↗。

故，修正後的θ，為食指磁力線方向垂直射入紙面，與

中指電流方向↗夾一θ'=90°－30°=60°。

∴ℓ=1m，I=10A，B=1Wb/m^{2}代入公式，得：

$$F=B·\ell·I·sin\theta'=1×1×10×sin60°=1×1×10×\frac{\sqrt{3}}{2}=5\sqrt{3}(NT)$$

(2)伸出左手的食指和中指，大姆指先收起，食
指(磁力線)方向垂直射入紙面，中指(電流)
方向↗，再將所求變數的大姆指伸出，就可
以發現，大姆指是指向↖。故，導體受力方向如圖所示。

3.如圖所示，有一導體長度為 1.0m，磁通密
度為 2.0 wb/m² ，若導體上之電流 10A，
求：
(1)作用力之大小
(2)導體受力方向。

答：(1)∵①　此題求作用力大小及方向，表示「所求變數」為大姆
指方向(導體受力方向)，所以，應用原理為「佛來銘左
手定則」，公式為 $F = B \cdot \ell \cdot I \cdot \sin\theta$ 。

②　θ：電流方向與磁力線方向之夾角。由圖意得知，電流方向
(I)→與射入紙面的磁力線(B)方向垂直，故，$\theta = 90°$ 。

∴ $\ell = 1m$，$I = 10A$，$B = 2W\,b/m^2$ 代入公式，得：

$F = B \cdot \ell \cdot I \cdot \sin\theta = 2 \times 1 \times 10 \times \sin 90° = 2 \times 1 \times 10 \times 1 = 20\,(NT)$

(2)伸出左手的食指和中指，大姆指先收起，食指(磁力線)方向
垂直射入紙面，中指(電流)方向→，再將所求變數的大姆指
伸出，就可以發現，大姆指方向↑。故，導體受力方向為向上。

2.**電磁感應**定義：當通過或交鏈於線圈之**磁通量發生變動**時，該線圈**產生感
應電勢**。

(1)感應電勢的**發生原因有二**：

①導體運動切割磁力線。

②穿過線圈的磁力線產生變化。

(2)感應電勢的**產生方法**根據機械的不同而有分別：

①**直流**電機：線圈在固定磁場中旋轉，線圈切割磁場。

②**交流**電機：線圈**固定**，受大小一定且**會旋轉的磁場**切割。

> 　　**直流電機：「直」「線」旋轉切割磁場。交流電機：「交」「磁」旋轉切割線圈。**（「直」指直流、「線」指線圈、「交」指交流、「磁」指磁場）

③**變壓器**：兩線圈固定，但變動其中一線圈中磁場大小及方向，則另一線圈產生感應電勢。

(3)法拉第**電磁感應定律**

①定義：線圈內之**磁場**，若**發生變動**時，則該線圈將會感應電勢。

②目的：**計算**線圈在交變磁場中**感應電勢平均值的大小**。

③公式：　$E_{av} = N \dfrac{\Delta\phi}{\Delta t}$　　（V）

④公式說明：單位時間內的磁通量之變化乘以線圈匝數，即能感應電勢。

E_{av}：線圈感應平均電勢（V）。

N：線圈匝數（T；匝）。

$\dfrac{\Delta\phi}{\Delta t}$：單位時間磁通變化率（韋伯/秒）（W b/s）。

$E_{av} \propto N \propto \Delta\phi$

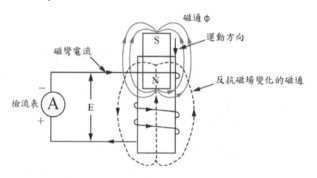

圖 1-8　法拉第電磁感應定律

⑷法拉第**楞次定律**

　①定義：因磁通變化而產生之感應電勢，其極性為**反抗線圈原磁交鏈**
　　之變化。

　②目的：**判斷**一個線圈在交變磁場中**感應電勢的極性**。判斷**原則**如下：

　　◈若穿過線圈內部之**磁通量逐漸增加**，則線圈應電流**建立反方向磁場。**
　　◈若穿過線圈內部之**磁通量逐漸減少**，則線圈應電流**建立同方向磁場。**

　③公式： $E_{av} = -N \dfrac{\Delta\phi}{\Delta t}$ 　（V）

　④公式說明：公式符號說明如法拉第電磁感應定律。

　　公式中的「**負號**」，表示**反抗線圈內磁通（電流）之變化**，故**極性相反。**

　⑤**判斷感應電勢的極性**的**步驟方法**如下：

　　1 利用螺旋定則，依電流 I判斷原來 φ的方向。

　　2 再利用楞次定律及螺旋定則判斷感應φ′及感應 I的方向。

　　3 將線圈視為**電壓源**（**電流負入正出**），即可判斷出感應電壓的極性。

　⑥圖示說明：如圖 1-8 虛線部分。

⑸佛來銘**右手定則**

　①定義：用以決定**感應電勢方向**，應用於**發電機**，又稱「**發電機定則**」。

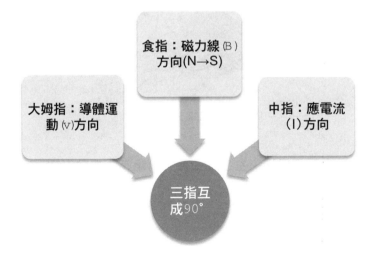

②目的：**判斷一根在磁場中運動的導體，其應電勢的極性（中指）。**

佛來銘右手是在求應電勢的極性，但是，中指是指應電流（I）的方向，此並不是矛盾，因為當我們得知電流方向後，一定可以知道電流從導體的哪端流入，哪端流出，所以，我們就利用「法拉第楞次定律」的「判斷感應電勢的極性」的步驟方法 3 來判斷，流入端為負，流出端為正。如此一來，就得知應電勢的極性了。

③**公式**： $E_{av} = B \cdot \ell \cdot v \cdot \sin\theta$ 　（V）

④**公式說明：**

　　E_{av}：線圈感應平均電勢（V）。

　　B：磁通密度（韋伯/平方公尺）（Wb/m^2）。

　　ℓ：導體有效長度（m）。

　　v：導體移動速率（公尺/秒）（m/s）。

　　θ：導體運動方向與磁力線方向之夾角。

⑤在利用佛來銘**右手**定則時，分為「**已知條件**」和「**所求變數**」兩種。

　　已知條件：大拇指、食指方向；**所求變數：中指方向（導體應電勢極性）。**

解題時，若是應用佛來銘右手定則，即是求「中指方向」。

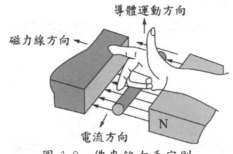

導體運動方向

磁力線方向

電流方向

N

圖 1-9　佛來銘右手定則

右手發電機，左手電動機，簡記為「右發左電」。

江 湖 決 勝 題

1. 如圖所示，長度為 1.0m 之導體，在磁
通密度為 0.5W b/m² 之磁場中，並以
10m/s的速率移動，求：
(1)應電勢之大小
(2)導體 a、b 兩端之極性。

答：(1)∵ ① 此題求應電勢大小及 a、

b 兩端之極性，表示「所求變數」為中指方向(導體應電
勢極性)，所以，應用原理為「佛來銘右手定則」，公
式為 $E_{av} = B \cdot \ell \cdot v \cdot \sin\theta$。

② θ：導體運動方向與磁力線方向之夾角(圖中的×表示磁力線
方向垂直射入紙面)。伸出右手的大姆指與食指，大姆指導體
運動 (v) 方向→，與垂直射入紙面的食指磁力線 (B)方向互相垂
直夾 $\theta_1 = 90°$；再伸出中指的電流 (I)方向↑，與食指磁力線
方向互相垂直夾 $\theta_2 = 90°$。由圖示可以知道，電流是沿著一傾
斜且與一平面夾 30°的導體流動，所以，應將原電流方向
↑順時針轉 60°為↗；而導體運動方向→也順時針轉 60°
為↘。故，修正後的 θ_1，為大姆指導體運動方向↘，
與食指磁力線方向夾一 $\theta_1' = 90° + 60° = 150°$。

∴ $\ell = 1m$，$B = 0.5W b/m²$，$v = 10m/s$代入公式，得：

$E_{av} = B \cdot \ell \cdot v \cdot \sin\theta_1'$
$\quad = 0.5 \times 1 \times 10 \times \sin150°$
$\quad = 0.5 \times 1 \times 10 \times \sin30°$
$\quad = 2.5 (V)$

(2) 伸出右手的大姆指和食指，中指先收起，大姆指(導體運動)
方向↘(原→順時針轉 60°)，食指(磁力線)方向垂直射入紙
面(方向不變)，再將所求變數的中指伸出，就可以發現，中
指的方向↗。故，a點流入為負，b點流出為正。

∴正確地表示：$E_{av} = E_{ab} = -2.5 (V)$

2. 如圖所示，長度為 2.0m 之導體，在磁
通密度為 5.0W b/m^2 之磁場中，並以
3.0m/s的速率移動，求：
(1)應電勢之大小
(2)導體 a、b 兩端之極性。

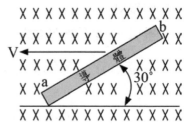

答： (1) ∵ ① 此題求應電勢大小及 a、b 兩端之極性，表示「所求變
數」為中指方向(導體應電勢極性)，所以，應用原理為
「佛來銘右手定則」，公式為 $E_{av} = B \cdot \ell \cdot v \cdot \sin\theta$。

② θ：導體運動方向與磁力線方向之夾角。(圖中的×表
示磁力線方向垂直射入紙面)伸出右手的大姆指與食指，
大姆指導體運動 (v)方向←，與垂直射入紙面的食指磁
力線 (B)方向互相垂直夾 $\theta_1 = 90°$；再伸出中指的電流 (I)
方向↓，與食指磁力線方向互相垂直夾 $\theta_2 = 90°$。由圖
示可以知道，電流是沿著一傾斜且與一平面夾 30°的導
體流動，所以，應將原電流方向↓順時針轉 60°為↗；
而導體運動方向←也順時針轉 60°為↘。故，修正後的
θ_1，為大姆指導體運動方向↘，與食指磁力線方向↑
夾 $\theta_1' = 90° - 60° = 30°$。

∴$\ell = 2m$，$B = 5W b/m^2$，$v = 3m/s$代入公式，得：

$E_{av} = B \cdot \ell \cdot v \cdot \sin\theta_1' = 5 \times 2 \times 3 \times \sin 30° = 15 (V)$

(2)伸出右手的大姆指和食指，中指先收起，大姆指(導體運動)方向↘
(原←順時針轉 60°)，食指(磁力線)方向垂直射入紙面(方向不變)，

再將所求變數的中指伸出，就可以發現，中指的方向↙。故，b 點
流入為負，a 點流出為正。

∴正確地表示： $E_{av} = E_{ab} = +15(V)$

【解題提醒】佛來銘右手定則題目中的 θ 常會有修正的問題，所以請
讀者牢記，記憶方法：假設題目看到的夾角為 θ，則無論運動方向向
右或向左，sin 的角度代題目看到的 θ 即可，只是應電勢的極性要小
心。但只限定於範例 1、範例 2 兩種題型，其它的題型，仍依導體運
動方向與磁力線方向之夾角判斷，例如範例 3 所示。

3. 如圖所示，長度為 20cm 之導體，在磁通
密度為 $0.5Wb/m^2$ 之磁場中，並以 100m/s
的速率移動，求：

(1)應電勢之大小

(2)導體 a、b 兩端之極性。

答：(1)∵① 此題求應電勢大小及 a、b 兩端之極性，表示「所求變
數」為中指方向(導體應電勢極性)，所以，應用原理為
「佛來銘右手定則」，公式為 $E_{av} = B \cdot \ell \cdot v \cdot \sin\theta$。

② θ：導體運動方向與磁力線方向之夾角。(圖中的 × 表
示磁力線方向垂直射入紙面)

由圖意得知，導體運動方向(v)↑與磁力線(B)方向夾 θ，故，
θ =90°。

∴ $\ell = 20cm = 20 \times 10^{-2} = 0.2m$，$B = 0.5Wb/m^2$，$v = 100m/s$ 代入公
式，得： $E_{av} = B \cdot \ell \cdot v \cdot \sin\theta = 0.5 \times 0.2 \times 100 \times \sin 90° = 10(V)$

(2)伸出右手的大姆指和食指，中指先收起，大姆指(導體運動)
方向↑，食指(磁力線)方向垂直射入紙面，再將所求變數的
中指伸出，就可以發現，中指的方向←。故，a 點流入為負，
b 點流出為正。

∴正確地表示： $E_{av} = E_{ab} = -10(V)$

天下大會考

( )　1. 有一條帶有直流電機的導線置於均勻磁場中，若以右手大拇指代表電流方向，右手四指代表磁場方向，則掌心所指方向代表下列何者？　(A)導線受力的正方向　(B)導線受力的反方向　(C)感應電勢的正方向　(D)感應電勢的反方向。

( )　2. 導體在磁場中運動，其導體的感應電壓極性（或電流方向）、導體的運動方向及磁場方向，三者關係可依何原理決定？　(A)佛萊明定則　(B)克希荷夫電壓定理　(C)法拉第定理　(D)歐姆定理。

( )　3. 固定長度的導體在磁場中運動，當導體運動的方向與磁場方向互為垂直時，導體感應電壓的大小可依何原理決定？　(A)法拉第定理　(B)克希荷夫電流定理　(C)佛萊明左手定則　(D)佛萊明右手定則。

( )　4. 一根帶有 30A 的導線，其中有 80cm 置於磁通密度為 $0.5Wb/m^2$ 之磁場中，若導體放置的位置與磁場夾角為 30°則導體所受電磁力為何？　(A)50NT　(B)20NT　(C)10NT　(D)6NT。

( )　5. 能將電能轉換為機械能之電工機械為：　(A)變壓器　(B)電動機　(C)發電機　(D)變頻器。

解 答 及 解 析

1.(A)。右手開掌定則：姆指電流方向、四指磁場方向、掌心導體受力正方向。

2.(A)。佛萊明右手定則又稱為發電機定則。

3.(A)。穿過線圈的磁通發生變化為法拉第感應定律。

4.(D)。$F = B\ell I \sin\theta = 0.5 \times 0.8 \times 30 \times \sin 30° = 6NT$

5.(B)。Input 電能→Output 機械能。

第二章
直流電機原理、構造、一般性質

2-1 直流發電機之原理

1. 如圖 2-1 所示，**旋轉導體產生應電勢**：

   (1) $\theta = 0°$（$360°$），導體 A 端運動方向→、B 端←與磁力線方向（N→S）**平行**，$E_{av} = 0$（**最小**）。

   (2) $\theta = 90°$，導體 A 端運動方向↓、B 端↑與磁力線方向（N→S）**垂直**，$E_{av} = B \cdot \ell \cdot v$（正半週波峰**最大**）。

   (3) $\theta = 180°$，導體 A 端運動方向←、B 端→與磁力線方向（N→S）**平行**，$E_{av} = 0$（**最小**）。

   (4) $\theta = 270°$，導體 A 端運動方向↑、B 端↓與磁力線方向（N→S）**垂直**，$E_{av} = -B \cdot \ell \cdot v$（負半週波谷**最大**）。

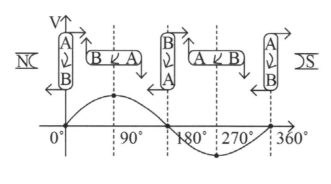

圖 2-1

2. 電樞（N 匝線圈或 Z 根導體）在**磁場中旋轉**時的應電勢：

   (1) **電機角** θ_e 與**機械角** θ_m 的關係：

   ① 感應電勢波形的電機角度，為線圈旋轉機械角度**乘上磁極對數**（$\dfrac{P}{2}$）。

②公式：$\theta_e = \dfrac{P}{2}\theta_m$

③公式說明：P 為磁極數

註 1. 磁極數一般為偶數，且兩兩組對，所以兩個磁極（P=2），表示磁極對數 1 對（$\dfrac{2}{2}=1$）；若有四個磁極（P=4），表示磁極對數 2 對（$\dfrac{4}{2}=2$）。

　2. 導體旋轉⇒機械角θ_m；感應電勢旋轉⇒電機角θ_e。
記法：看得見的是機械角(導體是實體看得見)，看不見的是電機角(感應電勢看不見)。

(2)**極距 Y_P：**

①如圖 2-2 所示。**兩相鄰異性磁極間的距離以電機角或槽數表示。**

②公式：以電機角表示：$Y_p = \theta_e = 180°$

　　　　以槽數表示：$Y_p = \dfrac{S}{P}$

③公式說明：

◈ $\theta_m = 180° \times \dfrac{2}{P}$

◈ S：電樞總槽數

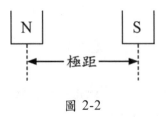

圖 2-2

(3) 旋轉**一個極距**所需的時間：

① 旋轉**一轉**（轉數=1）所需的時間 t(s)：

$$\because S(每秒鐘轉速；rps) = \frac{1(轉數；轉)}{t(所需的時間；秒)} = \frac{n(每分鐘轉速；rpm)}{60(秒；s)}$$

$$\therefore t = \frac{1}{S}(s)；又 \ t = \frac{1}{\frac{n}{60}} = \frac{60}{n}(s)$$

② 設磁極為 P 極（必為偶數）旋轉一轉**必經過 P 個極距**，所以，**旋轉一個極距所需的時間** t_p：

$$t_p = \frac{旋轉一轉所需的時間t(s)}{旋轉一轉所經的極距數(個)} = \frac{\frac{1}{S}}{P} = \frac{1}{S} \times \frac{1}{P} = \frac{1}{SP}(s)$$

(4) 經電刷由滑環引出的**交流應電勢**：

① **應電勢波形：正弦波**。

② 應電勢大小：應用法拉第定律。

公式：

$$E_{av} = \left| N\frac{\Delta\phi}{\Delta t} \right| = N \cdot \frac{\phi - (-\phi)}{t_p} = N \cdot \frac{2\phi}{t_p} = N \cdot \frac{2\phi}{\frac{1}{SP}} = 2N\phi SP = Z\phi SP(V)$$

$$\left.\begin{array}{l} N：匝數(T) \\ Z：電樞總導體數（根） \end{array}\right\} 1 \ 匝(T)有 \ 2 \ 根有效線圈邊，\therefore Z=2N$$

③ 不論旋轉多少轉，**其感應電勢平均值大小均相等**。

④ 感應電勢最大值：$\because E_{av} = \frac{2E_m}{\pi} \quad \therefore E_m = \frac{\pi}{2}E_{av}$。

⑤感應電勢有效值：$\because E_{eff} = \dfrac{E_m}{\sqrt{2}}$ ，$\dfrac{E_{eff}}{E_{av}} = \dfrac{\dfrac{E_m}{\sqrt{2}}}{\dfrac{2E_m}{\pi}} = 1.11$　$\therefore E_{eff} = 1.11 E_{av}$ 。

設：單根導體經過二個極距所產生的應電勢：

$\because$ 極距 P=2

$\therefore E_{av} = Z \cdot \phi \cdot S \cdot P = Z \cdot \phi \cdot S \cdot 2 = 2Z\phi S$ ，

又 $E_{av} = 2 \cdot (2N) \cdot \phi \cdot S = 4N\phi S$ (V)

$E_{eff} = 1.11 E_{av} = 1.11 \times 4N\phi S = 4.44N\phi S$ (V)

⑥如圖 2-3 所示，直流發電機藉由**換向片**及**電刷**，將電樞線圈內之交流應電勢轉換成**脈動直流電**輸出。而磁極面採圓弧狀設計，致電樞線圈旋轉時，電刷輸出應電勢為「**非線性方波**」。

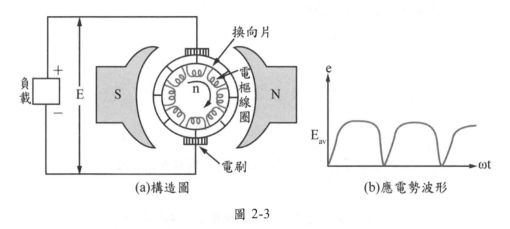

(a)構造圖　　　　　(b)應電勢波形

圖 2-3

(5)電樞線圈感應電勢波形改善之方法：如圖 2-4 所示。

　①**增加電樞線圈組數、換向片數**，可減少輸出電勢波形脈動程度。

　②若只增加每組線圈匝數，則僅使輸出電勢波形振幅增大，並不能減低脈動程度。

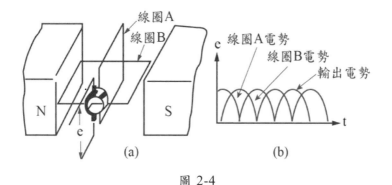

圖 2-4

(6)兩電刷間的電樞總應電勢：

　①若電樞共有 Z 根導體，且形成 a 條並聯路徑，則電樞應電勢 E_{av}：

　　公式：

$$\begin{cases} E_{av} = \dfrac{Z}{a} \cdot \phi SP = \dfrac{Z\phi P}{a} \cdot S = \dfrac{Z\phi P}{a} \cdot \dfrac{n}{60} = \dfrac{PZ}{60a} \cdot \phi \cdot N = K\phi n \,(V) \text{（較常用，請牢記）} \\[3mm] E_{av} = \dfrac{Z}{a} \cdot \phi SP = \dfrac{Z\phi P}{a} \cdot S = \dfrac{Z\phi P}{a} \cdot \dfrac{1}{t} = \dfrac{Z\phi P}{a} \cdot f = \dfrac{Z\phi P}{a} \cdot \dfrac{w}{2\pi} = \dfrac{PZ}{2\pi a} \cdot \phi \cdot \omega \,(V) \end{cases}$$

　②符號說明：

　　n：每分鐘轉速（rpm）

　　f：頻率(赫茲；Hz)。頻率 f 與時間週期 t 互為倒數，即 $f = \dfrac{1}{t}$ 或 $t = \dfrac{1}{f}$ 。

　　ω：每秒內旋轉的弧度，稱為「角速度」，單位：弧度/秒（rad/s）。

　　　更明白地說，若一旋轉向量之頻率為 f，旋轉一週為 2π 弧度：

　　　$\therefore \omega = 2\pi \cdot f$ ；又 $\because f = \dfrac{1}{t}$　$\therefore \omega = 2\pi \cdot \dfrac{1}{t} = 2\pi \cdot S = 2\pi \cdot \dfrac{n}{60}$ 。

　　　換句話說，$S = \dfrac{1}{t} = f = \dfrac{\omega}{2\pi}$ 。

a：電樞並聯路徑數或電流路徑數（條）。

　 a 表示從電刷觀之（圖 2-3），**接於換向片之電樞繞組**，形成的並聯
　　路徑數。電樞繞組採**疊繞**時（a=mp，m 為繞組重複數）；電樞繞
　　組採**波繞**時（a=2m）；**單組線圈**時（a=1）。

③公式說明：

$E_{av} = K\phi n$，其中 $K = \dfrac{PZ}{60a}$ 為一**定值**，表**發電機**內部固定構造，而欲

調整發電機之感應電勢，可調整**磁通量**（ϕ）及**轉速**（n）兩變數。

④應電勢 E_{av} 可視以下條件而定：

$E_{av} \propto P \propto Z \propto \phi \propto n \propto \dfrac{1}{a}$，僅與**電樞並聯路徑數**(a)**成反比**。

⑤**比值公式**：$\dfrac{E_2}{E_1} = \dfrac{K\phi_2 n_2}{K\phi_1 n_1}$

江 湖 決 勝 題

1. 有二極直流發電機一部，每極磁通 0.5 韋伯，該機電樞上有 10 根導體
   採單疊繞，求：

   (1)若該機轉速為 1500rpm，此電樞之應電勢。

   (2)如欲使其感應電勢 200V，而其它因素不變，則轉速為多少。

   答：(1) ∵P=2 極，Z=10 根，ϕ=0.5wb，n=1500rpm，因單(m=1)

   疊繞 a=mp=1×2=2 條

   ∴ $E_{av} = \dfrac{PZ}{60a} \cdot \phi \cdot n = \dfrac{2 \times 10}{60 \times 2} \times 0.5 \times 1500 = 125(V)$

   (2)∵由應電勢 E_{av} 的調整條件可以知道：$E_{av} \propto P \propto Z \propto \phi \propto n \propto \dfrac{1}{a}$

   ∴ $E_{av} \propto n$，$\dfrac{未知}{已知} = \dfrac{E'_{av}}{E_{av}} = \dfrac{n'}{n}$，設 $E'_{av} = 200V$

2. 有八極直流發電機一部，電樞導體數為 200 根，繞組為八分波繞，而
   磁力線為每極 125×10^3 根，如電樞旋轉角速度每秒 314 弧度，求：應
   電勢。

   答：∵P=8 極，Z=200 根，ω=314rad/s，ϕ=$125 \times 10^3 \times 10^{-8}$=$125 \times 10^{-5}$wb

🎈 1 韋伯=10^8(馬、根、線)

因八分(m=8)波繞 a=2m=2×8=16 條

$\therefore E_{av} = \dfrac{PZ}{2\pi a} \cdot \phi \cdot \omega = \dfrac{8 \times 200}{2\pi \times 16} \times 125 \times 10^{-5} \times 314 = 6.25(V)$

3. 有 100 匝線圈均勻分佈在電樞表面，而在八極的磁場內轉動，每極磁通 2.5×10^4 馬，今可產生 100V 之應電勢，求：電樞之轉速。

答：$\because$ P=8 極，Z=100×2=200 根，$\phi = 2.5 \times 10^4 \times 10^{-8} = 2.5 \times 10^{-4}$ wb，

單組線圈 a=1 條，$E_{av} = 100V$

$\therefore E_{av} = \dfrac{PZ}{60a} \cdot \phi \cdot n$，$100 = \dfrac{8 \times 200}{60 \times 1} \times 2.5 \times 10^{-4} \times n$

$n = 100 \times \dfrac{60}{8 \times 200 \times 2.5 \times 10^{-4}} = 15000(rpm)$

4. 有一個 100 匝線圈，以每分鐘 600 轉的速率在磁通為 0.002 韋伯的均勻磁場中旋轉，求：線圈旋轉 $\frac{1}{4}$ 轉所感應的平均應電勢。

答：〈方法一〉：

$\because$ P=2 極(題意無明確指出，基本上為 2 極)

N=100T，$\phi = 0.002$ wb，$S = \dfrac{n}{60} = \dfrac{600}{60} = 10$ rps

$\therefore E_{av} = 2N\phi SP = 2 \times 100 \times 0.002 \times 10 \times 2 = 8(V)$

〈方法二〉：

$\because$ 旋轉一轉所需的時間為：$t = \dfrac{1}{S} = \dfrac{60}{n} = \dfrac{60}{600} = \dfrac{1}{10}(s)$

$\therefore$ 旋轉 $\frac{1}{4}$ 轉所需的時間為：$t = \dfrac{1}{10} \times \dfrac{1}{4} = \dfrac{1}{40}(s)$

$\therefore E_{av} = N\dfrac{\Delta\phi}{\Delta t} = 100 \times \dfrac{0.002}{\dfrac{1}{40}} = 0.2 \times 40 = 8(V)$

5. 將直流發電機的轉速增為原來的 2.2 倍，每極磁通降為原來的 0.5 倍，求：發電機的感應電勢變為原來的多少倍。

答：$\because n_2=2.2n_1$，$\phi_2=0.5\phi_1$

$\therefore$ 比值公式：$\dfrac{E_2}{E_1}=\dfrac{K\phi_2 n_2}{K\phi_1 n_1}=\dfrac{K\times 0.5\phi_1 \times 2.2n_1}{K\phi_1 n_1}=0.5\times 2.2=1.1\,(倍)$

或可表示為：$E_2=1.1E_1$

2-2 直流電動機之原理

1. 載流導體（根）在磁場所受力之大小：

電流（延導體流動）方向須與磁通密度方向**垂直**，否則須求取**垂直有效量**。

公式：作用力(F)=**載流導體根數**(Z)×磁通密度(B)×電流(I)×**垂直有效長度**(ℓ)。

(1)如圖 2-5 所示，電流方向與磁場方向**垂直**，垂直有效長度=ℓ：

$F=Z\cdot B\cdot \ell \cdot I(NT)$。

(2)如圖 2-6 所示，電流方向與磁場方向**成 θ 角**，垂直有效長度=$\ell\sin\theta$：

$F=Z\cdot B\cdot \ell \cdot I\cdot \sin\theta(NT)$。

(3)如圖 2-7 所示，電流方向與磁場方向**相同時**，垂直有效長度=0：

$F=Z\cdot B\cdot \ell \cdot I\cdot \sin\theta=Z\cdot B\cdot \ell \cdot I\cdot \sin 0°=0(NT)$。

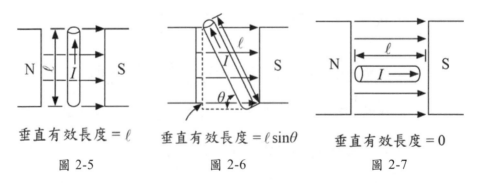

垂直有效長度 = ℓ 垂直有效長度 = $\ell\sin\theta$ 垂直有效長度 = 0

圖 2-5   圖 2-6   圖 2-7

2. 載流線圈的轉矩：

(1)轉矩：驅使物體作圓周運動所需的扭力，如圖 2-8 所示。

T（轉矩）=F（作用力）×r（力臂）

單位說明：$\begin{cases} \text{轉矩：牛頓-公尺（NT-m）} \\ \text{作用力：牛頓（NT）} \\ \text{力臂：公尺（m）} \end{cases}$

(2)力偶：兩平行力**大小相同**，**方向相反**，且兩者**相距** d。由於兩力的合力為零，故力偶對物體的影響僅為旋轉。例如，當車輪轉向時，作用在方向盤上的力偶，如圖 2-9 所示。

T（力偶矩）=F（作用力）×d（力與力之間的垂直距力）

(3)線圈所產生之轉矩：為一**力偶矩**，如圖 2-10 所示。

T（轉矩）=F（兩線圈邊作用力）×2r（兩線圈邊分別至中心點的距離 r+r）

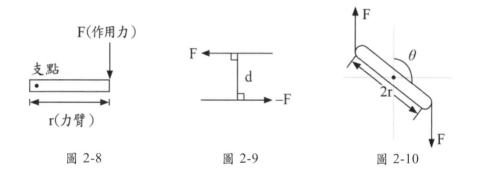

圖 2-8　　　　　　　圖 2-9　　　　　　　圖 2-10

(4)**載流 N 匝線圈在磁場中的轉矩 T：**

① **公式：**如圖 2-11 所示。

$$T = F \cdot (2r) = F \cdot D = B\ell I \cdot D = BI \cdot \ell D = BIA \ (NT \cdot m) \ \cdots \ (\text{一匝，N=1})$$

$$T = NBIA (NT \cdot m) \cdots\cdots\cdots\cdots\cdots\cdots\cdots\cdots\cdots\cdots\cdots\cdots\cdots\cdots\cdots\cdots (\text{N 匝})$$

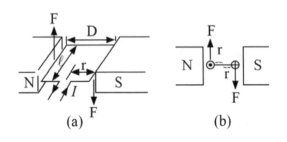

$$圖 2-11$$

② 線圈平面與**磁場法線垂直**（θ=90°）時的轉矩，此時為一**最大轉矩**，
如圖 2-12 所示：

💡註 線圈平面與磁場法線垂直 90°，即線圈平面與磁力線方向（N→S）
平行。

$$T_{max} = NBIA = T \quad (NT \cdot m)$$

③ 線圈平面與**磁場法線夾 θ 角**時的轉矩，此時為一**瞬時轉矩**，如圖 2-13
所示：

$$T_{(t)max} = NBIA \cdot \sin\theta = T \cdot \sin\theta \quad (NT \cdot m)$$

④ 線圈平面與**磁場法線平行**（θ=0°）**角**時的轉矩，此時為一**最小轉矩**，
如圖 2-14 所示：

💡註 線圈平面與磁場法線平行 0°，即線圈平面與磁力線方向（N→S）
垂直。

$$T_{(t)max} = NBIA \cdot \sin 0° = T \cdot 0 = 0 \quad (NT \cdot m)$$

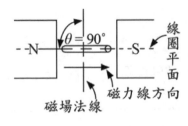

$$圖 2-12$$

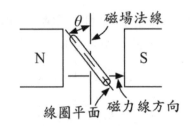

$$圖 2-13$$

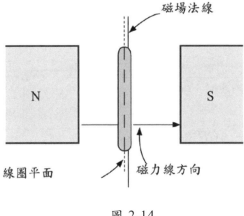

圖 2-14

3. 直流電動機的轉矩：

(1)直流電動機與直流發電機在構造上完全相同，如圖 2-15 所示。

　①直流**電動機**須藉由**換向片**及**電刷**將外加**直流電**（DCV），轉**換**成**交流電**（ACV）輸入電樞線圈以維持同方向轉矩。

　②直流**發動機**須藉由**換向片**及**電刷**將外加**交流電**（ACV），轉**換**成**直流電**（DCV）輸入電樞線圈以維持同方向轉矩。

(2)電樞所有導體，除正在換向的線圈不產生轉矩外，其餘皆可產生，故**電動機總轉矩為各導體轉矩之和**。

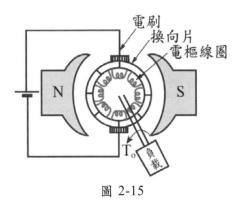

圖 2-15

(3)直流電動機**輸出轉矩**（T_o）：

　①由電動機的轉速（n）及輸出功率（P_o），得輸出轉矩。按力學公式
　　得知：

$$T_o = \frac{P_o(輸出功率；W)}{\omega(轉子角速度；rad/s)} = \frac{P_o}{2\pi \cdot \frac{n}{60}} = \frac{60P_o}{2\pi n} \quad (NT \cdot m) \quad，或$$

$$T_o = 9.54 \times \frac{P_o}{n} \quad (NT \cdot m) \text{。}$$

　②$T_o \propto P_o \propto \frac{1}{n}$。

(4)直流電動機**電磁轉矩**（T_m）：

　內部結構按**電磁作用原理**，得到此轉矩。設電樞有 Z 根導體，形成並
　聯路徑為 a。

　①應電勢：$E_m = \frac{PZ}{60a} \cdot \phi \cdot n \quad (V)$

　②**內部機械功率**：$P_m = E_m \cdot I_a \quad (W)$

　③**電磁轉矩**：

$$T_m = \frac{P_m}{\omega} = \frac{E_m \cdot I_a}{2\pi \cdot \frac{n}{60}} = \frac{\frac{PZ}{60a} \cdot \phi \cdot n \cdot I_a}{2\pi \cdot \frac{n}{60}} = \frac{PZ}{2\pi a} \cdot \phi \cdot I_a = K\phi I_a \quad (NT \cdot m)$$

　④符號說明：

　　I_a：電樞電流(A)

　　　📍電樞：armature，提供給讀者，幫助記憶。故「電樞電流」代
　　　　號為「I」下側標為「a」。

　⑤公式說明：

　　$T_m = K\phi I_a$，其中 $K = \frac{PZ}{2\pi a}$ 為一**定值**，表**電動機**內部固定構造，而欲

　　調整電動機之轉矩，可調整**磁通量**（ϕ）及**電樞電流**（I_a）兩變數。

⑥ 電磁轉矩 T_m 可視以下條件而定：

$$T_m \propto P \propto Z \propto \phi \propto I_a \propto \frac{1}{a}$$ ，僅與 **電樞並聯路徑數（a）成反比**。

⑦ **比值公式**：$\dfrac{T_2}{T_1} = \dfrac{K\phi_2 I_{a2}}{K\phi_1 I_{a1}}$

(5) 因電動機有旋轉損失，故 **電磁轉矩（T_m）略大於輸出轉矩（T_o）**。若旋轉損失不計，則 $T_m = T_o$。

注意 公式整理與比較：（讀者請牢記）

發電機應電勢：$E_{av} = B \cdot \ell \cdot v \cdot \sin\theta (V)$	發電機電樞應電勢：$E_{av} = \dfrac{PZ}{60a} \cdot \phi \cdot n (V)$
電動機作用力：$F = B \cdot \ell \cdot I \cdot \sin\theta (NT)$	電動機電磁轉矩：$T_m = \dfrac{PZ}{2\pi a} \cdot \phi \cdot I_a (NT \cdot m)$
電動機轉矩：$T = N \cdot B \cdot I \cdot A (NT \cdot m)$	電動機輸出轉矩：$T_o = \dfrac{60 P_o}{2\pi n} (NT \cdot m)$

江湖決勝題

1. 某四極的直流電動機，電樞繞組總導體數為 360 根，電樞電流 50A，若每極磁通量為 0.04wb，而電樞繞組並聯路徑數為 4 條，求：該電動機之電磁轉矩。

答：∵ P=4 極，Z=360 根，I_a=50A，ϕ=0.04wb，a=4 條

∴ $T_m = \dfrac{PZ}{2\pi a} \cdot \phi \cdot I_a = \dfrac{4 \times 360}{2\pi \times 4} \times 0.04 \times 50 = \dfrac{360}{\pi} (NT \cdot m)$

2. 某部直流電動機之電樞電流為 50A 時，其產生的轉矩為 100NT-m，若磁場強度減為原來的 80%。而電樞電流增為 80A 時，求：其改變後的轉矩。

答：∵ $\dfrac{I_2}{I_1} = \dfrac{80}{50} = 1.6$ ，$\dfrac{\phi_2}{\phi_1} = 80\% = 0.8$

∴ 比值公式：$\dfrac{T_2}{T_1} = \dfrac{K\phi_2 I_{a2}}{K\phi_1 I_{a1}} = \dfrac{K \times 0.8\phi_1 \times 1.6 I_1}{K\phi_1 I_1} = 1.28 = \dfrac{T_2}{100}$

$T_2 = 100 \times 1.28 = 128 (NT \cdot m)$

3. 有一台 1500W，100V，900rpm 之直流電動機，求：滿載時之轉矩。

答：$\because P_o=1500W，n=900rpm$

$$\therefore T_o = \frac{60P_o}{2\pi n} = \frac{60 \times 1500}{2\pi \times 900} = 15.9(NT \cdot m)$$

4. 有一電流計的線圈為 $5 \times 12cm^2$，共 600 匝，當其通過電流為 $10^{-5}A$，並置於一磁通密度為 $0.1\,wb/m^2$ 的磁場中，求：其所受之最大轉矩。

答：$\because N = 600T，B = 0.1wb/m^2，I = 10^{-5}A，$

$A = 5 \times 12 \times 10^{-4} = 60 \times 10^{-4} m^2$

$\therefore T = N \cdot B \cdot I \cdot A$

$= 600 \times 0.1 \times 10^{-5} \times 60 \times 10^{-4}$

$= 36000 \times 10^{-10}$

$= 3.6 \times 10^{-6}$

$= 3.6\mu(NT \cdot m)$

5. 如圖所示，有一個 20 公分見方之線圈，計有 40 匝，所載電流為 10A，置於磁通密度為 $0.1\,wb/m^2$ 之均勻磁場中，線圈平面與磁力線平行，求：

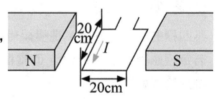

   (1)施力於每一線圈邊之力

   (2)此位置時，線圈之轉矩

   (3)如圖中所示之電流方向，線圈之轉向

   (4)若依線圈之轉向旋轉 30° 時之轉矩。

答：$\because N = 40T，B = 0.1wb/m^2，\ell = 20cm = 20 \times 10^{-2}m，I = 10A$

   (1)載流 N 匝線圈在磁場中的作用力 F：

   $F = N \cdot B \cdot \ell \cdot I = 40 \times 0.1 \times 20 \times 10^{-2} \times 10 = 8(NT)$

(2)載流 N 匝線圈所產生之轉矩為一力偶矩 T：(參照圖 2-11)

$$T = F \cdot 2r = F \cdot d = 8 \times 20 \times 10^{-2} = 1.6(\text{NT} \cdot \text{m})$$

🎈 註　d 為兩線圈邊作用力的垂直距離，即「ℓ」。

(3) 如圖所示，所求未知為「大姆指運動方向」，故利用「佛來銘左手定則」得知：

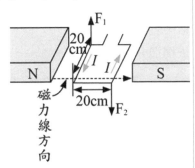

① F_1：食指磁力線方向由 N 指向 S；中指電流方向沿左線圈邊由上往下流，所以 F_1 作用力↑。

② F_2：食指磁力線方向由 N 指向 S；中指電流方向沿右線圈邊由下往上流，所以 F_2 作用力↓。

③ 綜合 F_1 和 F_2 可知，該線圈「順時針」旋轉。(旋轉亦符合力偶概念)

(4)載流 N 匝線圈平面與磁場法線夾 θ 角時的轉矩 $T_{(t)max}$：如圖所示。

$$\begin{aligned}
T_{(t)max} &= NBIA \cdot \sin\theta \\
&= T \cdot \sin\theta \\
&= 1.6 \times \sin 60° \\
&= 1.6 \times \frac{\sqrt{3}}{2} = \frac{4\sqrt{3}}{5}(\text{NT} \cdot \text{m})
\end{aligned}$$

磁場法線

直流電機之構造

直流發電機（Input 機械能→Output 電能），與直流電動機（Input 電能→Output 機械能）之功用係相對的，但二者**構造完全相同**。

依構造分類：

分類方式	構造	功能說明	結構元件
靜止	**定子**（stator）	直流電機運作時，固定不動，以產生磁場。	場軛（機殼）、托架、主磁極、中間極（換向磁極）、電刷、軸承
旋轉	**轉子**（potor）	直流電機運作時，會旋轉，以產生應電勢與轉矩，又稱「電樞」，代號：A（armature）。	電樞鐵心、電樞繞組、換向器（整流子）、轉軸

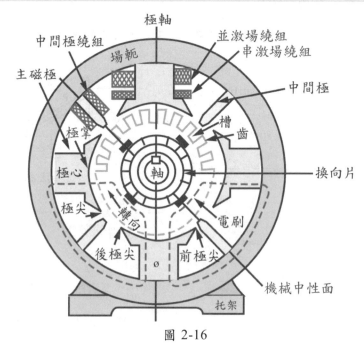

圖 2-16

上述之結構元件依**功能**可分為四大部份：1.**磁場部份**、2.**電樞部份**、3.**換向器與電刷部份**、4.**軸與軸承部份**。以下依此四大部份說明：

1. 磁場部份：

(1)場軛（機殼）：

①功能：

A.如圖 2-16 所示，固定與保護電機內部所有結構元件。

B.作為**磁路**的一部份。

> 註　**磁路**
>
> ◎ 如圖 2-17 所示，磁通自**主磁極 N** 出發，經過**空氣隙**，再分成兩部份進入**電樞鐵心**，然後再穿越過另一空氣隙至另一**主磁極** S，然後再由**場軛（機殼）**返回原主磁極，形成一封閉路徑。
>
> ∴**主磁極→空氣隙→電樞鐵心→場軛（機殼）**
>
> ◎ 空氣隙介於主磁極（定子）與電樞（轉子）之間。
>
> ◎ **通過場軛的磁力線為通過磁極的一半。**
>
> ∵場軛獲得的磁力線，是由主磁極出發後，經空氣隙分成兩部份。

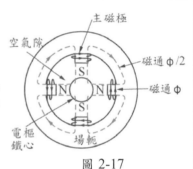

圖 2-17

②材料：

A.小型機：低導磁係數之鑄鐵一次鑄成。

B.中型機：高導磁係數之鋼板，以曲捲將鋼板捲壓成型。

C.大型機：高導磁係數之鋼板分成上下兩環拼裝維護。

③附屬元件：

A.托架：以鋼板製成，鍛接於場軛。

B.吊耳：便於搬運。

(2)主磁極：

　①功能：

　　如圖 2-17 所示，在**空氣隙**產生所需要的**磁通密度**，使旋轉的導體割切磁力線產生應電勢，或使通有電流的電樞導體產生磁力線，產生驅動轉矩。

　②材料：

　　A.鐵心須有**高導磁係數**及適當的磁通密度。

　　B.鐵心採用**疊片式**：**減少渦流損**。每片厚度：0.8mm~1.6mm。

　　🔖 **渦流損** $P_e = K_e B_m^2 f^2 t^2$；（t：矽鋼片的厚度）。

　　C.鐵心採用**矽鋼**：**減少磁滯損**。含量約：5%以下，含量太多會使材質脆弱，機械強度不足。

　　🔖 **磁滯損** $P_h = K_n B_m^2 f^2$。

　③結構：

　　A.如圖 2-17 所示，主磁極必須**相鄰異極**，且必為**偶數**（有 N 必有 S，兩兩一組）。主磁極 N 端相鄰的左右主磁極都為 S，**異於本身主磁極 N**。

　　B.如圖 2-16 所示，主磁極分為：**極心、極尖、極掌**。

　　C.**極掌**面積**大**於極心：改善定子與轉子間**空氣隙**內的磁通分佈，**減低磁通密度**，使磁阻下降（$\because \downarrow B = \dfrac{\phi}{A\uparrow}$，$\downarrow R = \dfrac{\ell}{\mu A\uparrow}$）。

　　D.**極尖的面積僅為極心的一半**：

　　　◇ 一般使用缺左極尖或缺右極尖者交互疊成，使極尖面積減半。

　　　◇ 使**極尖易飽和，降低電樞反應**，且**幫助換向**。

　　　🔖 電樞反應：當電樞線圈通上電流後在某線圈周圍必產生磁場，此磁場稱為電樞磁場，若此磁場會**使主磁場產生畸變**之現象，稱為電樞反應（Armature Reaction）。

④附屬元件：

如圖 2-18 所示，在主磁極**極心**上繞有線圈，並通以直流電，用以產生電機所需要的磁通，稱此線圈為「磁場線圈」或**「激磁繞組」**。

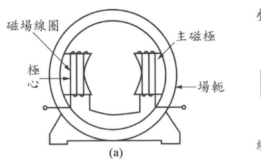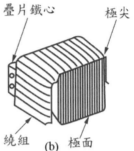

圖 2-18

(3) 激磁繞組（磁場繞組或場繞組）

①串激場繞組：如圖 2-16 所示，匝數少、線徑粗、電阻小、電流大，與電樞繞組**串聯**。

②分激場繞組：如圖 2-16 所示，匝數多、線徑細、電阻大、電流小，與電樞繞組**並聯**。

③複激場繞組：由**串激場繞組**和**分激場繞組**合成，但磁通由分激場繞組決定。

(4) 中間極（換向磁極）

①功能：

A. **抵消**換向區內的**電樞反應**磁通，**幫助換向**，減少火花。

B. **抵消**換向線圈的自感與互感應電勢。

②配置方式：

A. 作用於**換向區**內。

B. 如圖 2-16 所示，位於**兩主磁極中間**，中間極繞組採用**匝數少、線徑粗**之導線，與**電樞繞組串聯**，流過電樞電流。

C. 無極心、極掌之分。

③極性：

A. 發電機(G)：**順**旋轉方向與**主磁極****同極性**。

B. 電動機(M)：**逆**旋轉方向與**主磁極****同極性**。

C. 判斷方式：以**中間極**看主磁極，如下舉例說明：

【說明一】N、S 指主磁極；n、s 指中間極。

$$NnSs \rightarrow 逆、電動機（M）$$
$$nNsS \rightarrow 順、發電機（G）$$
$$SsNn \rightarrow 逆、電動機（M）$$
$$sNnS \rightarrow 逆、電動機（M）$$
$$NnnS \rightarrow ×$$
$$nSNn \rightarrow ×$$
$$SsNn \rightarrow 逆、電動機（M）$$
$$nSsN \rightarrow 逆、電動機（M）$$
$$SsnN \rightarrow ×$$

【說明二】(G)旋轉方向相同、(M)旋轉方向相反

(5) 補償繞組：

①功能：

A. 產生與電樞反應磁通相反的磁通，以**抵消電樞反應**。

B. 補償繞組電流方向與電樞電流方向相反。

②配置方式：

位於主磁極**極面**（圖 2-18(b)）之槽內，與**電樞繞組串聯**。

江 湖 決 勝 題

1. 有一複激式直流發電機的接線如圖所示，經
   測試後其電阻得 $R_{34}<R_{56}<R_{12}$，求：

   (1)串激場繞組。(2)分激場繞組。(3)電樞繞組。

   答：∵分激場繞組電阻＞電樞繞組電阻＞串激場繞組電阻

   　　∴(1)R_{34}；(2)R_{12}；(3)R_{56}。

2. 如圖所示，為一四極電機的磁場繞組，求：各繞
   組相互連接的方法。

   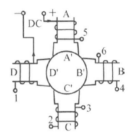

   答：(1) ∵DC 電流從(A,A')組主磁極線圈進入，
   　　(D,D')組主磁極線圈流出。所以，此兩組
   　　線圈依「螺旋定則」判斷主磁極的極性。

   　　∴A 端為 N 極、A'端為 S 極；D 端為 S
   　　　極、D'端為 N 極。

   　(2) ∵主磁極必須相鄰異極，主磁極 N 相鄰的左右主磁極都為 S，
   　　　異於本身的主磁極 N。

   　　∴B'端異於 A'端為 N 極；C'端異於 D'端為 S 極。

   　　如此一來，A'~D'端彼此左右都是符合相鄰異極。

   　(3) 決定各主磁極的極性後，再依「螺旋定則」從已知的磁力線 N 方
   　　　向推論出線圈電流進出方向。

   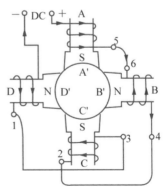

   　　∴①(A,A')組主磁極線圈:5 流出；
   　　②(B,B')組主磁極線圈:6 流入、
   　　4 流出；③(C,C')組主磁極線圈:
   　　2 流入、3 流出；④(D,D')組主
   　　磁極線圈:1 流入。

   　(4) 依上述解，順其電流方向連接各磁
   　　　場繞組，使其串聯成一完整電路。

2. 電樞部份：

　　電樞為電機之**旋轉部分**，其表面之**槽內**裝有**電樞導體**，割切磁極磁通以產生應電勢。構造為**電樞鐵心**及**電樞繞組**兩大部分組成。

(1) 電樞鐵心：

　　① 功能：

　　　　A. 作為**磁路**的一部分。

　　　　B. 支持**線圈**，使線圈固定於一個位置。

　　　　C 可產生轉動，使線圈割切磁力線。

　　② 材料：

　　　　A. 高導磁係數、低磁滯損失、高電阻及較強的機械強度。

　　　　B. 如圖 2-19 所示，矽鋼疊片而成，**疊片平面要和轉軸垂直**。矽含量約 1.0~2.0%，每片厚度約 0.5mm。由圖 2-19 可知，**採疊片模式，可減少渦流損**。

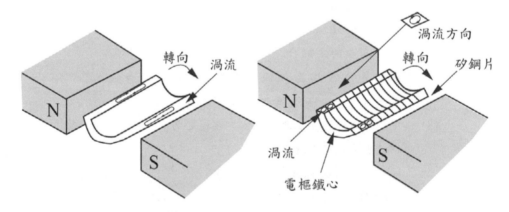

圖 2-19

③附屬設計：附有**電樞槽**，以放置**電樞繞組**。

📝 電樞槽

(1) 電樞槽口依**容量大小**及
轉速快慢分類：（如圖
2-21(a)、(b)所示）

① **開口槽**：槽口及槽底
寬度相同，成型線圈
易裝入。適用於**中型
以上**、**低轉速**之直流
電機。

② **半開口槽**：或稱半閉
口槽。適用於**小型**、
高轉速之直流電機。
因槽口較窄，所以高
轉速時，線圈不易飛
出槽外；但成型繞組
無法納入，需單根導
體放入槽內，再將其
末端紮束固定，是為
「散繞」。

(2) 依槽口方向分類：

① **平行槽**：電樞槽與電
樞軸中心平行。

② **斜口槽**：如圖 2-22 所
示。電樞槽不與電樞
軸中心平行，歪斜**相
差一槽距**，一般均採此
槽。
目的：減少主磁極極
面與電樞間，因轉動
時槽齒之**磁阻變化**所
引起的**震動**及**電磁噪音**。

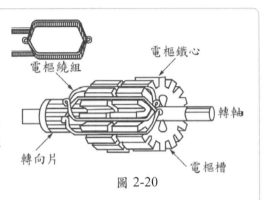

圖 2-20

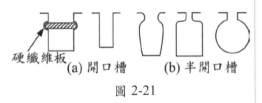

(a) 開口槽　(b) 半開口槽

圖 2-21

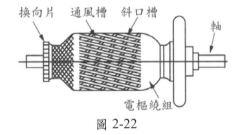

圖 2-22

(2)電樞繞組：

　①功能：

　　A. 電樞繞組旋轉經**一對磁極**，產生**一個週期正弦波**應電勢，旋轉兩
　　　對磁極，產生兩個週期正弦波應電勢，以此類推。

　　B. 直流**發電機**（DCG）：以動能帶動電樞繞組，割切磁力線**產生應電
　　　勢**。（**動能→電能**）

　　C. 直流**電動機**（DCM）：通入電能至電樞繞組，與主磁極磁力線經
　　　電磁作用，**產生電磁轉矩**。（**電能→動能**）

　②繞線方法：

　　電樞鐵心上需**有足夠的線圈導體**經旋轉切割磁力線，而電樞繞組乃是如
　　何將多數的**線圈導體與換向器依序連接**，提高材料之利用率，以產生所
　　需之應電勢及電磁轉矩，且使**總應電勢及瞬間轉矩的變動率降低**。

區分	種類	說明	現況
依電樞繞組連接	閉路繞組	所有繞組經換向器形成一封閉路徑。	直流機
	開路繞組	若干開路的獨立繞組。須在外部加以連接即構成迴路。	交流機
依電樞繞組裝置	環型繞組	◇ 不受磁極數限制，電樞電流路徑數與極數相同。 ◇ 手工繞製，浪費材料。	不符經濟效益
	盤型繞組	將電樞鐵心改為空心圓盤。	
	鼓型繞組	如圖 2-23 所示，將電樞繞組全部移到電樞鐵心表面之槽內（如圖 2-20 所示），繞組兩線圈邊跨距約為一個極距（180°電機角）。可使用**成型繞組**。 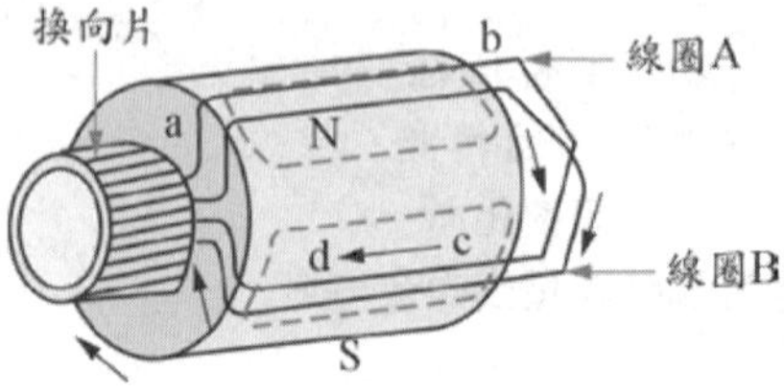 圖 2-23	目前電機所採用

區分	種類	說明	現況
依線圈引線與換向器連接	疊繞	又稱「複路繞組」或「並聯繞組」。	鼓型繞組之種類
	波繞	又稱「雙路繞組」或「串聯繞組」。	
	蛙腿式繞	由「單分疊繞」與「複分波繞」合成。	
依電樞槽內放置線圈邊數	單層繞組	每槽僅置一線圈邊（$C_s=1$）。【C_s：每槽線圈邊數】	
	雙層繞組	每槽置有上、下兩個線圈邊（$C_s=2$）。	一般電樞繞組採用
	多層繞組	每槽置有兩個以上線圈邊（$C_s>2$）。	

江 湖 決 勝 題

1. 電樞薄矽鋼片的擺置，應與轉軸？　(A)平行　(B)垂直　(C)相交 45°　(D)以上皆非。

　　答：(B)。電樞薄矽鋼片應與轉軸垂直，而與磁力線方向平行疊積，使磁力線流通。

2. 理論上，為使電樞磁通密度被分佈均勻，最好使用　(A)閉口槽　(B)開口槽　(C)半閉口槽　(D)以上皆非　，但無法用於實際作業。

　　答：(A)。閉口槽使主磁極與槽、齒之間的磁阻相近且較小。故磁通分佈均勻，但無法放置電樞繞組。

3. 於電樞上，利用斜槽結構，目的為減少？　(A)渦流損　(B)啟動電流　(C)火花　(D)雜音。

　　答：(D)。減少主磁極極面與電樞間，因轉動時槽齒之磁阻變化所引起的震動及電磁噪音。

4. 下列何者不是鼓型繞組的特徵？ (A)可使用成型繞組，工作容易且絕緣完善 (B)電刷部份之線圈電感較環型繞組小 (C)有效利用所有導體 (D)可以採同一形狀之繞組而運用於極數不同。

答：(D)。鼓型繞組兩線圈邊的跨距約為一個極距，故無法適用於不同磁極數之電機。

3. 換向器與電刷部份：

(1)換向器（整流子）

①功能：

A. 直流**發電機**（DCG）：將電樞內**交流應電勢**轉換成**脈動直流電勢**取出。（AC→DC）

B. 直流**電動機**（DCM）：將外電路**直流電壓**轉換成**交流電勢**輸入電樞繞組，而產生**同方向之轉矩**。（DC→AC）

C. 由 A.、B.可知，DCG 和 DCM 的**電樞均為交流應電勢**。

②材料：硬抽銅或錘銅的楔型截片，換向器之間夾一**雲母片**絕緣。

③配置方式：

A. 如圖 2-16 所示。

B. **換向器表面會固定電刷**，所以，雲母片的高度會略低於換向器約 1~1.5mm，否則會導致電刷與換向器接觸不良妨礙整流，但也不可太低，否則易積碳，如圖 2-24 所示。

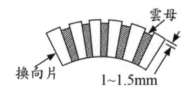

圖 2-24

(2)電刷

　　①功能：

　　　A.直流**發電機**（DCG）：將電樞繞組之電流經換向器**導出至外部電路**。

　　　B.直流**電動機**（DCM）：將外部電路之電流經換向器**導入至電樞繞組**。

　　　C.由 A.、B.可知，電刷是**轉子（電樞）**與**定子**間的「**橋樑**」。

　　②條件：

　　　A.**高接觸電阻**：抑制換向時短路電流產生的火花。

　　　B.**高載流容量**：減少電刷截面積及換向器長度。

　　　C.**潤滑作用**：減低電刷與換向器間的摩擦。

　　　D.**高機械強度**：耐震不易破裂。

　　　E.**質地均勻**：減少運轉時的噪音，延長使用壽命。

　　③材料：

　　　A.**碳**：接觸電阻大，整流能力強。（一般直流電機均採碳質）

　　　B.**石墨**：摩擦係數小，具潤滑作用。

　　　C.**銅**：導電性好，**電流密度大**。

　　④配置方式：

　　　A.如圖 2-16 所示，電刷經由刷握固定在換向器上保持一定位置。

　　　B.有一彈簧使電刷與換向間保持**一定的壓力**，避免接觸壓力過大摩擦產生高溫；壓力過小又會接觸不良產生火花。

　　　C.避免因承載電機之滿載電流而過熱，所以電刷必須有適當大小，電流密度約 $5\sim15\text{A/cm}^2$。

　　　D.電刷寬度一般約在 1~3 換向器節距內。

⑤**與換向器表面接觸角度**：

如圖 2-25 所示。

A.**反動型**：又稱「**逆動型**」。接觸角度約 30~35 度之間。適於**單向旋轉**電機，一般用於逆轉電機。

B.**追隨型**：接觸角度約 10~20 度之間。適於**單向旋轉**電機，一般用於正轉電機。

C.**垂直型**：適於**正逆轉**電機。

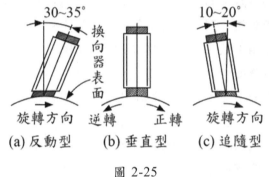

圖 2-25

⑥ 種類及特性：

種類	特性	接觸電阻	載流容量	摩擦係數	用途
碳質 （硬電刷）	質密且堅硬	高	小	大	高壓、小容量、低速
石墨 （軟電刷）	質軟而潤滑	低	大	小	中低壓、大容量、高速
電氣石墨質 （電化石墨質）	碳加熱壓製	適宜	大	小	一般直流機
金屬石墨質	含金屬50~90%	小	最大	小	低壓、大電流

江 湖 決 勝 題

1. 直流發電機之電樞感應電勢為交流電壓，所以需要　(A)滑環　(B)轉向器　(C)電壓調整器　(D)電壓器　來整流。

　　答：(B)

2. 直流機電樞繞組的電流為？　(A)脈波　(B)直流　(C)交流　(D)三角波。

　　答：(C)

3. 換向器雲母片的切除，其主要原因是？　(A)避免突出的雲母片使電刷跳動妨礙整流　(B)避免電刷振動　(C)避免電樞震動　(D)減少阻力。

　　答：(A)。換向器表面會固定電刷，所以，雲母片的高度會略低於換向器約
　　　　1~1.5mm，否則會導致電刷與換向器接觸不良妨礙整流，但也不可太
　　　　低，否則易積碳。

4. 軸與軸承部份

(1) 軸（轉軸）

① 功能：

　A. **支持轉子在磁場內旋轉。**

　B. **傳導機械功率。**

② 材料：

　A. 採用鍛鋼製成，以具有充分之強度傳達轉矩。

　B. 直徑：$D = 20 \cdot 3\sqrt{\dfrac{P_o(kW)}{n(rpm)}}$　（cm）

(2) 軸承

① 功能：**支持轉軸，使轉軸得以順利旋轉。**

② 特性：

　A. 軸與軸承之間必須使用潤滑油。

　B. 由**軸承直徑、轉速的快慢、使用時之溫度**選用潤滑油。

　C. 電機轉速愈快，潤滑油黏度愈低，反之愈大。

③分類：

　A. 滑動軸承：

　　◎ 又稱「套筒」軸承。

　　◎ 適用於**低速直流電機**。

　　◎ 小型電機材料：青銅。

　　◎ 中大型電機材料：巴氏合金。

　B. 滾動軸承：

　　◎ 適用於**高速直流電機**。

　　◎ 又可分為球珠（鋼珠）軸承，適用於中小型電機；以及滾柱軸承，適用於重負載電機。

2-4　電樞繞組

1. 電樞繞組之基本概念及重要名詞：

　(1)基本概念：

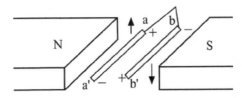

(a) 導體在 N、S 極下運動感應電勢

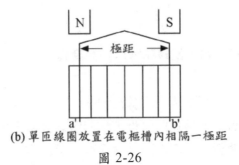

(b) 單匝線圈放置在電樞槽內相隔一極距

圖 2-26

①如圖 2-26(a)所示：

　　A. 一根導體 aa'在 N 極**向上運動**產生應電勢，a 為＋、a'為－。

　　B. 另一根導體 bb'在 S 極**向下運動**產生應電勢，b 為－、b'為＋。

　　C. 將 a、b 兩端接起來，a'和 b'兩端電壓必相加。

②如圖 2-26(b)所示：

　　A. a'b'組成一個**單匝線圈**（N=1）。

　　　📍 對照圖 2-26(a)則為 a'abb'。

　　B. 此單匝線圈放在**相距一極距**的兩個電樞槽中即形成**電樞繞組**。

　　C. 此單匝線圈的一邊導線稱為**一個感應體**或**一根有效導體**(Z)。

　　D. 此有效導體主要為**產生應電勢**和**電磁轉矩**。

③以上概念得知：**一匝線圈會有兩邊導線**，即兩根有效導體；換句話說，**一匝兩根**：Z=2N。

(2) 重要名詞

名詞	解釋
導體	①電樞槽內的銅條或金屬線。 ②電樞總導體數（Z_A）＝**每極**電樞總導體數（Z_p）×**極數**(P)＝電樞總線圈的導體數（Z_N）×**線圈匝數**(N)
繞組元件	一個繞組是由若干匝線圈(N)組成，即**線圈組數** N_A。
線圈元件	每匝線圈之**線圈邊**，即有效導體（Z_N）。
極距	請參考 2-1 節說明。
層數	每槽放置的**線圈元件數**，以 C_S 表示。
槽數	①如圖 2-16 所示，電樞鐵心上可放置**線圈元件**的空槽，以 S 表示。 ② $S×C_S=2N$

名詞	解釋
槽距	如圖 2-27 所示，在電樞面上，一槽中心到相鄰槽中心的距離，即**一槽及一齒的寬度**。 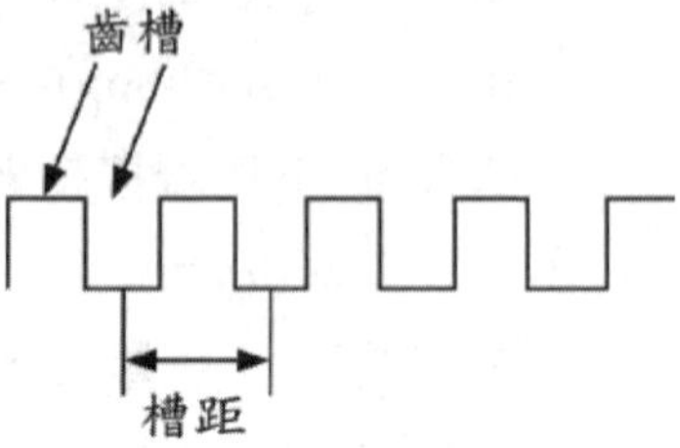 圖 2-27
線圈節距	①線圈的一邊到另一邊置於電樞槽內**位置號碼之差**，又稱「**後節距**」，以 Y_S 表示。 ② A.$Y_S = \dfrac{S}{P}$ 　B.若 Y_S 為非整數時，**取最大整數值**，即 $Y_S = \dfrac{S}{P} - k$（k 修正數 $= \dfrac{S \div P \text{ 的餘數}}{\text{極數}}$）。
全節距繞組	①線圈一邊在 N 極，另一邊在 S 極，此時**線圈節距等於一極距**，如圖 2-28 所示。 ②$Y_S = \dfrac{S}{P} = 180^\circ$ 電機角。 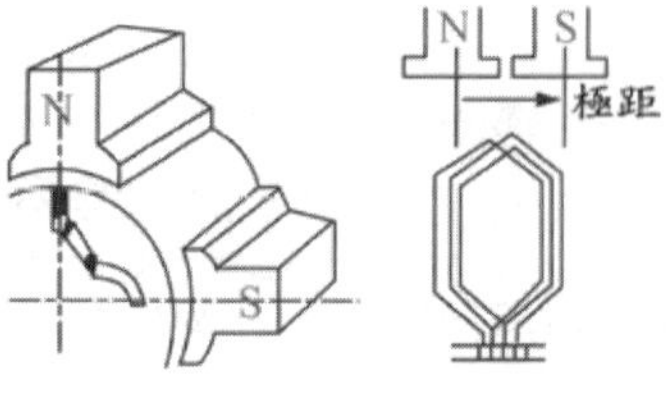 　(a)　　　(b) 圖 2-28

名詞	解釋
短節距繞組	①亦稱「分數節距繞組」或「弦接線圈」。 ②線圈節距**小於一極距**，如圖 2-29 所示。 ③**線圈末端連接線較短、節省材料**（因為小於一極距，所以兩線圈邊相距較全節距近，因此將兩線圈邊連接的連接線也較短）；**自感及互感較小、幫助換向。但感應電勢較全節距小。因此，一般多用短節距繞組。** ④$Y_S = \dfrac{S}{P} - k < \dfrac{S}{P}$（$180°$電機角）。 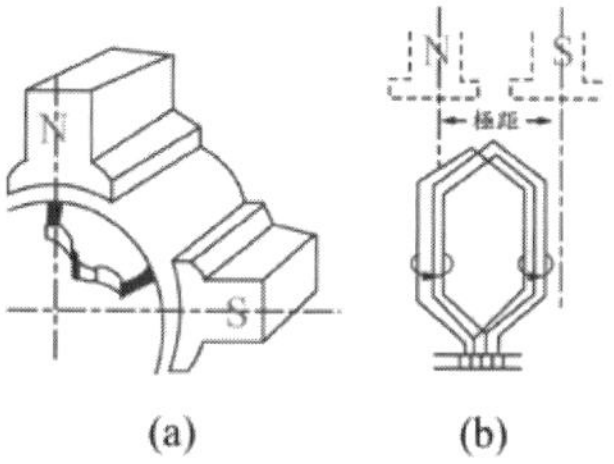 圖 2-29
長節距繞組	①線圈節距**大於**一極距。 ②$Y_S = \dfrac{S}{P} + k > \dfrac{S}{P}$（$180°$電機角）。
後節距	如圖 2-30 所示，**同一線圈的兩線圈元件**所相隔的跨距或槽數（號碼差），亦即**不同換向片間**的繞組節距，又稱「**線圈節距**」，以 Y_b 表示。
前節距	如圖 2-30 所示，**第一線圈如何連接至第二線圈**，亦即**同一換向片上**連接的**兩線圈元件**相隔的跨距或槽數（號碼差），以 Y_f 表示。
平均節距	①前節距與後節距之平均數，以 Y_{av} 表示。 ②$Y_{av} = \dfrac{Y_b + Y_f}{2}$。

名詞	解釋
換向片節距	如圖 2-30 所示，**同一線圈**的**兩線圈元件**所接換向片的跨距或槽數（號碼差），以 Y_C 表示。
複分繞數	即「**換向片節距**」，以 m 表示。若 $Y_C=\pm1$，為「單分，m=1」；$Y_C=\pm2$，為「雙分，m=2」。
單層繞組	電樞槽內只放置**一個線圈元件**，即 $C_S=1$。
雙層繞組	電樞槽內放置**兩線圈元件**，一在上層、一在下層，即 $C_S=2$。目前多採雙層繞組。
電流路徑數	電樞繞組經**換向片**形成一封閉路徑，再由**電刷**分成 a 條電流路徑，又稱「**並聯路徑數**」，以 a 表示。
重入數	①電樞繞組具有的封閉迴路數，以 D 表示。 ② D＝（C,m）＝**換向片數 C 與複分繞數 m 的最大公因數**。

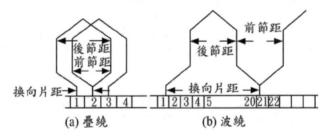

圖 2-30

(3) 結論

採雙層繞組時，槽數 S、線圈邊數 N、換向片數 C 之關係：

① 1 匝有 2 根有效導體，Z=2N。

② 1 組線圈（匝）有 2 個線圈邊。

③ 1 個換向片接 2 個線圈邊（如圖 2-30）。

④ 1 個槽放置 2 個線圈邊（∵雙層繞）。

$$\therefore 槽數(S)=線圈組數（N_A）=換向片數(C)=\frac{電樞總線圈的邊數（Z_N）}{2}=$$

$$\frac{電樞總導體數 Z_A}{2\times 線圈匝數 N}=\frac{電樞總導體數 Z_A}{每槽線圈元件數}$$

江 湖 決 勝 題

1.某 4 極電機，電樞有 43 槽，每槽有 8 線圈元件，每一線圈匝數為 4，求：
  (1)線圈邊總數。(2)總導體數。(3)總線圈數。(4)換向片數。

  答：∵槽數(S)=線圈組數(N_A)=換向片數(C)

$$=\frac{電樞總線圈的邊數(Z_N)}{2}=\frac{電樞總導體數 Z_A}{2\times線圈匝數 N}=\frac{電樞總導體數 Z_A}{每槽線圈元件數}$$

  ∴43 槽=43 組線圈=43 只換向片數⇒43×2 個線圈邊數(Z_N)

  ⇒43×2×4 個電樞總導體數(Z_A)=43×8 個電樞總導體數(Z_A)

  (1)總線圈邊數(Z_N)=43×2=86 根

  (2)總導體數(Z_A)=43×2×4=344 根

  (3)總線圈數=43 組(匝)

  (4)換向片數=43 只

2.4 極 36 槽，每槽有 2 線圈元件，求：換向片數。

  答：∵槽數(S)=線圈組數(N_A)=換向片數(C)

$$=\frac{電樞總線圈的邊數(Z_N)}{2}=\frac{電樞總導體數 Z_A}{2\times線圈匝數 N}=\frac{電樞總導體數 Z_A}{每槽線圈元件數}$$

  ∴(1)4×36=144 槽=144 只換向片數。

   (2)每槽 2 個線圈元件，共 2×36×4=288 個線圈元件，

$$即\frac{電樞總線圈的邊數(Z_N)}{2}=\frac{288}{2}=144 組(匝)線圈=14 只換向片數。$$

   (3)$\frac{電樞總導體數 Z_A}{2\times線圈匝數 N}=\frac{4\times36\times2}{2\times1}=144$ 槽=144 只換向片數。

   註 電樞繞組置於電樞槽，所以，一個電樞槽有 2 根線圈元件，
      即 1 匝。

   (4)$\frac{電樞總導體數 Z_A}{每槽線圈元件數}=\frac{4\times36\times2}{2}=144$ 槽=144 只換向片數。

2. 塔疊繞組與波形繞組特性說明：

	疊繞（LW）【並聯式繞組】	波繞（WW）【串聯式繞組】
圖示說明	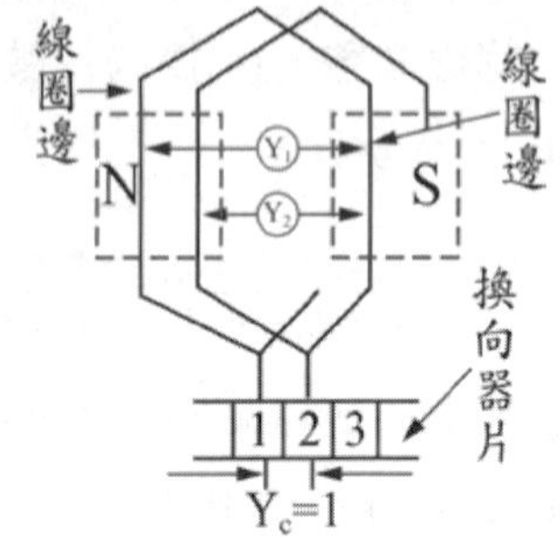 圖 2-31	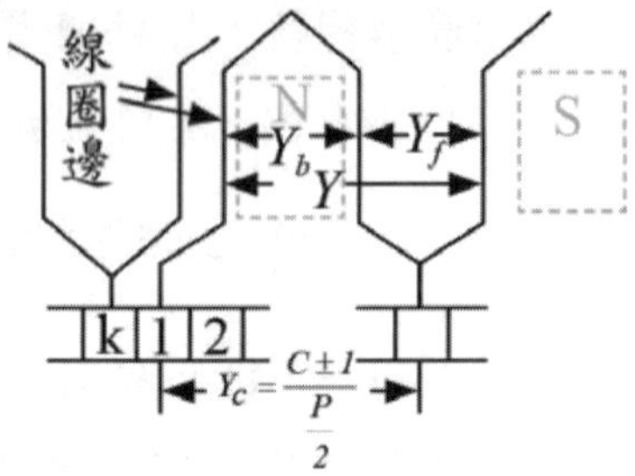 圖 2-32
繞製條件	(1)每一線圈必須在**相鄰異極**。 (2)第一線圈的尾與第二線圈的頭接在同一換向片上；最後一線圈的尾接至第一線圈的頭。 (3)Y_b 與 Y_f 必須為奇數，且不能相等。 (4)只能 $Y_b<Y_f$、$Y_b>Y_f$。	(1)同一線圈的兩線圈邊連接在相隔**兩極距**（360°電機角）的換向片上。 (2)繞組成波浪狀。 (3)Y_b 與 Y_f 必須為奇數。 (4)$Y_b=Y_f$、$Y_b<Y_f$、$Y_b>Y_f$ 均可。
電流路徑數	a=mp（與主磁極 P 成正比）	a=2m（與主磁極 P 無關）
適用電機	低電壓、大電流	高電壓、小電流
前進式	較佳，節省銅線 $Y_b>Y_f$（線圈繞法採順時針）	繞組經電樞一週後,回到出發點換向片的**前面**換向片。
後退式	$Y_b<Y_f$（線圈繞法採逆時針）	較佳，節省銅線 繞組經電樞一週後,回到出發點換向片的**後面**換向片。

	疊繞（LW）【並聯式繞組】		波繞（WW）【串聯式繞組】	
換向片節距	$Y_C=\pm m$（片）		(1)接近但不恰等於 $360°$ 電機角（2 個極距。） (2)$Y_C=\dfrac{C\pm m}{\frac{P}{2}}$（片）；＋為前進波繞、－為後退波繞。	
以槽為單位	換向片節距	$Y_C=\pm m$（片）	換向片節距	$Y_C=\dfrac{C\pm m}{\frac{P}{2}}=Y_b+Y_f$（片）
	後節距	$Y_b=Y_S=\dfrac{S}{P}-k$	後節距	$Y_b=Y_S=\dfrac{S}{P}-k$
	前節距	$Y_f=Y_b\mp m$	前節距	$Y_f=Y_C-Y_b$
以線圈元件為單位	Y_b 與 Y_f 須為奇數			
	線圈節距	$Y_S=\dfrac{S}{P}-k$（槽）	線圈節距	$Y_S=\dfrac{S}{P}-k$（槽）
	換向片節距	$Y_C=\pm m$（片）	換向片節距	$Y_C=\dfrac{C\pm m}{\frac{P}{2}}$（片）
	後節距	(1)$Y_b=Y_SC_S+1$ (2)雙層繞組 　$Y_b=2Y_S+1$	後節距	(1)$Y_b=Y_SC_S+1$ (2)雙層繞組 　$Y_b=2Y_S+1$
	前節距	(1)$Y_f=Y_b\mp C_Sm$ (2)雙層繞組 　$Y_f=Y_b\pm 2m$	前節距	(1)$Y_f=Y_CC_S-Y_b$ (2)雙層繞組 　$Y_f=2Y_C-Y_b$
電刷寬度與電刷數	(1)電刷寬度(b)=換向片寬度（δ）時，則**電刷數**(B)=**電流路徑數**(a)。 (2)於 m 分疊繞時，$b=m\delta$，則**電刷數** B=**主磁極數** P。		(1)為降低成本、機械平衡、電刷電流密度均勻，故電刷寬度(b)=換向片寬度（δ）時，**電刷數** B=**主磁極數** P。 (2)於 m 分波繞時，$b=m\delta$，則 B=2。	
疊繞均壓線與波繞虛設線圈	(1)**原因**：每條電流路徑之應電勢不同，造成**環流**流過電刷，換向不良，如圖 2-33 所示。 🔖**環流未流經換向器**為**交流**。		(1)**原因**：槽數與換向片數不能滿足 $Y_C=\dfrac{C\pm m}{\frac{P}{2}}$。	

	疊繞（LW）【並聯式繞組】	波繞（WW）【串聯式繞組】
疊繞均壓線與波繞虛設線圈	(2)結果：換向易產生火花，環流使繞組消耗功率，使溫度升高。 (3)克服：用低電阻之導線，連接相隔兩極距（360°電機角）的繞組，使各點電位相同，稱之「均壓線」，以 N_{eq} 表示。如圖 2-34(a)(b)所示。 (4)均壓線 = $\dfrac{\frac{線圈組數}{\frac{P}{2}}}{}$ × 均壓線%連接數 📍註 均壓線的%連接數： ①每一線圈都使用均壓線稱為 100%均壓連接。 ②每隔 2 或 4 個線圈才接一次均壓線，為 50%、25%均壓連接。	(2)結果：多出的線圈不能接換向片，若略去多出的線圈不製成，卻造成機械不平衡。 (3)克服：將多出之線圈放置槽內，而不與換向器連接，僅作填充但無作用，稱之「虛設線圈」或「強制繞組」。

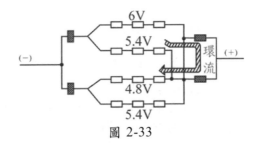

圖 2-33

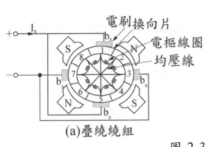

(a)疊繞繞組

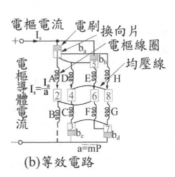

(b)等效電路

圖 2-34

3. 蛙腿式繞組（FW）：

(1)同一槽內放置有兩種繞組的線圈各一個，**疊繞之線圈引線與相鄰之兩換向片連接，波繞之線圈引線與相隔兩極距之換向片**連接。

(2)疊繞與波繞使用同一換向片及電刷，故 $a_{LW}=a_{WW}$。

(3)由**單分疊繞**與 $\frac{P}{2}$**分波繞**組成，故 $a_{FW}=2P$，即「蛙腿式繞組之電流路徑數為主磁極的 2 倍」。

【證】$a_{FW}=a_{LW}+a_{WW}=mp+2m=（1\times P）+（2\times\frac{P}{2}）=P+P=2P$

(4)優點：

①因有波繞，換向片跨距約 2 極距。

②本身具有均壓作用，不需另裝設均壓線。

(5)缺點：因有波繞，故電樞電路電壓較高，繞組間需設計全電壓絕緣，導致體積較大。

江 湖 決 勝 題

1. 一部雙分雙層前進式疊繞的四極直流發電機，每條路徑中串聯 60 根導體，若每組繞組有 4 匝，求：(1)電流路徑數；(2)電樞總導體數；(3)線圈元件數；(4)線圈組數；(5)槽數；(6)換向片數；(7)重入數；(8)電刷數；(9)後節距；(10)前節距；(11)換向片節距；(12)25%均壓線數。

答：(1)疊繞 $a=mp=2\times 4=8(條)$

∵①電樞總導體數$(Z_A)＝$每極電樞總導體數$(Z_p)\times$極數$(P)＝$電樞總線圈的導體數$(Z_N)\times$線圈匝數(N)

②槽數$(S)=$線圈組數$(N_A)=$換向片數(C)

$$=\frac{電樞總線圈的邊數(Z_N)}{2}=\frac{電樞總導體數Z_A}{2\times 線圈匝數 N}=\frac{電樞總導體數Z_A}{每槽線圈元件數}$$

(2)電樞總導體數 $Z_A=$每條導體數$\times$總電流路徑數

$$=Z\times a=60\times 8=480(根)$$

(3)線圈元件數 $Z_N=\frac{Z_A}{N}=\frac{480}{4}=120$（個）

(4)圈組數 $N_A = \frac{Z_N}{2} = \frac{120}{2} = 60$（組）

💡綜合(2)(3)(4)所述：一組繞組由 4 匝線圈組成，電樞共有 60 組線圈、共 60×4=240 匝、共 240×2=480 根導體。

(5)槽數 $S=N_A=60$(槽)

(6)換向片數 $C=S=N_A=60$(片)

(7)重入數 $D=(C,m)=(60,2)=2$(次)

(8)電刷數 $B=P=4$(個)

(9)後節距 $Y_b = Y_S = \frac{S}{P} - k = \frac{60}{4} = 15$(槽)

(10)前節距 $Y_f=Y_b-m=15-2=13$(槽)

(11)換向片節距 $Y_C=\pm m=\pm 2$(片)

(12)25%均壓線數 $N_{eq} = \frac{線圈組數}{\frac{P}{2}} \times 均壓線\%連接數 = \frac{60}{\frac{4}{2}} = 30$（條）

2. 一部 4 極、45 槽單分雙層後退式波繞的直流電機，每一組線圈有 2 匝，求：(1)電流路徑數；(2)電樞總導體數；(3)線圈元件數；(4)線圈組數；(5)換向片數；(6)重入數；(7)電刷數；(8)後節距；(9)換向片節距；(10)前節距。

答：(1)波繞 $a=2m=2\times 1=2$(條)

① 電樞總導體數 (Z_A)＝每極電樞總導體數 $(Z_p)\times$ 極數 (P)＝電樞總線圈的導體數 $(Z_N)\times$ 線圈匝數 (N)

② 槽數 (S)＝線圈組數 (N_A)＝換向片數 (C)

$= \frac{電樞總線圈的邊數 (Z_N)}{2} = \frac{電樞總導體數 Z_A}{2\times 線圈匝數 N} = \frac{電樞總導體數 Z_A}{每槽線圈元件數}$

③ $S\times C_S=2N$

(2)電樞總導體數

$Z_A=$ 槽數 $(S)\times 2\times$ 線圈匝數 $N=45\times 2\times 2=180$(根)；

或 $Z_A = Z_N\times N=90\times 2=180$(根)

(3)線圈元件數 $Z_N = \dfrac{Z_A}{N} = \dfrac{180}{2} = 90$(個)；或 $Z_N = S \times C_S = 45 \times 2 = 90$(個)

(4)線圈組數 $N_A = \dfrac{Z_N}{2} = \dfrac{90}{2} = 45$(組)

(5)換向片數 $C = S = N_A = 45$(片)

(6)重入數 $D = (C, m) = (45, 1) = 1$(次)

(7)電刷數 $B = 2$(個)

(8)後節距 $Y_b = Y_S = \dfrac{S}{P} - k = \dfrac{45}{4} - \dfrac{1}{4} = 11$ （槽）

(9)換向片節距 $Y_C = \dfrac{C \pm m}{\frac{P}{2}} = \dfrac{45-1}{\frac{4}{2}} = \dfrac{44}{2} = 22$(片)

(10)前節距 $Y_f = Y_C - Y_b = 22 - 11 = 11$(槽)

3. 有一部 4 極 36 槽、36 換向片的蛙腿式繞組，求：(1)電流路徑數；(2)後節距；(3)換向片節距。

　答：(1)此蛙腿式繞組是由單分疊繞及雙分波繞 $(\frac{P}{2} = 2)$ 所組成。

　　　　$a = 2P = 2 \times 4 = 8$ 條

　　(2)單分疊繞：

　　　　①後節距 $Y_b = Y_S = \dfrac{S}{P} - k = \dfrac{36}{4} = 9$(槽)

　　　　②換向片節距 $Y_C = \pm m = \pm 1$(片)

　　(3)雙分波繞：

　　　　①後節距 $Y_b = Y_S = \dfrac{S}{P} - k = \dfrac{36}{4} = 9$(槽)

　　　　②換向片節距 $Y_C = \dfrac{C \pm m}{\frac{P}{2}} = \dfrac{36 \pm 2}{\frac{4}{2}} = \dfrac{36 \pm 2}{2} = 17$ 或 19(片)

2-5 直流機之一般性質

1. 電樞反應（Armature Reaction）：

當電樞線圈通上電流後，因電流磁效應在某周圍必產生一**電樞磁場**，若此磁場干擾主磁場使主磁場產生畸變之現象，稱為**電樞反應**。

(1) 發生原因：

圖 2-35(a)無電樞電流，僅有主磁場磁通分佈之情形；圖 2-35(b)無主磁場電流，僅有電樞磁場磁通分佈情形；圖 2-35(c)直流**發電機**輸出時，主磁場與電樞磁場之合成磁通的分佈情形。由圖 2-35(c)可以得知，當發電機順時針轉，或電動機逆時針轉，且電樞導體內有電樞電流流過時，電樞電流所產生的電樞磁場對主磁極之磁場作用後，**使主磁極的磁通分佈被扭曲，使磁中性面移動 α 角**。

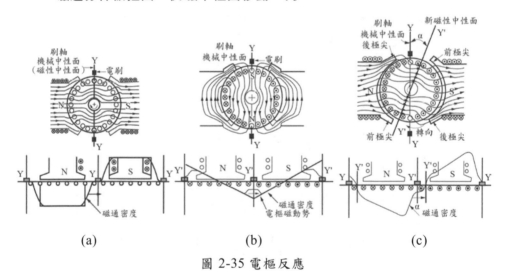

(a)   (b)   (c)

圖 2-35 電樞反應

(2)反效果

①如圖 2-35(c)所示，電樞磁場和主磁場在**前**極尖處的磁通反方向**減少**，在**後**極尖處的磁通同方向**增加**，但**基於鐵心飽和作用，增加不及減少，所以使總磁通量減少，每極總有效磁通量減少** 2%~5%。

　　🔔 電動機則前極尖增加、後極尖減少。

②主磁場受到干擾且發生扭曲，使磁中性面發生偏移α**角**，造成刷軸不在新的磁中性面上，而**換向困難**，易產生火花。

③電樞反應的大小和電樞電流成正比。

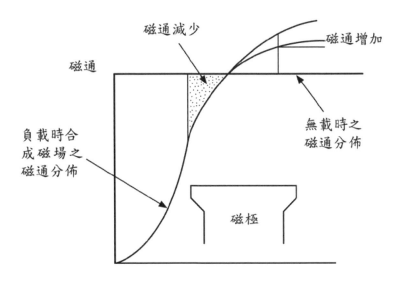

圖 2-36 電樞反應使磁通量減少

(3) 名詞解釋

名詞	說明
極軸	主磁極的軸心。
刷軸	正、負極性電刷，經轉軸中心點的連線。
機械中性面	主磁極極軸的垂直平面（或稱幾何中性面）。
電刷中性面	電刷放置平面。

名詞	說明
磁中性面	主磁通ϕ_f與電樞磁通ϕ_a的合成磁通，稱為ϕ_T，在綜合磁通的**垂直平面**上。又因此時線圈運動方向和磁場平行，不感應電勢為中性，故稱「中性」。
前、後極尖	電機之前後極尖無一定規則，必須依旋轉方向而定，先遇到的是前極尖，如圖 2-37 所示。 圖 2-37

當電樞導體無電流時，刷軸、機械中性面、磁中性面在同一軸上；有電流時，磁中性面偏移。

(4)各磁通之向量圖

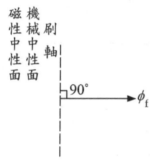

圖 2-38(a)主磁極磁通
（對應圖 2-35(a)）

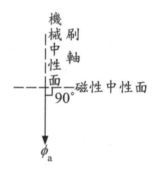

圖 2-38(b)電樞電流磁通
（對應圖 2-35(b)）

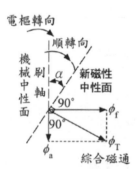

圖 2-39 發電機電樞反應磁通
電樞「轉向」順時針旋轉，
磁中性面順電樞轉向，向前移動α角。

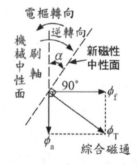

圖 2-40 電動機電樞反應磁通
電樞「轉向」逆時針旋轉，
磁中性面逆電樞轉向，向後移動α角。

(5) 結論

　①電樞磁通與主磁極磁通正交。

　②電樞反應導致綜合有效**主磁極磁通** ϕ_f **減少**。

　③**發電機應電勢下降**（ $E_{av} = K\phi_f N$ ）。

　④**電動機轉矩減少**（ $T_m = K\phi_f I_a$ ）。

　⑤**電動機轉速增加**（ $N = \dfrac{E_{av}}{K \cdot \phi_f}$ ）。

2. 改善換向，電刷軸移位對發電機、電動機之影響：

(1) 電刷移至新磁中性面

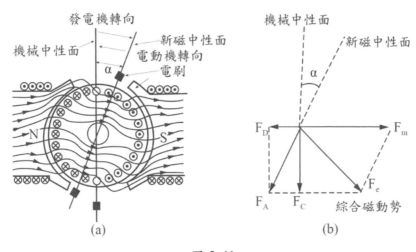

圖 2-41

　①D.C.G：電刷軸**順**旋轉方向移動 α **角**。

　②D.C.M：電刷軸**逆**旋轉方向移動 α **角**。

　③如圖 2-41 所示，使電刷移至新磁中性面，**電樞磁動勢**（F_A）**為偏左向下**而非垂直向下。

　④電樞磁動勢（F_A）：由**去磁磁動勢**（F_D）與**正交磁磁動勢**（F_C）合成。

　⑤**去磁磁動勢**（F_D）：與極軸平行、主磁場方向相反，**減弱**主磁場。

　⑥**正交磁磁動勢**（F_C）：與主磁場方向**垂直**，使主磁場**扭曲**。

(2)電刷移位不當，反向**遠離新磁中性面**

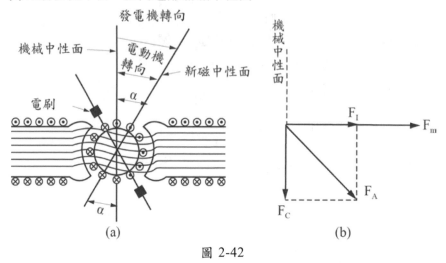

圖 2-42

①電樞磁動勢（F_A）：由**加磁磁動勢**（F_I）與**正交磁磁動勢**（F_C）合成。

②**加磁磁動勢**（F_I）：與極軸平行、主磁場方向相同，**增強**主磁場。

③加磁亦稱助磁、增磁。

(3)結論

電刷位置	電樞反應	影響
不移位，機械中性面	正交磁效應	電刷與換向片間有火花，換向不良。
順轉向移位	D.C.G：去磁效應、正交磁效應	應電勢減小、火花減弱。（扭曲主磁場）
	D.C.M：加磁效應、正交磁效應	轉矩加大、轉速減慢、火花增強。（增強主磁場，所以與電樞反應的結論敘述相反）
逆轉向移位	D.C.G：加磁效應、正交磁效應	應電勢增加、火花增強。（增強主磁場，所以與電樞反應的結論敘述相反）
	D.C.M：去磁效應、正交磁效應	轉矩減小、轉速增加、火花減弱（扭曲主磁場）。

江 湖 決 勝 題

1. 直流發電機電樞反應之結果，何者敘述不正確？　(A)前極尖磁通增強　(B)磁中性面順轉向偏移 α 角　(C)未裝中間極時，電刷逆轉向移位，以幫助換向　(D)電刷順轉向移位，電樞反應包括去磁及正交磁　(E)電刷逆轉向移位，電樞反應包括加磁及正交磁。

　　答：(AC)。(A)發電機前極尖磁通減弱，後極尖磁通增強；反之則為電動機。
　　　　(C)發電機應順轉向移位至新磁中性面消除電樞反應。

2. 直流電動機電樞反應之結果，何者敘述不正確？　(A)前極尖磁通增強　(B)磁中性面逆轉向偏移 α 角　(C)未裝中間極時，電刷逆轉向移位，以幫助換向　(D)電刷順轉向移位，電樞反應包括去磁及正交磁　(E)電刷逆轉向移位，電樞反應包括加磁及正交磁。

　　答：(DE)。(D)電動機順轉向移位，屬於移位不當，故電樞反應包括加磁與正交磁。(E)電動機逆轉向移位，屬電刷移至新磁中性面，故電樞反應包括去磁與正交磁。

3. 電樞反應磁動勢安匝數（A.T）的計算：

情況	公式	說明
刷軸位於機械中性面，未移位	(1)電樞總磁動勢皆為**正交磁動勢**。 (2)電樞**總**磁動勢 $$F_A = N \times I_C = N \times \frac{I_a}{a} = \frac{Z}{2} \times \frac{I_a}{a}$$ (3)**每極**電樞磁動勢 $$F_{A/P} = \frac{F_A}{P} = \frac{Z}{2P} \times \frac{I_a}{a}$$	N：電樞導體總匝數 Z：電樞導體總根數 P：磁極數 I_a：電樞電流 a：電流路徑數 I_C：電樞導體電流

情況	公式	說明
刷軸移至新磁中性面	(1)**每主磁極**下電樞安匝數，包括： ① 2α **機械角**導體產生**去磁磁動勢**（$F_{D/P}$） ② β **機械角**導體產生**正交磁動勢**（$F_{C/P}$） (2)**每極去磁磁動勢**： $$F_{D/P} = \frac{Z}{360°} \times 2\alpha \times \frac{1}{2} \times \frac{I_a}{a}$$ $$= \frac{P\alpha}{180°} \times F_{A/P}$$ (3)**總去磁磁動勢**：$F_D = F_{D/P} \times P$ (4)**每極正交磁磁動勢**： $$F_{C/P} = \frac{Z}{360°} \times \beta \times \frac{1}{2} \times \frac{I_a}{a}$$ $$= F_{A/P} - F_{D/P}$$ (5)**總正交磁磁動勢**：$F_C = F_{C/P} \times P$ (6)**電樞總磁動勢**：$F_A = F_D + F_C$； $F_C = F_A - F_D$；$\frac{F_D}{F_A} = \frac{\alpha \times P}{180}$	(1)每極所佔機械角 $$= \frac{360°}{P} = 2\alpha + \beta$$ (2)機械角 $\beta = 180° - 2\alpha$ (3)θ_e 電機角 $= \frac{P}{2}\theta_m$ 機械角 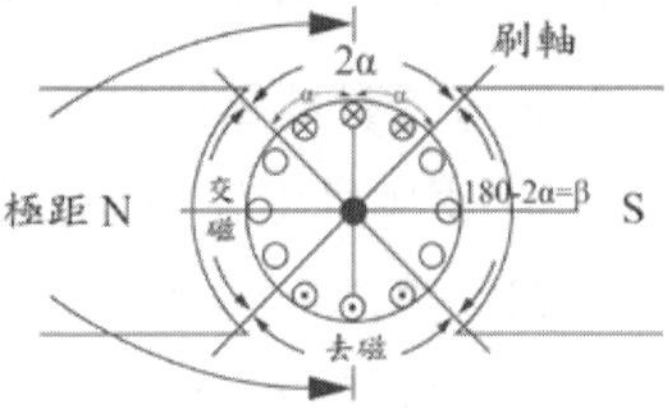 圖 2-43

$$\frac{N_D \text{總去磁匝數}}{N_C \text{總交磁匝數}} = \frac{N_{D/P} \text{每極去磁匝數}}{N_{C/P} \text{每極交磁匝數}} = \frac{Z_D \text{總去磁導體數}}{Z_C \text{總交磁導體數}}$$

$$= \frac{Z_{D/P} \text{每極去磁導體數}}{Z_{C/P} \text{每極交磁導體數}} = \frac{2\alpha}{180° - 2\alpha}$$

江 湖 決 勝 題

1. 有一台四極單分波繞的直流發電機，其電樞總導體數為 360 根，其電樞電流為 100A，電刷移前 15° 機械角，求：(1)每極電樞安匝數；(2)每極去磁安匝數；(3)每極交磁安匝數。

答：∵P=4 極，a=2m=2×1=2 條，Z=360 根，$I_a = 100A$，$\alpha = 15°$

$(1) F_{A/P} = \frac{F_A}{P} = \frac{Z}{2P} \times \frac{I_a}{a} = \frac{360}{2 \times 4} \times \frac{100}{2} = 2250(AT)$

$(2) F_{D/P} = \frac{Z}{360°} \times 2\alpha \times \frac{1}{2} \times \frac{I_a}{a} = \frac{P\alpha}{180°} \times F_{A/P} = \frac{4 \times 15°}{180°} \times 2250 = 750(AT)$

$(3) F_{C/P} = \frac{Z}{360°} \times \beta \times \frac{1}{2} \times \frac{I_a}{a} = F_{A/P} - F_{D/P} = 2250 - 750 = 1500(AT)$

2. 有一台四極單分雙層波繞直流電機，具有 95 槽，每線圈有 3 匝，電樞電流為 24A，求：(1)電刷在中性面上未移位時的總交磁安匝數；(2)電刷移位 20° 機械角，總去磁安匝數和總交磁安匝數。

答：∵P=4 極，S=95 槽，a=2m=2×1=2 條，N=3 匝，$I_a = 24A$，$\alpha = 20°$

∴電樞總匝數 $N_A = 3 \times 95 = 285$ 匝

(1)∵電刷未移位時，皆為正交磁動勢

∴$F_A = N \times I_C = N \times \frac{I_a}{a} = \frac{Z}{2} \times \frac{I_a}{a} = 285 \times \frac{24}{2} = 3420(AT)$

$(2) ① F_D = F_{D/P} \times P = \frac{Z}{360°} \times 2\alpha \times \frac{1}{2} \times \frac{I_a}{a} \times P = \frac{2\alpha \times P}{360°} \times \frac{Z}{2} \times \frac{I_a}{a}$

$= \frac{2 \times 20° \times 4}{360°} \times 3420 = 1520(AT)$

$② F_C = F_A - F_D = 3420 - 1520 = 1900(AT)$

3. 有一台四極發電機，電刷中性面前移 30° 電機角，求：去磁導體數與總導體數的比值。

答：∵$\theta_e = \frac{P}{2}\theta_m$ ∴$\alpha = \theta_m = 15°$

∴$\frac{F_D}{F_A} = \frac{\alpha \times P}{180} = \frac{15 \times 4}{180} = \frac{1}{3}$

4. 消除電樞反應的方法：

(1) 全面或局部抵消電樞反應：如圖 2-44 所示，加裝**補償繞組**將全部電樞磁動勢抵銷，或加裝**中間極**以抵銷換向器附近的局部電樞磁動勢。

① **補償繞組法**：（湯姆生雷恩法）

A. 如圖 2-45 所示，裝設在主磁極之極面上，必須與**電樞串聯**，與電樞電流大小相同、方向相反，使其在各種不同的負載下，皆能抵消電樞反應，此為最佳方法。

B. 補償線圈之安匝數必**與正交安匝數相等而方向相反**。

C. 一般僅裝置在電樞反應較嚴重的負載變動大且頻繁之大容量、高速直流機。

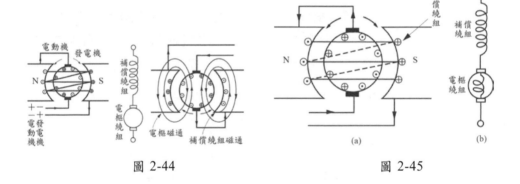

圖 2-44　　　　　　　　　　　　　　　　圖 2-45

② **中間極法：（換向磁極法）**

A. 消除換向區內的電樞反應。

B. 加裝中間極前後的磁場分布情形，如圖 2-46 所示。在任何負載下，消除換向線圈所產生之自感或互感應電勢，以獲得理想換向。

C. 抵消電樞反應所需之中間極磁勢應與**電樞電流成正比**。

D. 如圖 2-47 所示，中間極之線圈以**較粗**之導線繞成，與**電樞導體、電刷串聯**，具有**充份之鐵量**，以便在滿載時不致達到飽和程度。

E. 如圖 2-47 所示，極性：發電機(G)→NsSn；電動機(M)→sNnS。（2-3 直流機的構造已介紹過）

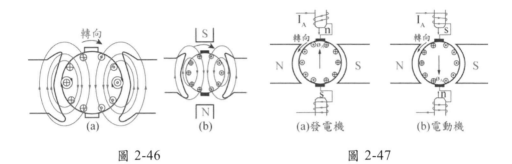

圖 2-46　　　　　　　　　　　　圖 2-47

③中間極與補償繞組法：為完全抵消電樞反應及改良換向，而同時使用中間極與補償繞組。

(2)極尖高飽和法：

①如圖 2-48 所示，削尖極尖，使該處之**空氣隙增大**。

②以缺右極尖或缺左極尖之矽鋼片交疊製成主磁極鐵心，使極尖部分**易飽和、磁阻增大，以減少電樞反應**。

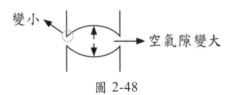

圖 2-48

(3)愣德爾磁極法：在主磁極上刻有很多槽，如此對電樞產生甚大的磁阻（$\uparrow R = \dfrac{\ell}{\mu A \downarrow}$，$\downarrow \phi = \dfrac{\mathcal{F}}{R \uparrow}$），但對主磁通無多大影響，但因電樞磁通仍可經槽後之鐵心繞道而行，故其作用並非極為有效。

江 湖 決 勝 題

◎ 如圖所示，中間極 C 的極性應為何？

答：直流發電機換向磁極之極性，
應順旋轉方向與主磁極同極性，
故，C 的極性為 n(NsSn)。

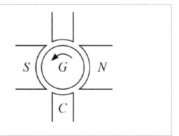

5. 換向

　(1)定義：電樞旋轉時，電樞上的每一線圈，在通過電刷的過程中，其電流均從$+I_C$改變為$-I_C$。

　(2)理想換向：

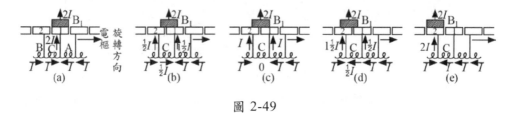

圖 2-49

　　①電刷 B_1 位於 1 號換向片，電流由**線圈 A、C 各提供 I**，電刷 B_1 輸出 2I，如圖 2-49(a)所示。

　　②電刷 B_1 開始離開 1 號換向片，有一小部分與 2 號換向片接觸，線圈 B 有一部分電流$\frac{1}{2}$I經 2 號換向片流入電刷 B_1，有另一部分電流$\frac{1}{2}$I**經線圈 C 與線圈 A 提供的 I 合成為**$1\frac{1}{2}$I，再經 1 號換向片流入電刷 B_1，電刷 B_1 輸出 2I，如圖 2-49(b)所示。

　　③電刷 B_1 位於 1 號換向片和 2 號換向片，電刷 B_1 將線圈 C 短路，故**線圈 C 無電流**，電流由線圈 A、B 各提供 I，電刷 B_1 輸出 2I，如圖 2-49(c)所示。

　　④電刷 B_1 大部分已離開 1 號換向片，線圈 C 的**電流大小**與圖 2-49(b) **相同，但方向相反**，如圖 2-49(d)所示。

　　⑤電刷 B_1 完全離開 1 號換向片到 2 號換向片，線圈 C 的**電流大小**與圖 2-49(a)**相同，但方向相反**，如圖 2-49(e)所示。

　　綜合上述①~⑤，可得知線圈 C 的換向過程如圖 2-50 所示。**電樞線圈自接近電刷至離開電刷時，自換向片流出之電流，均勻分布在電刷上，而每一線圈之電流亦均勻地從正的最大值變換至負的最大值，稱此為「直線換向」或「理想換向」。**

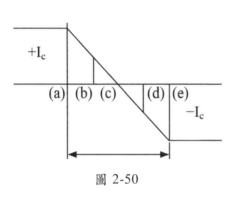

圖 2-50

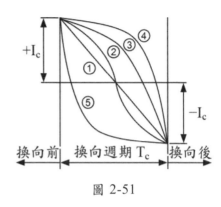

圖 2-51

(3)換向曲線：換向期間，換向線圈電流隨時間變化的情形，如圖 2-51 所示。

①直線換向：沒有火花，又稱理想換向。

②正弦換向：換向開始及接近結束時線圈電流變化較緩和，僅在換向中電流變化率較大，**能防止電刷之前後刷邊因電弧而燒毀**。

③低速換向：電刷在磁中性面太**後面**，**電感的效應**。

④低速換向：電刷在磁中性面太**後面**，**磁通的效應**。

⑤過速換向：電刷在磁中性面太**前面**，**中間極的換向電勢**。

🔋 電刷太寬：前、後換向期間換向線圈電流變化較大，容易在前刷邊及後刷邊產生火花。

(4)綜合說明：

種類	定義	換向曲線	原因	影響
理想換向	$\dfrac{\Delta i}{\Delta t}$ = 定值	$+I_c$ ⟋ t $-I_c$	電刷位於磁中性面	換向時無火花
低速換向（欠換向）	換向初期$\dfrac{\Delta i}{\Delta t}$過慢 換向末期$\dfrac{\Delta i}{\Delta t}$較大	$+I_c$ t $-I_c$	DCG 電刷移位不足 負載增加 DCM 電刷移位過度 負載減少	①電刷跟部過熱 **後刷邊**易燒毀 ②**電抗電壓** e_r > 換向電壓 e_c。 ③最不理想換向。

種類	定義	換向曲線	原因		影響
過速換向 （過換向）	換向初期$\frac{\Delta i}{\Delta t}$過快 換向末期$\frac{\Delta i}{\Delta t}$較小	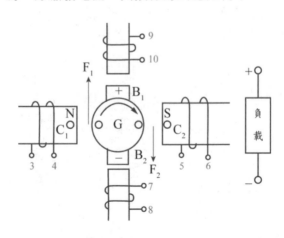	DCG	電刷移位過度 負載減少	①電刷趾部過熱前刷邊易燒毀 ②換向電壓 e_c >電抗電壓 e_r。
			DCM	電刷移位不足 負載增加	

(5)改良換向的方法與條件：

方法	條件
①電阻換向：提高接觸電阻，e_r < 2V 時採用。 ②電壓換向：裝設換向磁極（如：**補償繞組消除電樞反應降低 e_r、中間極產生 e_c 抵消 e_r**），e_r > 2V 時採用。為最佳方法。 ③移位換向：使換向線圈呈現過速換向，抵消 e_r。	①**增長整流週期（換向週期）**： 　A.減慢電樞轉速。B.增加電刷寬度。 ②**減少電樞繞組的自感(L)與互感(M)**： 　A.線徑粗、匝數少以降低自感(L)。 　　$\because \uparrow L = \downarrow N \frac{\Delta \phi}{\Delta i}$。 　B.採短節距繞可減低互感(M)。 　C.增加換向片數及線圈組數,而使電樞線圈的匝數減少。 ③**提高電刷接觸電阻**。

江湖決勝題

◎如圖所示，為一分激發電機，其接線方式應如何？

答：(1)依電樞順時針旋轉得知，左側 F_1 運動方向向上，右側 F_2 運動方向
　　向下；磁力線方向為向右(N→S)。

　　(2)由佛來銘右手定則，判知電樞導體 A_1 流入⊗，A_2 流出⊙。

　　(3)補償繞組導體的電流與電樞導體大小相同、方向相反。故，
　　　C_1 流出⊙，C_2 流入⊗。

　　(4) 直流發電機換向磁極之極性，應順旋轉方向與主磁極同極性，
　　　故主磁極 N 順時針依序為 NsSn。

　　(5) 依(4)所判定之極性，再依螺旋定則得知電流方向(9 流入、10
　　　流出；5 流入、6 流出；8 流入、7 流出；3 流入、4 流出)。

　　(6) 順電流方向將各繞組連接成分激發電機(電刷 B1、B2 與電樞
　　　導體、換向磁極串聯；換向磁極與主磁極(分激場繞組)、負
　　　載並聯)。

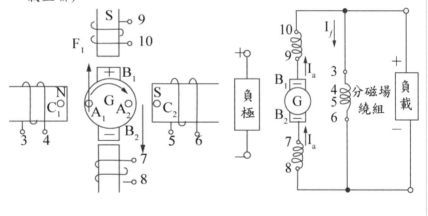

天下大會考

( )　1. 直流電機換向片的功能與下列哪一種元件相類似？
  (A)突波吸收器
  (B)整流二極體
  (C)消弧線圈
  (D)正反器。

( )　2. 下列何者為直流電機均壓線的功用？
  (A)抵銷電樞反應
  (B)提高絕緣水準
  (C)提高溫升限度
  (D)改善換向作用。

( )　3. 直流發電機之額定容量，一般指在無不良影響條件下之：
  (A)輸入功率
  (B)輸出功率
  (C)熱功率
  (D)損耗功率。

( )　4. 關於直流電機之補償繞組，下列敘述何者錯誤？
  (A)可抵消電樞反應
  (B)裝在主磁極之極面槽內
  (C)必須與電樞繞組並聯
  (D)與相鄰的電樞繞組內電流方向相反。

( )　5. 直流發電機轉速增大為 2.5 倍，磁通密度減小為原來的 0.8 倍，則感應的電動勢為原來的幾倍？
  (A)0.8 倍　　　　　　　　(B)1.7 倍
  (C)2 倍　　　　　　　　　(D)2.5 倍。

( )　　6. 下列何者不是減少電樞反應的方法？
　　　　(A)裝設換向磁極
　　　　(B)裝設補償繞組
　　　　(C)增加主磁極數目
　　　　(D)減少電樞磁路磁阻。

( )　　7. 直流電機繞組中使用虛設線圈，其主要目的為何？
　　　　(A)改善功率因數
　　　　(B)幫助電路平衡
　　　　(C)幫助機械平衡
　　　　(D)節省成本。

( )　　8. 有一直流分激電動機，產生 50NT-m 之轉矩，若將其磁通減少至原來的 50%，且電樞電流由原來的 50A 提高至 100A，則其產生的新轉矩為多少？
　　　　(A)25NT-m　　　　　　　　(B)50NT-m
　　　　(C)75NT-m　　　　　　　　(D)100NT-m。

( )　　9. 碳質電刷，最適合應用於下列何種特性之直流電動機？
　　　　(A)小容量、低轉速
　　　　(B)小容量、高轉速
　　　　(C)大容量、低轉速
　　　　(D)大容量、高轉速。

( )　　10. 有關電樞反應的影響，下列敘述何者錯誤？
　　　　(A)造成磁中性面偏移
　　　　(B)總磁通方向發生畸斜
　　　　(C)換向困難
　　　　(D)總磁通量增加。

解答與解析

1.**(B)** 2.**(D)**

3.**(B)**。發電機的輸入功率為機械功率，輸出功率為電功率(額定容量)。

4.**(C)**。補償繞組需與電樞繞組串聯，且電流大小相同，方向相反。

5.**(C)**。$E = K\emptyset n$，$\dfrac{E_2}{E_1} = \dfrac{K \times 0.8\emptyset \times 2.5n}{K\emptyset n} = 2$ 倍

6.**(D)**。抵消電樞反應的方法：(1)補償繞組法(湯姆生雷恩法)；(2)中間極法(換向磁極法)；(3)極尖高飽和法(增加極尖磁阻，使該處易飽和，減少電樞反應)；(4)愣德爾磁極法；(5)移刷法(移動電刷至新磁極中性面，目的僅在改善換向)。

7.**(C)**。多出的線圈不能接換向片，若略去多出的線圈不製成，卻造成機械不平衡。所以將多出之線圈放置槽內，而不與換向器連接，僅作填充但無作用，稱之「虛設線圈」或「強制繞組」。

8.**(B)**。$T = K\emptyset I_a$，$50 = K\emptyset \times 50$，

$\therefore K\emptyset = 1$，$T_2 = (K\emptyset)_2 \times I_{a2} = (1 \times 0.5) \times 100 = 50 NT \cdot m$

9.**(A)**。碳質電刷適用於高電壓、小容量及低速電機。

10.**(D)**。(1)電樞磁通與主磁極磁通正交

(2)電樞反應導致綜合有效主磁極磁通ψ_f減少

(3)發電機應電勢下降($E_{av} = K\phi_f n$)

(4)電動機轉矩減少($T_m = K\phi_f I_a$)

(5)電動機轉速增加($N = \dfrac{E_{av}}{K \cdot \phi_f}$)

3-1 直流發電機之分類

1. 依激磁方式分類：

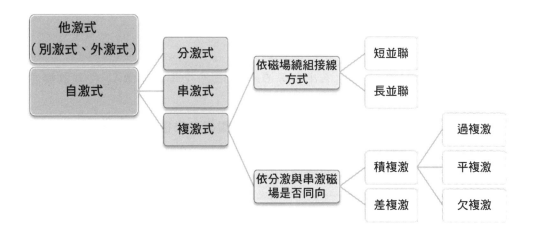

2. 外激式電機：本身磁場所需要的激磁由他機供給，與本身無關，如圖 3-1 所示。

3. 自激式電機：本身磁場所需要的激磁電流由本身電樞繞組供應。

　(1)串激式電機：激磁線圈(R_s)**與電樞串聯**，採用線徑粗、匝數少、電阻低之導線，如圖 3-2 所示。（R_s 串激場電阻、R_a 電樞電阻）

　(2)分激式電機：激磁線圈(R_f)**與電樞並聯**，採用線徑細、匝數多、電阻大之導線，如圖 3-3 所示。（R_f 分激場電阻、I_f 分激場電流）

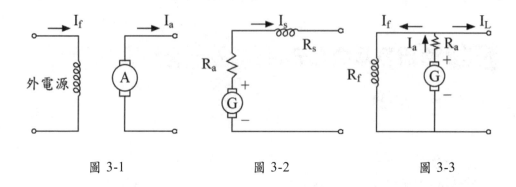

圖 3-1   圖 3-2   圖 3-3

(3)複激式電機：同時具有串激場繞組(R_s)與分激場繞組(R_f)，按其接線方式分類：

　①短並複激式電機：分激場繞組先**與電樞並聯後，再與串激場繞組串聯**，如圖 3-4 所示。

　②長並複激式電機：串激場繞組先**與電樞串聯後，再與分激場繞組並聯**，如圖 3-5 所示。

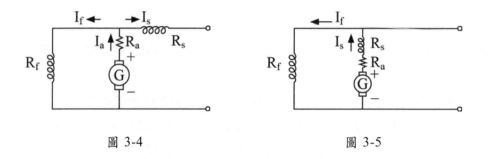

圖 3-4   圖 3-5

依分激場繞組與串激場繞組產生之磁通作用方向又可分為：

　①差複激式電機：分激場繞組與串激場繞組磁通**方向相反**，如圖 3-6 所示。

　②積複激式電機：分激場繞組與串激場繞組磁通**方向相同**，如圖 3-7 所示。

註 積複激發電機的磁通大部份由分激場繞組(R_f)提供，而串激場繞組(R_s)設計用來補償電樞反應去磁效應，以及電樞電路之壓降。一般分激場磁通大於串激場磁通，故主磁極極性依分激場磁通判定。

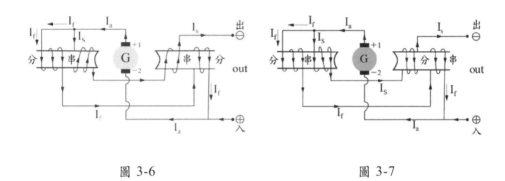

圖 3-6　　　　　　　　　　　　　　　　圖 3-7

3-2 直流發電機之特性及用途

1. 直流發電機之各種特性曲線

特性曲線	相對關係 Y軸-X軸	試驗時，應保持定值者	說明	特性曲線圖
無載特性	Y軸：電樞感應電勢(E) X軸：激磁電流(I_f)	轉速(N)及負載電流(I_L)=0(無負載)	(1)飽和特性、磁化特性。 (2)使用他激式測試法。 (3)因鐵心飽和現象，鐵心磁阻增加，應電勢無法建立至無限高。 (4)因有磁滯及剩磁，故磁化曲線的下降曲線在上升曲線之上。	

特性曲線	相對關係 Y軸-X軸	試驗時, 應保持定值者	說明	特性曲線圖
外部特性	Y軸:負載端電壓(V_t) X軸:負載電流(I_L)	轉速(N)及激磁電流(I_f)	(1)電壓調整、負載特性。 (2)在額定速率下,改變輸出負載電流,記錄負載端電壓的變化,即電壓調整率。	
內部特性	Y軸:電樞感應電勢(E) X軸:電樞電流(I_a)	轉速(N)及激磁電流(I_f)	又稱總特性曲線	
電樞特性	Y軸:激磁電流(I_f) X軸:電樞電流(I_a)	轉速(N)及端電壓(V_t)	(1)磁場調整特性曲線。 (2)在額定速率下,保持輸出端電壓。	

2. 飽和曲線的測定

    (1)發電機磁極上之激磁線圈兩端電壓(E_f),與某場電流(I_f)之關係曲線稱之為「**場電阻線**」。

    (2)由 $E_f = I_f \times R_f$ 得知**場電阻線為一直線**(R_f為場電阻),如圖 3-8 所示。

    (3)**場電阻愈大、斜率愈大、θ角愈大**,如圖 3-9 所示。

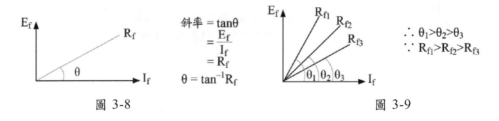

$$斜率 = \tan\theta$$
$$= \frac{E_f}{I_f}$$
$$= R_f$$
$$\theta = \tan^{-1} R_f$$

$$\therefore \theta_1 > \theta_2 > \theta_3$$
$$\because R_{f1} > R_{f2} > R_{f3}$$

圖 3-8   圖 3-9

3. 自激式發電機電壓建立的過程

(1)發電機的電壓因鐵心飽和所限,只能建立至**磁化曲線**與**場電阻線**交點為止。

(2)臨界場電阻線:凡**與磁化曲線相切**之場電阻線,稱為「**臨界場電阻線**」,其所代表之電阻稱為「**臨界場電阻**」,如圖 3-10 所示;該磁化曲線係為調整原動機之轉速,使磁化曲線直線部份與場電阻線相切,故該磁化曲線又稱為「**臨界速率線**」,如圖 3-11 所示。

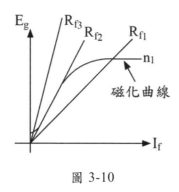

圖 3-10

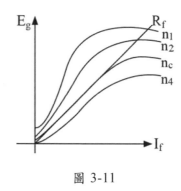

圖 3-11

①由圖 3-10 可得知,R_{f2} 右邊任何位置皆可建立電壓,左邊則不能建立電壓。

②由圖 3-10 可得知,R_{f3} 不可建立電壓、R_{f1} 與磁化曲線的交點所建立的電壓大於 R_{f2},故,**分激場電阻愈大,建立電壓愈低**。

③由圖 3-10 可得知,在某固定轉速 n_1,能建立應電勢的場電阻為**最大場電阻** R_{f2}(臨界場電阻);即 $R > R_{f2}$ **不能建立電壓**。

④由圖 3-11 可得知,在某固定場電阻 R_f,能建立應電勢的轉速為**最低轉速** n_c(臨界速率)。即 $n < n_c$ **不能建立電壓**。

◇ **結論:場電阻愈大,則建立電壓愈低;轉速愈快,建立電壓愈大。**

(3) 自激式發電機建立電壓的條件：

① 發電機的磁極中，須有足夠的剩磁。

② 在一定的轉速下，**場電阻＜臨界場電阻**。

③ 在一定的場電阻下，**速率＞臨界速率**。

④ 發電機轉動時，由剩磁產生之應電勢，必須與繞組兩端應電勢同向。

⑤ 電刷位置須正確，且與換向片接觸良好。

(4) 發電機繞組的連接與剩磁方向對電壓建立的影響：

① 如圖 3-12 所示，為一正常狀況。

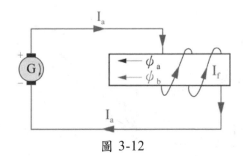

ϕ_a：剩磁方向

ϕ_b：場繞組所產生磁通方向

圖 3-12

② 可能狀況：

	電樞轉向	場繞組接線	剩磁方向	結果
1	×	反	×	ϕ_a 與 ϕ_b 反向互相抵消，**無法建立電壓**
2	反	×	×	ϕ_a 與 ϕ_b 反向互相抵消，**無法建立電壓**
3	反	×	反	ϕ_a 與 ϕ_b 反向互相抵消，**無法建立電壓**
4	×	反	反	ϕ_a 與 ϕ_b 反向互相抵消，**無法建立電壓**
5	×	×	反	電壓可建立，但**極性相反**
6	反	反	×	電壓可建立且增大，但**極性相反**
7	反	反	反	**電壓可建立，且極性相同**

◇**結論**

A.場繞組反接、電樞反轉,任一出現,電壓即無法建立,若兩者同時出現,電壓可建立,但極性相反。

B.**剩磁方向與電壓建立成敗無關**,但會影響極性。

C.**剩磁方向與電樞轉向係影響極性**。

D.三者同時反向,則建立極性相同之電壓。

江 湖 決 勝 題

1.直流發電機激磁電流 0A 增加至 0.5A,測得感應電壓 110V,再增加激磁電流至 1A,測得感應電勢 165V,此時若減少其激磁電流至 0.5A,則感應電勢可能為?

(A)0V　　　　　(B)105V　　　　　(C)115V　　　　　(D)165V。

答: $\because$ 上昇 110V 要低於下降時的感應電勢

$\therefore$ 下降時的感應電勢應大於 110V,故選(C)。

2.如圖所示為一部分激式直流發電機在轉速為 1800rpm 時的無載特性曲線,試求:

(1)臨界場電阻 R_{fc}。

(2)當 $R_f < R_{fc}$,而 I_f=6A 時,該發電機電樞繞組可感應電勢 E_a 為若干。

(3)該電機實際的場電阻 R_f 為多少。

(4)剩磁應電勢 E_r 為多少。

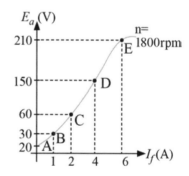

答:(1)圖中無載飽和特性曲線直線線段 $\overline{CD}$ 的斜率即為臨界場電阻 R_{fC}。

$\therefore R_{fC} = \dfrac{V_D - V_C}{I_{fD} - I_{fC}} = \dfrac{150 - 60}{4 - 2} = 45(\Omega)$

(2)E_a=210(V)

(3)實際場電阻即為由原點通過 E 點的直線斜率:

$R_f = \dfrac{V_E}{I_{fE}} = \dfrac{210}{6} = 35(\Omega)$

(4)當 I_f=0A 時所對應的感應電勢即為剩磁應電勢 E_r,$\therefore E_r$=20(V)

3.對可正常運轉之分激發電機,下列敘述何者不正確?

(A)將電樞反轉,可建立極性相反電壓

(B)將剩磁反向,可建立極性相反電壓

(C)將場繞組反接及電樞反轉,可建立極性相反電壓

(D)場繞組反接,電樞反轉、剩磁反向,則建立極性相同電壓

(E)將場繞組反接,無法建立電壓。

答:(A)

4.發電機之特性及用途說明:

外部特性曲線	說明
外激式發電機 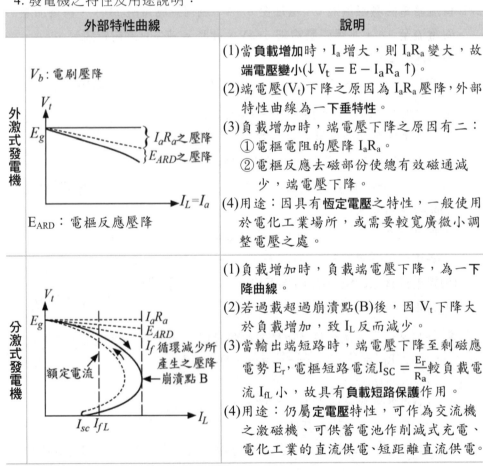	(1)當**負載增加**時,I_a 增大,則 I_aR_a 變大,故**端電壓變小**($\downarrow V_t = E - I_aR_a \uparrow$)。 (2)端電壓($V_t$)下降之原因為 I_aR_a 壓降,外部特性曲線為一**下垂特性**。 (3)負載增加時,端電壓下降之原因有二: 　①電樞電阻的壓降 I_aR_a。 　②電樞反應去磁部份使總有效磁通減少,端電壓下降。 (4)用途:因具有**恆定電壓**之特性,一般使用於電化工業場所,或需要較寬廣微小調整電壓之處。
分激式發電機	(1)負載增加時,負載端電壓下降,為一**下降曲線**。 (2)若過載超過崩潰點(B)後,因 V_t 下降大於負載增加,致 I_L 反而減少。 (3)當輸出端短路時,端電壓下降至剩磁應電勢 E_r,電樞短路電流 $I_{SC} = \dfrac{E_r}{R_a}$ 較負載電流 I_{fL} 小,故具有**負載短路保護**作用。 (4)用途:仍屬**定電壓**特性,可作為交流機之激磁機、可供蓄電池作削減式充電、電化工業的直流供電、短距離直流供電。

外部特性曲線	說明
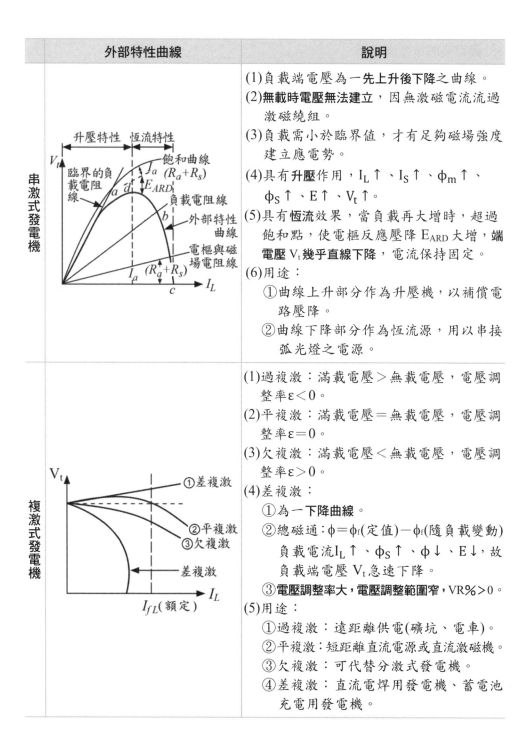	(1)負載端電壓為一**先上升後下降**之曲線。 (2)**無載時電壓無法建立**，因無激磁電流流過激磁繞組。 (3)負載需小於臨界值，才有足夠磁場強度建立應電勢。 (4)具有**升壓作用**，$I_L\uparrow$、$I_S\uparrow$、$\phi_m\uparrow$、$\phi_S\uparrow$、$E\uparrow$、$V_t\uparrow$。 (5)具有**恆流效果**，當負載再大增時，超過飽和點，使電樞反應壓降 E_{ARD} 大增，**端電壓 V_t 幾乎直線下降**，電流保持固定。 (6)用途： 　①曲線上升部分作為升壓機，以補償電路壓降。 　②曲線下降部分作為恆流源，用以串接弧光燈之電源。
	(1)過複激：滿載電壓＞無載電壓，電壓調整率 $\varepsilon<0$。 (2)平複激：滿載電壓＝無載電壓，電壓調整率 $\varepsilon=0$。 (3)欠複激：滿載電壓＜無載電壓，電壓調整率 $\varepsilon>0$。 (4)差複激： 　①為一**下降曲線**。 　②總磁通：$\phi=\phi_f(定值)-\phi_f(隨負載變動)$ 負載電流 $I_L\uparrow$、$\phi_S\uparrow$、$\phi\downarrow$、$E\downarrow$，故負載端電壓 V_t 急速下降。 　③**電壓調整率大，電壓調整範圍窄**，$VR\%>0$。 (5)用途： 　①過複激：遠距離供電(礦坑、電車)。 　②平複激：短距離直流電源或直流激磁機。 　③欠複激：可代替分激式發電機。 　④差複激：直流電焊用發電機、蓄電池充電用發電機。

5. 發電機的電壓調整率：

定義	(1)電壓變動率：$\sigma = \dfrac{V_{NL}-V_{FL}}{V_{NL}} \times 100\%$ (2)電壓調整率：$\boldsymbol{\varepsilon = VR\% = \dfrac{V_{NL}-V_{FL}}{V_{FL}} \times 100\%}$ 💡 V_{NL}：無載電壓（No Load），V_{FL}：滿載電壓（Full Load）。 (3)**愈小愈好**。
D.C.G 依電壓 調整率分類	$\varepsilon > 0(V_{NL} > V_{FL})$　他激式、分激式、欠複激式、差激式直流發電機
	$\varepsilon = 0(V_{NL} = V_{FL})$　平複激式直流發電機
	$\varepsilon < 0(V_{NL} < V_{FL})$　串激式、過複激式直流發電機
	$\varepsilon = -1(V_{NL}=0V)$　串激式直流發電機
綜合外部特性 曲線圖	發電機**無載電壓固定** 時之外部特性曲線 發電機**滿載電壓固定** 時之外部特性曲線

江湖決勝題

1. 可以做為直流電路系統的升壓機使用者為：　(A)分激發電機　(B)串激發電機　(C)積複激發電機　(D)差複激發電機。

   答：(B)

2. 下列何種發電機的端電壓會隨負載增加而增加？　(A)分激發電機　(B)差複激發電機　(C)他激發電機　(D)串激發電機。

   答：(D)

3. 直流他激發電機之端電壓，在負載增加時會下降，其原因下列何者錯誤？　(A)電刷引起的壓降　(B)電樞電阻引起的壓降　(C)電樞反應之去磁效應引起的壓降　(D)激磁電流減少所引起的壓降。

   答：(D)

4. 電壓調整率最小的直流發電機是：　(A)過複激式　(B)分激式　(C)串激式　(D)平複激式。

   答：(D)。∵電壓調整率為負值是指負電壓，並不是指大小，所以電壓調整率為 0 仍為最小，故選(D)。

6. 各型發電機的計算公式：

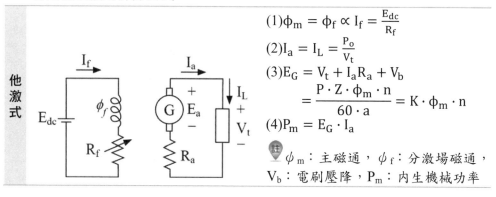

他激式

$(1)\phi_m = \phi_f \propto I_f = \dfrac{E_{dc}}{R_f}$

$(2)I_a = I_L = \dfrac{P_o}{V_t}$

$(3)E_G = V_t + I_a R_a + V_b$

$\qquad = \dfrac{P \cdot Z \cdot \phi_m \cdot n}{60 \cdot a} = K \cdot \phi_m \cdot n$

$(4)P_m = E_G \cdot I_a$

ϕ_m：主磁通，ϕ_f：分激場磁通，V_b：電刷壓降，P_m：內生機械功率

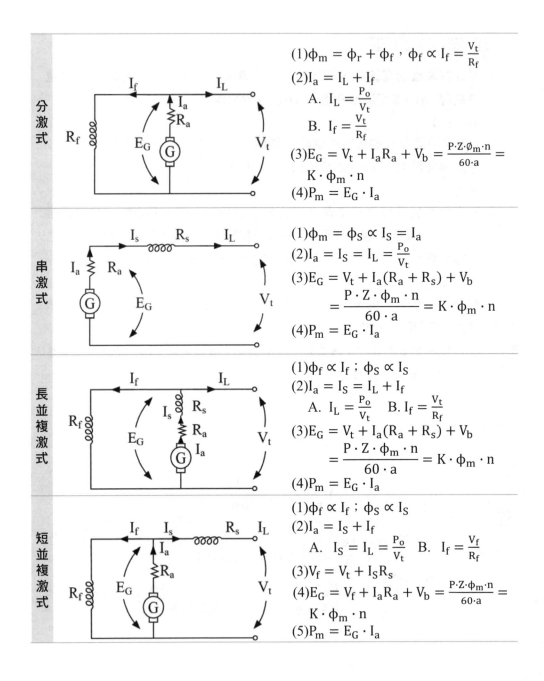

分激式

(1)$\phi_m = \phi_r + \phi_f$, $\phi_f \propto I_f = \dfrac{V_t}{R_f}$

(2)$I_a = I_L + I_f$

  A. $I_L = \dfrac{P_o}{V_t}$

  B. $I_f = \dfrac{V_t}{R_f}$

(3)$E_G = V_t + I_a R_a + V_b = \dfrac{P \cdot Z \cdot \phi_m \cdot n}{60 \cdot a} =$

  $K \cdot \phi_m \cdot n$

(4)$P_m = E_G \cdot I_a$

串激式

(1)$\phi_m = \phi_S \propto I_S = I_a$

(2)$I_a = I_S = I_L = \dfrac{P_o}{V_t}$

(3)$E_G = V_t + I_a(R_a + R_s) + V_b$

  $= \dfrac{P \cdot Z \cdot \phi_m \cdot n}{60 \cdot a} = K \cdot \phi_m \cdot n$

(4)$P_m = E_G \cdot I_a$

長並複激式

(1)$\phi_f \propto I_f$; $\phi_S \propto I_S$

(2)$I_a = I_S = I_L + I_f$

  A. $I_L = \dfrac{P_o}{V_t}$ B. $I_f = \dfrac{V_t}{R_f}$

(3)$E_G = V_t + I_a(R_a + R_s) + V_b$

  $= \dfrac{P \cdot Z \cdot \phi_m \cdot n}{60 \cdot a} = K \cdot \phi_m \cdot n$

(4)$P_m = E_G \cdot I_a$

短並複激式

(1)$\phi_f \propto I_f$; $\phi_S \propto I_S$

(2)$I_a = I_S + I_f$

  A. $I_S = I_L = \dfrac{P_o}{V_t}$ B. $I_f = \dfrac{V_f}{R_f}$

(3)$V_f = V_t + I_S R_s$

(4)$E_G = V_f + I_a R_a + V_b = \dfrac{P \cdot Z \cdot \phi_m \cdot n}{60 \cdot a} =$

  $K \cdot \phi_m \cdot n$

(5)$P_m = E_G \cdot I_a$

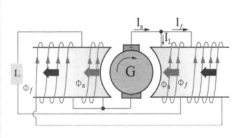

積複激式

(1)$\phi_m = \phi_f(定值) + \phi_S(隨負載變動)$
$\qquad - \phi_d(去磁)$

(2)$E_G = K \cdot \phi_m \cdot n$

(3)過複激式：$\Delta\phi_S > \Delta\phi_d$；$V_{NL} < V_{FL}$；
　平複激式：$\Delta\phi_S = \Delta\phi_d$；$V_{NL} = V_{FL}$；
　欠複激式：$\Delta\phi_S < \Delta\phi_d$；$V_{NL} > V_{FL}$。

🔋 $\Delta\phi_d$：電樞反應去磁磁通增加量

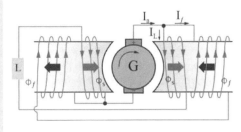

差複激式

(1)$\phi_m = \phi_f(定值) - \phi_S(隨負載變動)$
$\qquad - \phi_d(去磁)$

(2)$E_G = K \cdot \phi_m \cdot n$

江湖決勝題

1. 有台直流他激發電機其電壓調整率5%而供給之負載於額定電壓100V
時，當電樞電阻為0.05Ω，求：　(1)電樞應電勢。　(2)電樞電流。

　答：(1)$\because \varepsilon = \dfrac{V_{NL} - V_{FL}}{V_{FL}} \times 100\% \Rightarrow 0.05 = \dfrac{V_{NL} - 100}{100} \Rightarrow V_{NL} = 105V = E_G$

　　　(2)$\because E_G = V_L + I_a R_a + V_b(忽略不計)$

　　　　$\therefore I_a = \dfrac{E_G - V_L}{R_a} = \dfrac{105 - 100}{0.05} = 100(A)$

2. 有一 12.5kW/250V 分激直流發電機，其磁場電阻為 50Ω，電樞電阻為
0.1Ω，求：　(1)電樞應電勢。　(2)電壓調整率。

　答：(1)$I_L = \dfrac{P_o}{V_t} = \dfrac{12500}{250} = 50(A)$；$I_f = \dfrac{V_t}{R_f} = \dfrac{250}{50} = 5(A)$；

　　　　$I_a = I_L + I_f = 50 + 5 = 55(A)$

　　　　$E_G = V_t + I_a R_a = 250 + (55 \times 0.1) = 255.5(V)$

　　　(2)$\varepsilon = \dfrac{V_{NL} - V_{FL}}{V_{FL}} \times 100\% = \dfrac{255.5 - 250}{250} = 0.022 = 2.2\%$

3. 有一 10kW/125V 直流串激發電機有 3V 的電刷壓降，電樞電阻 0.1Ω，
串激場電阻 0.05Ω，當在額定轉速下，饋送其額定電流，求電樞應電勢。

答：$I_a = I_S = I_L = \dfrac{P_o}{V_t} = \dfrac{10 \times 10^3}{125} = 80(A)$

$E_G = V_t + I_a(R_a + R_s) + V_b = 125 + 80 \times (0.1 + 0.05) + 3 = 140(V)$

4. 有一 75kW/220V 長並複激式發電機應電勢為 228V，分激場電阻為 55
Ω，串激場電阻為電樞電阻的兩倍，求電樞電阻。

答：$I_L = \dfrac{P_o}{V_t} = \dfrac{75 \times 10^3}{220} = 341(A)$；$I_f = \dfrac{V_t}{R_f} = \dfrac{220}{55} = 4(A)$；

$I_a = I_S = I_L + I_f = 341 + 4 = 345(A)$

∵ $E_G = V_t + I_a(R_a + R_s) \Rightarrow 228 = 220 + 345 \times (3R_a)$

∴ $R_a = 0.0077(\Omega)$

5. 有一短並複激式發電機，分激場電阻為 100Ω，串激場電阻為 0.04Ω，
電樞電阻為 0.1Ω，端電壓為 120V，若負載電流為 50A，求：

(1)電樞應電勢。

(2)分激場電阻及串激場電阻的消耗功率。

答：(1)$V_f = V_t + I_S R_s = 120 + (50 \times 0.04) = 122(V)(\because I_S = I_L)$

$I_f = \dfrac{V_f}{R_f} = \dfrac{122}{100} = 1.22(A)$

$I_a = I_S + I_f = 50 + 1.22 = 51.22(A)$

$E_G = V_f + I_a R_a = 122 + (51.22 \times 0.1) = 127(V)$

(2)分激場電阻消耗功率 $= (I_f)^2 \times R_f = (1.22)^2 \times 100 = 148.84(W)$

串激場電阻消耗功率 $= (I_L)^2 \times R_s = (50)^2 \times 0.04 = 100(W)$

6. 積複機式直流發電機，可加裝分流器以調整其外部特性曲線，下列對
分流器之接線方式何者正確？　(A)與電樞繞組串聯　(B)與分激繞組
並聯　(C)與電樞繞組並聯　(D)與串激繞組並聯。

答：藉調整並聯於串激場的分流電阻(R_d)大小，改變串激場之磁通的激
磁程度，使端電壓上升($R_d\uparrow$、$I_d\downarrow$、$I_S\uparrow$、$\phi_s\uparrow$、$E\uparrow$、$V_t\uparrow$)，
故選(D)

3-3 直流發電機之並聯運用

1. 分激式發電機並聯運用之條件：

   (1)並聯額定端電壓必須相等。

   (2)電壓的極性要一致。

   (3)各原動機轉速特性一致。

   (4)負載分配要適當，即負載和**容量成正比，和電樞電阻成反比**。

   (5)具有**相同**且**下垂特性**的外部特性曲線。

   (6)**激複機式**發電機需要**均壓線**，將串激場繞組靠近電樞端並聯，目的在使**串激場電流作適當的分配**，避免分配負載的不穩定（掠奪負載）。

2. 優點：

   (1)高效率運轉、可靠性高。　　　(2)可彌補單機容量限制。

   (3)可減少預備機容量。　　　　　(4)便於檢修、延長壽命。

3. 各發電機額定電壓、額定電流相等時，**外部特性曲線須重疊**，使於任載時各發電機均作相等之負擔，如圖 3-13 所示。

4. 當各發電機額定電壓相等，**額定電流不等**時，則其外部特性曲線的**斜率須相同**，以平均分配負載，如圖 3-14 所示。

   (1)負載分配與容量成正比(I_{L1}：I_{L2}=P_1：P_2)。

   (2)額定端電壓相等。

   (3)負載增加（重負載）時，負載電流增加，端電壓下降（如圖 3-13 中之 V_2）。

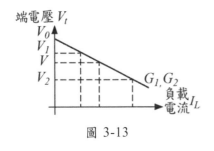

圖 3-13

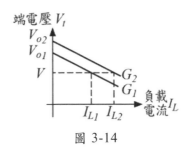

圖 3-14

5. 調整兩台分激發電機之**無載端電壓相同**時，則**負載增加**時，具有**較下垂特性**之發電機分擔**較輕之負載**，如圖 3-15 所示。

6. 調整兩台分激發電機之**滿載端電壓相同**時，則**負載減輕**時，具有**較下垂特性**之發電機分擔**較重之負載**，如圖 3-16 所示。

7. 調整兩台分激發電機之**額定電壓、額定電流均不同**時，欲作良好之並聯運轉，則其所對應之供給電流以額定電流百分率表示之值相同時，即可作良好之並聯運用，如圖 3-17 所示。由圖 3-17 得知：

   (1)**負載減少**，端電壓增加時，具有**較下垂特性**之發電機分擔**較重之負載**。

   (2)**負載增加**，端電壓下降時，具有**較下垂特性**之發電機分擔**較輕之負載**。

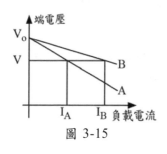

圖 3-15

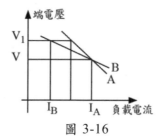

圖 3-16

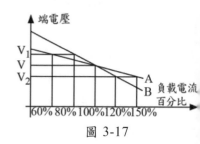

圖 3-17

8. 分激發電機並聯負載分擔：

   I_{f1} 及 I_{f2} 忽略，則 $I_{L1}=I_{a1}$、$I_{L2}=I_{a2}$。

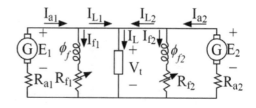

   (1)應電勢不等時：（不考慮分激場）

   　① $I_{L1} + I_{L2} = I_L$

   　　$E_1 - I_{L1}R_{a1} = E_2 - I_{L2}R_{a2}$

   　② $P_1 = V_t I_{L1}$；$P_2 = V_t I_{L2}$

   (2)並聯電壓相等時：（考慮分激場）

   　① $V_t = I_{f1}R_{f1} = I_{f2}R_{f2}$

   　② $I_L = I_{L1} + I_{L2} = (I_{a1} - I_{f1}) + (I_{a2} - I_{f2}) = (I_{a1} + I_{a2}) - (I_{f1} + I_{f2})$

   　③ $P_o = I_L V_t$

   (3)應電勢相等時：

   　①負載電流與電樞電阻**成反比**。

   　② $\dfrac{P_1}{P_2} = \dfrac{I_{L1}}{I_{L2}} = \dfrac{R_{a2}}{R_{a1}}$。

江 湖 決 勝 題

1. A、B 兩部分激式發電機並聯供電,其電樞電阻均為 0.02Ω,A 機感應電勢為 600V,B 機感應電勢為 610V,負載電流為 5000A,求:(1)負載端電壓。(2)各機輸出功率。

答:(1)應電勢不相等:

$I_{L1} + I_{L2} = I_L = 5000 \cdots\cdots ①$

$\because E_1 - I_{L1}R_{a1} = E_2 - I_{L2}R_{a2}$

$\therefore 600 - I_{L1} \times 0.02 = 610 - I_{L2} \times 0.02 \cdots\cdots ②$

將①和②解聯立方程式得:$I_{L1} = 2250(A)$,$I_{L2} = 2750(A)$

$\therefore V_t = 600 - (2250 \times 0.02) = 610 - (2750 \times 0.02) = 555(V)$

(2)$P_1 = V_t I_{L1} = 555 \times 2250 = 1249 \times 10^3(W)$

$P_2 = V_t I_{L2} = 555 \times 2750 = 1526 \times 10^3(W)$

2. 如圖所示之兩台分激發電機並聯運轉,下列敘述何者正確? (A)負載減輕,A 機分擔之負載較重 (B)負載增強,B 機分擔之負載較重 (C)無載時 A 機為發電機,B 機為電動機 (D)欲增加 A 機負擔,僅 A 機磁場電阻調小即可。

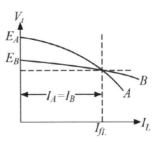

答:(ABC)。(A)負載減少,端電壓增加時,具有較下垂特性之發電機分擔較重之負載($I_A > I_B$)。故,A 機分擔之負載較重。(B)負載增加,端電壓下降時,具有較下垂特性之發電機分擔較輕之負載($I_B > I_A$)。故,B 機分擔之負載較重。(C)無載時,$E_A > E_B$。(D)須同時使 A 機磁場電阻調小,B 機磁場電阻調大,才能使輸出端電壓維持不變。

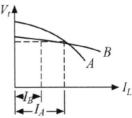

9. 積複激發電機並聯負載分擔：

(1)設有**均壓線**及忽略分激場電流時，負載電流(I_{L1}、I_{L2})分擔**與其串激場電阻**(R_{S1}、R_{S2})**成反比**，與發電機容量(P_1、P_2)成正比。

> 📍 均壓線為一條**電阻極低**的銅導線將兩台發電機的**串激場繞組並聯**。

(2)串激場必須在匯流排的同一側。

(3)兩機的外部特性曲線須一致。

(4)不考慮分激場：$I_{L1} + I_{L2} = I_L$、$I_{L1}R_{S1} = I_{L2}R_{S2}$

(5)$\frac{P_1}{P_2} = \frac{I_{L1}}{I_{L2}} = \frac{R_{S2}}{R_{S1}}$　📍 P：負擔功率

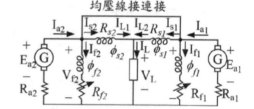

均壓線接連接

江 湖 決 勝 題

◎兩部積複激發電機並聯運轉，A 機為 150kW，B 機為 100kW，若 A 機之串激場電阻為 0.005Ω，求：(1)B 機之串激場電阻。(2)若 A、B 兩部積複激發電機之端電壓由無載 240V 均勻變至滿載 250V，當負載電流為 400A 時，各機之分擔。

答：(1)∵ $\frac{P_1}{P_2} = \frac{I_{L1}}{I_{L2}} = \frac{R_{S2}}{R_{S1}}$ 　∴ $\frac{150k}{100k} = \frac{R_B}{0.005}$

⇒ $R_B = 1.5 \times 0.005 = 0.0075(\Omega)$

(2)＜步驟一＞

$I_{L1} + I_{L2} = I_L = 400(A)$……①

∵ $I_{L1}R_{S1} = I_{L2}R_{S2}$

∴ $I_{LA} \times 0.005 = I_{LB} \times 0.0075$……②

將①和②解聯立方程式得：$I_{LA} = 240(A)$，$I_{LB} = 160(A)$

＜步驟二＞

$\frac{V_t - 240}{160 - 0} = \frac{250 - 240}{\frac{100kW}{250} - 0}$ ⇒ $V_t = 244(V)$

∴ $P_A = I_{LA} \times V_t = 240 \times 244 = 58.56k(W)$

$P_B = I_{LB} \times V_t = 160 \times 244 = 39.40k(W)$

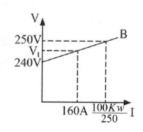

天下大會考

( )　1. 直流他激式發電機之無載飽和特性曲線與下列何者特性曲線相似？
(A)直流他激式發電機之外部特性曲線
(B)鐵心的磁化特性曲線
(C)直流他激式發電機之電樞特性曲線
(D)直流他激式發電機之內部特性曲線。

( )　2. 有一台他激式直流發電機，電樞電阻為 0.2Ω，已知在某轉速時，供應負載之端電壓為 200V，且負載電流為 2A，現在將轉速增加為原來的 1.2 倍，場電流不變，且省略電刷壓降，則負載之端電壓為何？
(A)180V　　　　　　　　　(B)200V
(C)220V　　　　　　　　　(D)240V。

( )　3. 下列何者不是直流分激式發電機自激建立電壓必須具備的條件？
(A)剩磁要夠大　　　　　　(B)場電阻要夠低
(C)剩磁方向要適當　　　　(D)負載特性要適當。

( )　4. 直流串激式發電機供給 200V、4kW 負載，其串激場電阻為 0.2Ω，電樞電阻為 0.4Ω，則此發電機的感應電勢為多少？
(A)212V　　　　　　　　　(B)204V
(C)192V　　　　　　　　　(D)188V。

( )　5. 有關直流發電機在額定轉速下的無載飽和特性曲線之敘述，下列何者正確？
(A)電樞電流與電樞感應電勢的關係
(B)激磁電流與電樞電流的關係
(C)激磁電流與電樞感應電勢的關係
(D)電樞電流與轉速的關係。

( )｜6. 有關他激式（外激式）直流發電機的負載特性（外部特性）曲線之敘述，下列何者正確？
(A)描述發電機轉速與電樞電流的關係
(B)描述發電機轉速與端電壓的關係
(C)描述發電機磁場電流與端電壓的關係
(D)描述發電機電樞電流與端電壓的關係。

( )｜7. 直流分激式（並激式）發電機運轉於額定電壓，如果發電機的轉速突然升高，若要維持發電機的輸出電壓為額定電壓，其調整方式為何？
(A)增加磁通　　　　　　　(B)減少負載
(C)減少磁通　　　　　　　(D)調整換向片的角度。

( )｜8. 一直流發電機，滿載時端電壓為 250V，電壓調整率為 5%。則無載端電壓為多少？
(A)262.5V　　　(B)264.5V　　　(C)266.5V　　　(D)268.5V。

( )｜9. 額定為 55kW、110V、3500rpm 之複激式直流發電機，其滿載時電流為何？
(A)500A　　　(B)300A　　　(C)250A　　　(D)100A。

( )｜10. 有一分激式直流發電機，感應電動勢為 100V，電樞電阻為 0.1 Ω，電樞電流為 40A，磁場電阻為 48Ω，若忽略電刷壓降，則輸出功率為何？
(A)3648W　　　(B)3800W　　　(C)3964W　　　(D)4000W。

( )｜11. 甲、乙兩台分激發電機並聯供給 100A 負載，甲發電機無載電壓為 100V，電樞電阻為 0.04Ω。乙發電機無載電壓為 98V，電樞電阻為 0.05Ω。若不計激磁電流及電樞反應，則負載端電壓為何？
(A)100V　　　(B)98V　　　(C)96.89V　　　(D)94.2V。

( )　12. 複激式電機，若分激場繞組所產生之磁通與串激場繞組所產生之
磁通方向相同，則此電機稱為：
(A)積複激式電機　　　　　　　(B)串激式電機
(C)差複激式電機　　　　　　　(D)分激式電機。

( )　13. 一直流串激式發電機，無載感應電動勢為 120V，電樞電阻為 0.1
Ω，串激場電阻為 0.02Ω，當電樞電流為 100A 時，若忽略電刷
壓降，則此發電機輸出功率為何？
(A)10800W　　　(B)9600W　　　(C)8000W　　　(D)6000W。

( )　14. 有一 5kW、100V 直流分激式發電機，場電阻為 100Ω，當供給
額定負載時，應電勢為 120V，若電刷壓降忽略不計，則電樞電
阻約為多少？
(A)0.68Ω　　　(B)0.53Ω　　　(C)0.47Ω　　　(D)0.39Ω。

( )　15. 一串激式發電機提供 220V、2.2kW 之負載，其電樞電阻為 0.3Ω，
串激場繞組電阻 0.5Ω，則關於此發電機之敘述下列何者正確？
(A)此發電機電樞電流為 100A
(B)此發電機產生之感應電勢為 228V
(C)此發電機激磁電流為 50A
(D)此發電機產生之感應電勢為 220V。

( )　16. 兩部分激發電機 A、B 作並聯運轉，A 的無載感應電勢為 220V，
電樞電阻為 0.1Ω，激磁場電阻 50Ω；B 的無載感應電勢為 220V，
電樞電阻為 0.2Ω，激磁場電阻為 40Ω，負載端電壓為 200V，
則下列何者正確？
(A)A 發電機激磁電流為 50A
(B)A 發電機之電樞電流為 100A
(C)B 發電機之電樞電流為 100A
(D)負載端總輸出功率為 30kW。

解 答 與 解 析

1.**(B)**。無載特性曲線係為飽和特性、磁化特性。因有磁滯及剩磁,故磁化曲線的下降曲線在上升曲線之上。

2.**(D)**。$E_{G1} = V_{L1} + I_a R_a = 200 + (2 \times 0.2) = 200.4(V)$
　　　　∵E 與轉速 n 成正比,∴$E_{G2} = 200.4 \times 1.2 = 240.48(V)$
　　　　∴$V_{L2} = E_{G2} - I_a R_a = 240.48 - (2 \times 0.2) = 240.08(V)$

3.**(D)**。①發電機的磁極中,須有足夠的剩磁。②在一定的轉速下,場電阻<臨界場電阻。③在一定的場電阻下,速率>臨界速率。④發電機轉動時,由剩磁產生之應電勢,必須與繞組兩端應電勢同向。⑤電刷位置須正確,且與換向片接觸良好。

4.**(A)**。$E_G = V_t + I_a(R_a + R_s) = 200 + \frac{4k}{200} \times (0.4 + 0.2) = 212(V)$

5.**(C)**。Y 軸:電樞感應電勢(E);X 軸:激磁電流(I_f)

6.**(D)**。Y 軸:負載端電壓(V_t);X 軸:負載電流(I_L)。外激式發電機(I_L)=電樞電流(I_a)

7.**(C)**。$E_G = K \cdot \phi_m \cdot n \Rightarrow$∵ E_G、K 固定,∴ϕ_m和 n 成反比

8.**(A)**。$\varepsilon = VR\% = \frac{V_{NL} - V_{FL}}{V_{FL}} \times 100\% \Rightarrow 0.05 = \frac{V_{NL} - 250}{250} \Rightarrow V_{NL} = 262.5(V)$

9.**(A)**。$P = VI \Rightarrow 55k = 110 \times I \Rightarrow I = \frac{55k}{110} = 500(A)$

10.**(A)**。(1)$E_G = V_t + I_a R_a \Rightarrow 100 = V_t + 40 \times 0.1 \Rightarrow V_t = 100 - 4 = 96(V)$
　　　　(2)$I_a = I_L + I_f \Rightarrow 40 = I_L + 2 \Rightarrow I_L = 40 - 2 = 38(A)$
　　　　　$I_f = \frac{V_t}{R_f} = \frac{96}{48} = 2(A)$
　　　　(3)內生機械功率$P_m = E_G \cdot I_a = 100 \times 40 = 4kW$
　　　　(4)$I_L = \frac{P_o}{V_t} \Rightarrow 38 = \frac{P_o}{96} \Rightarrow$ 輸出功率$P_o = 38 \times 96 = 3648(W)$

11.**(C)**。∵ 應電勢不等時:
　　　　$I_{L1} + I_{L2} = I_L = 100(A)$……①
　　　　$E_1 - I_{L1}R_{a1} = E_2 - I_{L2}R_{a2} \Rightarrow 100 - I_{L1} \times 0.04 = 98 - I_{L2} \times 0.05$…②
　　　　將①和②解聯立方程式得:$I_{L1} = 77.888(A)$,$I_{L2} = 22.222(A)$
　　　　∴$V_L = 100 - (77.888 \times 0.04) = 98 - (22.222 \times 0.05) = 96.89(V)$

12.**(A)**。依分激場繞組與串激場繞組產生之磁通作用方向可分為:
　　　　(1)差複激式電機:分激場繞組與串激場繞組磁通方向相反,如

圖 3-6 所示。

(2)積複激式電機：分激場繞組與串激場繞組磁通方向相同，如
圖 3-7 所示。

13.(**A**)。(1)$E_G = V_t + I_a(R_a + R_s) \Rightarrow 120 = V_t + 100(0.1 + 0.02)$
$\Rightarrow V_t = 120 - 12 = 108(V)$

(2)$I_a = I_S = I_L = \frac{P_o}{V_t} \Rightarrow 100 = \frac{P_o}{108} \Rightarrow P_o = 100 \times 108 = 10800(W)$

14.(**D**)。(1)$I_a = I_L + I_f = 50 + 1 = 51(A)$

①$I_L = \frac{P_o}{V_t} = \frac{5000}{100} = 50(A)$；②$I_f = \frac{V_t}{R_f} = \frac{100}{100} = 1(A)$

(2)$E_G = V_t + I_a R_a \Rightarrow 120 = 100 + (51 \times R_a)$
$\Rightarrow R_a = \frac{120-100}{51} = 0.39\,\Omega$

15.(**B**)。(1)$I_a = I_S = I_L = \frac{P_o}{V_t} = \frac{2200}{220} = 10(A)$

(2)$E_G = V_t + I_a(R_a + R_s) = 220 + 10(0.3 + 0.5) = 228(V)$

16.(**C**)。(1)並聯電壓相等：$V_L = I_{fa}R_{fa} = I_{fb}R_{fb} \Rightarrow 200 = I_{fa} \times 50 = I_{fb} \times 40$

$\therefore I_{fa} = 4(A)$；$I_{fb} = 5(A)$

(2)$V_{La} = E_{aa} - I_{aa}R_{aa} \Rightarrow 200 = 220 - I_{aa} \times 0.1 \Rightarrow I_{aa} = 200(A)$

$V_{Lb} = E_{ab} - I_{ab}R_{ab} \Rightarrow 200 = 220 - I_{ab} \times 0.2 \Rightarrow I_{ab} = 100(A)$

(3)負載總輸出功率：(考慮分激場，如圖所示，根據 K.C.L.算
出 I_L)

①$I_{L1} = I_{aa} - I_{fa} = 200 - 4 = 196(A)$
$I_{L2} = I_{ab} - I_{fb} = 100 - 5 = 95(A)$
$I_L = I_{L1} + I_{L2} = 196 + 95 = 291(A)$

②$I_L = \frac{P_o}{V_L} \Rightarrow 291 = \frac{P_o}{200}$
$\Rightarrow$ 輸出功率$P_o = 200 \times 291 = 58.2k(W)$

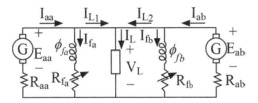

第四章
直流電動機之分類、特性及運用

4-1 直流電動機之分類

1. 依激磁方式分類：

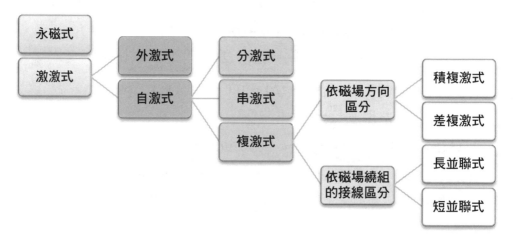

2. 發電機與電動機互換使用
   (1)構造相同可直接轉換，中間極接線不需改接。
   (2)轉向及特性：

項目	說明
特性、轉向不變	①他激式 G→他激式 M ②分激式 G→分激式 M
特性不變、轉向改變	串激式 G→串激式 M
特性改變、轉向不變	①積複激式 G→差複激式 M ②差複激式 G→積複激式 M

   (3)差複激式 M 不能直接啟動，啟動時先將串激場繞組兩端短接，等啟動後再將短路線取下，否則差複激式 M 會先反轉後再正轉，產生很大的I_a使電機燒毀。

3. 直流電動機的重要公式及相互關係

電能 $\xrightarrow{\text{輸入電壓V、電樞電流}I_a}$ 電動機 $\xrightarrow{\text{輸出轉矩T=K}\phi I_a}$ 機械能 $\xrightarrow{\text{轉速n}}$ 感應反電動勢$(E_m = K\phi n)$

(1)轉矩$T = \dfrac{PZ}{2\pi a}\phi I_a = K\phi I_a$(NT-m)，與**磁通量**$\phi$、**電樞電流** I_a **成正比**。

(2)反電勢$E_m = \dfrac{PZ}{60a}\phi n = K\phi n$(V)，與**磁通量**$\phi$、**轉速 n 成正比**；

$$E_m = V_t - I_a R_a(V) \Rightarrow I_a = \dfrac{V_t - E_m}{R_a}(A)$$

註 ① Vt：電源端電壓。
　　② 電動機啟動瞬間 I_a 很大，使過載保護(O.L.)動作，若無過載保護，則將使電樞繞組燒毀；故直流電動機**不可直接啟動，應使用啟動器**。

(3)**轉速n** $= \dfrac{E_m}{K\phi} = \dfrac{V_t - I_a R_a}{K\phi}$(rpm)；影響直流電動機轉速之因素如下所述：

① **外加電壓**(V_t)**成正比**：複壓法、華德黎翁那德法。
② **電樞電流**(I_a)**成反比**：通常不採用此法。
③ **電樞電阻**(R_a)**成反比**：串並聯控速法（避免使用）。
④ **場磁通**(ϕ)**成反比**：分激式串聯可調電阻；串激式並聯可調電阻。

註 ① 一般直流電機控速法採用**場磁通控速法**，因其設備費用低、構造簡單、操作容易。
　　② 複壓法與華德黎翁那德法，其設備費用高、構造複雜、控速精準。

(4)內生機械功率$P_m = \omega T = E_m I_a = (V_t - I_a R_a)I_a = V_t I_a - I_a^2 R_a$，與**反電勢** E_m、**轉速 n 成正比**。

註 ① $E_m I_a$：電磁功率。
　　② $V_t I_a$：輸入電功率。
　　③ $I_a^2 R_a$：電樞銅損。

4. 速率調整率（SR%）

(1)定義：速率調整率：$SR\% = \frac{n_{NL} - n_{FL}}{n_{FL}} \times 100\%$

（註）n_{NL}：無載轉速，n_{FL}：滿載轉速。

(2)D.C.M 依速率調整率分類：

① $SR\% > 0(n_{NL} > n_{FL})$：他激式、分激式、串激式、積複激式

② $SR\% < 0(n_{NL} < n_{FL})$：差複激式

5. 直流電動機的自律性（負載變動時對轉矩及轉速的影響，V_t、ϕ 保持不變）

(1)負載加重時：$n \downarrow$、$E_m \downarrow \Rightarrow I_a \uparrow \Rightarrow T \uparrow \Rightarrow$ 以應付負載的增加，直到轉矩足以負擔新的負擔為止，維持穩定運轉。

(2)負載減輕時：$n \uparrow$、$E_m \uparrow \Rightarrow I_a \downarrow \Rightarrow T \downarrow \Rightarrow$ 以應付負載的減輕，直到產生新的轉矩為止，n、T、I_a 維持定值穩定運轉。

6. 直流電機**轉向控制**的因素：

(1)反接電樞繞組的接線：分激式、串激式、複激式。

(2)反接場繞組的接線：分激式、串激式**亦可**採用此法。

江 湖 決 勝 題

1. 將差複激發電機如激磁場繞組接線不變，自發電機改為電動機作用時，原為差複激發電機，將變： (A)積複激電動機 (B)分激電動機 (C)串激電動機 (D)他激電動機。

答：(A)

2. 設直流機之極數為 4，導體數為 664 根，疊繞電樞電阻為 0.2Ω，每極磁通為 0.02Wb，端電壓為 115V，電樞電流為 50A，求：當作發電機及電動機之轉速各為若干。

答：(1)發電機時：

電動勢 $E_G = V_t + I_a R_a = 115 + (50 \times 0.2) = 125(V)$

轉速 $n = \frac{E_G}{K\phi} = \frac{V_t + I_a R_a}{\frac{PZ}{60a}\phi} = \frac{125}{\frac{4 \times 664}{60 \times (1 \times 4)} \times 0.02} = 565(rpm)$

(2) 電動機時：

反電勢 $E_m = V_t - I_a R_a = 115 - (50 \times 0.2) = 105(V)$

轉速 $n = \dfrac{E_m}{K\phi} = \dfrac{V_t - I_a R_a}{\frac{PZ}{60a}\phi} = \dfrac{105}{\frac{4 \times 664}{60 \times (1 \times 4)} \times 0.02} = 475(rpm)$

3. 額定轉速 1200rpm 之電動機，以額定條件下，由全負載降低至無載時之轉速變動有 5%，求：無載速率。

答：$SR\% = \dfrac{n_{NL} - n_{FL}}{n_{FL}} \times 100\% \Rightarrow 0.05 = \dfrac{n_{NL} - 1200}{1200} \Rightarrow n_{NL} = 1260(rpm)$

4.某電動機，電樞迴路電阻 0.2Ω，接於 200V 電源，用電 50A，速率 1200rpm；若磁通加大 20%，且用電 70A，求：速率。

答：(1)反電勢 $E_m = V_t - I_a R_a = 200 - (50 \times 0.2) = 190(V)$
　　　$E_m = K\phi n \Rightarrow 190 = K\phi \times 1200 \cdots\cdots ①$

　　(2)反電勢 $E_m = V_t - I_a R_a = 200 - (70 \times 0.2) = 186(V)$
　　　$E_m = K\phi n \Rightarrow 186 = K(1 + 0.2)\phi \times n' \cdots\cdots ②$

　　(3)$\dfrac{②}{①} \Rightarrow \dfrac{186}{190} = \dfrac{K(1+0.2)\phi \times n'}{K\phi \times 1200} = \dfrac{1.2 \times n'}{1200} \Rightarrow n' = 979(rpm)$

4-2 直流電動機之特性及用途

1. 轉矩特性曲線

X軸-Y軸	定值	
I_a-T	(1)額定電壓 V_t (2)磁場電流 I_f (3)額定轉速 n 下調整負載	

(1)串激式電動機：

　　$T=K\phi I_a$

　　① $\phi=\phi_s$

　　②小負載（鐵心未飽和）：

　　　　$\because \phi_s \propto I_a \therefore T = K \cdot I_a^2$
　　　　$\Rightarrow T \propto I_a^2$

　　　　⇒軌跡：拋物線，啟動轉矩大，可重載啟動。

　　③大負載（鐵心已飽和）：

　　　　$\because \phi_s$為飽和定值，ϕ_s與I_a無關 $\therefore T = K \cdot I_a$

　　　　$\Rightarrow T \propto I_a$

　　　　⇒軌跡：上升直線。

(2)分激式電動機：

　　$T=K\phi I_a$

　　① $\phi=\phi_f$

　　②$\because \phi_f$為定值 $\therefore T = K \cdot I_a$

　　　　$\Rightarrow T \propto I_a$

　　　　⇒軌跡：上升直線。

　　③若**考慮電樞反應**之去磁效應，ϕ會微降，則轉矩 T 會微降，特性曲線**微降**。

(3)積複激式電動機：

　　$T=K\phi I_a$

　　① $\phi=\phi_f+\phi_s$

　　②小負載：I_a很小，ϕ_s很小⇒$T=K\phi_f I_a$⇒與**分激式相似**⇒**軌跡：上升直線。**

　　③大負載：I_a很大，ϕ_s很大⇒T **較分激式大。**

(4)差複激式電動機：

　　$T=K\phi I_a$

　　① $\phi=\phi_f-\phi_s$

　　②小負載：I_a很小，ϕ_s很小⇒$T=K\phi_f I_a$⇒與**分激式相似**⇒**軌跡：上升直線。**

③負載增加：I_a增加，ϕ_s增加$\Rightarrow \phi_s$愈來愈趨近於$\phi_f \Rightarrow \phi = \phi_f - \phi_s$愈來愈趨近於$0$

⇒軌跡：下降直線。

⇒ $\phi_s = \phi_f$，$T = 0 \Rightarrow$轉速極高、不穩定狀態、速率不變（定速）⇒少用。

④大負載：$\phi_s > \phi_f$，$T < 0$（負轉矩）。

⑤由②~④得知：差複激式電動機之**軌跡：先上升後下降**之曲線。

⑥**啟動時**：防止I_a過大，$\phi_s > \phi_f$產生負轉矩，會反向啟動，通常須將**串激場繞組短接**。

(5)他激式電動機：

$T = K\phi I_a$

①$\because \phi$為定值　$\therefore T \propto I_a$ ⇒**軌跡：上升直線。**

②若**考慮電樞反應**之去磁效應，ϕ會微降，則轉矩T會微降，特性曲線**微降**。

2. 轉速特性曲線

X軸-Y軸	定值	
I_a-n	①額定電壓 V_t ②磁場電流 I_f ③額定轉矩 T 下調整負載	

(1)串激式電動機（普用式）：

$$n = \frac{V_t - I_a(R_a + R_s) - V_b}{K\phi_s}$$

①**無載時**：$I_a \downarrow$，$\phi_s \to 0$，$n \uparrow$，離心力很大使電樞有飛脫之虞

⇒ 絕不可在無載下運轉

⇒ 須與負載直接耦合，及裝設**離心開關**。

②小負載（鐵心未飽和）：

$\because \phi_s \propto I_a \therefore I_a(R_a + R_s) - V_b$很小 $\Rightarrow n \doteq \dfrac{V_t}{K\phi_s} \doteq \dfrac{V_t}{KI_a}$

$$\Rightarrow n \propto \dfrac{1}{I_a}$$

⇒**軌跡：雙曲線一部份。**

③大負載（鐵心已飽和）：$\because \phi_s$為飽和定值 $\therefore$ 和電樞電流I_a無關

$\Rightarrow n = K'[V_t - I_a(R_a + R_s) - V_b]$。

⇒**軌跡：下降直線。**

④負載變動時：電樞電流I_a隨之改變，轉速亦有很大的變動

⇒ **變速**電動機，故速率**調整率 SR%為正值且很大。**

⑤**定馬力電動機**：高轉速、低轉矩；低轉速、高轉矩；向電源取**恆定功率**之定馬力。

⑥綜合串激式電動機之**轉矩**及**轉速特性曲線**：

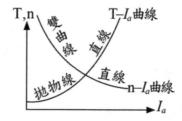

(2)分激式電動機：

$$n = \dfrac{V_t - I_aR_a - V_b}{K\phi_f}$$

①無載時：$I_a = 0 \Rightarrow n = \dfrac{V_t - V_b}{K\phi_f}$。

②負載增加時：ϕ_f不隨負載變動，$(V_t - I_aR_a - V_b)$微降⇒ 轉速約不變

⇒**定速**電動機，故速率**調整率 SR%為正值且很小。**

⇒**軌跡：下降直線。**

③若**考慮電樞反應**之去磁效應，ϕ會微降，則轉速 n 會**微升**。

④運轉中，若磁場電路突然斷路$\Rightarrow \phi_f = 0$，$E = 0$

　⇒**重載時，I_a很大**，電樞繞組有燒毀之虞

　⇒**輕載時，I_a很小**，n 加速變很快，甚大的離心力導致有飛脫之虞

　⇒應裝設**過載保護**設備。

(3)積複激式電動機：$n = \dfrac{V_t - I_a R_a - I_s R_s - V_b}{K(\phi_f + \phi_s)}$

①無載時：$I_a \downarrow$，$\phi_s \to 0$，$(I_a R_a - I_s R_s - V_b) \downarrow \Rightarrow n \doteqdot \dfrac{V_t}{K \phi_f}$

　⇒ 與**分激式**相似 ⇒**軌跡：下降直線。**

②負載增加時：$I_a \uparrow$，$\phi_s \uparrow$，$n \downarrow \Rightarrow$介於**定速**與**變速**之間。

(4)差複激式電動機：$n = \dfrac{V_t - I_a R_a - I_s R_s - V_b}{K(\phi_f - \phi_s)}$

①無載時：$I_a \downarrow$，$\phi_s \to 0$，$(I_a R_a - I_s R_s - V_b) \downarrow \Rightarrow n \doteqdot \dfrac{V_t}{K \phi_f}$

　⇒ 與**分激式**相似 ⇒**軌跡：下降直線。**

②負載增加時：$I_a \uparrow$，$\phi_s \uparrow$，分母減少比分子大，$n \uparrow \Rightarrow$**軌跡：上升直線。**

③速率調整率 SR%為負值⇒具**定速特性**。

④由①~③得知：差複激式電動機之軌跡為一**先下降後上升**之曲線。

(5)他激式電動機：$n = \dfrac{V_t - I_a R_a - V_b}{K \phi_f}$

①無載時：$I_a = 0 \Rightarrow n = \dfrac{V_t - V_b}{K \phi_f}$。

②負載增加時：$n = \dfrac{V_t - I_a R_a - V_b}{K \phi_f}$，轉速微降

　⇒**軌跡：下降直線**⇒具**調速特性**。

③若**考慮電樞反應**之去磁效應，ϕ會微降，則轉速 n 會微升，特性曲線**微升**。

3. 直流電動機依速率特性分類

分類	定義	SR%	D.C.M.
定速	n 定值	≦0.1	分激式、差複激式
變速	n 受負載變化影響	≧0.1	(1)串激式(T↑、n↓；T↓、n↑) (2)積複激式介於定速與變速之間
調速	n 不受負載變化影響	一定速率範圍內，可調整控制	串激式外，其它皆可視之

4. 各種直流電動機的特性比較

激磁方式	特性
串激式	(1)啟動轉矩最大。　(2)無載時易脫速有危險。 (3)速率隨負載增加而降低，變速。　(4)轉矩特性為一拋物線。 (5)低速時有高轉矩，高速時有低轉矩。
分激式	(1)啟動轉矩尚可。　(2)能自行調節。 (3)介於定速與調速之間。　(4)磁場斷路時易脫速有危險。 (5)轉速控制易。　(6)轉矩特性為一上升直線。
積複激式	(1)啟動轉矩優良。　(2)定速特性良好。 (3)介於定速與變速之間。　(4)無載時無脫速危險。
差複激式	(1)啟動轉矩很差。　(2)負載在小範圍內變動，具定速。 (3)負載增加時，轉速增大。

江湖決勝題

1. 直流分激電動機在運轉過程中，磁場線圈發生斷路，若沒有加裝保護設備，將會產生下列何種現象？　(A)電動機轉軸立即反轉　(B)電動機轉速升高，有飛脫之虞　(C)仍維持正常運轉　(D)磁通增加，燒毀磁場線圈　(E)磁通毫無變化。

    答：(B)∵運轉中，若磁場電路突然斷路
    ⇒$\phi_f=0$，E=0⇒重載時，I_a很大，電樞繞組有燒毀之虞

⇒輕載時，I_a很小，n 加速變很快，甚大的離心力導致有飛脫之虞

⇒應裝設過載保護設備。

2. 串激直流電動機在作實驗時，應特別注意負載大小，尤其是空載時，不可啟動，原因在於？　(A)轉矩太低　(B)線路電壓太高　(C)電樞電流太高　(D)激磁電流太小。

答：(D)∵無載時：$I_a\downarrow$，$\phi_s\rightarrow 0$，$n\uparrow$，離心力很大使電樞有飛脫之虞

⇒絕不可在無載下運轉

⇒須與負載直接耦合，及裝設離心開關。

3. 積複激式電動機的敘述，下列何者正確？　(A)重載時速率降低較分激多　(B)輕載轉矩較分激大很多　(C)啟動轉矩較分激大　(D)適用於突然加以重載之機器　(E)轉速特性介於分激與串激之間。

答：(ACDE)。

(1)小負載：I_a很小，ϕ_s很小⇒$T=K\phi_f I_a$⇒與分激式相似⇒軌跡：上升直線。

(2)大負載：I_a很大，ϕ_s很大⇒T 較分激式大。

4. 差複激式電動機的敘述，下列何者正確？　(A)速率調整率為正值　(B)加載時速率有上升之可能　(C)轉矩在起動時較正常任載為小　(D)啟動時應將串激繞組短路防止反轉　(E)運轉不安定，很少使用。

答：(BCDE)。

(1)無載時：$I_a\downarrow$，$\phi_s\rightarrow 0$，$(I_aR_a-I_sR_s-V_b)\downarrow\Rightarrow n\cong\dfrac{V_t}{K\varnothing_f}$

⇒與分激式相似 ⇒軌跡：下降直線。

(2)負載增加時：$I_a\uparrow$，$\phi_s\uparrow$，分母減少比分子大，$n\uparrow$⇒軌跡：上升直線。

(3)速率調整率 SR%為負值，具定速特性。

5. 直流電動機之用途比較

D.C.M.	用途
外激式	適用於調速範圍廣，又易於精密定速： (1)華德黎翁納德控速系統之電動機。 (2)大型壓縮機、升降機、工具機。
分激式	(1)定速特性的場合：車床、印刷機、鼓風機、刨床。 (2)調變速率的場合：多速鼓風機。
串激式	需高啓動轉矩、高速之負載：電動車、起重機、吸塵器、果汁機。
積複激式	(1)大啓動轉矩又不宜過於變速之負載：升降機、電梯。 (2)大啓動轉矩又不會在輕載時有飛脫危險之負載：工作母機、汽車雨刷機。 (3)突然施以重載之場合：滾壓機、鑿孔機、沖床。
差複激式	使用於速率不變之處，除實驗室外很少應用。

6. 各型電動機的計算公式：

$$\frac{P_o}{P_i} = \eta \Rightarrow ① \ P_i = \frac{P_o}{\eta} \quad ② \ \frac{P_i}{V} = I \quad ③ \ \frac{\frac{P_o}{\eta}}{V} = \frac{P_o}{\eta V} = I$$

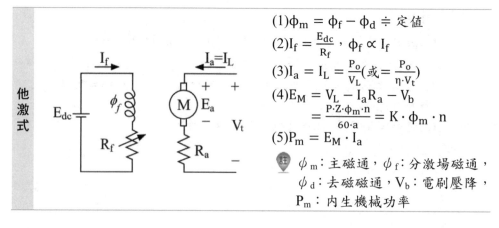

他激式	(1)$\phi_m = \phi_f - \phi_d \doteqdot$ 定值 (2)$I_f = \frac{E_{dc}}{R_f}$, $\phi_f \propto I_f$ (3)$I_a = I_L = \frac{P_o}{V_L}$(或$= \frac{P_o}{\eta \cdot V_t}$) (4)$E_M = V_L - I_a R_a - V_b$ $\quad = \frac{P \cdot Z \cdot \phi_m \cdot n}{60 \cdot a} = K \cdot \phi_m \cdot n$ (5)$P_m = E_M \cdot I_a$

註　ϕ_m：主磁通，ϕ_f：分激場磁通，ϕ_d：去磁磁通，V_b：電刷壓降，P_m：內生機械功率

分激式	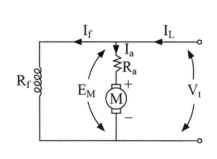	$(1)\phi_m = \phi_f - \phi_d \doteqdot$ 定值 $(2)I_f = \dfrac{V_t}{R_f}$，$\phi_f \propto I_f$ $(3)I_a = I_L - I_f$ 　$I_L = \dfrac{P_o}{V_t}(或 = \dfrac{P_o}{\eta \cdot V_t})$ $(4)E_M = V_t - I_aR_a - V_b$ 　$= \dfrac{P \cdot Z \cdot \phi_m \cdot n}{60 \cdot a} = K \cdot \phi_m \cdot n$ $(5)P_m = E_M \cdot I_a$
串激式	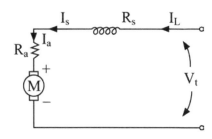	$(1)\phi_m = \phi_S \propto I_S$ $(2)I_a = I_S = I_L = \dfrac{P_o}{V_t}(或 = \dfrac{P_o}{\eta \cdot V_t})$ $(3)E_M = V_t - I_a(R_a + R_s) - V_b$ 　$= \dfrac{P \cdot Z \cdot \phi_m \cdot n}{60 \cdot a} = K \cdot \phi_m \cdot n$ $(4)P_m = E_M \cdot I_a$
長並複激式	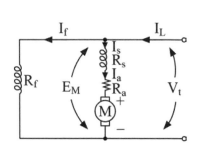	$(1)\phi_f \propto I_f$；$\phi_S \propto I_S$ $(2)I_a = I_S = I_L - I_f$ 　①$I_L = \dfrac{P_o}{V_t}(或 = \dfrac{P_o}{\eta \cdot V_t})$ 　②$I_f = \dfrac{V_t}{R_f}$ $(3)E_M = V_t - I_a(R_a + R_s) - V_b$ 　$= \dfrac{P \cdot Z \cdot \phi_m \cdot n}{60 \cdot a} = K \cdot \phi_m \cdot n$ $(4)P_m = E_M \cdot I_a$
短並複激式	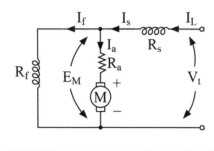	$(1)\phi_f \propto I_f$；$\phi_S \propto I_S$ $(2)I_a = I_L - I_f$ 　①$I_S = I_L = \dfrac{P_o}{V_t}\left(或 = \dfrac{P_o}{\eta \cdot V_t}\right)$ 　②$I_f = \dfrac{V_f}{R_f}$ $(3)V_f = V_t - I_SR_s$ $(4)E_M = V_f - I_aR_a - V_b$ 　$= \dfrac{P \cdot Z \cdot \phi_m \cdot n}{60 \cdot a} = K \cdot \phi_m \cdot n$ $(5)P_m = E_M \cdot I_a$

積複激式	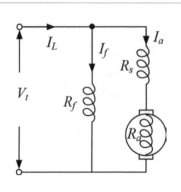	(1)$\phi_m = \phi_f + \phi_s$ (2)ϕ_f與ϕ_s同向。 (3)ϕ_f為定值；ϕ_s隨負載變動。
差複激式		(1)$\phi_m = \phi_f - \phi_s$ (2)ϕ_f與ϕ_s反向。 (3)ϕ_f為定值；ϕ_s隨負載變動。

江 湖 決 勝 題

1. 有一部 100V 的他激式電動機的電樞電阻 0.06Ω，滿載時電樞電流為 50A，轉速為 1780rpm，求：(1)無載轉速n_{NL}；(2)速率調整率 SR%。

　答：(1)①滿載時：$E_M = V_L - I_a R_a = 100 - (50 \times 0.06) = 97(V)$

　　　②無載時：$\because I_a = 0$

　　　　　$\therefore E_{MO} = V_L - I_a R_a = 100 - (0 \times 0.06) = 100(V)$

　　　③$\because E = K\phi n \Rightarrow E \propto n$。$\therefore \frac{n_{NL}}{n_{FL}} = \frac{E_{MO}}{E_M} \Rightarrow \frac{n_{NL}}{1780} = \frac{100}{97}$

　　　　$\Rightarrow n_{NL} = \frac{100}{97} \times 1780 \Rightarrow n_{NL} = 1835(rpm)$

　　(2)$SR\% = \frac{n_{NL} - n_{FL}}{n_{FL}} \times 100\% = \frac{1835 - 1780}{1780} \times 100\% = 3.09\%$

2. 直流他激電動機之電磁轉矩為 20Nt-m，電樞電流 10A，轉速為 1200rpm，求：其電樞反電勢。

　答：$P_m = \omega T = 2\pi \frac{n}{60} \times T = 2\pi \times \frac{1200}{60} \times 20 = 800\pi$

　　　$P_m = E_M \cdot I_a \Rightarrow 800\pi = E_M \times 10 \Rightarrow E_M = 250(V)$

3. 有台分激式電動機，電源電壓 100V，線電流 12A，電樞電阻 0.1Ω，而場電阻 50Ω，求：(1)激磁電流；(2)電樞電流；(3)電樞銅損；(4)內生機械功率；(5)電樞外加電功率。

答：(1)$I_f = \dfrac{V_t}{R_f} = \dfrac{100}{50} = 2(A)$

(2)$I_a = I_L - I_f = 12 - 2 = 10(A)$

(3)$P_{R_a} = I_a^2 R_a = 10^2 \times 0.1 = 10(W)$

(4)$E_M = V_t - I_a R_a = 100 - (10 \times 0.1) = 99(V)$

$P_m = E_M \cdot I_a = 99 \times 10 = 990(W)$

(5)$P_a = V_t \cdot I_a = 100 \times 10 = 1000(W)$

4. 有一串激電動機 100V/50kW，當負載電流為 100A 時，轉矩為 15kg-m，若於磁場未飽和時，負載電流增至 200A 時，則當電樞電阻和磁場電阻之和為 0.2Ω，求：(1)轉矩；(2)轉速。

答：(1)小負載(鐵心未飽和)：$\because \phi_s \propto I_a \therefore T = K \cdot I_a^2 \Rightarrow T \propto I_a^2$

$\dfrac{T'}{T} = \left(\dfrac{I'_a}{I_a}\right)^2 \Rightarrow \dfrac{T'}{15} = \left(\dfrac{200}{100}\right)^2$

$\Rightarrow T' = 15 \times 4 = 60(kg \cdot m)$

(2)$I_a = I_S = I_L = 200(A)$

$E_M = V_t - I_a(R_a + R_s) = 100 - 200 \times (0.2) = 60(V)$

$P_m = E_M \cdot I_a = 60 \times 200 = 12000(W)$

$P_m = \omega T = 2\pi \times \dfrac{n}{60} \times T \Rightarrow 12000 = 2\pi \times \dfrac{n}{60} \times 60 \times 9.8$

$\Rightarrow n = 195(rpm)$

5. 有一長並複激式直流電動機，其電源電壓為 200V，電樞電流為 100A，電樞繞組的電阻為 0.03Ω，串激繞組的電阻為 0.02Ω，電刷壓降$V_b = 2V$，求：反電動勢。

答：$E_M = V_t - I_a(R_a + R_s) - V_b = 200 - 100 \times (0.03 + 0.02) - 2$
$= 193(V)$

4-3 直流電動機之啟動法

1. 直流電動機的啟動

    (1)電動機外加電壓時，使電動機從**靜止狀態**加速旋轉至**正常轉速**為止，此過程稱為「啟動」。

    (2)電動機啟動時，加於電樞繞組兩端的電壓不可太高。

    (3)端電壓可**隨轉速的增加而提高**，直到轉速達額定值，才可將全部電壓加於電樞上，如此可**避免過大啟動電流**。

    (4)因電源電壓為一定值，故唯有將**電樞與一可變電阻串聯**，以調整可變電阻器來改變加於電動機之電樞上的端電壓，使之隨速度上升而逐次增加至額定值。

    (5)**串激式**電動機啟動時，必須加上**負載啟動**，以降低啟動轉速，避免電動機飛脫。

    (6)**差複激式**電動機啟動時，須先將**串激場繞組短路**，以**增大啟動轉矩，且避免反向啟動**。

2. 啟動要求

    (1)啟動電流 I_{as}：**小**，約 1.5~2.5 倍的額定電流（滿載電流）I_L。

    ① 利用**啟動電阻**降低啟動電流。

    ② 啟動時，啟動電流要小，故將啟動電阻調至最大，再分段減小。

    (2)啟動轉矩 T_S：**大，增加磁通**以增大啟動轉矩。

    ① **串激式**電動機啟動時場電阻（分流器）**調至最大**，啟動完成再調整。

    ② **分激式**電動機啟動時場電阻**調至最小**，啟動完成再調整。

    (3)啟動時間 t_S：**短**，小型電動機約 30 秒，大型電動機約 1 分鐘。

3. 啟動電阻（R_x）

(1)原因：

①啟動瞬間，電動機轉速 n=0，反電勢 $E_M = K\phi n = 0$。

②電樞電流 $I_a = \dfrac{V_t - E_M}{R_a} \doteq \dfrac{V_t}{R_a} \Rightarrow R_a$ 很小，使電樞電流 I_a 很大

　　⇒ 電動機有燒毀之虞。

(2)解決：電樞電路**串聯啟動電阻** R_x，以限制啟動電流 I_S，約 1.5~2.5 倍的額定電流（滿載電流）I_L。

(3)過程

①啟動瞬間：n=0、$E_M = K\phi n = 0$。

　A.分激式電動機：$E_M = V_t - I_a R_a - V_b = 0 \Rightarrow V_t = I_{as}(R_a + R_x) + V_b$

　　$\therefore R_x = \dfrac{V_t - V_b}{I_{as}} - R_a$

　B.串激式電動機：$E_M = V_t - I_a(R_a + R_s) - V_b = 0$

　　$\Rightarrow V_t = I_{as}(R_a + R_s + R_x) + V_b$

　　$\therefore R_x = \dfrac{V_t - V_b}{I_{as}} - R_a - R_s$

②啟動過程：如圖 4-1 所示，

　A.啟動時間 t_S 從 $t_0 \to t_6$ 增加，轉速亦從 $n_0 \to n_6$ 逐步加快；

　B.**轉速每增加一段，將啟動電阻減少一段**，而電樞電流就上升至最大值（約 1.5~2.5 倍的額定電流）。

　C.但轉速每增加一段，**反電勢 E_M 會逐次增大**，而電樞電流又降至最低值（約 0.8~1.25 倍的額定電流）。

D. 加速時間 t 亦愈來愈短，直到最後電樞電流達額定值、電機達額定轉速（停止加速），但最後一段所需時間較中段時間長，因速度增加，增加了負荷轉矩。

$$E_{Mi} = V_t - I_{as}(R_a + R_{x(i-1)}) - V_b \Rightarrow R_{x(i-1)} = \frac{V_t - V_b - E_{Mi}}{I_{as}} - R_a$$

註 一般啟動電阻約分 5~7 段降低，不一次降低之原因在於**維持適當啟動轉矩**。否則 $n\uparrow$、$E_M\uparrow$、$I_a\downarrow$、$T\downarrow$，所以若分段降低電阻，可以使 I_a 不至於過小而降低啟動轉矩。

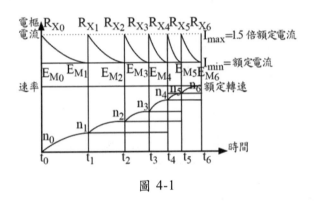

圖 4-1

③啟動完成：為了減少銅損，提高效率，故啟動電阻最後應趨於 0Ω。

4. 啟動器

(1)特性：

①在 $\frac{1}{3}$ HP 以下之小型電動機，因有較大電樞電阻，可限制啟動電流及轉動慣量較小，加速快、所需啟動時間短，故可直接啟動。

②**直流電動機啟動時，為減少啟動慣性，需將 R_f 置於最小處，使 I_f 最大，ϕ_f 最大，則啟動轉矩 T_s 愈大，加速快，縮短啟動時間。**

(2)分類：

　①人工啟動器：

三點式	A.無磁場釋放，吸持磁鐵線圈與場繞組**串聯**，對外接點：L、F、A，如圖 4-2 所示。 B.動作說明： 　a.閉合 KS（閘刀開關） 　b.移動啟動臂到 1 開始啟動，$I_{as} = \dfrac{V_t - 0}{R_a + R_X}$ 　c.依序往 2、3、……、6 移動，完成啟動，$I_{as} = \dfrac{V_t - E_M}{R_a}$	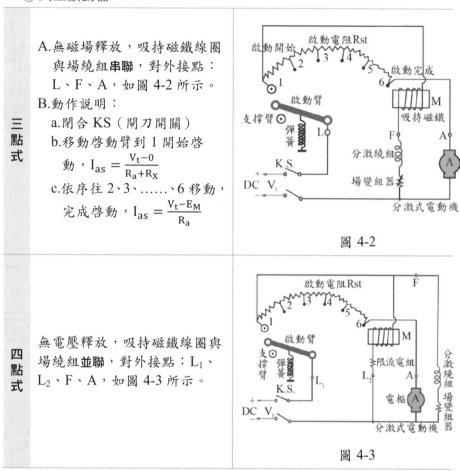圖 4-2
四點式	無電壓釋放，吸持磁鐵線圈與場繞組**並聯**，對外接點：L_1、L_2、F、A，如圖 4-3 所示。	圖 4-3

　②自動啟動器：

　　能適時將與電樞串聯之啟動電阻器自動去掉，使電動機加速而啟動，此自動啟動是以**電磁接觸器**作為電機之主要控制元件，並配合啟動電阻器按鈕開關，及電驛或延時電驛等所組成。

種類	敘述	偵測	圖示
反電勢型	利用電壓電驛控制 R_x	電樞反電勢 E_M	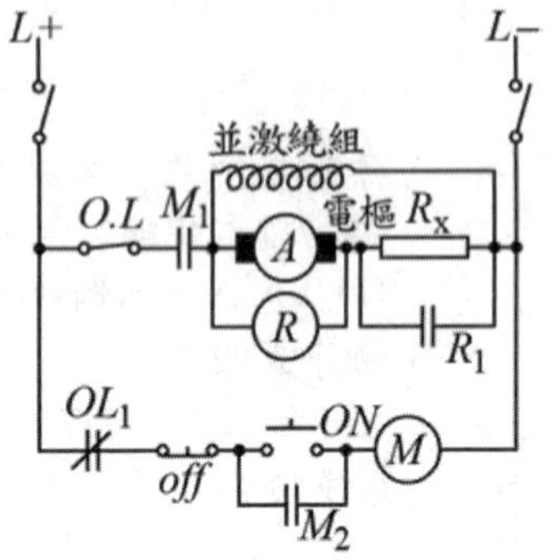 圖 4-4
限流型	利用限流電驛控制 R_x	電樞啟動電流 I_{as}	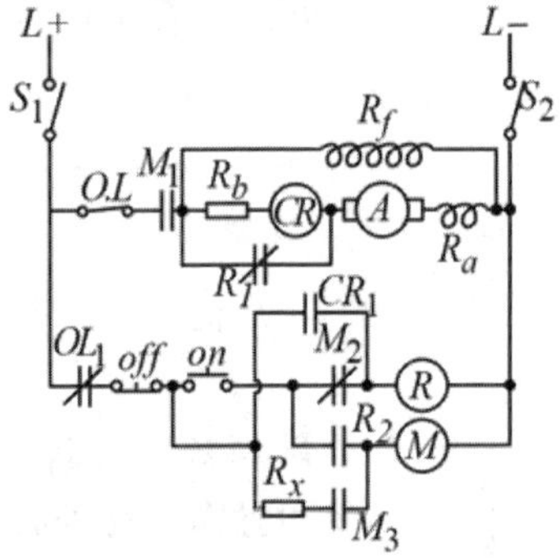 圖 4-5
限時型	利用限時電驛控制 R_x	啟動時間 t_S	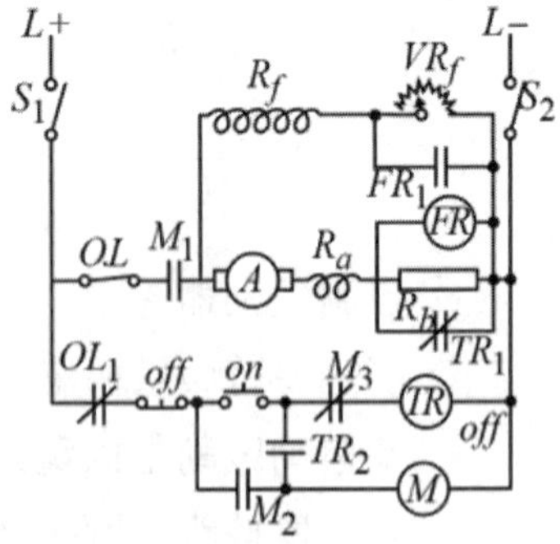 圖 4-6

江 湖 決 勝 題

1. 若已知某直流分激電動機直跨電源啟動時的電流為滿載電流的 20 倍，今欲使啟動電流限制在 2 倍以下，求：外加啟動電阻應為電樞電阻的多少倍。

答：(1)啓動動瞬間：

$$E_M = V_t - I_a R_a - V_b = 0 \Rightarrow I_{as} = \frac{V_t - V_b}{R_a} = 20 I_L \cdots\cdots ①$$

(2)電樞串聯起動電阻時：$I_{as} = \frac{V_t - V_b}{R_a + R_x} \leq 2 I_L \cdots\cdots ②$

(3)$\frac{①}{②} \Rightarrow \frac{R_a + R_x}{R_a} \leq 10 \Rightarrow R_x \geq 9 R_a$

2. 一 75 馬力，600V 串激電動機之電樞電阻為 0.3Ω，場電阻 0.2Ω，其額定電流為 100A。如欲在其啟動時產生 2 倍額定轉矩，求：啟動電阻。

答：$T = K \phi I_a \Rightarrow \phi = \phi_s \Rightarrow \phi_s \propto I_a \therefore T = K \cdot I_a^2 \Rightarrow T \propto I_a^2$

(1)$\frac{T'}{T} = (\frac{I'_{as}}{I_{as}})^2 \Rightarrow \frac{2T}{T} = (\frac{I'_{as}}{100})^2 \Rightarrow I'_{as} = 100\sqrt{2}(A)$

(2)$R_x = \frac{V_t}{I_{as}} - R_a - R_s = \frac{600}{100\sqrt{2}} - 0.3 - 0.2 = 3.74(\Omega)$

3. 某 120V 直流分激電動機的電樞電阻為 0.2Ω，電刷壓降為 2V，額定電源電流為 75A，場電阻 30Ω，求：

(1)該電動機的最大啟動電流 I_{Las}

(2)若欲限制啟動電流為額定電流的 150%，則應串聯多大的啟動電阻 R_x。

答：(1)啓動瞬間：

$$E_M = V_t - I_a R_a - V_b = 0 \Rightarrow I_{as} = \frac{V_t - V_b}{R_a}$$

$$I_{Las} = I_{as} + I_f = \frac{V_t - V_b}{R_a} + \frac{V_t}{R_f} = \frac{120 - 2}{0.2} + \frac{120}{30} = 590 + 4 = 594(A)$$

(2)啓動電流：

$$I_{as} = I_L - I_f = (150\%) I_L - I_f = (1.5 \times 75) - \frac{120}{30} = 108.5(A)$$

$$R_x = \frac{V_t - V_b}{I_{as}} - R_a = \frac{120 - 2}{108.5} - 0.2 = 0.89(\Omega)$$

4-4　直流電動機之速率控制法

1. 直流電動機轉速控制

   (1) 公式：$n = \dfrac{E_M}{K\phi} = \dfrac{V_t - I_a R_a - V_b}{K\phi}$

   (2) 影響因素：外加端電壓V_t、電樞電阻R_a、電樞電流I_a、場磁通ϕ。

   (3) 控制三變量：I_a由負載決定，不能用來控速。

   　① 場磁通控速法：V_t、R_a固定，**改變**ϕ。
   　　◎ 優點：**效率高**、簡單便宜、速率調整佳。
   　　◎ 缺點：高速時電樞反應增強，有換向困難。

   　② 電樞電阻控速法：V_t、ϕ固定，於電樞電路**串聯電阻** R_x，於一定負
   　　載下，將減少加於電樞兩端之電壓，而使轉速降低。
   　　◎ 優點：大範圍**速率變動**、成本低。
   　　◎ 缺點：速率調整率差、損失大、效率低。

   　③ 電樞電壓控速法：ϕ、R_a固定，改變加於**電樞兩端電壓**而改變轉速
   　　之方法。
   　　◎ 優點：大範圍**速率控制**、無換向與啟動問題。
   　　◎ 缺點：複雜、價格昂貴。

(4) 調速變化

　①情況一：**定馬力**控速

　　A. $P = \omega T = \frac{2\pi \cdot n}{60} \cdot T \Rightarrow P$ **為定值**，$\frac{2\pi}{60}$ 為常數。

　　B. 速率變化時，$T \propto \frac{1}{n}$（**反比**）。

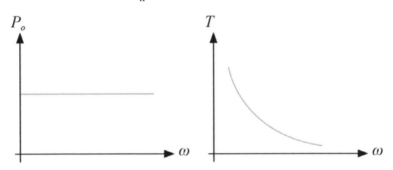

　②情況二：**定轉矩**控速

　　A. $T = \frac{P}{\omega} = \frac{P}{\frac{2\pi \cdot n}{60}} \Rightarrow T$ **為定值**，$\frac{2\pi}{60}$ 為常數。

　　B. 速率變化時，$P \propto n$（**正比**）。

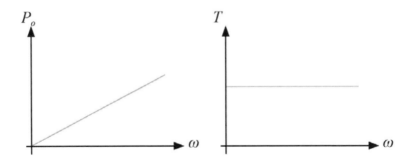

2. 場磁通控速法

	分激場串聯可調電阻 R_{fh}	串激場並聯可調電阻 R_{sh}
原理	$R_{fh}\uparrow$、$I_f\downarrow$、$\phi_f\downarrow$、 $n\uparrow=\dfrac{E_M}{K\phi_f\downarrow}\Rightarrow n\propto R_{fh}$（正比）	$R_{sh}\uparrow$、$I_s\uparrow$、$\phi_s\uparrow$、 $n\downarrow=\dfrac{E_M}{K\phi_s\uparrow}\Rightarrow n\propto\dfrac{1}{R_{sh}}$（反比）
情況	(1)$T=K\cdot\phi\cdot I_a\Rightarrow T\propto\phi$ (2)$n\uparrow=\dfrac{E_M}{K\phi_f\downarrow}\Rightarrow n\propto\dfrac{1}{\phi}$ (3)$P=\omega T\Rightarrow P$ 為定值 $\Rightarrow$**定馬力控速法**	(1)$T=K\cdot\phi\cdot I_a\Rightarrow T\propto\phi$ (2)$n\downarrow=\dfrac{E_M}{K\phi_f\uparrow}\Rightarrow n\propto\dfrac{1}{\phi}$ (3)$P=\omega T\Rightarrow P$ 為定值 $\Rightarrow$**定馬力控速法**
特點	(1)操作簡單、成本低。 (2)可變電阻損耗小，故瓦特數小，效率高。 ∵R_{fh}和R_f分壓，$V\downarrow\Rightarrow P\downarrow=\dfrac{V^2\downarrow}{R_{fh}}$。 (3)僅作基準轉速以上的調速（**往上調速**）。 ∵多串聯R_{fh}使分激場繞組電阻↑$\Rightarrow I_f\downarrow\Rightarrow\phi_f\downarrow\Rightarrow n\uparrow$。 (4)速率調整率 SR%小，定速效果佳。	(1)操作簡單、成本高。 (2)可變電阻損耗大，故瓦特數大，效率低。 ∵R_{sh}和R_s並聯電壓相等，$V\uparrow\Rightarrow P\uparrow=\dfrac{V^2\uparrow}{R_{fh}}$ (3)僅作基準轉速以上的調速（**往上調速**）。 ∵多並聯R_{sh}使 I_L 經分流後至$R_s\Rightarrow I_s\downarrow\Rightarrow\phi_s\downarrow\Rightarrow n\uparrow$。
適用	分激式、複激式	串激式、積複激式
圖示	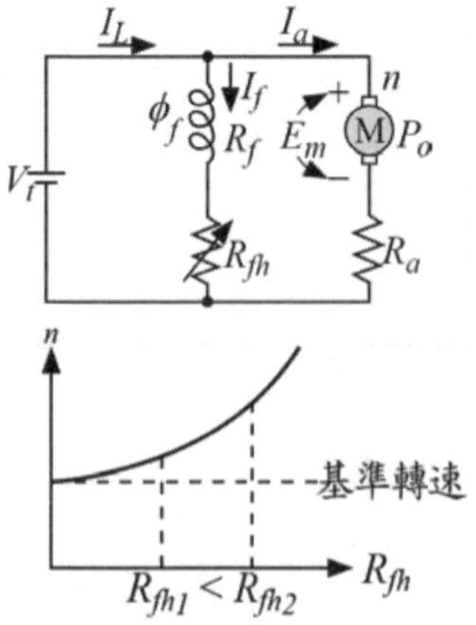	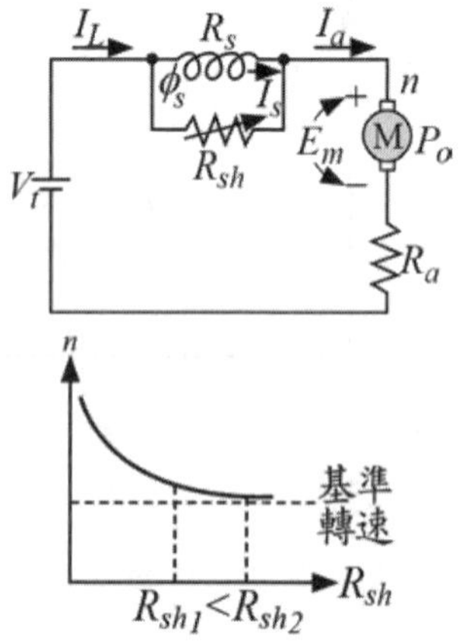

3. 電樞電阻控速法

(1)原理：電樞迴路中串聯可調電阻 R_{ah}，如圖 4-7 所示。

$$R_{ah} \uparrow \text{、} E_M \downarrow = V_t - I_a(R_a + R_{ah} \uparrow) \Rightarrow n \downarrow = \frac{E_M \downarrow}{K\phi_f} = n \propto \frac{1}{R_{ah}}$$

(2)情況：

① $P_m = E_M \cdot I_a \Rightarrow P_m \propto E_M$

② $n \downarrow = \frac{E_M \downarrow}{K\phi_f} \Rightarrow n \propto E_M$

③ $T = \frac{P}{\omega} \Rightarrow T$ 為定值 $\Rightarrow$ **定轉矩控速法**

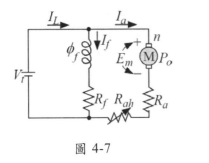

圖 4-7

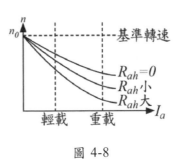

圖 4-8

(3)特點：

① 操作簡單、成本高。

② 可變電阻損耗大，故瓦特數大，**效率低**。

　∵電樞電阻$R_a \downarrow$，R_{ah}分壓得到之電壓↑，V↑$\Rightarrow$ P ↑$= \frac{V^2 \uparrow}{R_{ah}}$。

③ 僅作基準轉速**以下**的調速（**往下調速**），如圖 4-8 所示。

　∵多串聯R_{ah}使電樞繞組電阻↑$\Rightarrow E_M \downarrow \Rightarrow n \downarrow$。

④ 速率調整率 SR%**大**，**定速效果不佳**，分激由定速電動機變為**變速電動機**。

(4)適用：所有直流電動機。

4. 電樞電壓控速法

	複壓法	華德黎翁納德法
原理	利用可變電壓的直流電源	利用可變電壓,目前採用 SCR 電子來控制,$V_t \propto n$。
情況	**定轉矩控速法**	**定轉矩控速法**
特點	(1)控速範圍廣、不需可變電阻、功率損耗小、轉速可調至低於或高於額定轉速。 (2)需要可變電壓的直流電源,但無法連續性調速。	(1)可精確且連續性控速,調速範圍寬廣,為無段式控制,**不需啟動電阻**。 (2)可圓滑啟動,操作靈敏,**易正逆轉控制**。 (3)整體**效率低**、費用高、構造複雜。 　　$\eta_T = \eta_M \times \eta_G \times \eta_M$ 　　⇒ 效率愈乘愈小 (4)可電能**再生制動**。 (5)控速範圍寬廣,速率調整率 SR%佳。 　①**定轉矩控速法**: 　　A.在額定轉速之**下**($n < n_o$)。 　　B.由控制他激發電機之場激改變電動機外加電壓⇒**電壓控制**(改變 V_t)。 　②**定馬力控速法**: 　　A.在額定轉速之**上**($n > n_o$)。 　　B.由調整電動機之場電阻改變磁通量 　　⇒**場磁通控制**(改變φ)。
適用	所有直流電動機	他激式(因磁通需維持不變)
圖示	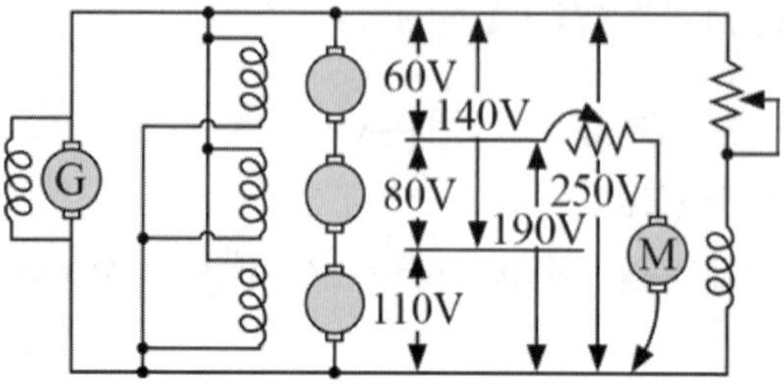	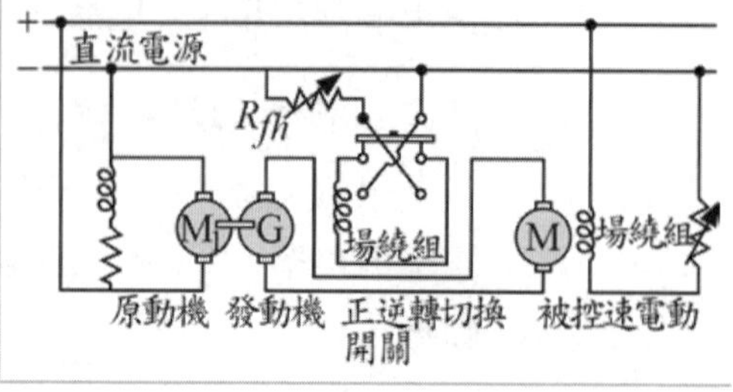

5. 串並聯控速法

  (1) 適用：串激式電動機。

  (2) 啟動時（n=0、$E_M = K\phi n = 0$）：如圖 4-9 所示，兩部串激式電動機，在**相同啟動電流 I_s 下**

$$\Rightarrow T_{串} = K \cdot I^2 \;;\; T_{並} = K \cdot (\frac{I}{2})^2 \Rightarrow T_{串} = 4T_{並}$$

    💡 因啟動電阻值(R_x)遠大於電樞電阻與場電阻之和，故 $I_{s1}=I_{s2}$，說明如下列三點：

      ① $R_{x1}+(R_{sA}+R_{sB}) \fallingdotseq R_{x1}$

      ② $R_{x2}+(R_{sA}//R_{sB}) \fallingdotseq R_{x2}$

      ③ $R_{x1}=R_{x2} \Rightarrow I_{s1}=I_{s2}$

  (3) 運轉時（啟動電阻 R_x=0 不存在）：如圖 4-10 所示，兩部串激式電動機，在**相同電源電壓 V_t（機械負載相同）下**

$$\Rightarrow n_{串} = \frac{E_M}{K\phi} = \frac{\frac{V_t}{2}-I_aR_a-V_b}{K\phi} = \frac{V_t}{2K\phi} \;;\; n_{並} = \frac{E_M}{K\phi} = \frac{V_t-I_aR_a-V_b}{K\phi} = \frac{V_t}{K\phi}$$

$$\Rightarrow n_{並} = 2n_{串}$$

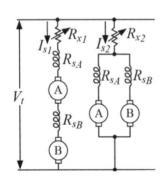

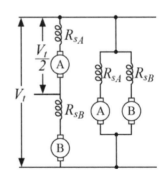

圖 4-9　　　　　　　　　　　　　　　　圖 4-10

6. 歸納整理

(1) 直流分激式、複激式電動機控速的方法：

　　① 電樞電壓控速法。

　　② 電樞電阻控速法。

　　③ 場磁通控速法。

(2) 直流串激式電動機控速的方法：

　　① 場磁通控速法⇒定馬力控速法。

　　② 電樞串聯電阻控速法⇒定轉矩控速法。

　　③ 串並聯控速法⇒電動車、電氣列車等控制。

江 湖 決 勝 題

1. 一串激式電動機，電樞電阻 0.2Ω，場電阻 0.3Ω，外接電源 $100V$，忽略電刷壓降，當電樞電流 $40A$ 時，轉速為 $640rpm$。若轉矩不變，轉速變成 $400rpm$ 時，求：場電阻值。

答：(1) $E_M = V_t - I_a(R_a + R_s) = 100 - 40 \times (0.2 + 0.3) = 80(V)$

　　$\because E_M = K \cdot \phi_m \cdot n \Rightarrow F_M \propto n \Rightarrow \dfrac{E'_M}{E_M} = \dfrac{n'}{n} \Rightarrow \dfrac{E'_M}{80} = \dfrac{400}{640}$

　　$\Rightarrow E'_M = \dfrac{400}{640} \times 80 = 50(V)$

(2) $\because$ 轉矩不變

　　$\therefore I_a$ 不變 $= 40(A)$

　　$E_M = V_t - I_a(R_a + R'_s) \Rightarrow 50 = 100 - 40 \times (0.2 + R'_s)$

　　$\Rightarrow R'_s = \dfrac{100-50}{40} - 0.2 = 1.25 - 0.2 = 1.05\,\Omega$

2. 額定電壓 $200V$，額定電流 $60A$，額定速率 $700rpm$，電樞電阻為 0.2Ω，磁場電阻為 100Ω 之分激電動機保持負載轉矩於一定，而速率減半時，求：應加入多大電阻於電樞迴路。

答：(1) $I_a = I_L - I_f = I_L - \dfrac{V_t}{R_f} = 60 - \dfrac{200}{100} = 60 - 2 = 58(A)$

(2) $E_M = V_t - I_a R_a = 200 - (58 \times 0.2) = 188.4(V)$

(3)∵速率減半 ∴ $\frac{n'}{n} = \frac{1}{2}$

∴$E_M = K \cdot \phi_m \cdot n$ ∴$E_M \propto n \Rightarrow \frac{E'_M}{E_M} = \frac{n'}{n} \Rightarrow \frac{E'_M}{188.4} = \frac{1}{2}$

$\Rightarrow E'_M = \frac{1}{2} \times 188.4 = 94.2(V)$

(4)∵轉矩不變

∴I_a不變 $= 58(A)$

$E_M = V_t - I_a(R_a + R_x) \Rightarrow 94.2 = 200 - 58 \times (0.2 + R_x)$

$\Rightarrow R_x = \frac{200-94.2}{58} - 0.2 = 1.82 - 0.2 = 1.62\,\Omega$

3. 一 75 馬力/600V 串激式電動機之電樞電阻為 0.25Ω，場電阻為 0.12Ω，其額定電流為 100A，如欲在啟動時產生：(1)額定負載轉矩；(2)額定轉矩之 200%時，其啟動控制器內之初部電阻。（假定飽和曲線為一直線）

答：$T = K\phi I_a \Rightarrow \phi = \phi_s \Rightarrow \phi_s \propto I_a$ ∴ $T = K \cdot I_a^2 \Rightarrow T \propto I_a^2$

(1)啟動瞬間：$E_M = V_t - I_a(R_a + R_s) = 0 \Rightarrow V_t = I_{as}(R_a + R_s + R_x)$

∴$R_x = \frac{V_t}{I_{as}} - R_a - R_s = \frac{600}{100} - 0.25 - 0.12 = 6 - 0.37 = 5.63(\Omega)$

(2)額定轉矩之 200%時：

①$\frac{T'}{T} = (\frac{I'_{as}}{I_{as}})^2 \Rightarrow \frac{2T}{T} = (\frac{I'_{as}}{100})^2 \Rightarrow I'_{as} = 100\sqrt{2}(A)$

②$R_x = \frac{V_t}{I_{as}} - R_a - R_s = \frac{600}{100\sqrt{2}} - 0.25 - 0.12 = 3.87(\Omega)$

4. 直流分激電動機，額定電壓 220V，滿載電流 50A，場電阻 40Ω，電樞電阻 0.1Ω，轉速為 1500rpm，今將負載減半，求：(1)輸入電流；(2)轉速。

答：(1)①$I_a = I_L - I_f = I_L - \frac{V_t}{R_f} = 50 - \frac{220}{40} = 50 - 5.5 = 44.5(A)$

②V_t固定、I_f固定 $\Rightarrow \phi_f$定值

③負載減半$\Rightarrow$輕載$\Rightarrow$電樞電流I_a減半

$\Rightarrow I'_a = \frac{1}{2}I_a = \frac{1}{2} \times 44.5 = 22.25(A)$

④輸入電流$I_L = I'_a + I_f = 22.25 + 5.5 = 27.75(A)$

(2)①$n = \frac{V_t - I_a R_a}{K\phi_f} = \frac{220 - 44.5 \times 0.1}{K\phi_f} = \frac{215.55}{K\phi_f} = 1500(rpm)$

②$n' = \frac{V_t - I_a R_a}{K\phi_f} = \frac{220 - 22.5 \times 0.1}{K\phi_f} = \frac{217.75}{K\phi_f}$

③$\frac{n'}{n} = \frac{n'}{1500} = \frac{217.75}{215.55}$

$\Rightarrow n' = \frac{217.75}{215.55} \times 1500 = 1.01 \times 1500 = 1515(rpm)$

④由此可知，當負載減輕，$I_a \downarrow$，$n \uparrow$ 加速 $\Rightarrow n \propto \frac{1}{I_a}$。

5. 一部 20 馬力，250V 串激電動機的電樞電阻 0.18Ω，串激電阻 0.1Ω，當電動機取用 70A 電流時，其速率為 600rpm，設磁場飽和曲線為一直線，且不計電樞反應及電刷壓降，求：(1)取用 80A 電流時的速率；(2)若以 0.5Ω 分流電阻 R_{sh} 與串激場並聯，取用 40A 電流時的速率。

答：$\because$ 磁場飽和曲線為一直線

$\therefore \phi_m = \phi_S \propto I_S \Rightarrow n \doteq \frac{E_M}{K\phi_s} \div \frac{E_M}{KI_a} \div \frac{E_M}{KI_S} \quad \Rightarrow n \propto \frac{1}{I_a}$

(1)$E_{M1} = V_t - I_{a1}(R_a + R_s) = 250 - 70 \times (0.18 + 0.1) = 230.4(V)$

$E_{M2} = V_t - I_{a2}(R_a + R_s) = 250 - 80 \times (0.18 + 0.1) = 227.6(V)$

$\because E_M = K \cdot \phi_m \cdot n$

$\therefore n \propto E_M \Rightarrow n \propto E_M \propto \frac{1}{I_a}$

$\Rightarrow \frac{n_2}{n_1} = \frac{E_{M2}}{E_{M1}} = \frac{I_{a1}}{I_{a2}} \Rightarrow \frac{n_2}{600} = \frac{227.6}{230.4} = \frac{70}{80}$

$\Rightarrow n_2 = \frac{70}{80} \times \frac{227.6}{230.4} \times 600 = 519(rpm)$

(2)$E_{M3} = V_t - I_{a3}[R_a + (R_s // R_{sh})]$

$= 250 - 40 \times [0.18 + (0.1 // 0.5)] = 239.5(V)$

$I_S = I_a \times \frac{R_{sh}}{R_s + R_{sh}} = 40 \times \frac{0.5}{0.1 + 0.5} = 33.3(A)$

$\because n \propto E_M \propto \frac{1}{I_a} \quad \therefore \frac{n_3}{n_1} = \frac{E_{M3}}{E_{M1}} = \frac{I_{a1}}{I_{a3}} \Rightarrow \frac{n_3}{600} = \frac{239.5}{230.4} = \frac{70}{33.3}$

$\Rightarrow n_3 = \frac{70}{33.3} \times \frac{239.5}{230.4} \times 600 = 1310(rpm)$

以 I_S 代入 I_{a3} 求解，係因為「串激場並聯可調電阻 R_{sh}」是由 $\phi_S \propto \frac{1}{n}$ 的關係控制轉速。

4-5 直流電動機之轉向控制及制動

1. 轉向控制
   (1)原理：佛來銘左手定則得知電動機轉向，決定**磁場**(φ)方向以及**電樞電流**(I_a)方向。
   (2)改變轉向因素：
   ①反接電樞繞組：改變**磁場**(φ)方向⇒分激、串激、複激。
   ②反接場繞組：改變**電樞電流**(I_a)方向⇒分激、串激。
   ③反接電樞繞組、場繞組：轉向不變，因磁場(φ)和電樞電流(I_a)均反向。
   ④改變電源電壓極性：
   　A. **自激式**因磁場(φ)和電樞電流(I_a)均反向，故**轉向不變**。
   　B. 他激式僅改變**電樞電流**(I_a)方向，故**轉向改變**。
   (3)改變轉向方法：
   ①利用閘刀開關。
   ②利用電磁開關。
   ③利用鼓型開關：如圖 4-11 所示，水平方向第二組接點③及④，**可改變電流方向⇒反接用；兩接點一定要重疊，否則會開路。**
   　A. **兩銅**片式：如圖 4-11 所示，適用**分激式**電動機。
   　B. 三銅片式：如圖 4-12 所示，適用所有直流電動機。
2. 兩銅片式鼓型開關

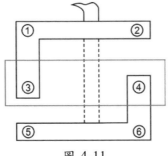

圖 4-11

(1)反接電樞繞組

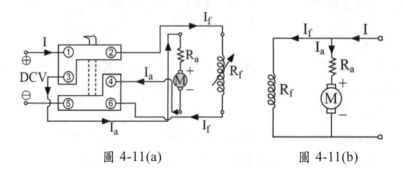

圖 4-11(a)　　　　　　　圖 4-11(b)

(2)反接場繞組

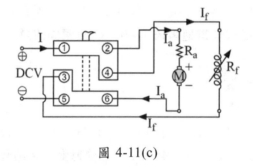

圖 4-11(c)

3. 三銅片式鼓型開關

(1)構造

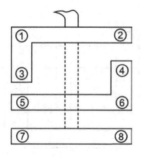

圖 4-12

(2)控制電路

　①改變電樞電流（電樞接③及④）

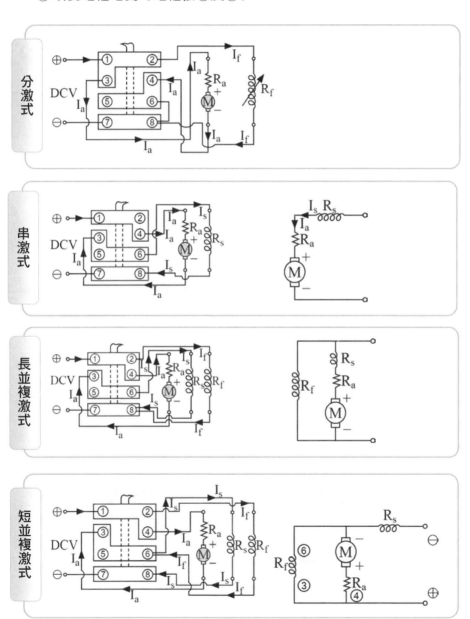

②改變場電流（電樞接③及④）

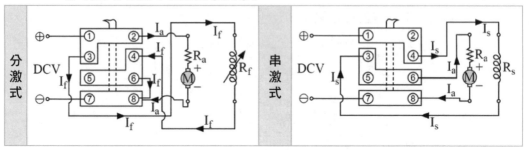

江湖決勝題

1. 如圖所示，係利用一鼓型開關來使直
   流短並聯複激式電動機反轉。圖中 A、
   B、C、D 點應接於？
   答：A-4、B-1、C-5、D-5

2. 如圖所示，分激式電動機利用兩銅片
   式鼓型開關，改變其場電流方向來作
   正逆轉控制，繪出其正確接線。

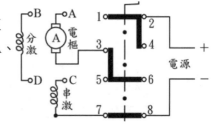

   答：(1)∵改變場電流方向
   　　　∴場繞組接③及④。
   　　(2)鼓型開關中水平方向第二組接點③及④可改變電流方向，
   　　　故可繪出二圖。

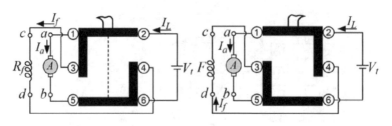

4. 直流電動機的制動

(1)定義：當直流電動機的電源切斷後，由於慣性作用轉子無法立即停止，為使電動機**克服其轉動慣性**而立即停止轉動，則必須加以制動；其所需的裝置為制動器（Break）。

(2)方法：

①空、油壓制動：以壓縮空氣或油來驅動剎車裝置，一般用於電氣鐵路用電動機。

②電磁制動：以電磁鐵操作剎車，一般用於起重機、升降機。

③機械制動：

A.空、油壓制動以及電磁制動皆屬於機械制動的方式。

B.以剎車壓住旋轉軸的方式，及摩擦剎車，可分為手動及腳踩兩種。

C.一般電動機制動為**電器制動為主**，機械制動為輔。

④電器制動：

A.動力制動（發電制動）

	分、複激式	串激式
方法	運轉中之電動機在被切離電源時，使其磁場繼續維持激磁狀態，並將其電樞兩端**外接可變電阻器**(R)。	運轉中串激電動機在被切離電源時，須先將串激場繞組，或電樞兩端，任一接線對調，才可外加可變電阻，否則會因串激場電流反向，或剩磁被抵消，無法發電。
原理	電動機因慣性動能繼續旋轉割切磁場，產生發電作用並將電能消耗在電阻器(R)，並形成反轉矩，克制慣性。若調整電阻器值可改變制動力大小。	
圖示	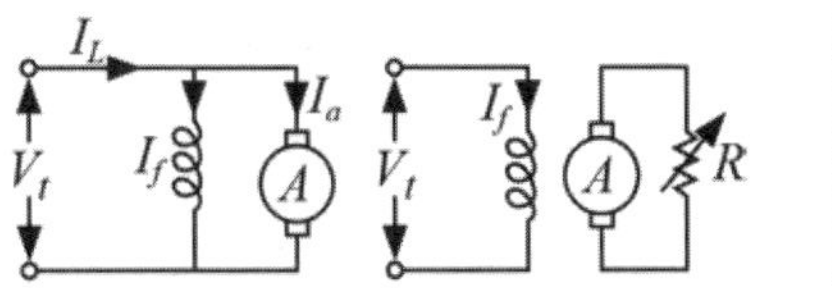 (a) 正常運轉　　(b) 制動	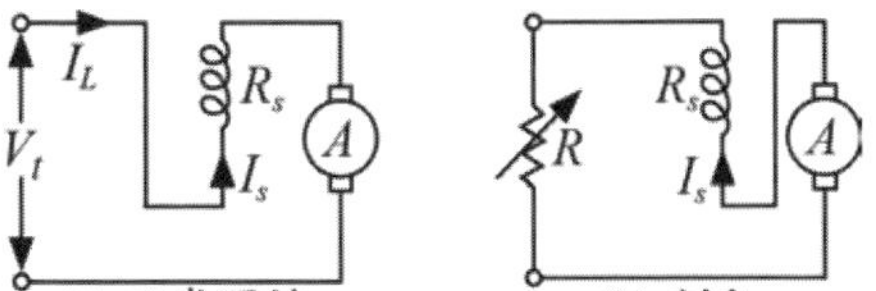 (a) 正常運轉　　(b) 制動

B. 逆轉制動（插塞制動）：將電動機與電源間的接線立即改接，使電樞中的電源反向，電動機便產生反轉矩，以制動原來的旋轉能量，使電動機很快停止，但要避免反轉。

C. 再生制動：升降機、起重機常用此方法來制動，當升降機下降時，由於速度增加，電樞知反電勢超過端電壓而變成發電機，於是一方面能**將位能或機械能變換為電能向蓄電池充電**，可產生制動轉矩，減緩電動機轉速，若要完全停止轉動，需配合其它制動方法。

5. 場電路開路之效應：分激電動機，場電路開路，電機磁通急速下降至剩磁，使得電樞電壓反電勢下降，造成電樞電流大量增加，轉矩上升，使電動機轉速上升，直到電動機脫速（runaway）或燒毀。

天下大會考

( ) 1. 一部直流分激式電動機，由相關實驗測得電樞電阻 0.5Ω，磁場線圈電阻 180Ω，轉軸的角速度為 170rad/s（徑/秒）。當供給電動機的直流電源電壓、電流分別為 180V 與 21A 時，則此電動機產生的電磁轉矩為多少？

(A)8N-m (B)12N-m

(C)16N-m (D)20N-m。

( ) 2. 直流電動機之轉速控制方法，具有定馬力運轉特性者為？

(A)磁場電阻控制法 (B)電樞電阻控制法

(C)電樞電壓控制法 (D)改變啟動電阻法。

( )　3. 有一台串激式直流電動機,電樞電阻為 0.2Ω,串激場電阻為 0.3
Ω,外接電源電壓為 200V,且省略電刷壓降,已知電樞電流為
80A 時,轉速為 640rpm;若轉矩不變,且希望電動機之穩態轉
速改變為 400rpm 時,則串激場電阻應該變為若干?

(A)1.05Ω　　　　　　　　　(B)1.95Ω

(C)0.05Ω　　　　　　　　　(D)0.95Ω。

( )　4. 有一台分激式直流電動機,電樞電阻為 0.2Ω,分激場電阻 200
Ω,外接電源電壓為 200V。已知電動機之反電勢（單位為伏特）
大小是場電流（單位為安培）大小的 179.2 倍,假設電刷壓降為
1V,則電源電流應為何?

(A)70A　　　　　　　　　　(B)85A

(C)100A　　　　　　　　　(D)115A。

( )　5. 下列何者是直流分激式電動機之轉速(n)與電樞電流(I_a)的特性曲
線?

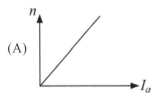
(A)

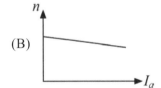
(B)

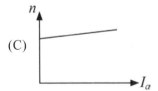
(C)

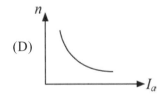
(D)

( )　6. 欲打一杯均勻細緻(需高速攪拌)的木瓜牛奶，下列何種直流電機較恰當？
(A)直流分激式電動機　　　　(B)直流他激式電動機
(C)直流串激式電動機　　　　(D)直流積複激式電動機

( )　7. 有一 1HP、100V 之分激式電動機，R_a=1Ω，啟動時欲限制啟動電流為滿載之 200%，若忽略磁場電流與損耗，則所需串聯之電阻約為多少？
(A)2.7Ω　　　　　　　　　(B)5.7Ω
(C)8.7Ω　　　　　　　　　(D)11.7Ω 。

( )　8. 直流串激式電動機在運轉時，若鐵心無磁飽和，且 k_T 為常數，則此電動機之電磁轉矩 T_e 與電樞電流 I_a 的關係，下列何者正確？
(A)$T_e = \dfrac{k_T}{I_a^2}$　　　　　　　　(B)$T_e = \dfrac{k_T}{I_a}$
(C)$T_e = k_T I_a$　　　　　　　　(D)$T_e = k_T I_a^2$

( )　9. 直流分激式電動機之端電壓 V_t、電樞電流 I_a、電樞電阻 R_a 及激磁場之磁通量 ϕ_f，若鐵心無磁飽和，且其 k_f 為常數，則此電動機轉軸之轉速 N_r 與上述的關係，下列何者正確？
(A)$N_r = \dfrac{k_f \phi_f}{V_t - R_a I_a}$　　　　　　(B)$N_r = \dfrac{V_t}{k_f \phi_f + R_a I_a}$
(C)$N_r = \dfrac{V_t - R_a I_a}{k_f \phi_f}$　　　　　　(D)$N_r = \dfrac{k_f \phi_f}{V_t + R_a I_a}$

（　）　10. 欲改變他激式直流電動機之轉速方向，下列敘述何者正確？

(A)改變電樞電流方向或改變激磁電流方向

(B)同時改變電樞電流方向及激磁電流方向

(C)改變電樞繞組之串聯繞組

(D)改變激磁繞組之串聯繞組。

（　）　11. 直流串激式電動機的輸出轉矩 T 與電樞電流 I_a 的關係，可表示為何？

(A)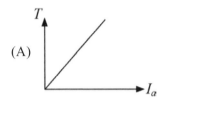

(B)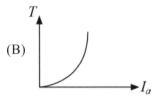

(C)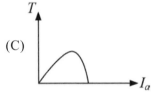

(D)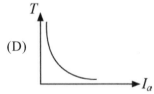

（　）　12. 一磁場的組成分類，直流複激式電動機可歸納為哪二種類型？

(A)他激式（外激式）電動機與自激式電動機

(B)積複激式電動機與差複激式電動機

(C)單相電動機與三相電動機

(D)分激式（並激式）電動機與串激式電動機。

( )　13. 有關分激式（並激式）直流電動機之速率控制方法，下列何者正確？
(A)增大電樞串聯電阻，可使轉速升高
(B)減低磁場的磁通量，可使轉速升高
(C)減低磁場的磁通量，可降低轉速
(D)增大電樞電壓，可降低轉速。

( )　14. 一110V，1 馬力，900rpm 的直流分激式電動機，電樞電阻 0.08 Ω，滿載時之電樞電流為 7.5A，則此電動機滿載時之反電勢為多少？
(A)108.2V　　　　　　　　(B)109.4V
(C)110.0V　　　　　　　　(D)116.8V。

( )　15. 直流串激式電動機，若外加電壓不變，當負載變小時，下列關於轉速與轉矩變化的敘述，何者正確？
(A)轉速變小，轉矩變大　　(B)轉速與轉矩都變大
(C)轉速變大，轉矩變小　　(D)轉速與轉矩都變小。

( )　16. 直流分激式電動機啟動時，增加啟動電阻器的目的為何？
(A)增加電樞轉速　　　　　(B)降低磁場電流
(C)增加啟動轉矩　　　　　(D)降低電樞電流。

( )　17. 一直流分激式電動機，額定電壓 100V，額定容量 5kW，電樞電阻為 0.08Ω，若欲降低啟動電流為滿載電流的 2.5 倍時，則電樞繞組應串聯多少歐姆的啟動電阻器？
(A)0.09Ω　　　　　　　　(B)0.18Ω
(C)0.36Ω　　　　　　　　(D)0.72Ω。

( )　18. 一串激式直流電動機，電樞電阻為 0.2Ω，場電阻為 0.3Ω，外接電源為 100V，忽略電刷壓降，當電樞電流 40A 時，轉速為 640rpm。若轉矩不變，轉速變成 400rpm 時，則場電阻值應為何？
(A)0.2Ω　　　　　　　　　　(B)0.5Ω
(C)1Ω　　　　　　　　　　　(D)1.05Ω。

( )　19. 當額定容量與電壓相同時，下列直流電動機中，何者啟動轉矩最大？
(A)差複激式　　　　　　　　(B)串激式
(C)分激式　　　　　　　　　(D)外（他）激式。

( )　20. 額定電壓為 200V 的分激式直流電動機，電樞電阻為 0.3Ω，場電阻為 100Ω，當該電動機以額定電壓供電，電動機之反電動勢大小是場電流的 85 倍。假設電刷壓降忽略不計，則電源電流為多少？
(A)102A　　　　　　　　　　(B)92A
(C)82A　　　　　　　　　　　(D)72A。

解答與解析

1. **(D)**。$I_f = \dfrac{V_t}{R_f} = \dfrac{180}{180} = 1(A)$，$I_a = I_L - I_f = 21 - 1 = 20(A)$

(1)$E_M = V_t - I_a R_a = 180 - (20 \times 0.5) = 170(V)$

(2)$P_m = \omega T \Rightarrow E_M I_a = \omega T \Rightarrow T = \dfrac{E_M I_a}{\omega} = \dfrac{170 \times 20}{170} = 20(N\text{-}m)$

2.**(A)**。(1)直流分激式、複激式電動機控速的方法：
　　①電樞電壓控速法
　　②電樞電阻控速法
　　③場磁通控速法
(2)直流串激式電動機控速的方法：
　　①磁場電阻控速法⇒定馬力控速法
　　②電樞串聯電阻控速法⇒定轉矩控速法
　　③串並聯控速法⇒電動車、電氣列車等控制

3.**(A)**。(1)$E_{M1} = V_t - I_a(R_a + R_{s1}) = 200 - 80 \times (0.2 + 0.3) = 160(V)$

(2)$\because E_M = K \cdot \phi_m \cdot n \therefore n \propto E_M \Rightarrow n \propto E_M \Rightarrow \dfrac{n_2}{n_1} = \dfrac{E_{M2}}{E_{M1}}$

$\Rightarrow \dfrac{400}{640} = \dfrac{E_{M2}}{160} \Rightarrow E_{M2} = \dfrac{400}{640} \times 160 = 100(V)$

(3)$E_{M2} = V_t - I_a(R_a + R_{s2})$

$\Rightarrow R_{s2} = \dfrac{V_t - E_{M2}}{I_a} - R_a = \dfrac{200 - 100}{80} - 0.2 = 1.05(\Omega)$

4.**(C)**。(1)$I_f = \dfrac{V_t}{R_f} = \dfrac{200}{200} = 1(A)$

$E_M = 179.2 I_f = 179.2 \times 1 = 179.2(V)$

(2)$E_M = V_t - I_a R_a - V_b \Rightarrow I_a = \dfrac{V_t - V_b - E_M}{R_a} = \dfrac{200 - 1 - 179.2}{0.2} = 99(A)$

(3)$I_L = I_a + I_f = 99 + 1 = 100(A)$

5.**(B)**。$n = \dfrac{V_t - I_a R_a - V_b}{K\phi_f}$

(1)無載時：$I_a = 0 \Rightarrow n = \dfrac{V_t - V_b}{K\phi_f}$。

(2)負載增加時：ϕ_f不隨負載變動，$(V_t - I_a R_a - V_b)$微降

⇒ 轉速約不變

⇒定速電動機，故速率調整率 SR%為正值且很小。

⇒軌跡：下降直線。

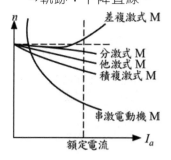

6.(**C**)。

D.C.M.	用途
外激式	適用於調速範圍廣，又易於精密定速： ①華德黎翁納德控速系統之電動機。 ②大型壓縮機、升降機、工具機。
分激式	①定速特性的場合：車床、印刷機、鼓風機、刨床。 ②調變速率的場合：多速鼓風機。
串激式	需高啟動轉矩、高速之負載：電動車、起重機、吸塵器、果汁機。
積複激式	①大啟動轉矩又不宜過於變速之負載：升降機、電梯。 ②大啟動轉矩又不會在輕載時有飛脫危險之負載：工作母機、汽車雨刷機。 ③突然施以重載之場合：滾壓機、鑿孔機、沖床。
差複激式	使用於速率不變之處，除實驗室外很少應用。

7.(**B**)。(1)啟動時，即啟動瞬間：

n=0、$E_M = K\psi n = 0$。

$\Rightarrow E_M = V_t - I_a R_a - V_b = 0 \Rightarrow V_t = I_{as}(R_a + R_x) + V_b$

$\therefore R_x = \frac{V_t - V_b}{I_{as}} - R_a$

(2)$P = VI \Rightarrow 1 \times 746 = 100 \times I \Rightarrow I = 7.46(A)$

啟動電流為滿載之 200%

$\Rightarrow I_{as} = 200\%I = 2 \times 7.46 = 14.92(A)$

(3)$R_x = \frac{100}{14.92} - 1 = 6.7 - 1 = 5.7\Omega$

8.(**D**)。$T = K\psi I_a$

(1) $\phi = \phi_s$

(2)小負載(鐵心未飽和)：$\because \phi_s \propto I_a \therefore T = K \cdot I_a^2 \Rightarrow T \propto I_a^2$

$\Rightarrow$軌跡：拋物線，啟動轉矩大，可重載啟動。

(3)大負載(鐵心已飽和)：∵ϕ_s為飽和定值，ϕ_s與I_a無關

∴$T = K \cdot I_a \Rightarrow T \propto I_a \Rightarrow$軌跡：上升直線。

9.(**C**)。$n = \dfrac{V_t - I_a R_a - V_b}{K\phi_f}$

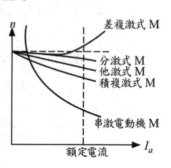

(1)無載時：$I_a = 0 \Rightarrow n = \dfrac{V_t - V_b}{K\phi_f}$。

(2)負載增加時：ϕ_f不隨負載變動，

$(V_t - I_a R_a - V_b)$微降

⇒ 轉速約不變

⇒定速電動機，故速率調整率

SR%為正值且很小。

⇒軌跡：下降直線。

10.(**A**)。

項目	説明
原理	佛來銘左手定則得知電動機轉向，決定磁場(ψ)方向以及電樞電流(I_a)方向。
改變轉向因素	(1)反接電樞繞組：改變磁場(φ)方向⇒分激、串激、複激。 (2)反接場繞組：改變電樞電流(I_a)方向⇒分激、串激。 (3)反接電樞繞組、場繞組：轉向不變，因磁場(ψ)和電樞電流(I_a)均反向。 (4)改變電源電壓極性： 　①自激式因磁場(φ)和電樞電流(I_a)均反向，故轉向不變。 　②他激式僅改變電樞電流(I_a)方向，故轉向改變。

11.(**B**)。$T = K\psi I_a$

(1)$\phi = \phi_s$

(2)小負載(鐵心未飽和)：

∵$\phi_s \propto I_a$ ∴$T = K \cdot I_a^2 \Rightarrow T \propto I_a^2$

⇒軌跡：拋物線，啟動轉矩大，

可重載啟動。

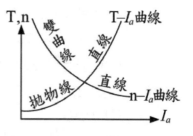

(3)大負載(鐵心已飽和)：

∵ϕ_s為飽和定值，ϕ_s與I_a無關

∴$T = K \cdot I_a \Rightarrow T \propto I_a$⇒軌跡：上升直線。

12.**(B)**。

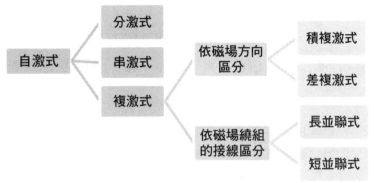

13.**(B)**。(1) 分激場串聯可調電阻 R_{fh}

$$R_{fh}\uparrow \text{、} I_f\downarrow \text{、} \phi_f\downarrow \text{、} n\uparrow = \frac{E_M}{K\phi_f\downarrow} \Rightarrow n \propto R_{fh}$$

(2)串激場並聯可調電阻 R_{sh}

$$R_{sh}\uparrow \text{、} I_s\uparrow \text{、} \phi_s\uparrow \text{、} n\downarrow = \frac{E_M}{K\phi_s\uparrow} \Rightarrow n \propto \frac{1}{R_{sh}}$$

14.**(B)**。$E_M = V_t - I_a R_a = 110 - (7.5 \times 0.08) = 109.4(V)$

15.**(C)**。直流電動機的自律性（負載變動時對轉矩及轉速的影響，V、φ保持不變）

(1)負載加重時：$n\downarrow$ 、$E_m\downarrow \Rightarrow I_a\uparrow \Rightarrow T\uparrow \Rightarrow$以應付負載的增加，直到轉矩足以負擔新的負擔為止，維持穩定運轉。

(2)負載減輕時：$n\uparrow$ 、$E_m\uparrow \Rightarrow I_a\downarrow \Rightarrow T\downarrow \Rightarrow$以應付負載的減輕，直到產生新的轉矩為止，n、T、$I_a$維持定值穩定運轉。

16.**(D)**。(1) 啟動瞬間，電動機轉速 n=0，反電勢 $E_M=K\psi n=0$。

(2)電樞電流$I_a = \frac{V_t - E_M}{R_a} \div \frac{V_t}{R_a} \Rightarrow R_a$很小，使電樞電流$I_a$很大

$\Rightarrow$ 電動機有燒毀之虞。

17.**(D)**。(1)啟動時，即啟動瞬間：n=0、$E_M=K\psi n=0$。

$\Rightarrow E_M = V_t - I_a R_a - V_b = 0 \Rightarrow V_t = I_{as}(R_a + R_x) + V_b$

$\therefore R_x = \frac{V_t - V_b}{I_{as}} - R_a$

(2)$P = VI \Rightarrow 5000 = 100 \times I \Rightarrow I = 50(A)$

啟動電流為滿載之 2.5 倍$\Rightarrow I_{as} = 2.5I = 2.5 \times 50 = 125(A)$

(3)$R_x = \frac{100}{125} - 0.08 = 0.8 - 0.08 = 0.72\,\Omega$

18.(**D**)。(1)$E_M = V_t - I_a(R_a + R_s) = 100 - 40 \times (0.2 + 0.3) = 80(V)$

$\because E_M = K \cdot \phi_m \cdot n \Rightarrow E_M \propto n \Rightarrow \frac{E'_M}{E_M} = \frac{n'}{n} \Rightarrow \frac{E'_M}{80} = \frac{400}{640}$

$\Rightarrow E'_M = \frac{400}{640} \times 80 = 50(V)$

(2)$\because$ 轉矩不變$\therefore I_a$ 不變$= 40(A)$

$E_M = V_t - I_a(R_a + R'_s) \Rightarrow 50 = 100 - 40 \times (0.2 + R'_s)$

$\Rightarrow R'_s = \frac{100-50}{40} - 0.2 = 1.25 - 0.2 = 1.05\,\Omega$

19.(**B**)。$T = K\,\psi\,I_a$

(1)$\phi = \phi_s$

(2)小負載(鐵心未飽和)：$\because \phi_s \propto I_a \therefore T = K \cdot I_a^2 \Rightarrow T \propto I_a^2$

$\Rightarrow$軌跡：拋物線，啟動轉矩大，可重載啟動。

$\therefore$由上述得知，直流串激電動機於輕載時，啟動轉矩和電樞電流成平方正比，故最大。

20.(**A**)。(1)$I_f = \frac{V_t}{R_f} = \frac{200}{100} = 2(A)$

$E_M = 85I_f = 85 \times 2 = 170(V)$

(2)$E_M = V_t - I_aR_a \Rightarrow I_a = \frac{V_t - E_M}{R_a} = \frac{200-170}{0.3} = 100(A)$

(3)$I_L = I_a + I_f = 100 + 2 = 102(A)$

第五章　直流電機之耗損與效率

5-1 直流電機的損耗

1. 直流發電機的功率轉換：機械能⇒電能
   - (1) 機械輸入功率 $P_{in} = P_m + P_s$
   - (2) 電磁功率 $P_m = E_G I_a = P_a + P_{R_a}$
   - (3) 電樞功率 $P_a = V_t I_a = P_o + P_{R_f}$
   - (4) 輸出功率 $P_o = V_t I_L$

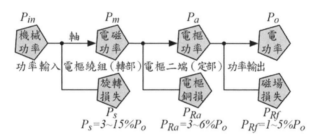

2. 直流電動機的功率轉換：電能⇒機械能
   - (1) 輸入功率 $P_{in} = V_t I_L = P_a + P_{R_f}$
   - (2) 電樞功率 $P_a = V_t I_a = P_m + P_{R_a}$
   - (3) 電磁功率 $P_m = E_m I_a = P_o + P_s$
   - (4) 輸出功率 $P_o = P_m - P_s$

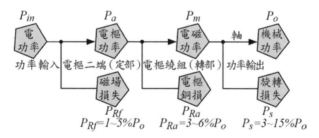

3. 直流電機損失的種類
   - (1) 電氣損失（P_C）：又稱**銅損**或電阻損，屬**變值（變動）損失**，隨負載電流平方成正比。

電氣損失種類	定義	影響因素	計算公式
電樞繞組 P_a	電樞繞組本身電阻所產生之損失	負載(電樞電流 I_a)	$P_a = I_a^2 R_a$
補償繞組 P_{cc}	補償繞組本身電阻所產生之損失	負載(電樞電流 I_a)	$P_{cc} = I_a^2 R_{cc}$
中間極繞組 P_{ci}	中間極繞組本身電阻所產生之損失	負載(電樞電流 I_a)	$P_{ci} = I_a^2 R_{ci}$
串激場繞組 P_s	串激場繞組及分流器之損失	負載(電樞電流 I_a)	$P_s = I_a^2 R_s$
電刷接觸電阻 P_b	電刷接觸電阻之壓降約為定值，一般通以每一電刷約 1V，正負電刷約為 2V；因電刷的材質 (K_v) 不同,造成的損失亦會不同	負載(電樞電流 I_a)	① $P_b = K_v V_b I_a$ $= K_v \cdot 2 \cdot I_a$ ②若 $K_v=1$，則 $P_b = 2I_a$
分激場繞組 P_f	分激場繞組及場變阻器之損失（歸類為電氣損失，但**不為變動損**）	**分激繞組兩端電壓** V_t （**非因負載**）	$P_f = V_t I_f = I_f^2 R_f$

(2)雜散負載損失(P_{ss})：由**負載電流**所引起。

　①影響因素：

　　A.電樞反應引起磁場扭曲損失（即負載電流使磁場變形，$B_m \uparrow$、鐵損 $P_s \uparrow$）

　　B.槽齒磁阻不同之頻率損失（即極面損失）

　　C.換向環流所引起的損失（即整流時線圈中之短路所致之損失）

　②計算公式：基本上無法計算，依照美國電機工程師學會建議，此損失為輸出的 1%；日本、德國則依是否有裝設補償繞組而定，有者，以輸出的 0.5%計算，若無，則以輸出的 1%計算。

(3)旋轉損失(P_S)：指電機內部各部份的鐵質，因切割磁通造成磁通發生變動所產生的功率損失；包括**鐵損**及機械損，屬**定值（固定）損失，與負載大小無關**。

① 機械損失 P_M：機械損失為**轉速**之函數，只要電機旋轉，無論有否負載，損失皆存在。

旋轉損失種類	定義	影響因素	計算公式
軸承摩擦	轉軸與軸承之摩擦力所造成之損失，可添加潤滑劑改善。	轉速	由實驗來決定各項損失
電刷摩擦	A.電刷與換向器之摩擦力所造成之損失。 B.與**電刷摩擦係數**、**電刷壓力**、**電刷面積**以及換向器週邊速率有關。	轉速	
風阻損	電樞旋轉時，因空氣阻力所引起損耗。	轉速	

② 鐵心損失 P_i：

A.鐵心損失 P_i 為**轉速**與**磁通密度**的函數，受電樞電流影響很小；若轉速及磁通密度為定值，則鐵損為定值，**與負載大小無關**。

B.**鐵心損失P_i＝渦流損 P_e＋磁滯損 P_h**。

C.由計算公式得知：**矽**鋼片⇒ 減少**磁滯損**（鐵心材料決定 K_h）；薄片**疊**製⇒ 減少**渦流損**（電樞疊片厚度 t）。

旋轉損失種類	定義	影響因素	計算公式
渦流損 P_e	電樞於磁場內旋轉,其鐵心必割切磁力線而產生應電勢,而鐵心本身亦為導體,故鐵心內有交流電流環流於其內部。	A.轉速 B.磁通密度	$P_e = K_e n^2 t^2 B_m^2 G$ 或 $P_e = K_e f^2 t^2 B_m^2 G$ K_e:渦流常數,鐵心材料決定 B_m:最大磁通密度(Wb/m^2) t:電樞疊片厚度(m) n:電動機轉速(rpm) G:鐵心重量(Kg)
磁滯損 P_h	A.電樞於磁場內旋轉,其鐵心每經一週之磁化循環,即有相當之損失。 B.與磁滯迴線內所含面面積成正比。	A.轉速 B.磁通密度	$P_h = K_h n B_m^x G$ 或 $P_h = K_h f B_m^x G$ K_h:磁滯常數,鐵心材料決定 B_m:最大磁通密度(Wb/m^2) 　　①x:司坦麥茲指數$(1.6\sim2)$ 　　②$B_m < 1 \Rightarrow x = 1.6$ 　　③$B_m > 1 \Rightarrow x = 2$ n:電動機轉速(rpm) G:鐵心重量(Kg)

(4)結論:

　①定值損(與負載大小無關):鐵損、機械損、**分激場繞組或外激場繞組銅損(因受 V_t 影響)**;**以鐵損為主**。

　🔰 串激電動機無定值損失。

　②變動損(與負載大小有關,$I_a^2 R_a$):除分激場繞組損失外之所有電氣損失,以及雜散負載損失;**以電氣銅損為主**。

江 湖 決 勝 題

◎某直流電機在 500rpm 時之鐵損失為 180W，而在 750rpm 之鐵損失為 300W(磁通密度保持不變)，求：在 500rpm 時之渦流損失及磁滯損失。

答：(1)設：500rpm 時之磁滯損為 P_h，渦流損 P_e

⇒鐵損 $P_i = P_e + P_h = 180$……①

(2)$P_e = K_e n^2 t^2 B_m^2 G \Rightarrow P_e \propto n^2$

$P_h = K_h n B_m^x G \Rightarrow P_h \propto n$

⇒得 750rpm 時之鐵損 $P_i = P_e (\frac{750}{500})^2 + P_h (\frac{750}{500}) = 300$……②

(3)解①、②⇒ $P_e = 40(W)$、$P_h = 140(W)$

5-2 直流電機的效率

1. 輸出與效率之關係：

(1)**容量愈大，效率愈高。**

(2)同一容量時，速度愈高，型態愈小者效率較高。

(3)**小電流高電壓效率較大**（大電流低電壓效率較小）。

(4)**滿載時效率較高**；輕載或過載時，效率較低；**無載時效率為 0。**

2. 實測效率

$\eta = \dfrac{P_o}{P_{in}} \times 100\% \leq 1$

3. 公定效率

(1)發電機：$\eta = \dfrac{P_o}{P_o + P_{loss}} \times 100\% = \dfrac{P_o}{P_o + P_s + P_c} \times 100\% \Rightarrow$ **以輸出功率P_o為基準**

(2)電動機：$\eta = \dfrac{P_{in} - P_{loss}}{P_{in}} \times 100\% = \dfrac{P_{in} - P_s - P_c}{P_{in}} \times 100\% \Rightarrow$ **以輸入功率P_{in}為基準**

📍 $P_s =$ 定值損，即鐵損；$P_c =$ 變動損$(I_a^2 R)$，即銅損，$R = R_a + R_s($串激電機$)$。

4. 任意負載 m_L 的效率

$$\eta_L = \frac{m_L P_o}{m_L P_o + P_s + m_L^2 P_c} \times 100\%$$

📍 ①滿載$m_L = 1$；半載$m_L = \frac{1}{2}$。

②$P_s =$定值損，不隨負載變動，故與 m_L 無關。

③$P_c =$ 變動損$\left(I_a^2 R_a\right) \Rightarrow$ 負載$\uparrow$，$I_a \uparrow \Rightarrow$ 負載量$m_L \propto I_a^2$。

5. 全日效率

$$\eta_d = \frac{m_L P_o \times t}{(m_L P_o \times t) + (P_s \times 24) + (m_L^2 P_c \times t)} \times 100\%$$

📍 ① t：工作時間。

②$P_s =$定值損，故全日無論多少負載量都會消耗$\Rightarrow \times 24$。

③ P_o及P_c為變動損，故與負載量的所運作的時間 t 有關$\Rightarrow \times t$。

6. 最大效率

$$\eta_{max} = \frac{m_L P_o}{m_L P_o + 2P_s} \times 100\%$$

(1)定值損=變動損$\Rightarrow P_s = P_c (= I_a^2 R) \Rightarrow P_{loss} = P_s + P_c = 2P_s$。

(2)負載電流$I_L \doteqdot$電樞電流 I_a。

$$\therefore I_L = I_a = \sqrt{\frac{P_s}{R}}$$

(3)$\because$ 負載量$m_L \propto I_a^2 \therefore P_s = m_L^2 P_c$

$$\Rightarrow 發生最大效率時的負載率 m_L = \sqrt{\frac{P_s}{P_c}}$$

江 湖 決 勝 題

1. 有一部額定 15kW、120V 的直流分激發電機,其磁場電阻為 40Ω,電樞電阻為 0.08Ω,鐵損和機械損總和為 870W,求:滿載效率。

答:(1)定值損:

①分激場繞組銅損 $P_f = \dfrac{V_t^2}{R_f} = \dfrac{120^2}{40} = 360(W)$

②鐵損和機械損

⇒ 旋轉損失 $P_s = $ 鐵損 $P_i + $ 機械損 $P_M = 870(W)$

(2)電樞電流 $I_a = I_L + I_f = \dfrac{P_o}{V_L} + \dfrac{V_L}{R_f} = \dfrac{15 \times 10^3}{120} + \dfrac{120}{40} = 128(A)$

(3)變動損:$P_c = $ 電樞繞組銅損 $P_a = I_a^2 R_a$

$= 128^2 \times 0.08 = 1310.72(W)$

(4)滿載$(m_L = 1)$效率 $\eta_L = \dfrac{m_L P_o}{m_L P_o + (P_s + P_f) + m_L^2 P_c} \times 100\%$

$= \dfrac{15 \times 10^3}{(15 \times 10^3) + (870 + 360) + 1310.72} \times 100\% = 85.5\%$

2. 某台 100kW 之直流發電機,滿載時其定值損失為 5kW,若在 4/5 載時,可得最大效率,求:最大效率。

答:(1)定值損=變動損⇒ $P_{loss} = P_s + P_c = 2P_s = 2 \times 5kW = 10(kW)$

(2)$\dfrac{4}{5}$載 ⇒ $m_L = \dfrac{4}{5} \Rightarrow \eta_{max} = \dfrac{m_L P_o}{m_L P_o + 2P_s} \times 100\%$

$= \dfrac{\frac{4}{5} \times 100k}{(\frac{4}{5} \times 100k) + 10k} \times 100\% = 88.89\%$

3. 某 100kW,直流發電機,定值損失和滿載時的變值損失,均為 6kW,設此機一天中,運用情形為滿載 4 小時,半載 12 小時,無載 8 小時,求:全日效率。

答:(1)滿載⇒ $m_L = 1$;半載⇒ $m_L = \dfrac{1}{2}$

(2)$\eta_d = \dfrac{m_L P_o \times t}{(m_L P_o \times t) + (P_s \times 24) + (m_L^2 P_c \times t)} \times 100\%$

$= \dfrac{(1 \times 100k \times 4) + (\frac{1}{2} \times 100k \times 12)}{[(1 \times 100k \times 4) + (\frac{1}{2} \times 100k \times 12)] + (6k \times 24) + \{(1^2 \times 6k \times 4) + [(\frac{1}{2})^2 \times 6k \times 12]\}} \times 100\%$

$= 84.3\%$

4. 有一 15HP/440V 之串激電動機，電樞電阻 R_a=0.3Ω，串激場電阻 R_s=0.2
Ω，滿載時銅損 450W，磁滯損失 250W，渦流損失 300W，機械損失
1000W，速率 700rpm，求：(1)滿載時之效率；(2)若負載轉矩減少至 25%
時的電樞電流。

答：(1)①P_c = 變動損(I_a^2R)，即銅損，$R = R_a + R_s$(串激電機)

$$\Rightarrow P_c = I_a^2(R_a + R_s)$$

$$\Rightarrow I_a = \sqrt{\frac{P_c}{R_a+R_s}} = \sqrt{\frac{450}{0.3+0.2}} = \sqrt{900} = 30(A)$$

②$P_{loss} = P_c + P_h + P_e + P_M$

$$= 450 + 250 + 300 + 1000 = 2000(W)$$

③串激電動機輸入功率$P_{in} = V_tI_L = V_tI_a = 440 \times 30$

$$= 13200(W)$$

④電動機：$\eta = \frac{P_{in}-P_{loss}}{P_{in}} \times 100\% = \frac{13200-2000}{13200} \times 100\% = 84.8\%$

(2)$T = K\phi I_a$

①$\phi = \phi_s$

②小負載(鐵心未飽和)：$\because \phi_s \propto I_a \therefore T = K \cdot I_a^2 \Rightarrow T \propto I_a^2$

③$\because T' = 25\%T = \frac{1}{4}T$

$$\therefore I'_a = \sqrt{\frac{1}{4}}I_a = \frac{1}{2} \times 30 = 15(A)$$

7. 直流電機的溫升與絕緣等級

(1)熱點：電機使用中溫度最高的部份，其溫度稱為**熱點溫度** T_j。

①電機周圍溫度一般以 40℃ 為基準，以計算安全電流及容量等。

②**溫度每上升 10℃ 時，其絕緣電阻約降低為原來的一半。**

$$R_2 = R_1 \times (\frac{1}{2})^{\frac{\Delta T}{10}}$$

③T_{max}(最高容許溫度) $= \Delta T_{max}$(最高容許溫升) $+ 40℃ + \Delta t_s$(修正值)

(2)測量溫升的方法

①溫度計法：測定值**加上 15℃** 才可得到真正溫度。

②電阻變化法：測定值**加上 10℃** 才可得到真正溫度，$\frac{R_2}{R_1} = \frac{234.5+t_2}{234.5+t_1}$。

③埋入熱電偶法：測定值**加上 5~10℃** 才可得到真正溫度。

(3)抑制溫升的方法

①減少損失($P_{loss} = P_{鐵} + P_{銅}$)。

②有效排除產生的熱量（外加風扇或散熱器）。

(4)絕緣材料可容許最高溫度，依 CNS 國家標準分為七個等級：

Y	A	E	B	F	H	C
90℃↓	105℃↓	120℃↓	130℃↓	155℃↓	180℃↓	180℃↑

江 湖 決 勝 題

1. 某直流電機在 20℃時的絕緣電阻為 400MΩ，當運轉 3 小時後，溫度上升為 60℃，求：溫升後的絕緣電阻。

   答：(1)$\Delta t = t_2 - t_1 = 60 - 20 = 40℃$

   (2)∵度每上升 10℃時，其絕緣電阻約降低為原來的一半

   ∴$R_2 = R_1 \times (\frac{1}{2})^{\frac{\Delta t}{10}} = 400M \times (\frac{1}{2})^{\frac{40}{10}} = 400M \times (\frac{1}{2})^4 = 25M(\Omega)$

2. 某直流電動機未使用前加入 20A 直流電流，測出其兩端壓降為 10V，當該電動機使用 3 小時後，再通以 20A 電流，測出其兩端電壓為 12V，設當時室溫為 20℃，求：(1)電動機未使用前的電阻 R_1；(2)電動機使用 3 小時後的電阻 R_2；(3)該電動機的溫升Δt。

   答：(1)使用前$R_1 = \frac{V_1}{I_1} = \frac{10}{20} = \frac{1}{2} = 0.5(\Omega)$

   (2)使用後$R_2 = \frac{V_2}{I_2} = \frac{12}{20} = \frac{3}{5} = 0.6(\Omega)$

   (3)一般直流電機繞組的導線均以銅線繞製，

   銅的推論絕對溫度$T = -234.5℃$(負號指零下)

   ∴$\frac{R_2}{R_1} = \frac{234.5 + t_2}{234.5 + t_1} \Rightarrow \frac{0.6}{0.5} = \frac{234.5 + t_2}{234.5 + 20}$

   ∴$t_2 = 70.9℃$

   $\Delta t = t_2 - t_1 = 70.9 - 20 = 50.9℃$

天下大會考

( ) 1. 有一台 2000W 的直流發電機,滿載時,固定損失為 200W。已知此發電機之半載效率為 80%,則其滿載時之可變損失應為何?
(A)250W (B)200W (C)100W (D)50W。

( ) 2. 若直流電動機之輸出功率P_o、輸入功率P_i及總損失功率P_ℓ,則其效率 η 的計算,下列何者正確?

(A)$\eta = \dfrac{P_o}{P_o - P_i}$ (B)$\eta = \dfrac{P_o - P_i}{P_i}$ (C)$\eta = \dfrac{P_i - P_\ell}{P_o - P_\ell}$ (D)$\eta = \dfrac{P_i - P_\ell}{P_o + P_\ell}$。

( ) 3. 有關直流發電機的鐵損(鐵心損失)的敘述,下列何者正確?
(A)包含銅損 (B)包含雜散負載損失
(C)包含機械損失 (D)包含磁滯損失。

( ) 4. 直流電機鐵心通常採用薄矽鋼疊製而成,其主要目的為何?
(A)減低銅損 (B)減低磁滯損
(C)減低渦流損 (D)避免磁飽和。

( ) 5. 一直流電機在轉速 500rpm 時之鐵損為 200W,在 1000rpm 時之鐵損為 500W,在磁通密度保持不變時,則下列敘述何者正確?
(A)渦流損與轉速成正比
(B)磁滯損與轉速平方成正比
(C)在 1000rpm 時之磁滯損為 100W
(D)在 500rpm 時之渦流損為 50W。

( ) 6. 一 3kW 之直流發電機,於滿載運轉時,總損失為 1000W,則此時運轉效率為?
(A)90% (B)85% (C)75% (D)70%。

解答與解析

1.(**B**)。半載 $\left(m_L = \dfrac{1}{2}\right)$ 效率 $\eta_L = \dfrac{m_L P_o}{m_L P_o + P_s + m_L^2 P_c} \times 100\%$

$\Rightarrow 0.8 = \dfrac{\frac{1}{2} \times 2k}{\left(\frac{1}{2} \times 2k\right) + 0.2k + \left[\left(\frac{1}{2}\right)^2 \times P_c\right]}$

$\Rightarrow P_c = 200(W)$

2.(**D**)。$\eta = \dfrac{P_o}{P_{in}} \Rightarrow P_o = P_{in} - P_{loss}$; $P_{in} = P_o + P_{loss}$

3.(**D**)。(1)定值損(與負載大小無關)：鐵損、機械損、分激場繞組或外激場繞組銅損(受 V_t 影響)；以鐵損為主。

　　🛈 串激電動機無定值損失。

　　(2)變動損(與負載大小有關，$I_a^2 R_a$)：除分激場繞組損失外之所有電氣損失，以及雜散負載損失；以電氣銅損為主。

　　(3)鐵損：包含渦流損、磁滯損(鐵心損失P_i =渦流損 P_e+磁滯損 P_h)。

　　(4)機械損失：包含軸成摩擦、電刷摩擦、風阻損。

4.(**C**)。(1)渦流損$P_e = K_e n^2 t^2 B_m^2 G$或$P_e = K_e f^2 t^2 B_m^2 G$

　　(2)磁滯損$P_h = K_h n B_m^x G$或$P_h = K_h f B_m^x G$

　　(3)由公式得知：矽鋼片$\Rightarrow$ 減少磁滯損；薄片疊製$\Rightarrow$ 減少渦流損

5.(**D**)。(1)設：500rpm 時之磁滯損為 P_h，渦流損 P_e

　　$\Rightarrow$ 鐵損$P_i = P_e + P_h = 200 \cdots\cdots$①

　　(2)$P_e = K_e n^2 t^2 B_m^2 G \Rightarrow P_e \propto n^2 \Rightarrow$渦流損與轉速平方成正比

　　$P_h = K_h n B_m^x G \Rightarrow P_h \propto n \Rightarrow$磁滯損與轉速成正比

　　$\Rightarrow$得 1000rpm 時之鐵損$P_i = P_e (\frac{1000}{500})^2 + P_h \left(\frac{1000}{500}\right) = 500 \cdots\cdots$②

　　(3)解①、②$\Rightarrow P_e = 50(W)$、$P_h = 150(W)$

6.(**C**)。∵題意為發電機

　　∴以輸出功率P_o為基準：

　　$\eta = \dfrac{P_o}{P_o + P_{loss}} \times 100\% = \dfrac{3k}{3k + 1k} \times 100\% = 75\%$

第六章　變壓器

6-1　變壓器之原理及等效電路

1. 變壓器的原理
   (1)定義：

圖 6-1

   (2)原理：
   ① 依據法拉第電磁感應定律，利用**互感**變化將一次側之**電能**變換至二次側，如圖 6-2 所示。
   ② 繞組：利用繞組通以**交流電**產生**磁通**來轉移移能量。
      A. N_1：一次側匝數（原線圈接交流電）。
      B. N_2：二次側匝數（副線圈接負載）。
   ③ 鐵心：
      A. 用以支撐繞組及**提供磁路**。
      B. 採用高導磁係數的**矽鋼疊片**⇒減少渦流損和磁滯損。

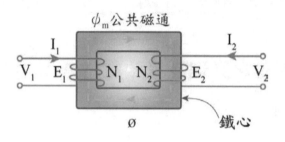

圖 6-2

V₁：一次側電源電壓；V₂：二次側電源電壓；
E₁：一次側應電勢；V₂：二次側應電勢；
I₁：一次側電流；I₂：二次側電流。

(3)功能：

　①交流電壓及電流的升降。　②**阻抗匹配**。

　③相位變換。　④**電路隔離**。

(4)電壓、電流、阻抗轉換：

　①電壓轉換

　　A. $V_1 \doteq E_1$ ，$V_2 \doteq E_2$

　　B. $\dfrac{V_1}{V_2} = \dfrac{E_1}{E_2} = \dfrac{N_1}{N_2} = a$ （匝數比）

　　註 a>1($N_1 > N_2$) ⇒降壓
　　　　a=1($N_1 = N_2$) ⇒等壓
　　　　a<1($N_1 < N_2$) ⇒升壓

　②電流轉換

　　A. $S_1 = S_2 \Rightarrow E_1 I_1 = E_2 I_2$

　　B. $\dfrac{E_1}{E_2} = \dfrac{I_2}{I_1} = a$ （匝數比）

　③阻抗轉換

　　$\because \dfrac{E_1}{E_2} = \dfrac{I_2}{I_1} = a$

　　$\therefore Z_1 = \dfrac{E_1}{I_1} = \dfrac{aE_2}{\frac{I_2}{a}} = a^2 \dfrac{E_2}{I_2} = a^2 Z_2 \Rightarrow a = \sqrt{\dfrac{Z_1}{Z_2}}$

(5)感應電勢：

　①$\phi = \phi_m \sin\omega t$，如圖 6-3 所示。

　　A. 磁通量完成一週$(-\phi_m \sim +\phi_m)$需時$\frac{T}{2}$。

　　B. 平均應電勢$E_{av} = \left| N \cdot \frac{\Delta\phi}{\Delta t} \right| = \left| N \cdot \frac{\phi_m - (-\phi_m)}{\frac{T}{2}} \right|$

　　　　　　　　　　　$= \left| N \cdot (2\phi_m) \cdot \frac{2}{T} \right| = 4fN\phi_m$。

　②$E_{(1)av} = E_{(2)av} \Rightarrow 4fN_1\phi_m = 4fN_2\phi_m$。

　③有效值：感應電勢為**正弦波**時，$E_{eff} = 1.11E_{av}$

　④**感應電勢** E 較交變互磁通ϕ**滯後** 90°**電機角**。

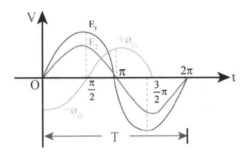

圖 6-3

🔖 磁通密度最大值$B_m = \frac{\phi_m}{A}$；A 為鐵心截面積

(6)理想變壓器：

　①銅損=0、鐵損=0

　②效率 $\eta = 1$

　③電壓調整率 $\varepsilon = 0$

　④耦合係數 K=1、漏電抗 x=0

　⑤導磁係數 $\mu = \infty$、磁阻$R = \frac{\ell}{\mu A} = 0$、激磁電流=0

　⑥若變壓器損失=0⇒**輸入電能＝輸出電能**。

⑦ $\dfrac{V_1}{V_2} = \dfrac{I_2}{I_1} \div \dfrac{E_1}{E_2} = \dfrac{N_1}{N_2} = a(\because P_{loss} = 0 \,，\, V = E)$

⑧ $\dfrac{V_1}{V_2} = \dfrac{E_1}{E_2} \Rightarrow$ **理想變壓器**

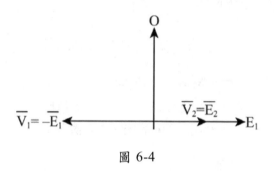

圖 6-4

(7)實際變壓器：

$E_2 = V_2 \angle \theta + I_2 R_2 \pm j I_2 X_2$

$\quad = \sqrt{(V_2 \cos\theta + I_2 R_2)^2 + (V_2 \sin\theta \pm I_2 X_2)^2}$

①+：滯後、—：領前。

②R_2：二次側總電阻(Ω)。

③X_2：二次側總阻抗(Ω)。

④$a = \dfrac{E_1}{E_2}$即可求出E_1。

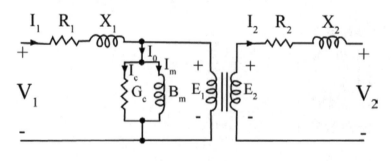

圖 6-5

(8)無載變壓器：

　①如圖 6-2 所示。**無載時，流過 N_1 的電流 I_1 稱為無載電流 I_o**，其值約為 N_1 額定電流的 3~5%。

　②鐵損電流 I_w：

　　A.供應**鐵心的損失**，與**外加電壓V_1同相**。

　　B.I_o 的**有功成份**，亦稱「有效電流」。

　　C.$I_w = I_o \cos\theta$

　③磁化電流 I_m：

　　A.與外加電壓 V_1 相較落後 90°，使磁路產生**公共磁通**ϕ_m 並不消耗功率，**與 ϕ_m 同相**。

　　B.I_o 的**無功成份**，亦稱「無效電流」。

　　C.$I_m = I_o \sin\theta = I_o\sqrt{1-\cos^2\theta}$。

　④無載電流 I_o：

　　A.產生**公共磁通**ϕ_m 及供應**鐵心的損失**。

　　B.亦稱「**激磁電流**」。

　　C.$\overline{I_o} = \overline{I_w} + \overline{I_m} = -I_w + jI_m = \sqrt{I_w^2 + I_m^2}$

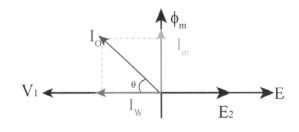

圖 6-6

　注①θ：無載功因角。

　　②一次漏磁通ϕ_1：I_o 產生ϕ通過 N_1、N_2 產生 E_1、E_2，但有一小部分**離開鐵心**，只和 N_1、空氣隙、油箱完成迴路，稱之為「**一次漏磁通 ϕ_1**」。在電路上以**一次漏磁電感抗** jX_1 表示。

　　③E_1 為一次繞組之應電勢，與外加電壓 V_1 相差 180°。

　　④二次應電勢 E_2 係由 E_1 相同之磁通造成，故 E_1 與 E_2 同相僅有數值之差。

(9)鐵心的飽和與磁滯現象：

　①由於變壓器鐵心有磁飽和及磁滯現象，故當所加之電源 V_1 為正弦波時，產生交變互磁通ϕ亦為正弦波時，則**激磁電流必無法為正弦波**。

　②I_o 超前ϕ有 α 角度，此角度稱為「磁滯角」。

　③I_o 波形除基本波外另含有**奇次諧波**，而以第三諧波為主，**飽和度愈高，諧波之含量愈大**。

　④**在三相時，激磁電流中所含第三諧波皆為同相。**

　⑤由①~④得知，**欲得正弦波之磁通，激磁電流必為非正弦波形；反之，激磁電流為正弦波，則磁通必為非正弦波**。

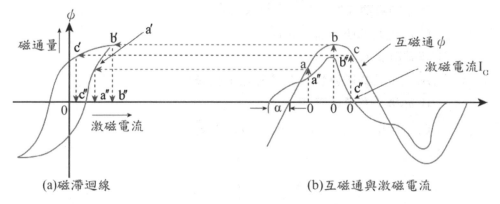

(a)磁滯迴線　　　　　　　　　　　(b)互磁通與激磁電流

(10)有載變壓器

　①一次側反射電流：$\overline{I_1} = \overline{I_o} + \overline{I'_1} = \overline{I_o} + (-\frac{\overline{I_2}}{a})$；

　　I'_1：二次側負載電流換算至一次側的電流

　②二次側應電勢：$\overline{E_2} = \overline{V_2} + \overline{I_2}\overline{Z_2} = \overline{V_2} + \overline{I_2}(R_2 + jX_2)$

　③一次側電源電壓：$V_1 = -\overline{E_1} + \overline{I_1}\overline{Z_1} = -\overline{E_1} + \overline{I_1}(R_1 + jX_1)$

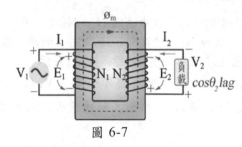

圖 6-7

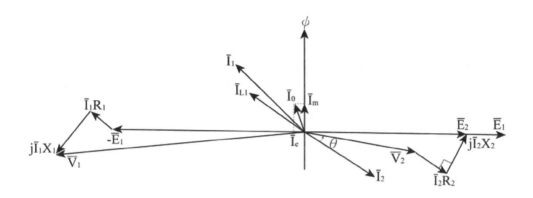

圖 6-8

江 湖 決 勝 題

1. 單相變壓器的高壓側線圈有 800 匝，低壓側線圈有 40 匝，若高壓側額
　 定電壓為 220V，低壓側額定電流為 4A，求：此變壓器的額定容量。

　 答：$\because \dfrac{V_1}{V_2} = \dfrac{E_1}{E_2} = \dfrac{N_1}{N_2} = a$; $S_1 = S_2 \Rightarrow E_1 I_1 = E_2 I_2$; $V_1 \doteqdot E_1$, $V_2 \doteqdot E_2$

　　　 $\therefore (1) V_2 = \dfrac{V_1}{a} = \dfrac{220}{\frac{800}{40}} = 11(V)$; $(2) S_2 = E_2 I_2 = V_2 I_2 = 11 \times 4 = 44(VA)$

2. 某一 60Hz 之變壓器，一次繞組匝數為 600 匝，一次繞組之感應電勢有
　 效值為 2400V，而二次繞組之匝數為 60 匝，求：磁路建立之最大磁通量。

　 答：$E_{eff} = 1.11 E_{av} = 1.11 \times 4fN\phi_m = 4.44 fN\phi_m$

　　　 $\therefore \phi_m = \dfrac{E_1}{4.44 fN_1} = \dfrac{2400}{4.44 \times 60 \times 600} = 0.015 (wb)$

3. 將額定為 60Hz 之變壓器接於 50Hz 電源上，求：對其鐵心內磁通密度之
　 影響？　(A)減少約 20%　(B)增加約 20%　(C)減少約 10%　(D)無影
　 響。

　 答：(B)。$E_{eff} = 4.44 fN\phi_m$
　　　 $\because E_{eff}$、N 固定不變 $\therefore f \propto \dfrac{1}{\phi_m} \Rightarrow$

$(1)(1 - X) \times 60 = 50 \Rightarrow X = 0.17 \Rightarrow$ 頻率減少

$(2) (1 + X) \times \phi_{m1} = \phi_{m2} \Rightarrow$ 磁通密度增加 0.17 ÷ 增加 20%

4. 單相變壓器一次側額定電壓 110V，額定頻率 60Hz，今在一次側加 110V/30Hz 之交流電源，則此單相變壓器？　(A)不受影響　(B)效率增加　(C)諧波減少　(D)鐵心可能飽和，效率降低。

答：(D)。$E_{eff} = 4.44fN\phi_m$

∵ E_{eff}、N 固定不變

∴ $f \propto \dfrac{1}{\phi_m} \Rightarrow f \downarrow$、$\phi_m \uparrow \Rightarrow$ 鐵心可能飽和，效率降低

5. 有一單相變壓器於無載時，其感應電勢的有效值為 200V，測得其鐵損為 160W，功率因數為 0.38，求：其磁化電流。

答：(1)鐵損電流$I_w = I_o \cos\theta$

$\Rightarrow I_o = \dfrac{I_w}{\cos\theta} = \dfrac{\frac{160}{200}}{0.38} = \dfrac{0.8}{0.38} = 2.1(A)$

$(2)\overline{I_o} = \overline{I_w} + \overline{I_m} = \sqrt{I_w^2 + I_m^2}$

$\Rightarrow I_m = \sqrt{I_o^2 - I_w^2} = \sqrt{2.1^2 - 0.8^2} = 1.94(A)$

6. 某單相理想變壓器有一次側和二次側額定電壓分別為 240V 及 120V，且額定容量為 480VA，當作純電阻負載特性實驗時，若一次側外加電壓為 240V，求：二次側所接的負載電阻不得小於多少。

答：∵ 為避免變壓器過載，則純電阻性負載的有效功率 P_o 不得大於變壓器的額定容量 S

∴ $P_o = \dfrac{V^2}{R_L} \leq S \Rightarrow R_L \geq \dfrac{V^2}{S} = \dfrac{120^2}{480} = 30\Omega$

2.變壓器的等效電路

(1)折算至一次側的等效電路（二次側換一次側）

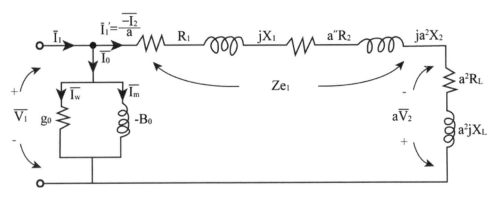

圖 6-9

① 折算至一次側的等效電阻$R_{e1} = R_1 + a^2R_2$

② 折算至一次側的等效電抗$X_{e1} = X_1 + a^2X_2$

③ 折算至一次側的等效阻抗$\overline{Z_{e1}} = \overline{Z_1} + a^2\overline{Z_2} = (R_1 + jX_1) + a^2(R_2 + jX_2)$

$= (R_1 + a^2R_2) + j(X_1 + a^2X_2) = R_{e1} + jX_{e1} = \sqrt{R_{e1}^2 + X_{e1}^2}$

④ 折算至一次側的負載電流$I'_1 = \dfrac{I_2}{a} = \dfrac{V_1}{Z_{e1} + a^2Z_L} = \dfrac{V_1}{\sqrt{(R_{e1} + a^2R_L)^2 + (X_{e1} + a^2X_L)^2}}$

⑤ 折算至一次側的短路電流（二次側負載短路，$Z_L = 0$）

$$I'_{s1} = \frac{I_{s2}}{a} = \frac{V_1}{Z_{e1}} = \frac{V_1}{\sqrt{R_{e1}^2 + X_{e1}^2}}$$

二次側折算至一次側	倍數
電阻、電抗、阻抗	$\times a^2$
電壓	$\times a$
電流	$\times \dfrac{1}{a}$
電導、電納、導納	$\times \dfrac{1}{a^2}$

(2)折算至二次側的等效電路(一次側換二次側)

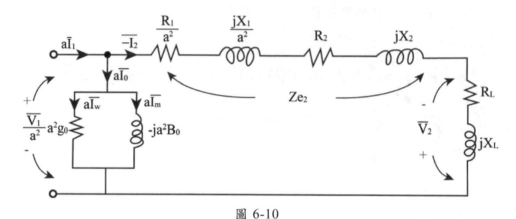

圖 6-10

①折算至二次側的等效電阻 $R_{e2} = R_2 + (\frac{1}{a^2} \cdot R_1)$

②折算至二次側的等效電抗 $X_{e2} = X_2 + (\frac{1}{a^2} \cdot X_1)$

③折算至二次側的等效阻抗

$$\overline{Z_{e2}} = \overline{Z_2} + (\frac{1}{a^2} \cdot \overline{Z_1}) = (R_2 + jX_2) + \frac{1}{a^2}(R_1 + jX_1)$$

$$= \left(R_2 + \frac{1}{a^2}R_1\right) + j\left(X_2 + \frac{1}{a^2}X_1\right) = R_{e2} + jX_{e2} = \sqrt{R_{e2}^2 + X_{e2}^2}$$

④折算至二次側的負載電流 $I_2 = \frac{V_2}{Z_{e2}+Z_L} = \frac{\frac{V_1}{a}}{Z_{e2}+Z_L} = \frac{\frac{V_1}{a}}{\sqrt{(R_{e2}+R_L)^2+(X_{e2}+X_L)^2}}$

⑤折算至二次側的短路電流（二次側負載短路，$Z_L = 0$）

$$I_{s2} = \frac{V_2}{Z_{e2}} = \frac{\frac{V_1}{a}}{\sqrt{R_{e2}^2 + X_{e2}^2}}$$

一次側折算至二次側	倍數
電導、電納、導納	$\times a^2$
電流	$\times a$
電壓	$\times \frac{1}{a}$
電阻、電抗、阻抗	$\times \frac{1}{a^2}$

江 湖 決 勝 題

1. 某 50kVA，4400V/220V 變壓器，其一次繞組之電阻及電抗各為 3Ω 及 5Ω，其二次繞組之電阻及電抗各為 0.01Ω 及 0.025Ω，求：換算至一次側之等值電阻、電抗及阻抗。

   答：匝數比 $a = \dfrac{V_1}{V_2} = \dfrac{4400}{220} = 20$

   (1)$R_{e1} = R_1 + a^2 R_2 = 3 + (20^2 + 0.01) = 7(\Omega)$

   (2)$X_{e1} = X_1 + a^2 X_2 = 5 + (20^2 + 0.025) = 15(\Omega)$

   (3)$\overline{Z_{e1}} = \sqrt{R_{e1}^2 + X_{e1}^2} = \sqrt{7^2 + 15^2} = 16.55(\Omega)$

2. 一 50kVA，變壓器比為 1200V/120V 的單相變壓器，其歸於原線圈之阻抗，各為 $R_1 = 20\Omega$，$X_1 = 50\Omega$，於低壓側連接一電感性負載其阻抗各為 $R_L = 5.8\Omega$，$X_L = 7.5\Omega$，若高壓側由 1000V，電源供給，求：負載電流。

   答：匝數比 $a = \dfrac{V_1}{V_2} = \dfrac{1200}{120} = 10$

   $R_{e2} = R_2 + \left(\dfrac{1}{a^2} \cdot R_1\right) = 5.8 + \left(\dfrac{1}{10^2} \times 20\right) = 6(\Omega)$

   $X_{e2} = X_2 + \left(\dfrac{1}{a^2} \cdot X_1\right) = 7.5 + \left(\dfrac{1}{10^2} \times 50\right) = 8(\Omega)$

   $Z_{e2} = \sqrt{R_{e2}^2 + X_{e2}^2} = \sqrt{6^2 + 8^2} = \sqrt{100} = 10(\Omega)$

   負載電流＝二次側電流 $= \dfrac{E_2}{Z_{e2}} = \dfrac{\frac{E_1}{a}}{Z_{e2}} = \dfrac{\frac{1000}{10}}{10} = 10(A)$

3. 一具額定容量 50kVA 單相變壓器，其變壓比為 1200V/240V，設歸於原線圈的阻抗為 $R_{e1} = 1.4\Omega$，$X_{e1} = 1.85\Omega$，於低壓側接一個電感性負載，其阻抗為 $R_L = 0.5\Omega$，$X_L = 0.1\Omega$，若高壓側加入 1000V 電源，求：

(1)高壓側電流。　　　　　　　　(2)負載側電流。

(3)負載端電壓。　　　　　　　　(4)負載短路時，高壓側電流。

答：匝數比 $a = \dfrac{V_1}{V_2} = \dfrac{1200}{240} = 5$

(1) $I'_1 = \dfrac{I_2}{a} = \dfrac{V_1}{\sqrt{(R_{e1}+a^2 R_L)^2 + (X_{e1}+a^2 X_L)^2}}$

$\quad = \dfrac{1000}{\sqrt{(1.4+5^2\times 0.5)^2 + (1.85+5^2\times 0.1)^2}} = 68.66(A)$

(2) $I_2 = aI'_1 = 5 \times 68.66 = 343.3(A)$

(3) $V_L = I_2 Z_L = I_2 \times \sqrt{R_L^2 + X_L^2} = 343.3 \times \sqrt{0.5^2 + 0.1^2} = 175.05(V)$

(4) $I'_{s1} = \dfrac{V_1}{Z_{e1}} = \dfrac{V_1}{\sqrt{R_{e1}^2 + X_{e1}^2}} = \dfrac{1000}{\sqrt{1.4^2 + 1.85^2}} = 431(A)$

3. 標么值(Per Unit，PU 值)

(1)定義：$\dfrac{實際值}{基準值}$

(2)基準值的選定：

① 銘牌之額定容量為 VA_{base}。

② 額定電壓為 V_{base}。

③ 額定電流為 I_{base}。

(3)標么值目的：

① 可消除一次、二次、三次繁重的轉換，其值皆相等。

② 不必考慮三相聯接是 Y 接或 Δ 接，其值皆相等。

(4)公式：

① $Z_{pu} = \dfrac{Z_e}{Z_{base}}$

② $\begin{cases} VA_{base} = V_{base} \times I_{base} R_{pu} = \dfrac{R_e}{Z_{base}} \\ Z_{base} = \dfrac{V_{base}}{I_{base}} \\ Z_{base} = \dfrac{V_{base}^2}{VA_{base}} \end{cases}$

③ $\begin{cases} X_{pu} = \dfrac{X_e}{Z_{base}} \\ R_{pu} = \dfrac{R_e}{Z_{base}} \end{cases}$

④ $Z_{pu(new)} = Z_{pu(old)} \times \dfrac{S_{(new)}}{S_{(old)}} \times (\dfrac{V_{(old)}}{V_{(new)}})^2$

⑤ $\begin{cases} Z_{pu(old)} = \sqrt{R_{pu(old)}^2 + X_{pu(old)}^2} \\ Z_{pu(new)} = Z_{pu(old)} \times \dfrac{S_{(new)}}{S_{(old)}} \end{cases}$

江 湖 決 勝 題

1. 有一 10MVA 單相變壓器，其初級額定電壓為 79.7kV，標幺電抗為 0.2pu，求：其歐姆值。

答：(1) $VA_{base} = V_{base} \times I_{base} \Rightarrow I_{base} = \dfrac{VA_{base}}{V_{base}} = \dfrac{10 \times 10^6}{79.7 \times 10^3} = 125.47(A)$

$Z_{base} = \dfrac{V_{base}^2}{VA_{base}} = \dfrac{(79.7 \times 10^3)^2}{10 \times 10^6} = 635.2(\Omega)$

(2) $X_{pu} = \dfrac{X_e}{Z_{base}} \Rightarrow X_e = X_{pu} Z_{base} = 0.2 \times 635.2 = 127.04(\Omega)$

2. 100kVA、11.4kV 之三相變壓器，其標幺阻抗為 3%，今將此變壓器使用於 200kVA、10kV 之三相配電系統中，若以配電系統之容量與電壓作為新的基準值，求：變壓器之標幺阻抗應修正為多少。

答：$Z_{pu(new)} = Z_{pu(old)} \times \dfrac{S_{(new)}}{S_{(old)}} \times (\dfrac{V_{(old)}}{V_{(new)}})^2$

$= 0.03 \times \dfrac{200k}{100k} \times (\dfrac{11.4k}{10k})^2 = 0.0779 = 7.79\%$

3. 某三相 100kVA 變壓器，其電阻標么值為 0.03PU，電抗標么值為 0.04pu，若改以 1000kVA 為基準時，求：阻抗標么值。

答：$(1)Z_{pu(old)} = \sqrt{R_{pu(old)}^2 + X_{pu(old)}^2} = \sqrt{0.03^2 + 0.04^2} = 0.05(pu)$

$(2)Z_{pu(new)} = Z_{pu(old)} \times \dfrac{S_{(new)}}{S_{(old)}} = 0.05 \times \dfrac{1000k}{100k} = 0.5(pu)$

4. 額定 50kVA、2400V/240V 的單相變壓器，高壓側測得的等效電阻及電抗分別為 1.42Ω 及 1.82Ω，求：其高壓側及低壓側阻抗的標么值。

答：匝數比 $a = \dfrac{V_1}{V_2} = \dfrac{2400}{240} = 10$

(1)高壓側：

①$Z_{base} = \dfrac{V_{base}^2}{VA_{base}} = \dfrac{2400^2}{50 \times 10^3} = 115.2(\Omega)$

②$Z_{pu} = \dfrac{Z_{e1}}{Z_{base}} = \dfrac{\sqrt{R_{e1}^2 + X_{e1}^2}}{Z_{base}} = \dfrac{\sqrt{1.42^2 + 1.82^2}}{115.2} = 0.02(pu)$

(2)低壓側：

①$Z_{base} = \dfrac{V_{base}^2}{VA_{base}} = \dfrac{240^2}{50 \times 10^3} = 1.152(\Omega)$

②$Z_{pu} = \dfrac{Z_{e2}}{Z_{base}} = \dfrac{\frac{1}{a^2} \times Z_{e1}}{Z_{base}} = \dfrac{\frac{1}{a^2} \times \sqrt{R_{e1}^2 + X_{e1}^2}}{Z_{base}} = \dfrac{\frac{1}{10^2} \times \sqrt{1.42^2 + 1.82^2}}{1.152} = 0.02(pu)$

6-2 變壓器之構造及特性

1. 變壓器的構造

(1)變壓器的鐵心

①材料：

A. 含矽目的：減少磁滯損。

B. 疊片目的：減少渦流損。

C. 交互疊製目的：減少磁路磁阻。

②功能：**支撐繞組及提供磁路**，減少磁通在磁路中流通的阻力，減少激磁所需的電流 I_o。

③具備條件：

  A.**高導磁係數**：減少磁路中的磁阻$R = \dfrac{\ell}{\mu A}$。

  B.**高飽和磁通密度**：減少磁路中所需鐵心的截面積。

  C.**低鐵損**：提高效率、降低絕緣等級。

  D.**高機械強度**：耐用。

  E.**加工容易**：降低成本。

  F.**電阻高**：減少渦流損。

④形式：

  A.內鐵式，如圖 6-11 所示。

  B.外鐵式，如圖 6-12 所示。

  C.分布外鐵式：無載損失小。

  D.捲鐵式：高導磁係數、損失小、效率高，如圖 6-13 所示。

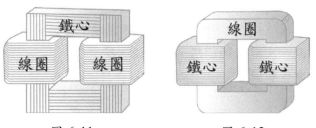

圖 6-11　　　　　　　　　　圖 6-12

圖 6-13

⑤內鐵式與外鐵式的比較：

	內鐵式	外鐵式
用鐵量	少	多
用銅量	多	少
線圈	多	小
鐵心	小	大
感應電勢	一樣好	一樣好
磁路長度	長	短
壓制應力	差	好（應力和電流平方成正比）
絕緣散熱	好	差
繞組位置	鐵心外	鐵心包圍
繞組每匝平均長	短	長
適用範圍	高電壓、低電流	低電壓、高電流、

(2)變壓器的繞組（線圈）

　①材料：銅線或鋁線，利用紙包線、紗包線、漆包線、PVC 線、矽質玻璃包線。採用 A 級絕緣，壓接法連接。

　②功能：產生應電勢。

(3)變壓器的冷卻

　①溫度每上升 10℃，變壓器壽命減半。

　②熱量與體積的尺寸之立方成正比。

　③冷卻與面積的尺寸之平方成正比。

　④冷卻方式

　　A.乾式：風冷式、氣冷式。

　　B.油浸式：自然循環式（油浸自冷式、油浸風冷式、油浸水冷式）；
　　　　強迫循環式（送油水冷式、送油風冷式）。

　　註 油浸自冷式應用最普遍。

(4)變壓器的絕緣

　①使用絕緣油的目的：

　　A.絕緣。　　　　　　　　　B.冷卻、散熱。

　②具備條件：

　　A.高絕緣耐壓。　　　　　　B.高電阻係數。

　　C.引火點高、凝固點低。　　D.導熱度大、黏度低。

　③變壓器的呼吸作用：因負載或氣候變化，使變壓器吸入水蒸氣呼出

　　絕緣油，使絕緣劣化且阻凝冷卻作用。

　④避免絕緣油裂化的方法：

　　A. 裝設呼吸器：內附吸濕劑（矽膠），原為藍色，當吸收水分後變成

　　　淺粉紅色。

　　B. 設置儲油箱。

　　C. 充氮氣密封。

(5)變壓器的容量以 AV 表示。

(6)變壓器的額定輸出，是指額定二次側電壓、額定二次側電流，且在額

　定頻率及功率因數下，其二次側兩端所得到的是視在功率。

2. 變壓器的電壓調整率

(1)定義：一次側電壓固定，因繞組的等值阻抗壓降之變動，使二次側端

　電壓亦因而變動，此變動率即為電壓調整率。請參照圖 6-10。

$$\varepsilon\% = V.R\% = \frac{\text{自無載至滿載的電壓變動}}{\text{滿載電壓}} \times 100\%$$

$$= \frac{E_2 - V_2}{V_2} \times 100\% = \frac{\dfrac{V_1}{a} - V_2}{V_2} \times 100\%$$

註 E_2：二次側無載端電壓

　V_2：二次側滿載端電壓

　V_1：一次側滿載端電壓

(2)無載電壓與滿載端電壓

　①請參照 6-1 節第 1 點的「實際變壓器」與「有載變壓器」的公式與相量圖，將相量圖 6-8 的 E_2 部份，放大顯示如圖 6-14 所示。

$$E_2 = \frac{V_1}{a} = \overline{V_2} + \overline{I_2 Z_2} = \overline{V_2} + \overline{I_2}(R_2 + jX_2) = V_2 \angle \theta + I_2 R_2 \pm j I_2 X_2$$
$$= \sqrt{(V_2 \cos\theta + I_2 R_2)^2 + (V_2 \sin\theta \pm I_2 X_2)^2}$$

　② $E_2 \doteqdot V_2 + I_2 R_2 \cos\theta \pm I_2 X_2 \sin\theta$

🔔 ＋：滯後功因電感性負載；－：超前功因電容性負載

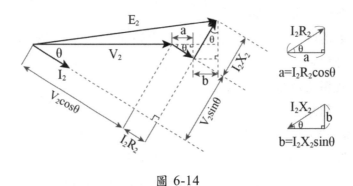

圖 6-14

(3)變壓器電壓變動的原因（電壓降的原因）

　① 電阻壓降 $I_2 R_2$。

　② 電抗壓降 $I_2 X_2$。

　③ 負載性質 $\cos\theta$。

(4)電壓調整率以壓降百分比表示

　① $\varepsilon\% = \frac{E_2 - V_2}{V_2} \times 100\% = \frac{(V_2 + I_2 R_2 \cos\theta \pm I_2 X_2 \sin\theta) - V_2}{V_2} = \frac{I_2 R_2}{V_2} \cos\theta \pm \frac{I_2 X_2}{V_2} \sin\theta$

　② 令：$p = \frac{I_2 R_2}{V_2} \times 100\% = \frac{I_1 R_1}{V_1} \times 100\%$ ⇒**電阻壓降百分比**

　　　　$q = \frac{I_2 X_2}{V_2} \times 100\% = \frac{I_1 X_1}{V_1} \times 100\%$ ⇒**電抗壓降百分比**

$\therefore \varepsilon\% = p\cos\theta \pm q\sin\theta$

◎ $\cos\theta = 1 \Rightarrow \varepsilon\% = p\%$

◎ $\cos\theta = 0 \Rightarrow \varepsilon\% = q\%$

③ $\varepsilon\% = p\cos\theta + q\sin\theta = \sqrt{p^2+q^2} \times \left(\dfrac{p}{\sqrt{p^2+q^2}}\cos\theta + \dfrac{q}{\sqrt{p^2+q^2}}\sin\theta \right)$

$\qquad = \sqrt{p^2+q^2}(\cos\alpha\cos\theta + \sin\alpha\sin\theta) = \sqrt{p^2+q^2}\cos(\alpha - \theta)$

💡 由功率三角形得知：$\cos\alpha = \dfrac{p}{\sqrt{p^2+q^2}} = \dfrac{R}{Z}$ ； $\sin\alpha = \dfrac{q}{\sqrt{p^2+q^2}} = \dfrac{X}{Z}$

◎ 最大電壓調整率：$\alpha - \theta = 0 \Rightarrow \varepsilon\%\max = \sqrt{p^2+q^2} = Z\%$（**阻抗百分比**）

◎ 最小電壓調整率：$\alpha - \theta = 90° \Rightarrow \varepsilon\%_{min} = 0$

◎ 最大功率因數：$\alpha = \theta \Rightarrow \cos\alpha = \cos\theta = \dfrac{p}{\sqrt{p^2+q^2}} \Rightarrow \varepsilon\%_{max}$ **的條件**

◎ 最小功率因數：$\theta = \alpha - 90°$

$\qquad\qquad \Rightarrow \cos\theta = \cos(\alpha - 90) = \sin\alpha = \dfrac{q}{\sqrt{p^2+q^2}}$

$\qquad\qquad \Rightarrow \varepsilon\%_{min}$ **的條件**

(5) 電壓調整率與銅損

　① 設負載功率因數 $\cos\theta = 1(\sin\theta = 0)$

　② $\varepsilon\% = p\cos\theta \pm q\sin\theta = p = \dfrac{I_2 R_2}{V_2} = \dfrac{I_2^2 R_2}{V_2 I_2} = \dfrac{P_c}{S} = \dfrac{\text{滿載銅損}}{\text{額定容量}}$

(6) 短路電流與百分比阻抗

　① 阻抗百分比 $Z\% = \dfrac{I \times Z_e}{V}$

　② 短路電流 $I_s = \dfrac{V}{Z_e} = \dfrac{V}{\frac{Z\% \times V}{I}} = \dfrac{I}{Z\%}$

(7) 變壓比之電壓調整率

　設：無載變壓比 $A_o = \dfrac{V_1}{V_o}$ ，滿載變壓比 $A = \dfrac{V_1}{V_2}$

$\varepsilon\% = \dfrac{V_o - V_2}{V_2} = \dfrac{\frac{V_o}{V_1} - \frac{V_2}{V_1}}{\frac{V_2}{V_1}} = \dfrac{\frac{1}{A_o} - \frac{1}{A}}{\frac{1}{A}} = \dfrac{\frac{A - A_o}{A_o A}}{\frac{1}{A}} = \dfrac{A - A_o}{A_o} \times 100\%$

江 湖 決 勝 題

1. 單相變壓器 $50kVA$，$2400V/240V$，$60Hz$，$R_2 = 0.0142\Omega$，$X_2 = 0.0182\Omega$，求：$\cos\theta = 0.8$ 滯後的電壓調整率。

答：$(1)S = V_2I_2 \Rightarrow I_2 = \frac{S}{V_2} = \frac{50 \times 10^3}{240} = 208.3(A)$

$(2)E_2 = \sqrt{(V_2\cos\theta + I_2R_2)^2 + (V_2\sin\theta \pm I_2X_2)^2}$

$= \sqrt{(240 \times 0.8 + 208.3 \times 0.0142)^2 + (240 \times 0.6 + 208.3 \times 0.0182)^2}$

$= 244.6(V)$

① $\cos\theta = 0.8$，$\sin\theta = 0.6$

② 題意表示功因為滯後，故 $V_2\sin\theta + I_2X_2$

$(3)\varepsilon\% = \frac{E_2 - V_2}{V_2} \times 100\% = \frac{244.6 - 240}{240} \times 100\% = 1.92\%$

2. 有一 $6kVA$，$3000V/200V$，$60Hz$ 之變壓器，二次換算為一次的電阻為 75Ω，二次換算為一次的電抗為 45Ω，此變壓器之負載越前功率因數 0.8Ω，求：(1)電壓調整率；(2)最大電壓調整率；(3)發生最大電壓調整率的條件。

答：$(1)①S = V_1I_1 \Rightarrow I_1 = \frac{S}{V_1} = \frac{6 \times 10^3}{3000} = 2(A)$

② $p = \frac{I_1R_1}{V_1} \times 100\% = \frac{2 \times 75}{3000} \times 100\% = 5\%$

$q = \frac{I_1X_1}{V_1} \times 100\% = \frac{2 \times 45}{3000} \times 100\% = 3\%$

③ $\varepsilon\% = p\cos\theta \pm q\sin\theta = (5\% \times 0.8) - (3\% \times 0.6) = 2.2\%$

① $\cos\theta = 0.8$，$\sin\theta = 0.6$

② 題意表示功因為越前，故 $p\cos\theta - q\sin\theta$

$(2)\varepsilon\%_{max} = \sqrt{p^2 + q^2} = \sqrt{(\frac{2 \times 75}{3000})^2 + (\frac{2 \times 45}{3000})^2} = 5.83\%$

$(3)\cos\theta = \frac{p}{\sqrt{p^2+q^2}} = \frac{5\%}{5.83\%} = 0.86$

3. 單相變壓器，20kVA，3000V/100V，其電壓調整率為 5%，且功率因數為 1，求：此變壓器全負載時的銅損。

答：$\because \varepsilon\% = p\cos\theta \pm q\sin\theta = p = \dfrac{I_2 R_2}{V_2} = \dfrac{I_2^2 R_2}{V_2 I_2} = \dfrac{P_c}{S} = \dfrac{滿載銅損}{額定容量}$

$\therefore 5\% = \dfrac{P_c}{20k} \Rightarrow P_c = 20k \times 5\% = 1000(W)$

4. 有一台變壓器，其無載時匝數比為 40.5：1，滿載時匝數比為 40：1，求：此變壓器之電壓調整率。

答：$\varepsilon\% = \dfrac{V_o - V_2}{V_2} = \dfrac{A - A_o}{A_o} \times 100\% = \dfrac{\frac{40}{1} - \frac{40.5}{1}}{\frac{40.5}{1}} = -0.0123 = -1.23\%$

3. 改善變壓器電壓變動的方法

(1)原因：變壓器**二次側電壓**因隨著**電源電壓**及**負載**之變化而變化，為保持二次側電壓恆定，必須**變換匝數比**。

(2)解決方法：

① 利用**分接頭**改變匝數比。

② 線圈分接頭的切換裝設於**電流較低**的一側，因銅線較細，分接頭抽出較為容易，分接頭切換亦較小。

③ 基於②之原因，**升壓**變壓器裝設於**二次側**；**降壓**變壓器裝設於**一次側**。

(3)圖示說明與公式介紹：

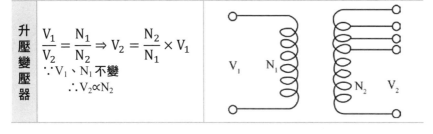

| 升壓變壓器 | $\dfrac{V_1}{V_2} = \dfrac{N_1}{N_2} \Rightarrow V_2 = \dfrac{N_2}{N_1} \times V_1$ $\because V_1 、 N_1 不變$ $\therefore V_2 \propto N_2$ | |

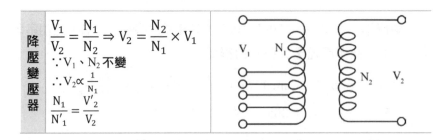

降壓變壓器	$\dfrac{V_1}{V_2} = \dfrac{N_1}{N_2} \Rightarrow V_2 = \dfrac{N_2}{N_1} \times V_1$ $\because V_1 、 N_2$ 不變 $\therefore V_2 \propto \dfrac{1}{N_1}$ $\dfrac{N_1}{N'_1} = \dfrac{V'_2}{V_2}$	

江湖決勝題

1. 有台 1kVA 之變壓器，其匝數比 a=2=200/100，當把一次繞組減少 10%，而加上 200V 之電壓時，求：(1)二次側電壓；(2)若把二次繞組減少 10%，一次繞組不變，且加上 200V 之電壓時，二次電壓。

答：(1)①$N'_1 = (1 - 10\%)N_1 = 0.9N_1$

②$a' = \dfrac{N'_1}{N_2} = \dfrac{0.9N_1}{N_2} = 0.9a = 0.9 \times 2 = 1.8$

③$a' = \dfrac{V_1}{V'_2} \Rightarrow 1.8 = \dfrac{200}{V'_2} \Rightarrow V'_2 = \dfrac{200}{1.8} = 111.11(V)$

(2)①$N'_2 = (1 - 10\%)N_2 = 0.9N_2$。②$a' = \dfrac{N_1}{N'_2} = \dfrac{N_1}{0.9N_2} = \dfrac{1}{0.9}a = \dfrac{2}{0.9}$

③$a' = \dfrac{V_1}{V'_2} \Rightarrow \dfrac{2}{0.9} = \dfrac{200}{V'_2} \Rightarrow V'_2 = 200 \times \dfrac{0.9}{2} = 90(V)$

2. 有一 3300/110V 之變壓器，分接頭為(2850-3000-3150-3300-3450)，二次側實測電壓為 99V，求：欲調整為 107V 左右則分接頭應置於何處。

答：(1)①電源電壓$V_1 = V_2 \times \dfrac{N_1}{N_2} = 99 \times \dfrac{3300}{110} = 2970(V)$

②一次側額定電壓 3300V，卻變成輸入 2970V 之電壓$\Rightarrow \because$一次側匝數 N_1 減少，而 V_1 本身是不變的$\Rightarrow \because V_2 \propto \dfrac{1}{N_1}$，故二次側電壓上升，而 N_2 本身亦是不變的。

③由②得知，為一降壓變壓器$\Rightarrow \because V_1 、 N_2$ 不變$\therefore V_2 \propto \dfrac{1}{N_1}$

(2)$\dfrac{N_1}{N'_1} = \dfrac{V'_2}{V_2} \Rightarrow \dfrac{3300}{N'_1} = \dfrac{107}{99} \Rightarrow N'_1 = 3300 \times \dfrac{99}{107} = 3053 \doteqdot 3000(V)$

4.變壓器之損失及效率

(1)變壓器的損失

① 無載損失

A. 定義

◎ 主要損失為**鐵損**，另有少量的介質損失，又可稱為「**固定損失**」。

◎ **鐵損**P_i =**磁滯損** P_h+**渦流損** P_e

B. 定磁通密度時

◎ 磁滯損$P_h = K_h f B_m^{(1.6 \sim 2)}$，變壓器採用高磁通密度$P_h = K_h f B_m^2$。

◎ 渦流損$P_e = K_e f^2 t^2 B_m^2$。

C. 定電壓時

$$\because E = 4.44 f N \phi_m = 4.44 f N B_m A \therefore B_m = \frac{E}{4.44 f N A} = \frac{E}{Kf} \propto \frac{V}{Kf}$$

◎ 磁滯損$P_h = K_h f B_m^2 = K_h f \times (\frac{V}{Kf})^2 = K' \frac{V^2}{f} \Rightarrow P_h \propto V^2 \propto \frac{1}{f}$。

◎ 渦流損

$P_e = K_e f^2 t^2 B_m^2 = K_e f^2 t^2 \times (\frac{V}{Kf})^2 = K'V^2 \Rightarrow P_e \propto V^2$，**與頻率無關**。

◎ 矽鋼片中的鐵損，$P_e : P_h = 1 : 4$，故$P_i \doteqdot P_h \Rightarrow P_i \propto V^2 \propto \frac{1}{f}$，**與負載變化無關**。

② 有載損失

A. 定義：主要損失為**銅損**，為電流通過繞組所造成的損失，又可稱為「**變動損失**」。

B. 公式說明

◎ P_{c1}：一次側繞組的銅損，P_{c2}：二次側繞組的銅損。

◎ $P_c = P_{c1} + P_{c2} = I_1^2 R_1 + I_2^2 R_2 = I_1^2 R_{e1} = I_2^2 R_{e2}$

◎ 銅損**與電流（負載）大小成平方正比**。

③ 雜散負載損失：繞組導體內及絕緣油箱壁內的渦流損失。

江 湖 決 勝 題

1. 50Hz 變壓器接於 25Hz 電源時,下列何者情況才可使用?

(A)電源電壓加倍   (B)原額定電壓

(C)電源電壓減半   (D)電源電壓加倍或減半皆可。

答:(C)。

  (1)原變壓器的絕緣材料已定,故當變壓器額定改變時,

     其損失不可增加,即新鐵損不得大於原鐵損 $\Rightarrow P'_i \leq P_i$。

  (2)$P_i \propto V^2 \propto \dfrac{1}{f} \Rightarrow V'^2 \times \dfrac{1}{f'} \leq V^2 \times \dfrac{1}{f} \Rightarrow V'^2 \times \dfrac{1}{25} \leq V^2 \times \dfrac{1}{50}$

    $\Rightarrow V'^2 \leq \dfrac{1}{2} V^2 \Rightarrow V' \leq \dfrac{1}{\sqrt{2}} V \Rightarrow V' \leq 0.707V$

  (3)由(2)得知,新的電源電壓不可大於原電源電壓的 0.707 倍,

    故選(C)。

2. 額定二次電壓 200V 之單相變壓器,在二次額定電壓下,二次電流為 500A 時,總損失為 1640W,二次電流為 300A 時,總損失為 1000W,求:此變壓器之鐵損。

答:(1)二次電流為 500A 時:$P_i + P_c = 1640 \cdots\cdots$①

   (2)二次電流為 300A 時:∵銅損與電流(負載)大小成平方正比

     $\therefore P'_c = (\dfrac{300}{500})^2 P_c = 0.36 P_c$ $P_i + 0.36 P_c = 1000 \cdots\cdots$②

   (3)① - ② $\Rightarrow (1 - 0.36)P_c = 640 \Rightarrow P_c = \dfrac{640}{0.64} = 1000(W)$

   (4)$P_c = 1000(W)$ 代入①或②得:$P_i = 640(W)$

(2) 變壓器的效率

① 滿載效率：

$$\eta = \frac{S\cos\theta}{S\cos\theta + P_i + P_c} \times 100\%$$

A. S：變壓器之額定容量(kVA)，P_i：鐵損(kW)，P_c：滿載銅損(kW)，$\cos\theta$：負載功率因數。

B. 變壓器滿載時之輸出＝$S\cos\theta$；輸入＝輸出＋損失＝$S\cos\theta + P_i + P_c$。

② 任意負載 m_L 的效率：

$$\eta_L = \frac{m_L S\cos\theta}{m_L S\cos\theta + P_i + m_L^2 P_c} \times 100\%$$

註 ◈ 滿載$m_L = 1$；半載$m_L = \frac{1}{2}$。

◈ P_i＝定值損，不隨負載變動，故與 m_L 無關。

◈ P_c＝變動損$\left(I_a^2 R_a\right) \Rightarrow$ 負載↑，I_a↑$\Rightarrow$ 負載量$m_L \propto I_a^2$。

③ 全日效率：

$$\eta_d = \frac{m_L S_d \cos\theta \times t}{(m_L S_d \cos\theta \times t) + (P_i \times 24) + (m_L^2 P_c \times t)} \times 100\%$$

註 ◈ t：工作時間。

◈ P_i＝定值損，故全日無論多少負載量都會消耗$\Rightarrow \times 24$。

◈ S_d及P_c為隨負載變動，故與負載量的所運作的時間 t 有關$\Rightarrow \times t$。

④ 最大效率：

$$\eta_{max} = \frac{m_L S\cos\theta}{m_L S\cos\theta + 2P_i} \times 100\%$$

A. 定值損＝變動損$\Rightarrow P_i = P_c(= I_a^2 R) \Rightarrow P_{loss} = P_i + P_c = 2P_i$。

∵ 負載量$m_L \propto I_a^2$ ∴ $P_i = m_L^2 P_c$

$\Rightarrow$ 發生最大效率時的負載率$m_L = \sqrt{\dfrac{P_i}{P_c}}$

B. 一般電力變壓器：重載者，最大效率設計在滿載附近。

C. 一般配電變壓器：最大效率設計在$\frac{3}{4}$或$\frac{1}{2}$額定負載者。

江 湖 決 勝 題

1. 某配電用變壓器容量為 10kVA，鐵損為 120W，滿載銅損為 320W，負載功因為 0.8，求：其在 $\frac{1}{2}$ 負載時之效率。

答：$\eta_L = \dfrac{m_L S \cos\theta}{m_L S \cos\theta + P_i + m_L^2 P_c} \times 100\%$

$= \dfrac{\frac{1}{2} \times 10 \times 10^3 \times 0.8}{\left(\frac{1}{2} \times 10 \times 10^3 \times 0.8\right) + 120 + \left[\left(\frac{1}{2}\right)^2 \times 320\right]} \times 100\% = 95.2\%$

2. 有一單相 5kVA 之變壓器，鐵損為 60W，滿載銅損為 120W，在一天內於功因為 1 之情況下，$\frac{5}{4}$ 負載 2 小時，滿載 6 小時，半載 8 小時，$\frac{1}{4}$ 負載 4 小時，無載 4 小時，求：全日效率。

答：(1)鐵損為 60W=0.06kW，銅損為 120W=0.12kW

(2) $\eta_d = \dfrac{m_L S_d \cos\theta \times t}{(m_L S_d \cos\theta \times t) + (P_i \times 24) + (m_L^2 P_c \times t)} \times 100\%$

$= \dfrac{\left(\frac{5}{4} \times 5 \times 1 \times 2\right) + (1 \times 5 \times 1 \times 6)}{\left[\left(\frac{5}{4} \times 5 \times 1 \times 2\right) + (1 \times 5 \times 1 \times 6) + \left(\frac{1}{2} \times 5 \times 1 \times 8\right) + \left(\frac{1}{4} \times 5 \times 1 \times 4\right)\right] + (0.06 \times 24)}$

$+ \dfrac{\left(\frac{1}{2} \times 5 \times 1 \times 8\right) + \left(\frac{1}{4} \times 5 \times 1 \times 4\right)}{\left\{\left[\left(\frac{5}{4}\right)^2 \times 0.12 \times 2\right] + \left[1^2 \times 0.12 \times 6\right] + \left[\left(\frac{1}{2}\right)^2 \times 0.12 \times 8\right] + \left[\left(\frac{1}{4}\right)^2 \times 0.12 \times 4\right]\right\}} \times 100\%$

$= \dfrac{67.5}{67.5 + 1.365 + 1.44} \times 100\% = 96\%$

3. 有一 500kVA，20kV/3.3kV 之單相變壓器，滿載銅損為 4.8kW，鐵損為 3.2kW，求：(1)效率最大時之負載；(2)功因為 0.8 落後時之最大效率。

答：(1)定值損＝變動損 $\Rightarrow P_i = P_c (= I_a^2 R) \Rightarrow P_{loss} = P_i + P_c = 2P_i$

$\because$ 負載量 $m_L \propto I_a^2 \therefore P_i = m_L^2 P_c$

$\Rightarrow$ 發生最大效率時的負載率 $m_L = \sqrt{\dfrac{P_i}{P_c}} = \sqrt{\dfrac{3.2k}{4.8k}} = 0.816$

(2) $\eta_{max} = \dfrac{m_L S \cos\theta}{m_L S \cos\theta + 2P_i} \times 100\%$

$= \dfrac{0.816 \times 500k \times 0.8}{(0.816 \times 500k \times 0.8) + (2 \times 3.2k)} \times 100\% = 98.08\%$

> 在 0.816 載時發生最大效率，
> 銅損＝鐵損＝ $m_L^2 P_c = 0.816^2 \times 4.8k$ =3.2kW

6-3 變壓器之連接法

1. 變壓器的極性

　(1)極性分類

　　① **加極性**：在某一瞬間變壓
　　　器的一、二次側相對 ϕ 的
　　　位置應電勢**極性不同**者。

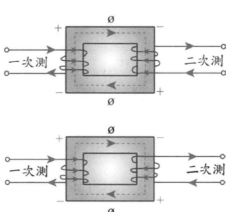

　　② **減極性**：在某一瞬間變壓
　　　器的一、二次側相對 ϕ 的
　　　位置應電勢**極性相同**者。

　(2)極性測試

　　① **直流法**

　　　A. K 閉合瞬間：

　　　　◇ Ⓥ 正轉：減極性。

　　　　◇ Ⓥ 反轉：加極性。

　　　B. K 閉合一段時間打開：

　　　　◇ V 正轉：加極性。

　　　　◇ V 反轉：減極性。

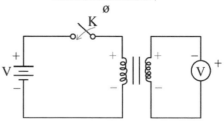

　　② **交流法**

　　　A. $V_1 > V_2$：減極性。

　　　B. $V_1 < V_2$：加極性。

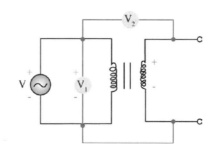

　　③ **比較法（保險絲法）**

　　　A. 保險絲（Fuse）斷：A 與
　　　　B 極性相同。

　　　B. 保險絲（Fuse）未斷：A
　　　　與 B 極性不同。

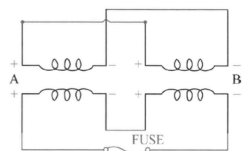

2. 三相變壓器之基本連接（平衡三相負載時）

接線方式	線(L)與相(P)之關係	相位關係	三次諧波關係					圖示說明
			中性點	線電壓	相電壓	線電流	相電流	
Y 接	$(1)V_L = \sqrt{3}V_P$ $(2)I_L = I_P$	$(1)V_L$超前$V_P30°$ $(2)I_L$與I_P同相位	不接地	無	有	無	無	
			接地	無	無	有	有	
△ 接	$(1)I_L = \sqrt{3}I_P$ $(2)V_L = V_P$	$(1)I_L$落後$I_P30°$ $(2)V_L$與V_P同相位	無中性點	無	無	無	有	

3. 三具單相變壓器的三相連接

　(1)Y-Y 接線

　　①接線、電壓、電流方向：

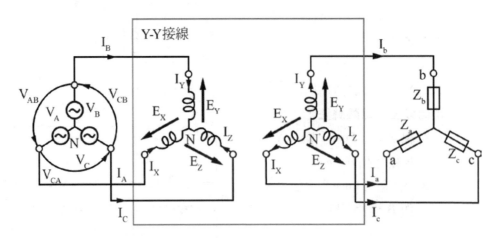

② 實際接線圖：

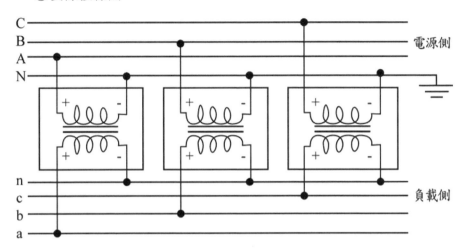

③ 向量圖：

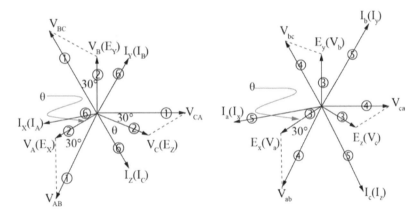

θ：電壓與電流之夾角

④ 特性：

A. 一次、二次側間線電壓**相位差（位移角）**：減極性 $0°$、加極性 $180°$。

B. $I_{L1} = I_{P1}$，$I_{L2} = I_{P2}$，$V_{L1} = \sqrt{3}V_{P1}\angle 30°$，$V_{L2} = \sqrt{3}V_{P2}\angle 30°$。

C. V_L **超前** $I_L 30°$。

D. $a = \dfrac{N_1}{N_2} = \dfrac{V_{L1}}{V_{L2}} = \dfrac{V_{P1}}{V_{P2}} = \dfrac{I_{P2}}{I_{p1}} = \dfrac{I_{L2}}{I_{L1}}$

E. $S_{Y-Y} = \sqrt{3}V_L I_L = 3V_P I_P = 3S_P$

F. **Y 接提高線電壓，降低線電流⇒減少線路損失，提高送電效率。**

G. 其中**一相短路**，其它**兩相**所承受之**電壓 = 線電壓 = $\sqrt{3}V_p$**，故**不能繼續供應三相電力**；但若**中性點接地**後其中一相再短路，則其它兩相所承受之**電壓穩定不變**。

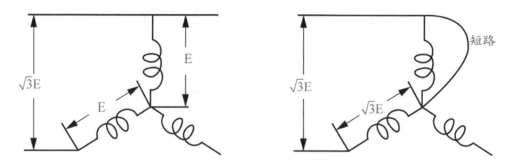

H. 一次側中性點，不與電源中性點連接⇒**三相三線式**($3\phi3W$)。

I. 一次側中性點，與電源中性點連接⇒**三相四線式**($3\phi4W$)。

J. $3\phi4W$ 負載不平衡時，**避免中性點浮動**($3\phi3W$ 則不可避免)。

K. $3\phi4W$ 三次諧波可經由中性點形成迴路⇒**激磁電流含三次諧波，應電勢為正弦波**，但中性線的三次諧波電流會干擾電訊線路⇒解決方法為採用**中性點接地之三繞組變壓器連接成 Y-Y-△**。

⑤ 實體圖：

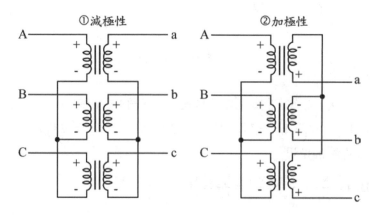

江 湖 決 勝 題

1. 將匝數比為 15：2，容量為 5kVA 單相變壓器連接為 Y-Y 接線，若一次線電壓為 1500V，求：滿載時之：(1)一次側線電流。(2)二次側之線電流。

答：(1)①$a = \frac{15}{2} = 7.5$

②$V_{L1} = \sqrt{3}V_{P1} \Rightarrow V_{P1} = \frac{V_{L1}}{\sqrt{3}} = \frac{1500}{\sqrt{3}} = 866(V)$

③$a = \frac{N_1}{N_2} = \frac{V_{L1}}{V_{L2}} = \frac{V_{P1}}{V_{P2}} = \frac{I_{P2}}{I_{p1}} = \frac{I_{L2}}{I_{L1}} \Rightarrow V_{L2} = \frac{V_{L1}}{a} = \frac{1500}{7.5} = 200(V)$ ；

$V_{P2} = \frac{V_{P1}}{a} = \frac{866}{7.5} = 115.5(V)$

④$S_{Y-Y} = \sqrt{3}V_L I_L \Rightarrow I_{L1} = \frac{S_{Y-Y}}{\sqrt{3}V_{L1}} = \frac{3\times5\times10^3}{\sqrt{3}\times1500} = 5.77(A)$

(2)$I_{L2} = aI_{L1} = 7.5 \times 5.77 = 43.3(A)$

2. 三相三線式（中性線有接地）連接至配電變壓器，當低壓側 a 相與中性點 N 短路時，則低壓側？

(A)短路電流很大 　　　　　　　　(B)V_{an} 電壓不變

(C)V_{ca} 電壓變為原來的 $\sqrt{3}$ 倍 　(D)V_{ab} 電壓變為原來的 $\sqrt{3}$ 倍

(E)V_{bn} 電壓不變。

答：(E)。中性點接地後，當 a 相與中性點短路時，短路電流流經大地成迴路，致 $V_{an}=0$；另兩相電壓 V_{bn}、V_{cn} 穩定不變。

(2) Δ-Δ 接線

　①接線、電壓、電流方向：

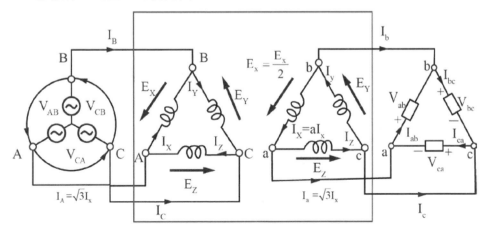

②實際接線圖：

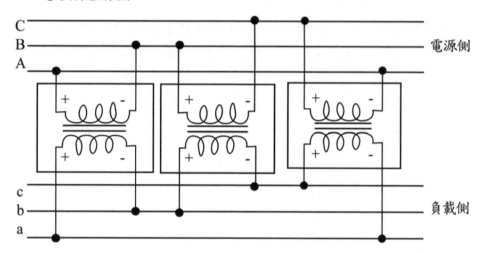

③向量圖：

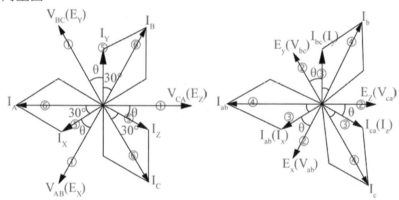

θ：電壓與電流之夾角

④特性：

A. 一次、二次側間線電壓**相位差（位移角）**：減極性$0°$、加極性$180°$。

B. $V_{L1} = V_{P1}$，$V_{L2} = V_{P2}$，$I_{L1} = \sqrt{3}I_{P1}\angle-30°$，$I_{L2} = \sqrt{3}I_{P2}\angle30°$。

C. V_L**超前**$I_L 30°$。

D. $a = \dfrac{N_1}{N_2} = \dfrac{V_{L1}}{V_{L2}} = \dfrac{V_{P1}}{V_{P2}} = \dfrac{I_{P2}}{I_{p1}} = \dfrac{I_{L2}}{I_{L1}}$

E. $S_{\Delta-\Delta} = \sqrt{3}V_L I_L = 3V_P I_P = 3S_P$

F. 無中性點可供接地⇒**接地保護困難**。

G. 適合**三相三線式**(3φ3W)系統，因三相之第三諧波為同相，可供第三諧波電流之迴路，可保持電勢為**正弦波**。

H. 一具變壓器故障時，可改為 V-V **接線**，繼續供應三相電力。

I. 用於**低電壓大電流**，如二次變電所以下之配電線末端變壓器。

J. 二次側感應電勢成**串聯**，作用於一封閉迴路，若一**平衡三相電壓**加於一次側，則**二次側**三電壓之相量和必為**零**；若不平衡，則內部將產生循環電流。

K. 二次側有一相**反接**（極性接錯或為加極性）時，**開路電壓為相電壓之兩倍**。

⑤實體圖：

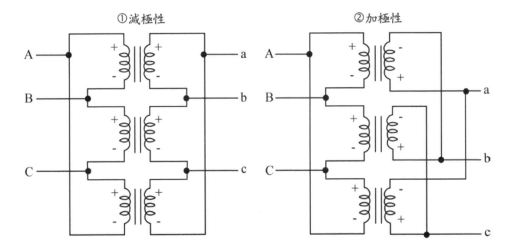

江 湖 決 勝 題

1. 三台單相變壓器各匝數比為 20：1，此接成 △-△ 接線，在二次側連接 100V，30kVA 的平衡負載時，求：一次側線電流。

答：(1)$a = \frac{20}{1} = 20$

(2)$S_{\triangle-\triangle} = \sqrt{3}V_L I_L \Rightarrow I_{L2} = \frac{S_{\triangle-\triangle}}{\sqrt{3}V_{L2}} = \frac{30 \times 10^3}{\sqrt{3} \times 100} = 173.2(A)$

(3)$a = \frac{N_1}{N_2} = \frac{V_{L1}}{V_{L2}} = \frac{V_{P1}}{V_{P2}} = \frac{I_{P2}}{I_{p1}} = \frac{I_{L2}}{I_{L1}} \Rightarrow I_{L1} = \frac{I_{L2}}{a} = \frac{173.2}{20} = 8.66(A)$

2. 三個 3300V/220V 單相變壓器，接成 △-△ 三相系統。當於額定電壓下，二次側有一相反接時，求：00' 之開路電壓值。

答：$\overline{V_{oo'}} = \overline{V_{ab}} + \overline{V_{bc}} - \overline{V_{cd}}$

$= 220\angle 120° + 220\angle - 120° - 220\angle 0°$

$= 220 \times 2 = 440(V)$

📑 二次側有一相反接(極性接錯或為加極性)時，開路電壓為相電壓之兩倍。

(3) Y-△ 接線

　　① 接線、電壓、電流方向

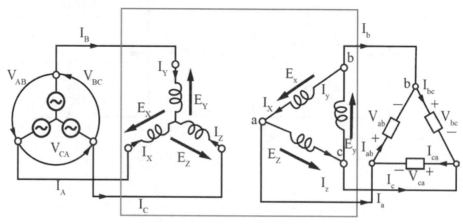

② 實際接線圖

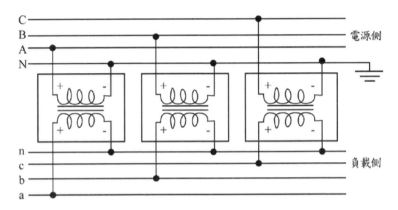

③ 向量圖

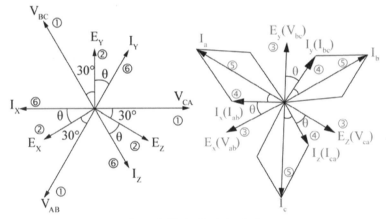

$$\theta：電壓與電流之夾角$$

④ 特性

A. 一次、二次側間線電壓**相位差（位移角）：一次側** Y **型領前** 30°。

B. $V_{L1} = \sqrt{3}V_{P1}\angle 30°$，$I_{L1} = I_{P1}$，$I_{L2} = \sqrt{3}I_{P2}\angle -30°$，$V_{L2} = V_{P2}$。

C. V_L**超前**$I_L 30°$。

D. $\sqrt{3}a = \dfrac{\sqrt{3}N_1}{N_2} = \dfrac{V_{L1}}{V_{L2}} = \dfrac{\sqrt{3}V_{P1}}{V_{P2}} = \dfrac{\sqrt{3}I_{P2}}{I_{p1}} = \dfrac{I_{L2}}{I_{L1}}$

E. $S_{Y-\Delta} = \sqrt{3}V_L I_L = 3V_P I_P = 3S_P$

F. 一次 Y 接中性點接地，避免負載改變造成中性點電位浮動。

G. 二次 △ 接使第三諧波電流流通，應電勢可維持**正弦波**。

H. 如一具故障則無法使用。

I. 應用於**三相四線式**(3φ4W)時，一具變壓器故障時，可改為 U-V **接線**，繼續供應三相電力。

J. 具**降壓**作用，適用於降低電壓配電負載之用，如二次變電所。

⑤ 實體圖

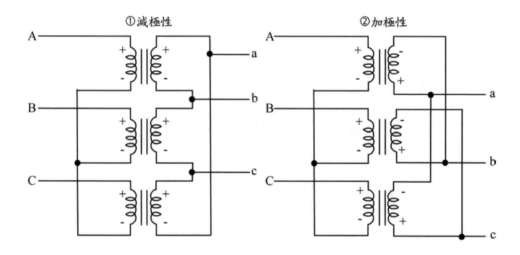

江 湖 決 勝 題

1. 單相變壓器 15kVA，3300V/220V，
   60Hz，今將三台變壓器接成 Y-Δ 接線，
   並接於 3000V 之電源，求：

   (1)該變壓器之匝數比。

   (2)一次側額定電流。

   (3)二次輸出電壓。

   (4)該 Y-Δ 變壓器組，使用在何處。

   (5)能供給之最大負載。

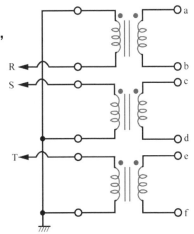

   答：(1)題目所給的電壓比為線電壓，

   故 $a = \dfrac{V_{L1}}{V_{L2}} = \dfrac{3300}{220} = 15$

   (2)$S_{Y-\Delta} = \sqrt{3}V_L I_L \Rightarrow I_{L1} = \dfrac{S_{\Delta-\Delta}}{\sqrt{3}V_{L1}} = \dfrac{3 \times 15 \times 10^3}{\sqrt{3} \times 3300} = 5\sqrt{3}(A)$

   (3)【作法一】

   $$\sqrt{3}a = \dfrac{V_{L1}}{V_{L2}} \Rightarrow 15\sqrt{3} = \dfrac{3000}{V_{L2}} \Rightarrow V_{L2} = \dfrac{3000}{15\sqrt{3}} = 115.5(V) = V_{p2}$$

   【作法二】

   $$\sqrt{3}a = \dfrac{\sqrt{3}V_{p1}}{V_{p2}} \Rightarrow 15\sqrt{3} = \dfrac{\sqrt{3} \times \dfrac{3000}{\sqrt{3}}}{V_{p2}} \Rightarrow V_{p2} = \dfrac{3000}{15\sqrt{3}} = 115.5(V) = V_{L2}$$

   【作法三】

   $$a = \dfrac{\dfrac{V_{L1}}{\sqrt{3}}}{V_{L2}} = \dfrac{V_{p1}}{V_{p2}} \Rightarrow 15 = \dfrac{\dfrac{3000}{\sqrt{3}}}{V_{L2}} = \dfrac{\dfrac{3000}{\sqrt{3}}}{V_{p2}} \Rightarrow V_{L2} = V_{p2} = \dfrac{3000}{\sqrt{3}} \times \dfrac{1}{15} = 115.5(V)$$

   (4)具降壓作用，適用於降低電壓配電負載之用，如二次變電所。

   (5)$S_{Y-\Delta} = 3S_P = 3 \times 15k = 45kVA$

2. 三個相同的單相變壓器，欲作 Y-Δ 三相接線，若不考慮相序問題，如
   圖所示中的二次側的正確接線為何。

   答：a-c，e-d，b-f。

(4) △-Y 接線

　　① 接線、電壓、電流方向

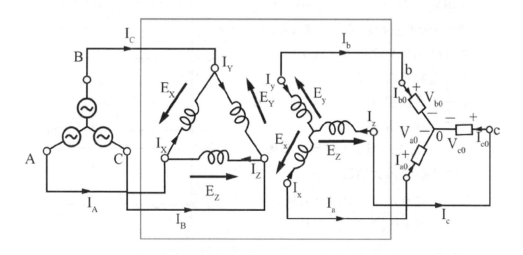

　　② 實際接線圖

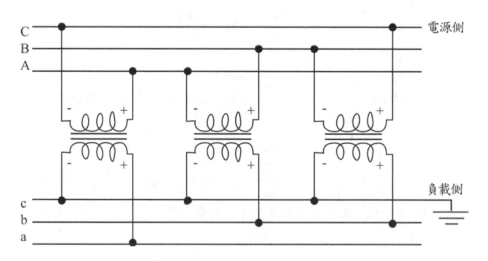

③向量圖

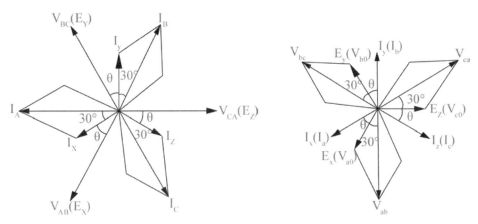

θ：電壓與電流之夾角

④特性

A. 一次、二次側間線電壓**相位差（位移角）：二次側** Y 型**領前** 30°。

B. $I_{L1} = \sqrt{3}I_{P1}\angle -30°$，$V_{L1} = V_{P1}$，$V_{L2} = \sqrt{3}V_{P2}\angle 30°$，$I_{L2} = I_{P2}$。

C. V_L**超前**I_L30°。

D. $\dfrac{a}{\sqrt{3}} = \dfrac{N_1}{\sqrt{3}N_2} = \dfrac{V_{L1}}{V_{L2}} = \dfrac{V_{P1}}{\sqrt{3}V_{P2}} = \dfrac{I_{P2}}{\sqrt{3}I_{P1}} = \dfrac{I_{L2}}{I_{L1}}$

E. $S_{\Delta-Y} = \sqrt{3}V_L I_L = 3V_P I_P = 3S_P$

F. 一次 Δ 接可供第三諧波電流流通，應電勢可維持正弦波，同時防止對電訊線路的干擾。

G. 二次 Y 接中性點接地，避免負載改變造成中性點電位浮動。

H. 具**升壓**作用，可獲得較高電壓，適用於發電廠內之主變壓器。若用於配電系統，則二次可構成**三相四線式**(3φ4W)系統。

　📍一次變電所通常採用 Y-Δ 接線。

⑤實體圖

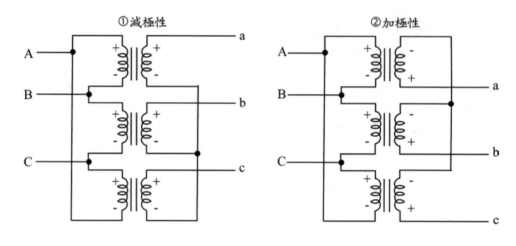

①減極性

②加極性

江 湖 決 勝 題

1. 三個單相變壓器，匝數比均為 10：1，初級為 Δ 接線，副級為 Y 接線，若副級端之線間電壓為 250V，加 75kVA 平衡負載，求：此時初級線電流。

答：$\dfrac{a}{\sqrt{3}} = \dfrac{N_1}{\sqrt{3}N_2} = \dfrac{V_{L1}}{V_{L2}} = \dfrac{V_{P1}}{\sqrt{3}V_{P2}} = \dfrac{I_{P2}}{\sqrt{3}I_{p1}} = \dfrac{I_{L2}}{I_{L1}}$

$$V_{L1} = V_{L2} \times \dfrac{a}{\sqrt{3}} = 250 \times \dfrac{10}{\sqrt{3}} = \dfrac{2.5}{\sqrt{3}} k(V)$$

$$S_{\Delta-Y} = \sqrt{3}V_L I_L \Rightarrow I_{L1} = \dfrac{S_{\Delta-Y}}{\sqrt{3}V_{L1}} = \dfrac{75k}{\sqrt{3} \times \dfrac{2.5}{\sqrt{3}}k} = 30(A)$$

2. 若單相變壓器匝數比均為 2：1，三具連接成 Δ-Y 接時，當電源電壓為 220V，且電源 B 斷線，求：二次側電壓 V_{ab}、V_{bc}、V_{ca}。

答：如圖所示

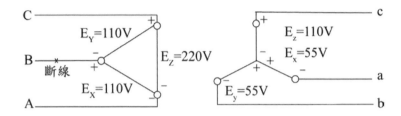

(1) $V_{ab} = V_{ao} + V_{ob} = (-55) + 55 = 0(V)$

(2) $V_{bc} = V_{ba} + V_{ac} = 0 + V_{ac}$
$= V_{ac} = V_{ao} + V_{oc} = -55 + (-110) = -165(V)$

(3) $V_{ca} = -V_{ac} = 165(V)$

4. 兩具單相變壓器的三相連接

(1) V-V 接線（Δ-Δ 接線故障），如圖 6-15 所示，實體接線如圖 6-16 所示。

① 一次、二次側間線電壓**相位差（位移角）**：減極性 0°、加極性 180°。

② $S_{V-V} = \sqrt{3}V_L I_L = \sqrt{3}V_P I_P = \sqrt{3} \times$ **一具單相變壓器之額定容量**

③ 每具變壓器之輸出容量 $= \frac{S_{V-V}}{2} = \frac{\sqrt{3}V_L I_L}{2} = 0.866V_L I_L = 86.6\%V_L I_L$

⇒即 V-V 接每具變壓器使用率 = 86.6%

④V-V 連接時，其總輸出容量為 △-△ 連接時之 57.7%倍。

$$\because \frac{S_{V-V}}{S_{\triangle-\triangle}} = \frac{\sqrt{3}V_L I_L}{3V_L I_L} = 0.577 = 57.7\%$$

⑤V-V 連接時，兩個相電流(I_P)大小相等，相位差 60°。

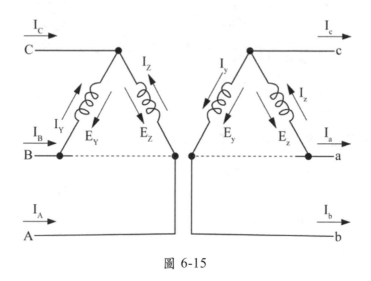

圖 6-15

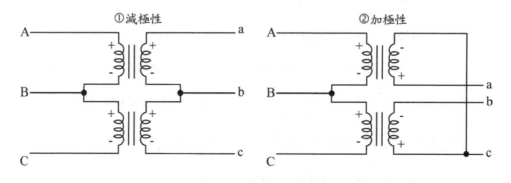

圖 6-16

(2)U-V 接線（Y-Δ 接線故障），如圖 6-17 所示，實體接線如圖 6-18 所示。

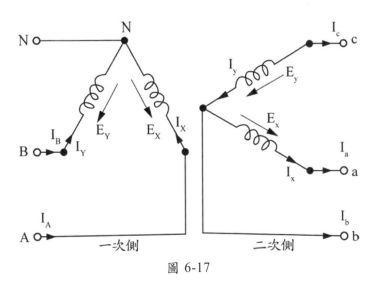

圖 6-17

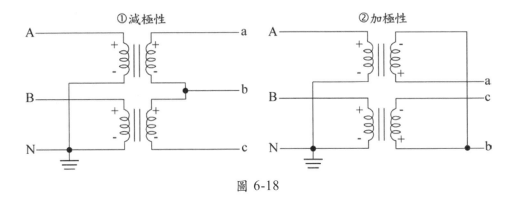

圖 6-18

① 一次、二次側間線電壓**相位差（位移角）：一次側 U 型領前 30°**。

② **一次側為開星形(Y)連接，二次側為開三角形(Δ)連接。**

③ 一次側電源需為**三相四線式**(3 φ 4W)，二次側可供給三相三線制或單相三線制電源。

④二次側線電壓可得平衡三相電壓，由於負載壓降所致，會造成電壓不平衡。僅適用於小電力設備。

⑤ $S_{U-V} = \sqrt{3}V_{L2}I_{L2} = \sqrt{3}V_{p2}I_{p2} = \sqrt{3} \times$ 一具單相變壓器之額定容量。

⑥每具變壓器之輸出容量 $= \dfrac{S_{U-V}}{2} = \dfrac{\sqrt{3}V_pI_p}{2} = 0.866V_pI_p = 86.6\%V_pI_p \Rightarrow$ 即 U-V 接每具變壓器使用率=86.6%。

⑦U-V 連接時，其總輸出容量為 Y-Δ 連接時之 **57.7%倍**。

$$\because \frac{S_{V-V}}{S_{\Delta-\Delta}} = \frac{\sqrt{3}V_LI_L}{3V_LI_L} = 0.577 = 57.7\%$$

⑧U-V 供電一次側僅接兩只熔絲，**中性線不接熔絲**。

(3) T-T 接，如圖 6-19 所示。

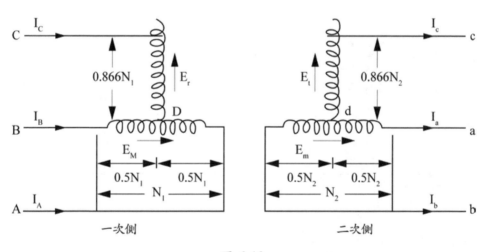

圖 6-19

①兩只變壓器，水平位置 $\overline{AB}$ 為主變壓器，垂直位置 $\overline{CD}$ 為支變壓器。

②主變壓器 M 應有 50%的中間抽頭，支變壓器 T 之匝數應為主變壓器的 86.6%。

③E_T領前E_M90°，為二相電源。

④目的：相數的變換（三相變三相、三相變二相或四相、二相變三相均可）。

⑤若兩變壓器容量相同時，則此接法之容量與定額之比

$$= \frac{S_{T-T}容量}{定額} = \frac{\sqrt{3}V_LI_L}{2V_LI_L} = \frac{\sqrt{3}}{2} = 0.866$$

⑥若**支變壓器為主變壓器的** 86.6%，則輸出容量與定額容量之比

$$= \frac{S_{T-T}容量}{定額} = \frac{S_{T-T}}{S_M + S_T} = \frac{\sqrt{3}V_LI_L}{V_LI_L + 0.866V_LI_L} = \frac{\sqrt{3}}{1.866} = 0.928 = 92.8\%$$

⑦工業上常用兩個單相電源供給兩個電熔爐用，所以將三相變成二相使用。

(4) T 型接（亦稱史考特接），如圖 6-20 所示。

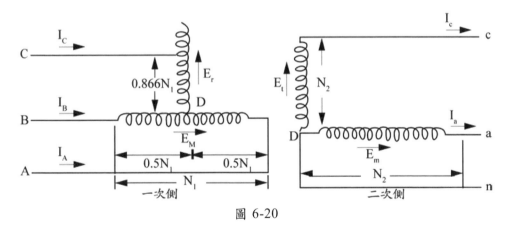

圖 6-20

①**二次側**主變壓器 M 與支變壓器 T 匝數相同，M **變壓器不需中心抽頭**。

②主變壓器之匝數比$a_M = \frac{N_1}{N_2} = \frac{E_M}{E_m} \Rightarrow E_m = \frac{E_M}{a_M}$。

③支變壓器之匝數比$a_T = \frac{0.866N_1}{N_2} = 0.866a_M = \frac{\sqrt{3}}{2}a_M$。

④ $a_T = \frac{E_T}{E_t} \Rightarrow E_t = \frac{E_T}{a_T} = \frac{0.866E_M}{0.866a_M} = \frac{E_M}{a_M} = E_m$。

⑤ $a_M = \frac{E_M}{E_m} \Rightarrow E_M = a_M \times E_m = \frac{a_T}{\frac{\sqrt{3}}{2}} \times E_m = \frac{2}{\sqrt{3}} \times a_T \times E_m = \frac{2}{\sqrt{3}}E_T$

⑥ 用途：電源相數變換。

5. 整理

(1)

	V_{L2}	I_{L2}
Y-Y	$\frac{1}{a}V_{L1}$	aI_{L1}
Δ-Δ	$\frac{1}{a}V_{L1}$	aI_{L1}
Y-Δ	$\frac{1}{a\sqrt{3}}V_{L1}$	$a\sqrt{3}I_{L1}$
Δ-Y	$\frac{\sqrt{3}}{a}V_{L1}$	$\frac{a}{\sqrt{3}}I_{L1}$

(2)

接線	大小關係	兩變壓器相位關係
V(開Δ)	$V_L = V_P$ $I_L = I_P$	電壓相位差 $120°$，電流相位差 $60°$，每相相位差 $120°$。
U(開Y)	$V_L = \sqrt{3}V_P$ $I_L = I_P$	V_L 超前 $V_P 30°$，I_L 與 I_P 無相位差，中性點有電流流通，為兩變壓器電流的向量和，$3\phi4W$ 才可接成 U 接線。
T	$V_L = E_M = \frac{2}{\sqrt{3}}E_T$ $I_L = I_P$	主變壓器 M 與支變壓器 T 電壓相位差 $90°$，I_L 與 I_P 無相位差，每相相位差 $120°$。

(3)利用率 $= \dfrac{三相輸出總容量}{兩台變壓器總容量}$

① V-V **接線：利用率為** 86.6%。

② U-V **接線：利用率為** 86.6%。

③ T-T **接線：若容量比為** 1：1**（二大），利用率為** 86.6%**；若為** 1：0.866 **（一大一小），利用率為** 92.8%。

(4)負載率 $= \dfrac{三相輸出總容量}{三台變壓器總容量}$

① V-V **接線：負載率為** 57.7%。

② U-V **接線：負載率為** 57.7%。

(5)單相變壓器 3 具與三相變壓器 1 具的比較：

單相 3 具	三相 1 具
散熱容易	散熱不易
體積大、空間大	體積小、空間小
成本價格昂貴	成本價格便宜
一相損壞時，可採用 V 接線繼續供電	一相損壞時，則停止供電，搶修不易

江 湖 決 勝 題

1.某工廠之設備容量為 170kW，功率因數為 60%，需量因數為 60%，以兩具單相變壓器接成 V 型供電，求：變壓器每具容量。

答：(1)$S_L = \dfrac{P}{\cos\theta} \times$ 需量因數 $= \dfrac{170k}{0.6} \times 0.6 = 170kVA$

(2)$S_{V-V} = \sqrt{3}V_LI_L = \sqrt{3}V_PI_P$

$= \sqrt{3} \times$ 一具單相變壓器之額定容量 $= S_L$

(3)一具單相變壓器之額定容量 $= \dfrac{S_L}{\sqrt{3}} = \dfrac{170k}{\sqrt{3}} \doteqdot 100kVA$

注 需量因數$(F_D) = \dfrac{最高負載}{設備容量}$，負載因數$(F_L) = \dfrac{平均負載}{最高負載}$

2. 如圖所示，求：

(1)此兩部變壓器之連接法。

(2)V_{ac}、V_{an}、V_{cn}

(3)一次側中性線 P 點斷線
時之 V_{ac}、V_{an}、V_{cn}。

答：(1)U-V 接。

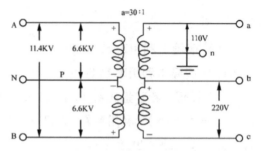

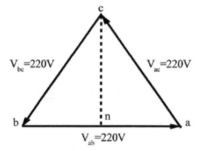

(2)$V_{ac} = \overline{V_{ab}} + \overline{V_{bc}} = 220\angle 0° + 220\angle -120° = 220(V)$

$V_{an} = 110(V)$

$V_{cn} = \sqrt{V_{ac}^2 - V_{an}^2} = \sqrt{220^2 - 110^2} = 110\sqrt{3}(V)$

(3)①中性線斷線：一次側→單相供電，一次側與二次側的電壓及
極性如圖所示。

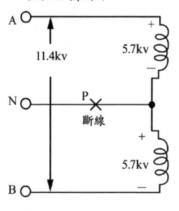
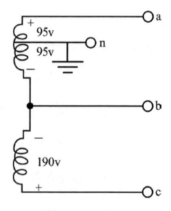

② $V_{ab} = V_{bc} = \frac{\frac{11.4k}{2}}{30} = \frac{5.7k}{30} = 190(V)$

③ $V_{ac} = V_{ab} + V_{bc} = 190 + (-190) = 0(V)$

$V_{an} = \frac{V_{ab}}{2} = \frac{190}{2} = 95(V)$

$\qquad V_{cn} = V_{cb} + V_{bn} = 190 + (-95) = 95(V)$

3. 4160V 的三相電源經 T-T 連接的電壓組降為 440V，供電給 25kV 負載，求：(1)主變壓器的容量、電壓、電流額定值；(2)支變壓器的容量、電壓、電流額定值。

答：(1)主變壓器(M)：$V_L = E_M$；$I_L = I_P = I_M = I_T$、$I_m = I_t$

① S_{T-T}容量 $= \sqrt{3}V_L I_L \Rightarrow 25k = \sqrt{3}S \Rightarrow S_M = \frac{25}{\sqrt{3}}kVA$

②一次側額定電壓$V_{L1} = E_M = 4160(V)$

③二次側額定電壓$V_{L2} = E_m = 440(V)$

④一次側額定電流$I_{L1} = I_M = \frac{S_{T-T}}{\sqrt{3}V_{L1}} = \frac{25 \times 10^3}{\sqrt{3} \times 4160} \doteqdot 3.47(A)$

⑤二次側額定電流$I_{L2} = I_m = \frac{S_{T-T}}{\sqrt{3}V_{L1}} = \frac{25 \times 10^3}{\sqrt{3} \times 440} \doteqdot 32.8(A)$

(2)支變壓器(T)：支變壓器為主變壓器的 86.6%$= \frac{\sqrt{3}}{2}$；

$\qquad V_L = E_M = \frac{2}{\sqrt{3}}E_T \Rightarrow E_T = \frac{\sqrt{3}}{2}E_M$

① $S_T = \frac{\sqrt{3}}{2}S_M = \frac{\sqrt{3}}{2} \times \frac{25k}{\sqrt{3}} = 12.5kVA$

②一次側額定電壓$E_T = \frac{\sqrt{3}}{2}E_M = \frac{\sqrt{3}}{2} \times 4160 = 2080\sqrt{3}(V)$

③二次側額定電壓$E_t = \frac{\sqrt{3}}{2}E_m = \frac{\sqrt{3}}{2} \times 440 = 220\sqrt{3}(V)$

④一次側額定電流$I_T = I_M \doteqdot 3.47(A)$

⑤二次側額定電流$I_t = I_m \doteqdot 32.8(A)$

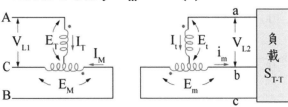

6. 變壓器的並聯運轉

(1)單相變壓器並聯運用之條件：

①電壓與匝數比需相同（無負載時無循環電流流通）。

②極性需相同。

③各變壓器阻抗電壓相同（負載電流依變壓器容量比例分配，即內部阻抗與負載成反比）。

④內部等效電阻與電抗比值需相同（各變壓器負載電流同相）。

(2)三相變壓器並聯運用之條件：

①單相變壓器並聯的條件。

②線電壓比需相同。

③相序需相同。

④位移角需相同（偶數個接法可並聯）。

(3)三相變壓器的並聯連接

①一、二次接線完全相同，位移角相同，可直接並聯，不需做任何調整：(Y-Y，Y-Y)、(△-△，△-△)、(Y-△，Y-△)、(△-Y，△-Y)。

②一、二次接線不相同，但位移角相同，可以並聯，但必須調整：(△-△，Y-Y)、(Y-△，△-Y)。

③一、二次側接線及位移角均不同，但改變接線後可使位移角一致，可並聯：(△-Y，Y-△)

④不可以並聯：(△-△，△-Y)、(△-△，Y-△)、(Y-Y，Y-△)、(Y-Y，△-Y)

(4)變壓器並聯運用負載的分配，如圖 6-21 所示。

① $I_A = I_1 \times \dfrac{R_B + jX_B}{(R_A + R_B) + j(X_A + X_B)} = I_1 \times \dfrac{Z_B}{Z_A + Z_B}$

② $I_B = I_1 \times \dfrac{R_A + jX_A}{(R_A + R_B) + j(X_A + X_B)} = I_1 \times \dfrac{Z_A}{Z_A + Z_B}$

③ $I_A + I_B = I_1$

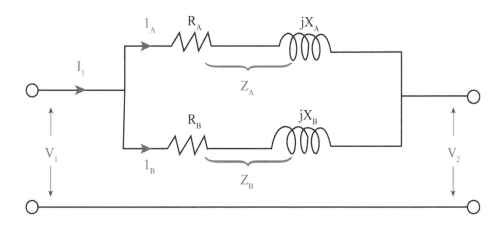

圖 6-21

(5)變壓器並聯運轉分析（因**負載端電壓** V_2 **相同**，故各變壓器所分擔的**負載容量比例和負載電流一樣**）

① $S'_A = S_L \times \dfrac{Z_B}{Z_A + Z_B} = S_L \times \dfrac{Z_B\%}{Z_A\% + Z_B\%}$

② $S'_B = S_L \times \dfrac{Z_A}{Z_A + Z_B} = S_L \times \dfrac{Z_A\%}{Z_A\% + Z_B\%}$

③ $S'_A + S'_B = S_L$

(6)容量基值不同時（設電阻與電抗比值相等）：**先換算同一容量基值** S_b

① $Z'_A\% = Z_A\% \times \dfrac{S_b(新容量基值)}{S_A(A變壓器原容量基值)}$; $S'_A = S_L \times \dfrac{Z'_B\%}{Z'_A\% + Z'_B\%}$

② $Z'_B\% = Z_B\% \times \dfrac{S_b(新容量基值)}{S_B(B變壓器原容量基值)}$; $S'_B = S_L \times \dfrac{Z'_A\%}{Z'_A\% + Z'_B\%}$

(7)由阻抗壓降百分比計算負載分配

① $\dfrac{S'_A(負載容量)}{S'_B(負載容量)} = \dfrac{I_A}{I_B} = \dfrac{Z'_B}{Z'_A} = \dfrac{Z_B\%}{Z_A\%} \times \dfrac{S_A(額定容量)}{S_B(額定容量)}$

② $Z = Z\%(阻抗壓降百分比) \times S(變壓器額定容量)$

(8)① 當$Z_A < Z_B$且$S'_A = S_A$時，

　　最大負載容量$S_{Lmax} = $A變壓器額定容量$S_A + (\dfrac{Z_A}{Z_B}) \times $B變壓器額定容量$S_B$

② 當$Z_A > Z_B$且$S'_B = S_B$時，

　　最大負載容量$S_{Lmax} = $B變壓器額定容量$S_B + (\dfrac{Z_A}{Z_B}) \times $A變壓器額定容量$S_A$

③ 當$S'_A \neq S_A$、$S'_B \neq S_B$時，

　　最大負載容量$S_{Lmax} = S_{分配較多之變壓器額定容量} + (\dfrac{Z_A}{Z_B}) \times S_{分配較多之變壓器額定容量}$

江湖決勝題

1. 如圖所示，兩具變壓器作並聯運用，一臺為額定輸出 15MVA，百分比阻抗壓降 7.5%，另一臺為額定輸出 30MVA，百分比阻抗壓降 9%，當負載電力為 20MW，功率因數為 80%滯後時，求：(1)兩變壓器的負載分配。(2)負載電流 I_A、I_B。(3)在不超載的情況，兩變壓器並聯運用時的最大負載。

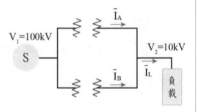

答：(1)① 負載總容量 $S_L = \dfrac{P_L}{\cos\theta} = \dfrac{20M}{0.8} = 25MVA$

② 設容量基值 $S_b = 15MVA$

$Z'_A\% = Z_A\% \times \dfrac{S_b(新容量基值)}{S_A(A變壓器原容量基值)} = 7.5\% \times \dfrac{15M}{15M} = 7.5\%$

$Z'_B\% = Z_B\% \times \dfrac{S_b(新容量基值)}{S_B(B變壓器原容量基值)} = 9\% \times \dfrac{15M}{30M} = 4.5\%$

③ $S'_A = S_L \times \dfrac{Z'_B\%}{Z'_A\% + Z'_B\%} = 25M \times \dfrac{4.5}{7.5 + 4.5} = 9.375MVA$

$S'_A + S'_B = S_L$

$\Rightarrow S'_B = S_L - S'_A = 25M - 9.375M = 15.625MVA$

(2)〈算法一〉

①總負載電流 $I_L = \dfrac{S_L}{V_2} = \dfrac{25M}{10k} = 2500(A)$

② $I_A = I_L \times \dfrac{Z_B}{Z_A + Z_B} = I_L \times \dfrac{Z_B'\%}{Z_A'\% + Z_B'\%} = 2500 \times \dfrac{4.5}{7.5 + 4.5}$

$= 2500 \times \dfrac{4.5}{12} = 937.5(A)$

$I_A + I_B = I_L \Rightarrow I_B = I_L - I_A = 2500 - 937.5 = 1562.5(A)$

〈算法二〉

① $I_A = \dfrac{S_A'}{V_2} = \dfrac{9375k}{10k} = 937.5(A)$

② $I_B = \dfrac{S_B'}{V_2} = \dfrac{15625k}{10k} = 1562.5(A)$

(3) $\dfrac{S_A'(負載容量)}{S_B'(負載容量)} = \dfrac{I_A}{I_B} = \dfrac{Z_B'\%}{Z_A'\%} = \dfrac{Z_B\%}{Z_A\%} \times \dfrac{S_A(額定容量)}{S_B(額定容量)}$

$\Rightarrow \dfrac{9.375}{15.625} = \dfrac{937.5}{1562.5} = \dfrac{4.5\%}{7.5\%} = \dfrac{9}{7.5} \times \dfrac{15}{30} = \dfrac{3}{5}$

$\Rightarrow Z_A > Z_B$，A 變壓器分配較多，故以 S_A 額定容量為極限運算

$\therefore S_{Lmax} = S_A + (\dfrac{Z_A}{Z_B}) \times S_A = 15M + (\dfrac{7.5}{4.5}) \times 15M = 15M + 25M = 40MVA$

2.如右圖所示，試求其不超載之最大提供容量。

答： $S_{Lmax} = 12M + \left[(\dfrac{4}{6}) \times 9M \right] = 18M(VA)$

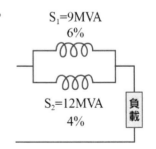

$S_1 = 9MVA$
6%

$S_2 = 12MVA$
4%

負載

6-4 變壓器之短路及開路試驗

1. 變壓器的短路試驗

(1)目的：測量**滿載銅損**，如圖 6-22 所示。

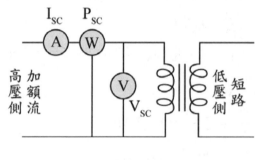

圖 6-22

(2)方法：**將低壓側短路，高壓側加額定電流（儀表放置高壓側）。**

(3)可得：**高壓側 R_{eq}、X_{eq}。**

① **銅損P_c = 瓦特表讀值P_{sc}**

② 高壓側等值阻抗

$$Z_{eq} = \frac{\text{伏特表讀值}}{\text{安培表讀值}} = \frac{V_{sc}}{I_{sc}}$$

③ 高壓側等值電阻

$$R_{eq} = \frac{\text{瓦特表讀值}}{\text{安培表讀值的平方}} = \frac{P_{sc}}{I_{sc}^2}$$

④高壓側等值電抗

$$X_{eq} = \sqrt{Z_{eq}^2 - R_{eq}^2}$$

⑤短路功率因數

$$\cos\theta_{sc} = \frac{P}{S_{sc}} = \frac{瓦特表讀值}{伏特表讀值 \times 安培表讀值} = \frac{P_{sc}}{V_{sc} \times I_{sc}}$$

⑥電阻壓降百分比

$$p = \frac{一次側額定電流I_1(= I_{sc}) \times 高壓側等值電阻}{一次側額定電壓} \times 100\%$$

$$= \frac{I_{sc} \times R_{eq}}{V_1} \times 100\%$$

$$= \frac{I_{sc}^2 \times R_{eq}}{V_1 \times I_{sc}} \times 100\% = \frac{P_c}{kVA} \times 100\%$$

⑦阻抗壓降百分比

$$Z\% = \frac{一次側額定電流I_1(= I_{sc}) \times 高壓側等值阻抗}{一次側額定電壓} \times 100\%$$

$$= \frac{I_{sc} \times Z_{eq}}{V_1} \times 100\%$$

$$= \frac{V_{sc}}{V_1} \times 100\% = \sqrt{p^2 + q^2} \times 100\%$$

⑧電抗壓降百分比$q = \sqrt{(Z\%)^2 - p^2} \times 100\%$

📝 由阻抗百分比 $Z\%$，求一次側輸入額定電壓V_1，二次側短路時之一次
側短路電流，如圖 6-23 所示：

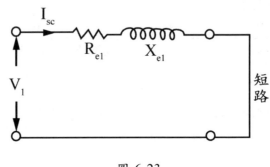

圖 6-23

$$\because Z\% = \sqrt{p^2 + q^2} \times 100\% = (p + jq) \times 100\%$$

$$= \left(\frac{I_{sc} \times R_{eq}}{V_1} + j\frac{I_{sc} \times X_{eq}}{V_1}\right) \times 100\%$$

$$= \frac{(I_{sc} \times R_{eq}) + j(I_{sc} \times X_{eq})}{V_1} \times 100\%$$

$$= \frac{V_i(\text{伏特表讀數})}{V_1} \times 100\% = \frac{V_{sc}}{V_1} \times 100\%$$

∴二次側短路時之一次側短路電流

$$I_{sc1} = \frac{V_1}{Z_{eq}} = \frac{\dfrac{V_{sc}}{Z\%}}{\dfrac{V_{sc}}{I_{sc}}} = \frac{\dfrac{V_{sc}}{Z\%}}{\dfrac{V_{sc}}{I_1}} = I_1 \times \frac{1}{Z\%}$$

(4)注意事項：

　①當**輸入高壓電流≠額定電流**⇒瓦特表不是真正的銅損⇒**銅損需以**$P_c = I^2R_{eq}$**校正**。

　②因在**高壓側加額定電流做短路試驗**，故上述公式所得之數據皆為**高壓側**之值，若欲得低壓側之值，可按轉換公式換算得之。

　③變壓器**阻抗百分比愈大，短路電流則愈小**⇒設備容量可選較小，但電壓調整率會因此提高，定電壓之特性較差。

2. 變壓器的開路實驗

(1)目的：測量**固定鐵損**，如圖 6-24 所示。

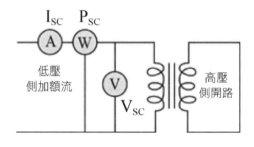

圖 6-24

(2)方法：**將高壓側開路，低壓側加額定電壓（儀表放置低壓側）。**

(3)可得：**低壓側** G_o、B_o。

　①**鐵損** $P_i =$ **瓦特表讀值**P_{oc}

　②激磁導納

$$Y_o = \frac{安培表讀值}{伏特表讀值} = \frac{I_{oc}}{V_{oc}}$$

③激磁電導

$$G_o = \frac{\text{鐵損電流}}{\text{伏特表讀值}} = \frac{I_w}{V_{oc}} = \frac{\text{瓦特表讀值}}{\text{伏特表讀值的平方}} = \frac{P_{oc}}{V_{oc}^2}$$

④激磁電納

$$B_o = \frac{\text{磁化電流}}{\text{伏特表讀值}} = \frac{I_m}{V_{oc}} = \sqrt{Y_o^2 - G_o^2}$$

⑤激磁電流

$$I_o = \text{安培表讀值} I_{oc}$$

⑥鐵損電流

$$I_w = \frac{\text{瓦特表讀值}}{\text{伏特表讀值}} = \frac{P_{oc}}{V_{oc}} = I_o \cos\theta = I_{oc}\cos\theta_{oc}$$

⑦磁化電流

$$I_m = \sqrt{I_o^2 - I_w^2} = I_o\sqrt{1 - \cos^2\theta} = I_o\sin\theta = I_{oc}\sin\theta_{oc}$$

⑧無載開路功率因數

$$\cos\theta_{oc} = \frac{P}{S} = \frac{\text{瓦特表讀值}}{\text{伏特表讀值} \times \text{安培表讀值}} = \frac{P_{oc}}{V_{oc} \times I_{oc}}$$

(4)注意事項：

①當**輸入電源≠額定電壓、額定頻率**⇒瓦特表不是真正的鐵損⇒**鐵損需**以$P_i = \frac{V^2}{f}$**校正**。

②因在**低壓側加額定電壓做開路試驗**，故上述公式所得之數據皆為**低壓側**之值。若欲得高壓側之值，可按轉換公式換算得之。

江 湖 決 勝 題

◎有一 10kVA，2200V/220V，60Hz 之變壓器，作開路試驗及短路試驗得如下數據：

	伏特表讀數(V)	安培表讀數(A)	瓦特表讀數(W)
開路試驗	220	1.5	155
短路試驗	115	額定值	264

求：

(1)功率因數為 1 時之滿載銅損

(2)功率因數為 0.8 半載之鐵損

(3)功率因數為 0.8 半載之銅損

(4)功率因數為 1 時滿載效率

(5)功率因數為 0.8 時之半載效率

(6)p、q、Z%值

(7)最大效率發生在多少負載

(8)功率因數為 0.8 時最大效率

(9)高壓側之等值電阻、電抗、阻抗

(10)G_o、B_o、Y_o、I_w、I_m

(11)將此變壓器二次側短路時，一次側之短路電流

(12)此變壓器負載情況為：$\frac{5}{4}$負載 2 小時，滿載 6 小時，半載 8 小時，$\frac{1}{4}$負載 4 小時，無載 4 小時，全日效率。

答：(1)$\cos\theta_{sc} = 1$時，滿載銅損由短路試驗測得$P_c = P_{sc} = 264$(W)

　　(2)鐵損與功率因數及負載大小無關，$\cos\theta_{oc} = 0.8$半載之鐵損即為由開路實驗測得$P_i = 155$(W)

　　(3)銅損與功率因數無關，與電流平方成正比，故半載時之銅損

　　　$P_c = (\frac{1}{2})^2 \times 264 = 66$(W)

$(4)\eta_L = \dfrac{m_L S \cos\theta}{m_L S \cos\theta + P_i + m_L^2 P_c} \times 100\%$

$\qquad = \dfrac{1\times10\times10^3\times1}{(1\times10\times10^3\times1)+155+(1^2\times264)} \times 100\% \doteqdot 96\%$

$(5)\eta_L = \dfrac{m_L S \cos\theta}{m_L S \cos\theta + P_i + m_L^2 P_c} \times 100\%$

$\qquad = \dfrac{\frac{1}{2}\times10\times10^3\times0.8}{\left(\frac{1}{2}\times10\times10^3\times0.8\right)+155+\left[\left(\frac{1}{2}\right)^2\times264\right]} \times 100\% \doteqdot 94.8\%$

(6)①電阻壓降百分比 $p = \dfrac{P_c}{kVA} \times 100\% = \dfrac{264}{10\times10^3} \times 100\% = 2.64\%$

$\qquad$②阻抗壓降百分比 $Z\% = \dfrac{V_{sc}}{V_1} \times 100\% = \dfrac{115}{2200} \times 100\% = 5.23\%$

$\qquad$③電抗壓降百分比

$\qquad\qquad q = \sqrt{(Z\%)^2 - p^2} \times 100\% = \sqrt{(5.23)^2 - (2.64)^2} = 4.51\%$

$(7)\because$ 負載量 $m_L \propto I_a^2 \therefore P_i = m_L^2 P_c$

$\qquad \Rightarrow$ 發生最大效率時的負載率 $m_L = \sqrt{\dfrac{P_i}{P_c}} = \sqrt{\dfrac{155}{264}} = 76.6\%$

(8)功率因數為 0.8 時最大效率 $\eta_{max} = \dfrac{m_L S \cos\theta}{m_L S \cos\theta + 2P_i} \times 100\%$

$\qquad = \dfrac{0.766\times10\times10^3\times0.8}{(0.766\times10\times10^3\times0.8)+(2\times155)} \times 100\% = 95.2\%$

(9)安培表讀值 $I_{sc} =$ 一次側額定電流

$\qquad I_1 = \dfrac{S}{V_1} = \dfrac{10\times10^3}{2200} = 4.545(A)$

$\qquad$①$R_{eq} = \dfrac{瓦特表讀值}{安培表讀值的平方} = \dfrac{P_{sc}}{I_{sc}^2} = \dfrac{264}{(4.545)^2} = 12.78(\Omega)$

$\qquad$②$Z_{eq} = \dfrac{伏特表讀值}{安培表讀值} = \dfrac{V_{sc}}{I_{sc}} = \dfrac{115}{4.545} = 25.3(\Omega)$

$\qquad$③$X_{eq} = \sqrt{Z_{eq}^2 - R_{eq}^2} = \sqrt{(25.3)^2 - (12.78)^2} = 21.8(\Omega)$

$(10)\cos\theta_{oc} = \dfrac{P}{S} = \dfrac{瓦特表讀值}{伏特表讀值\times安培表讀值} = \dfrac{P_{oc}}{V_{oc}\times I_{oc}} = \dfrac{155}{220\times1.5} = 0.47$

①$G_o = \dfrac{瓦特表讀值}{伏特表讀值的平方} = \dfrac{P_{oc}}{V_{oc}^2} = \dfrac{155}{220^2} = 3.2\times10^{-3}(S)$

②$Y_o = \dfrac{安培表讀值}{伏特表讀值} = \dfrac{I_{oc}}{V_{oc}} = \dfrac{1.5}{220} = 6.82\times10^{-3}(S)$

③$B_o = \sqrt{Y_o^2 - G_o^2} = \sqrt{(6.82)^2 - (3.2)^2}\times10^{-3} = 6.02\times10^{-3}(S)$

④$I_w = I_{oc}\cos\theta_{oc} = 1.5\times0.47 = 0.705(A)$

⑤$I_m = I_{oc}\sin\theta_{oc} = 1.5\times\sqrt{1-0.47^2} = 1.32(A)$

(11)①$I_{sc1} = I_1\times\dfrac{1}{Z\%} = 4.545\times\dfrac{1}{5.23\%} = 86.9(A)$

②$I_{sc2} = I_2\times\dfrac{1}{Z\%} = \dfrac{10\times10^3}{220}\times\dfrac{1}{5.23\%} = 869(A)$

$(12)\eta_d = \dfrac{m_L S_d\times t}{(m_L S_d\times t)+(P_i\times24)+(m_L^2 P_c\times t)}\times100\%$

①$m_L S_d\times t = \left(\dfrac{5}{4}\times10k\times2\right) + (1\times10k\times6)$

$\qquad\qquad + \left(\dfrac{1}{2}\times10k\times8\right) + \left(\dfrac{1}{4}\times10k\times4\right) = 135kW\cdot hr$

②$P_i\times24 = 0.155k\times24 = 3.72kW\cdot hr$

③$m_L^2 P_c\times t = 0.264k\times\left\{\left[\left(\dfrac{5}{4}\right)^2\times2\right] + [1^2\times6] + \left[\left(\dfrac{1}{2}\right)^2\times8\right] + \right.$

$\qquad \left.\left[\left(\dfrac{1}{4}\right)^2\times4\right]\right\} = 3kW\cdot hr$

④$\eta_d = \dfrac{135k}{135k+3.72k+3k}\times100\% = 95.3\%$

6-5 特殊變壓器

1. 比壓器 P.T.（Potential Transformer）：**將高壓變成低壓用以測量**，如圖 6-25 所示。

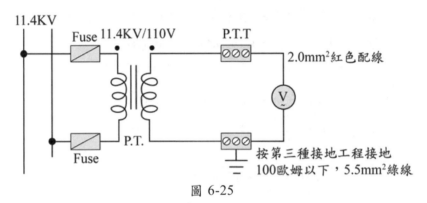

圖 6-25

(1)減少誤差的方法：

　①使用低電阻導線⇒減少電壓降。

　②一次側匝數退繞約 1%⇒略減變壓比。

(2)二次側額定電壓為 110V。

(3)注意事項：

　①**一次側需裝保險絲並接於電路，因 P.T.阻抗很小，若遇短路電流常被燒毀，故需串聯保險絲以做保護。**

　②**二次側需接地，避免靜電作用。**

　③**二次側不可短路，應開路。**

　④**二次側一般額定電為 110V，但不可超過 150V。**

(4)理想比壓器的條件：

　①變壓比$(\frac{V_1}{V_2})$等於匝數比$(\frac{N_1}{N_2})$。

　②一次電壓與二次電壓差為 180°電工角。

2. 接地比壓器 G.P.T.：**用以檢測接地故障，二次側繞組的接法為開△**，如圖
6-26 所示。

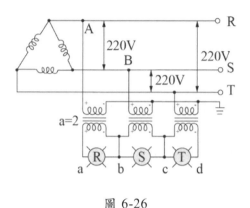

圖 6-26

(1) 線路正常（未故障）且負載平衡下，P.T.一次側電壓 V_{AN} 為 127V：

$$V_{AN} = V_{BN} = V_{CN} = \frac{V_1}{\sqrt{3}} = \frac{220}{\sqrt{3}} = 127(V)$$

(2) 線路正常（未故障）且負載平衡下，P.T.二次側電壓 V_{ab} 為 63.5V：

$$V_{AN} = V_{BN} = V_{CN} = \frac{V_1}{\sqrt{3}} = \frac{220}{\sqrt{3}} = 127(V)$$

$$V_{ab} = V_{bc} = V_{cd} = \frac{V_{AN}}{a} = \frac{127}{2} = 63.5(V)$$

(3) 線路正常（未故障）且負載平衡下，**在常態下燈均為半亮，當 R 相發
生接地故障時 S、T 全亮，R 全熄**：

① $V_{ab} = \frac{V_{AN}}{a} = \frac{0}{2} = 0 \Rightarrow$ R 燈全熄

② $V_{bc} = \frac{V_{BN}}{a} = \frac{220}{2} = 110(V) \Rightarrow$ S 燈全亮

③ $V_{cd} = \frac{V_{CN}}{a} = \frac{220}{2} = 110(V) \Rightarrow$ T 燈全亮

3. 比流器 C.T.（Current Transformer）：**將大電流變小電流用以測量。**

  (1)減少誤差的方法：

    ①使用高級鐵心材料⇒減少激磁電流。

    ②二次側匝數退繞約 1%⇒略增變流比。

  (2)二次側額定電流為 5A。

  (3)注意事項：

    ①**二次測需接地，避免靜電作用。**

    ②**二次測不可開路，應短路。**

    ③**一次側需與量測電路串接。**

  (4)比流器之接線圖：

    ①比流器 U 接線

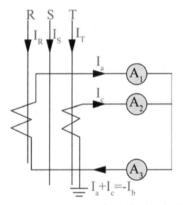 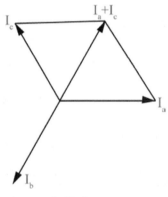

比流器 U 接線圖　　　　　　向量圖

A. $I_a = \dfrac{I_R}{n}$

B. $I_c = \dfrac{I_T}{n}$

C. $I_a + I_b + I_c = 0$

    ∴ $I_a + I_c = -I_b$

D. **交流電流表無方向關係，故 A_3 指示I_b，而 A_1 指示I_a，A_2 指示I_c。**

    📌 n（銘牌上記載的變流比）$= \dfrac{I_1}{I_2}$

② 比流器 Z 接線

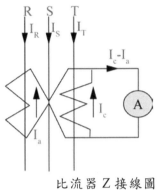
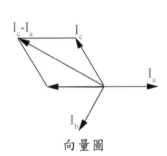

比流器 Z 接線圖　　　　　　向量圖

A. $I_a = \dfrac{I_R}{n}$

B. $I_c = \dfrac{I_T}{n}$

C. **安培計之讀數為**$I_c - I_a = \sqrt{3}I_a = \sqrt{3}I_c$

③ 比流器△接線

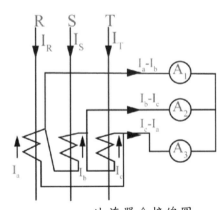
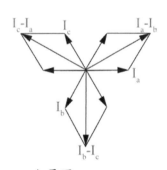

比流器△接線圖　　　　　　向量圖

A. A_1 指示：$I_a - I_b = \sqrt{3}I_a = \sqrt{3}I_b$

B. A_2 指示：$I_b - I_c = \sqrt{3}I_b = \sqrt{3}I_c$

C. A_3 指示：$I_c - I_a = \sqrt{3}I_a = \sqrt{3}I_c$

4. 零相比流器 Z.C.T.：**用以檢測零相電流，檢出不平衡電流，所檢出的電流為漏電電流**，如圖 6-27 所示。

(1)當低壓設備發生漏電時，漏電電流會造成線路電流不平衡，而可藉由內部的 Z.C.T.檢出不平衡電流，使得開關動作，立即切斷故障電路。

(2)零相比流器使用時，**應將導線全部貫穿一次側**。

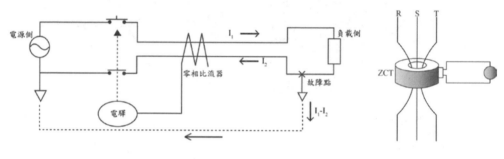

圖 6-27

江 湖 決 勝 題

◎如圖所示，有一三相平衡系統，三只 100/5 之比流器，作△型接線，一次側線路電流為 60A，求：電流表Ⓐ之讀數。

答：(1)$I_a = \dfrac{I_R}{n} = \dfrac{60}{\frac{100}{5}} = \dfrac{60}{20} = 3(A)$

(2)電流表Ⓐ之讀數 $= \sqrt{3}I_a = 3\sqrt{3}(A)$

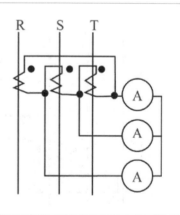

5. 自耦變壓器

(1)利用接線方式**提高容量及效率**，兩電壓準位愈接近優點愈顯著，但串聯繞組與共同繞組要有**相同絕緣等級**，兩側之間沒有電氣上的隔離，因有效容量提高(S_A↑)，致使有效內阻抗減小(Z_{PU}↓)，短路電流較大。

(2)優點：

　①節省材料：**以小的固有容量可作大容量的升壓或降壓。**

　②電壓調整率小：因激磁電流小，漏磁電抗少。

　③**效率高：鐵損、銅損均小。**

　④價格低廉：可節省銅線及鐵心材料。

(3)缺點：

　①**一、二次側無隔離**：因高低壓側繞組不分開，兩者均需作高度絕緣，且對工作人員易發生危險，故**不適宜用於高電壓**。

　②**短路電流大**：因漏磁電抗小，故短路電流大，所以除**低壓小容量**外，高壓大容量很少用。

　③**匝數比受限制**：**匝數比愈接近於 1 則愈經濟**，若提高匝數比，則不經濟且絕緣困難，常用範圍為 1.05：1~1.25：1 之間。

(4)用途：

　①**可補償線路的壓降**，因其可使線路電壓升高 10%之程度。

　②應用於**感應電動機之啟動器內**，以**降低啟動電壓**及**限制啟動電流**。

　③作為白光燈的安定器。

(5)接線與公式

　①**改變後容量 S_A：改成自耦變壓器的容量。**

　②固有容量 S_W：原本雙繞組變壓器的容量（感應傳送）。

　③傳導容量 S_C：經自耦變壓器增加的容量（直接傳送）。

　④V_C：一、二次側共用繞組的端電壓。

　⑤V_S：一、二次側串聯繞組的端電壓（非共同繞組的端電壓）。

接線	公式說明
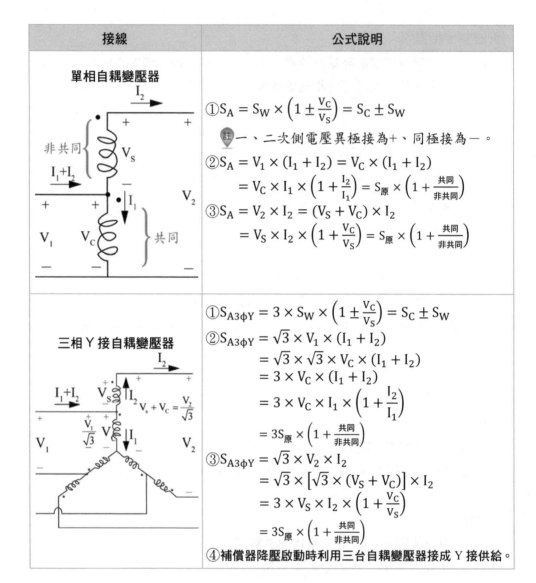	①$S_A = S_W \times \left(1 \pm \dfrac{V_C}{V_S}\right) = S_C \pm S_W$ 🔵 一、二次側電壓異極接為+、同極接為一。 ②$S_A = V_1 \times (I_1 + I_2) = V_C \times (I_1 + I_2)$ $\quad\quad = V_C \times I_1 \times \left(1 + \dfrac{I_2}{I_1}\right) = S_原 \times \left(1 + \dfrac{共同}{非共同}\right)$ ③$S_A = V_2 \times I_2 = (V_S + V_C) \times I_2$ $\quad\quad = V_S \times I_2 \times \left(1 + \dfrac{V_C}{V_S}\right) = S_原 \times \left(1 + \dfrac{共同}{非共同}\right)$
	①$S_{A3\phi Y} = 3 \times S_W \times \left(1 \pm \dfrac{V_C}{V_S}\right) = S_C \pm S_W$ ②$S_{A3\phi Y} = \sqrt{3} \times V_1 \times (I_1 + I_2)$ $\quad\quad\quad = \sqrt{3} \times \sqrt{3} \times V_C \times (I_1 + I_2)$ $\quad\quad\quad = 3 \times V_C \times (I_1 + I_2)$ $\quad\quad\quad = 3 \times V_C \times I_1 \times \left(1 + \dfrac{I_2}{I_1}\right)$ $\quad\quad\quad = 3S_原 \times \left(1 + \dfrac{共同}{非共同}\right)$ ③$S_{A3\phi Y} = \sqrt{3} \times V_2 \times I_2$ $\quad\quad\quad = \sqrt{3} \times \left[\sqrt{3} \times (V_S + V_C)\right] \times I_2$ $\quad\quad\quad = 3 \times V_S \times I_2 \times \left(1 + \dfrac{V_C}{V_S}\right)$ $\quad\quad\quad = 3S_原 \times \left(1 + \dfrac{共同}{非共同}\right)$ ④補償器降壓啟動時利用三台自耦變壓器接成 Y 接供給。

接線	公式說明
三相 V 接自耦變壓器 I_2 $+A$ V_S $+I_2$ I_1+I_2 $-V_2$ $-V_1$ V_2 a $+$ V_1 V_C I_1 c $-B$ b $-C$	① $S_{A3\phi V} = \sqrt{3} \times S_W \times \left(1 \pm \dfrac{V_C}{V_S}\right) = S_C \pm S_W$ ② $S_{A3\phi V} = \sqrt{3} \times V_1 \times (I_1 + I_2)$ $\qquad = \sqrt{3} \times V_C \times (I_1 + I_2)$ $\qquad = \sqrt{3} \times V_C \times I_1 \times \left(1 + \dfrac{I_2}{I_1}\right)$ $\qquad = \sqrt{3}S_{原} \times \left(1 + \dfrac{共同}{非共同}\right)$ ③ $S_{A3\phi V} = \sqrt{3} \times V_2 \times I_2$ $\qquad = \sqrt{3} \times (V_S + V_C) \times I_2$ $\qquad = \sqrt{3} \times V_S \times I_2 \times \left(1 + \dfrac{V_C}{V_S}\right)$ $\qquad = \sqrt{3}S_{原} \times \left(1 + \dfrac{共同}{非共同}\right)$ ④ V 接因電壓電流相位差，致使輸出容量只有 0.866，補償器降壓啟動時利用兩台自耦變壓器接成 V 接供給，通常為 50%、65%、80%。

江湖決勝題

◎以單相 10kVA、400V/100V 變壓器為例，說明各種接法之容量：

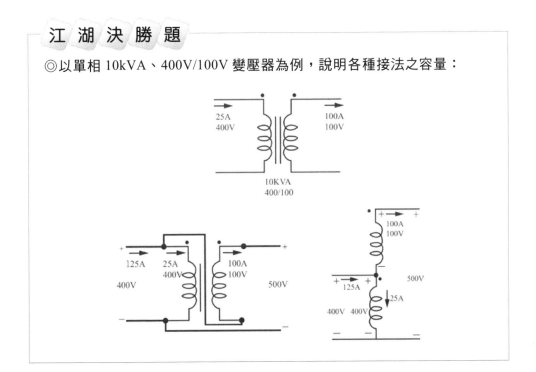

答:

電壓極性圖示	計算方法與過程
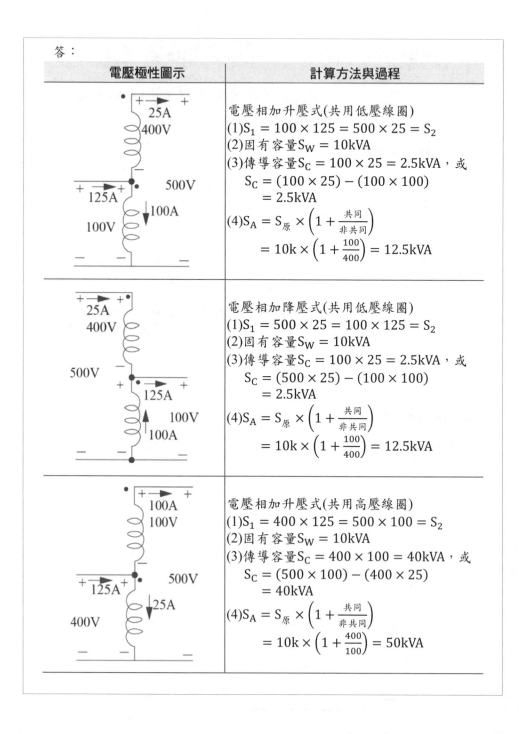	電壓相加升壓式(共用低壓線圈) (1)$S_1 = 100 \times 125 = 500 \times 25 = S_2$ (2)固有容量$S_W = 10\text{kVA}$ (3)傳導容量$S_C = 100 \times 25 = 2.5\text{kVA}$，或 $\quad S_C = (100 \times 25) - (100 \times 100)$ $\quad\quad = 2.5\text{kVA}$ (4)$S_A = S_原 \times \left(1 + \frac{共同}{非共同}\right)$ $\quad\quad = 10\text{k} \times \left(1 + \frac{100}{400}\right) = 12.5\text{kVA}$
	電壓相加降壓式(共用低壓線圈) (1)$S_1 = 500 \times 25 = 100 \times 125 = S_2$ (2)固有容量$S_W = 10\text{kVA}$ (3)傳導容量$S_C = 100 \times 25 = 2.5\text{kVA}$，或 $\quad S_C = (500 \times 25) - (100 \times 100)$ $\quad\quad = 2.5\text{kVA}$ (4)$S_A = S_原 \times \left(1 + \frac{共同}{非共同}\right)$ $\quad\quad = 10\text{k} \times \left(1 + \frac{100}{400}\right) = 12.5\text{kVA}$
	電壓相加升壓式(共用高壓線圈) (1)$S_1 = 400 \times 125 = 500 \times 100 = S_2$ (2)固有容量$S_W = 10\text{kVA}$ (3)傳導容量$S_C = 400 \times 100 = 40\text{kVA}$，或 $\quad S_C = (500 \times 100) - (400 \times 25)$ $\quad\quad = 40\text{kVA}$ (4)$S_A = S_原 \times \left(1 + \frac{共同}{非共同}\right)$ $\quad\quad = 10\text{k} \times \left(1 + \frac{400}{100}\right) = 50\text{kVA}$

電壓極性圖示	計算方法與過程
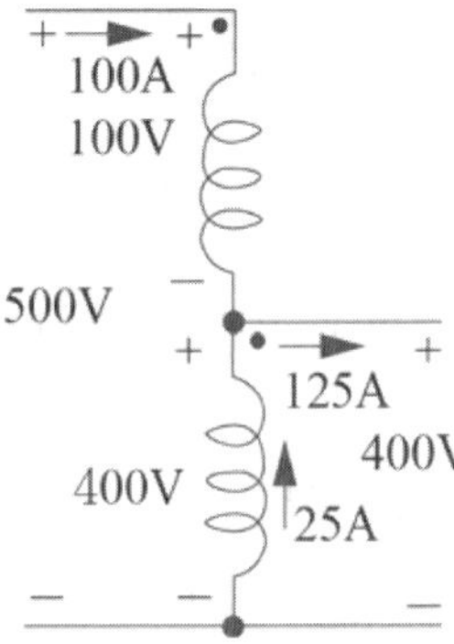	電壓相加降壓式(共用高壓線圈) (1)$S_1 = 500 \times 100 = 400 \times 125 = S_2$ (2)固有容量$S_W = 10\text{kVA}$ (3)傳導容量$S_C = 400 \times 100 = 40\text{kVA}$，或 　　$S_C = (500 \times 100) - (400 \times 25)$ 　　　$= 40\text{kVA}$ (4)$S_A = S_原 \times \left(1 + \dfrac{共同}{非共同}\right)$ 　　$= 10\text{k} \times \left(1 + \dfrac{400}{100}\right) = 50\text{kVA}$
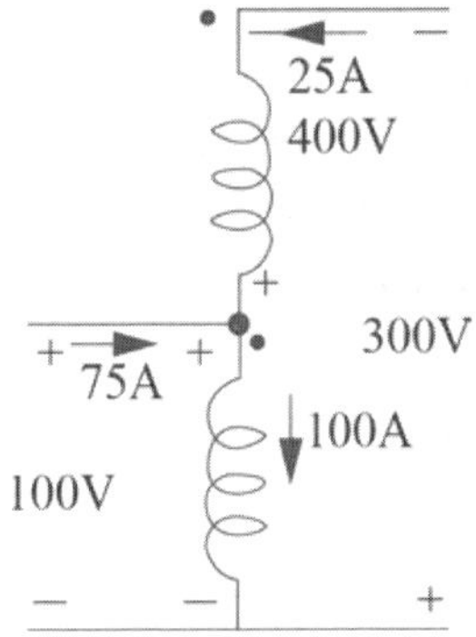	電壓相減升壓式(共用低壓線圈) (1)$S_1 = 100 \times 75 = 300 \times 25 = S_2$ (2)固有容量$S_W = 10\text{kVA}$ (3)傳導容量$S_C = 100 \times (-25) = -2.5\text{kVA}$， 　　或$S_C = (300 \times 25) - (100 \times 100)$ 　　　$= -2.5\text{kVA}$ (4)$S_A = S_原 \times \left(1 - \dfrac{共同}{非共同}\right)$ 　　$= 10\text{k} \times \left(\left|1 - \dfrac{100}{400}\right|\right) = 7.5\text{kVA}$
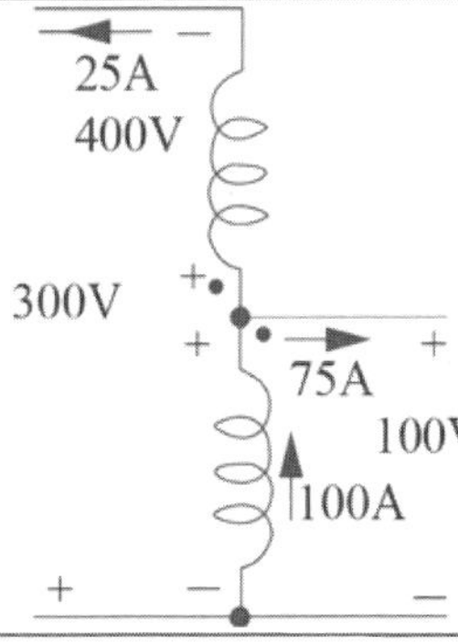	電壓相減降壓式(共用低壓線圈) (1)$S_1 = 300 \times 25 = 100 \times 75 = S_2$ (2)固有容量$S_W = 10\text{kVA}$ (3)傳導容量$S_C = (-100) \times 25 = -2.5\text{kVA}$， 　　或$S_C = (300 \times 25) - (100 \times 100)$ 　　　$= -2.5\text{kVA}$ (4)$S_A = S_原 \times \left(1 - \dfrac{共同}{非共同}\right)$ 　　$= 10\text{k} \times \left(\left|1 - \dfrac{100}{400}\right|\right) = 7.5\text{kVA}$

電壓極性圖示	計算方法與過程
	電壓相減升壓式(共用高壓線圈) (1)$S_1 = 300 \times 100 = 400 \times 75 = S_2$ (2)固有容量$S_W = 10kVA$ (3)傳導容量$S_C = (300 - 100) \times 100$ $\qquad = 20kVA$， 或$S_C = (300 \times 100) - (400 \times 25)$ $\qquad = 20kVA$ (4)$S_A = S_原 \times \left(1 - \frac{共同}{非共同}\right)$ $\qquad = 10k \times \left(\left|1 - \frac{400}{100}\right|\right) = 30kVA$
	電壓相減降壓式(共用高壓線圈) (1)$S_1 = 400 \times 75 = 300 \times 100 = S_2$ (2)固有容量$S_W = 10kVA$ (3)傳導容量$S_C = 400 \times (75 - 25)$ $\qquad = 20kVA$， 或$S_C = (300 \times 100) - (400 \times 25)$ $\qquad = 20kVA$ (4)$S_A = S_原 \times \left(1 - \frac{共同}{非共同}\right)$ $\qquad = 10k \times \left(\left|1 - \frac{400}{100}\right|\right) = 30kVA$

6. 感應電壓調整器：類似一個自耦變壓器，藉由調整**轉子角度**改變輸出電壓值，如圖 6-28 所示，等下電路如圖 6-29 所示。

(1)**一次繞組：置於轉部，電壓線圈與負載並聯。**

(2)**二次繞組：置於定部，電流線圈與負載串聯。**

(3)補償繞組：自行封閉，置於轉部，與一次繞組成 $90°$，當轉子轉 $90°$ 時，補償繞組提供依安匝平衡路徑，避免二次繞組形成抗流圈。

(4)輸出電壓：$V_o = V_1 + V_2 \cos\theta = V_1(1 + \frac{1}{a}\cos\theta)$

註 ①$a = \frac{N_p}{N_s}$

②θ：一次繞組與二次繞組的交角($0° \leq \theta \leq 180°$)

③ V_1：一次繞組的電壓

④ V_2：二次繞組的電壓。

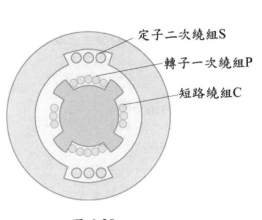

圖 6-28

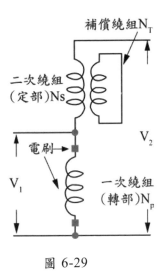

圖 6-29

江湖決勝題

◎設有單相電壓調整器之變電所，其配電電壓為 11.4kV，電壓調整器之一次
繞組匝數為 1000 匝，二次繞組為 100 匝，求：最高與最低輸出電壓。

答：(1) $\theta = 0°$ 時，最高輸出電壓 $V_0 = V_1 \left(1 + \frac{1}{a}\cos\theta\right)$

$= 11.4\text{k} \times \left[1 + \left(\frac{1}{\frac{1000}{100}} \times \cos0°\right)\right] = 11.4\text{k} \times \left(1 + \frac{100}{1000}\right) = 12.54\text{kV}$

(2) $\theta = 180°$ 時，最低輸出電壓 $V_0 = V_1 \left(1 + \frac{1}{a}\cos\theta\right)$

$= 11.4\text{k} \times \left[1 + \left(\frac{1}{\frac{1000}{100}} \times \cos180°\right)\right] = 11.4\text{k} \times \left(1 - \frac{100}{1000}\right) = 10.26\text{kV}$

天下大會考

( )　1. 額定 5kVA，200/100V，60Hz 之單相變壓器，經短路試驗得一次側（200V 側）的總等效電阻為 1.0Ω；若此變壓器供應功率因數為 1.0 之負載且在變壓器額定容量的 80%時發生最高效率，則最高效率時的總損失為多少？
　　　(A)400W　　　　　　　　　　(B)600W
　　　(C)800W　　　　　　　　　　(D)1000W。

( )　2. 有關變壓器銅損的敘述，下列何者正確？
　　　(A)包含磁滯損　　　　　　　(B)包含渦流損
　　　(C)與負載電流的平方成正比　(D)與負載電流成正比。

( )　3. 額定 10kVA，220/110V 之單相變壓器，已知無載時一天的耗電量為 12 度（kWH），試問變壓器的鐵損為多少？
　　　(A)300W　　　　　　　　　　(B)500W
　　　(C)700W　　　　　　　　　　(D)900W。

( )　4. 利用單相減極性變壓器二台，擬作成三相Δ-Δ接法，下列接法何者正確（大寫英文字母代表電源側，小寫英文字母代表負載側）？

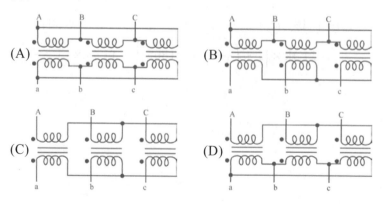

( )　5. 單相變壓器的負載實驗，經由示波器所測得變壓器二次側的負載
　　　端電壓與電流波形分別為 $V(t) = 141.4 \sin(377t)$ V 與 $i(t) =$
　　　$7.07 \sin(377t - 30°)$，試問負載的需功率為多少？
　　　(A)1000VAR　　　　　　　(B)750VAR
　　　(C)500VAR　　　　　　　(D)250VAR。

( )　6. 額定 60Hz，200/100V 之普通單相變壓器一台，已知連接成自耦
　　　變壓器 300V/100V 使用時的容量為 30kVA，試問此普通變壓器
　　　的容量為多少？
　　　(A)10kVA　　　　　　　(B)20kVA
　　　(C)30kVA　　　　　　　(D)40kVA。

( )　7. 在變壓器的等效電路中，下列何者代表電壓器的鐵損？
　　　(A)一次線圈電阻　　　　　(B)二次線圈電阻
　　　(C)激磁電導　　　　　　　(D)漏磁電抗。

( )　8. 有一台 20kVA、2400/240V、60Hz 單相變壓器，鐵損為 75W，滿
　　　載銅損為 300W，且功率因數為 1.0，則此變壓器的最大效率應該
　　　為多少？
　　　(A)98.5%　　　　　　　(B)93.5%
　　　(C)88.5%　　　　　　　(D)83.5%。

( )　9. 有二台 10kVA、2400/240V、60Hz 單相變壓器，使用 V-V 接法供
　　　應三相平衡負載，功率因數為 0.577 滯後，則此二台變壓器的輸
　　　出實功率應為何？
　　　(A)5.77kW　　　　　　　(B)10kW
　　　(C)17.31kW　　　　　　(D)20kW。

( )　10. 下列何者不是變壓器的試驗項目之一？
　　　　(A)衝擊電壓試驗　　　　　　(B)溫升試驗
　　　　(C)開路試驗　　　　　　　　(D)衝擊電流試驗。

( )　11. 有一台 10kVA、2400/240V、60Hz 單相變壓器，高壓側加電源進
　　　　行短路試驗，所接電表讀數為：80V、20A、600W，則變壓器低
　　　　壓側的等值電抗應為何？
　　　　(A)0.037Ω　　　　　　　　(B)0.37Ω
　　　　(C)3.708Ω　　　　　　　　(D)370.8Ω。

( )　12. 有一台 10kVA、2400/240V、60Hz 單相變壓器，接為 2640/240V
　　　　之自耦變壓器，則自耦變壓器高壓側的額定電流應為何？
　　　　(A)3.79A　　　　　　　　　(B)4.17A
　　　　(C)37.9A　　　　　　　　　(D)41.7A。

( )　13. 下列何者錯誤？
　　　　(A)直流發電機就是將機械能轉換成直流電能之電機裝置
　　　　(B)交流電動機就是將交流電能轉換成機械能之電機裝置
　　　　(C)直流電動機就是將直流電能轉換成機械能之電機裝置
　　　　(D)變壓器就是將直流電能轉換成直流電能之電機裝置。

( )　14. 下列接法何者可能造成 110/220V 變壓器燒毀？

( )　15. 變壓器一、二次側電壓有相角差,主要是由下列哪一個因素造成?

(A)線圈電阻　　　　　　　(B)漏磁

(C)鐵損　　　　　　　　　(D)絕緣。

( )　16. 一 10kVA 變壓器,其滿載銅損為 400W,鐵損為 100W,若在一日運轉中,12 小時為滿載,功率因數為 1,12 小時為無載,則全日效率約為多少?

(A)86.3%　　　　　　　　(B)90.3%

(C)94.3%　　　　　　　　(D)98.3%。

( )　17. 如圖所示,電源電壓為 100V,變壓器匝數比為 1:2,則電壓表的讀值應為多少?

(A)100V

(B)200V

(C)300V

(D)400V。

( )　18. 如圖所示,利用直流測量變壓器極性的試驗,當開關 S 接通瞬間,伏特計往負方向偏轉,則變壓器為?

(A)無極性

(B)加極性

(C)減極性

(D)無法判斷。

( )　19. 測量變壓器鐵損之方法為?

(A)耐壓試驗　　　　　　　(B)絕緣試驗

(C)開路試驗　　　　　　　(D)短路試驗。

( ) 20. 單相變壓器的匝數比 $a = \frac{N_1}{N_2}$，其中 N_1 為一次測繞組匝數，N_2 為二次測繞匝數，若 V_1 表示一次側電壓，V_2 表次二次側電壓，I_1 表示一次側電流，I_2 表示二次側電流：假設此為理想變壓器，則下列關係何者正確？

$\text{(A)}a = \frac{V_2}{V_1}$　　　　$\text{(B)}a = \frac{I_2}{I_1}$　　　　$\text{(C)}a = \frac{V_2+V_1}{V_1}$　　　　$\text{(D)}a = \frac{I_1}{I_2}$。

( ) 21. 目前臺灣電力公司在台灣地區的電力系統，其電源電壓頻率為多少？

(A)50Hz　　　　(B)60Hz　　　　(C)100Hz　　　　(D)400Hz。

( ) 22. 一般電力變壓器在最高效率運轉時，其條件為何？

(A)銅損等於鐵損　　　　　　　　(B)銅損大於鐵損

(C)銅損小於鐵損　　　　　　　　(D)效率與銅損及鐵損無關。

( ) 23. 三只 11.4k/380V 的單相變壓器，接成三相 Y-Δ 接線，高壓側為 Y 接，低壓側為 Δ 接，若使用於三相平衡電力系統，其高壓側線電壓 11.4kV，則低壓側線電壓約為多少？

(A)440V　　　　(B)380V　　　　(C)220V　　　　(D)110V。

( ) 24. 有關單相變壓器之開路實驗，下列敘述何者正確？

(A)高壓側繞組短路，低壓側繞組之電流為額定電流，以測量其電壓及功率

(B)高壓側繞組短路，低壓側繞組之電壓為額定電壓，以測量其電流及功率

(C)高壓側繞組開路，低壓側繞組之電流為額定電流，以測量其電壓及功率

(D)高壓側繞組開路，低壓側繞組之電壓為額定電壓，以測量其電流及功率。

( ) 25. 有關比流器（current transformer）之敘述，下列何者正確？
（A）比流器之二次側額定電壓為 110V，且二次側須短路或接於電流表
（B）比流器之二次側額定電流為 5A，且二次側須開路或接於電壓表
（C）比流器之二次側額定電流為 5A，且二次側須短路或接於電流表
（D）比流器之二次側額定電壓為 110V，且二次側須開路或接於電壓表。

( ) 26. 有一台 2200/200V，50Hz 之單向變壓器，高壓側繞組的匝數為 1000 匝，求鐵心最大磁通量約為多少？
（A）0.0001 韋伯
（B）0.001 韋伯
（C）0.01 韋伯
（D）0.1 韋伯。

( ) 27. 三只單相變壓器，接成 Δ-Δ 接線，其中一只變壓器因故障而拆除，改接成 V-V 接線，若仍然使用三相電源供電，下列敘述何者正確？
（A）每台變壓器可供電的輸出容量為其額定容量的 57.7%
（B）每台變壓器可供電的輸出容量為其額定容量的 $\frac{2}{3}$ 倍
（C）V-V 接線時供電的總容量僅為 Δ-Δ 接線時總容量的 86.6%
（D）V-V 接線時供電的總容量僅為 Δ-Δ 接線時的總容量的 57.7%。

( ) 28. 有關變壓器測量損失之敘述，下列何者正確？
（A）變壓器滿載下的鐵損遠大於無載時之鐵損
（B）變壓器一次側等效阻抗可由開路試驗量測
（C）變壓器的銅損主要是在短路試驗中量測
（D）短路試驗是將變壓器的低壓側短路，在高壓側輸入額定的電壓。

( )　29. 單相變壓器的開路試驗，主要目的為何？
(A)求取變壓器一次側與二次側的等效阻抗
(B)求取變壓器的銅損
(C)求取變壓器的激磁導納與鐵損
(D)測試變壓器的極性。

( )　30. 一電壓比為 5000/500V 之理想變壓器,高壓側激磁電流為 0.5A，無載損失為 1500W，則其磁化電流為多少？
(A)0.3A　　　　　　　　　(B)0.4A
(C)0.5A　　　　　　　　　(D)0.6A。

( )　31. 變壓器一次繞組加一正弦波電源，會產生正弦波的磁通，但主要因何種效應，使得激磁電流不為正弦波？
(A)導線集膚效應　　　　　(B)漏磁效應
(C)磁場干擾效應　　　　　(D)鐵心飽和與磁滯效應。

( )　32. 如圖所示為變壓器之 T-T 接線圖，其中 M 為主變壓器，T 為支變壓，M 有中心抽頭，T 有 0.866 分接頭，則下列敘述何者正確？

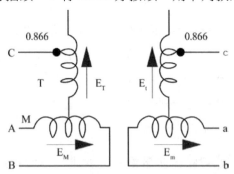

(A)一次側反電動勢 E_T 與 E_M 關係為 $E_T = E_M \angle 90°$
(B)T 之額定電壓應為 M 的 0.577 倍才能作 T-T 接線
(C)若 T 之容量為 M 之 0.866 倍，則變壓器利用率為 0.928
(D)T 只能應用其額定伏安數的 57.7%。

( )　33. 利用三具單相變壓器連接成三相變壓器常用的接線方式中,哪種
接線方式會產生三次諧波電流而干擾通訊線路?

(A)Y-Y 接線 　　　　　(B)Y-△ 接線

(C)△-Y 接線 　　　　　(D)△-△ 接線。

( )　34. 如圖所示,變壓器的極性
已知,且匝數比 N_1:N_2=1:
2,當 V_1=110V 時,交流
電壓表 V_2 與 V_3 的讀值分
別為多少?

(A)220V、330V

(B)220V、-110V

(C)220V、-330V

(D)220V、110V。

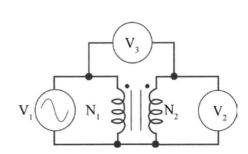

( )　35. 變壓器矽鋼片鐵心含矽的主要目的為何?

(A)提高導磁係數

(B)提高鐵心延伸度

(C)提升絕緣

(D)減少銅損。

( )　36. 三具匝數比 N_1/N_2=20 之單相變壓器,接成 Y-Y 接線,供應 220V、
10kW、功率因數為 0.8 之負載,則下列敘述何者錯誤?

(A)一次側相電壓為 2540V

(B)二次側線電流為 32.8A

(C)一次側線電流為 1.64A

(D)一次側相電流為 2.84A。

( )　37. 有甲和乙兩台容量皆為 80kVA 之單相變壓器作並聯運轉，供給 100kVA 負載。甲和乙之百分比阻抗壓降分別為 4%與 6%，則甲、乙分擔之負載分別為何？
(A)70kVA、30kVA
(B)30kVA、70kVA
(C)60kVA、40kVA
(D)50kVA、50kVA。

( )　38. 下列有關單相感應電壓調整器結構的敘述，何者正確？
(A)一次繞組在定部，二次繞組在轉部
(B)一次繞組在轉部，二次繞組在定部
(C)補償繞組與二次繞組都在轉部
(D)補償繞組與二次繞組都在定部。

( )　39. 變壓器開路測試無法測出？
(A)等效阻抗
(B)鐵損
(C)無載功率因數
(D)磁化電流。

( )　40. 有一 2000V/100V、500kVA 之單相變壓器，滿載時銅損為 5kW，鐵損為 3.2kW，則效率最大時之負載為多少？
(A)300kVA
(B)350kVA
(C)400kVA
(D)450kVA。

( )　41. 有關變壓器短路試驗之敘述，下列何者正確？
　　　　(A)可測出變壓器的繞組電阻
　　　　(B)可測出變壓器之鐵損
　　　　(C)高壓側短路，低壓側加額定電壓來作測試
　　　　(D)可測出激磁電流。

( )　42. 變壓器依線圈與鐵心的配置有外鐵式、內鐵式及捲鐵式等三種配
　　　　置方式，下列敘述何者正確？
　　　　(A)外鐵式適用於低電流及低電壓之變壓器
　　　　(B)內鐵式適用於低電流及低電壓之變壓器
　　　　(C)外鐵式適用於低電流及高電壓之變壓器
　　　　(D)內鐵式適用於低電流及高電壓之變壓器。

( )　43. 有三台單相減極性變壓器接成 Δ-Y 接線，當一次側接平衡三相
　　　　電源，其一、二次側之線電壓、相電壓、線電流及相電流之關係，
　　　　下列敘述何者錯誤？
　　　　(A)一次側線電壓與一次側相電壓之電壓大小及相角均相等
　　　　(B)二次側線電壓之大小為二次側相電壓之 $\sqrt{3}$ 倍，且二次側線電
　　　　　　壓之相角超前二次側相電壓 30°
　　　　(C)一次側線電壓之相角超前二次側線電壓之相角 30°
　　　　(D)二次側線電流與二次側相電流之電流大小及相角均相等。

( )　44. 一台 25kVA、2200/220V 之單相變壓器連接成 2420/220V 降壓自
　　　　耦變壓器，當負載功率因數為 0.95，滿載效率為 0.98，試求此自
　　　　耦變壓器之總損失為多少？
　　　　(A)475W　　　　　　　　(B)533W
　　　　(C)621W　　　　　　　　(D)764W。

解答與解析

1.(**C**)。(1) 一次側電流$I_1 = \frac{S}{V_1} = \frac{5 \times 10^3}{200} = 25(A)$

    (2) 一次側短路側得銅損$P_c = I_1^2 R_{eq1} = 25^2 \times 1 = 625(W)$

    (3) 發生最大效率時的定值損=變動損$\Rightarrow P_i = P_c(= I_a^2 R)$

       ∵負載量$m_L \propto I_a^2$ ∴ $P_i = m_L^2 P_c = (0.8)^2 \times 625 = 400(W)$

       $\Rightarrow P_{loss} = P_i + P_c = 2P_i = 2 \times 400 = 800(W)$。

2.(**C**)。有載損失：

    (1) 定義：主要損失為銅損，為電流通過繞阻所造成的損失，又可稱為「變動損失」。

    (2) 公式說明

    ① P_{c1}：一次側繞組的銅損，P_{c2}：二次側繞組的銅損。

    ② $P_c = P_{c1} + P_{c2} = I_1^2 R_1 + I_2^2 R_2 = I_1^2 R_{e1} = I_2^2 R_{e2}$

    ③ 銅損與電流(負載)大小成平方正比。

3.(**B**)。(1)鐵損P_i=定值損，故全日無論多少負載量都會消耗$\Rightarrow \times 24$。

    (2)$P_i = \frac{kWH}{Hr} = \frac{12k}{24} = 0.5kW = 500(W)$

4.(**A**)

5.(**D**)。$Q = VI \sin\theta = \frac{141.4}{\sqrt{2}} \times \frac{7.07}{\sqrt{2}} \times \sin 30° = 250(VAR)$

6.(**B**)。$S_A = S_原 \times \left(1 + \frac{共同}{非共同}\right) \Rightarrow 30k = S_原 \times \left(1 + \frac{100}{(300-100)}\right)$

    $\Rightarrow S_原 = 30k \times \frac{2}{3} = 20k(VA)$

7.(**C**)。變壓器的開路實驗：

　　(1)目的：測量固定鐵損。

　　(2)方法：將高壓側開路，低壓側加額定電壓(儀表放置低壓側)。

　　(3)可得：低壓側 G_o(激磁電導)、B_o(激磁電納)。

8.(**A**)。(1)定值損＝變動損 $\Rightarrow P_i = P_c(= I_a^2 R) \Rightarrow P_{loss} = P_i + P_c = 2P_i$

　　　　∵ 負載量 $m_L \propto I_a^2$ ∴ $P_i = m_L^2 P_c$

　　　　$\Rightarrow$ 發生最大效率時的負載率 $m_L = \sqrt{\dfrac{P_i}{P_c}} = \sqrt{\dfrac{75}{300}} = \dfrac{1}{2}$

　　(2)$\eta_{max} = \dfrac{m_L S \cos\theta}{m_L S \cos\theta + 2P_i} \times 100\%$

　　　　$= \dfrac{\frac{1}{2} \times 20k \times 1}{(\frac{1}{2} \times 20k \times 1) + (2 \times 0.075k)} \times 100\% = 98.5\%$

　　🔖 在 $\frac{1}{2}$ 載時的銅損＝鐵損＝$m_L^2 P_c = (\frac{1}{2})^2 \times 300 = 75(W)$

9.(**B**)。(1)$S_{V-V} = \sqrt{3} \times$ 一具單相變壓器之額定容量

　　　　　 $= \sqrt{3} \times 10k(VA) = 10\sqrt{3}k(VA)$

　　(2)$P = S \cos\theta = 10\sqrt{3} \times 0.577 = 10k(W)$

10.(**D**)。變壓器的試驗衝擊電壓試驗、溫升試驗、開路試驗、短路試驗。

11.(**A**)。(1)高壓側等值阻抗 $Z_{eq1} = \dfrac{\text{伏特表讀值}}{\text{安培表讀值}} = \dfrac{V_{sc}}{I_{sc}} = \dfrac{80}{20} = 4(\Omega)$

　　(2)高壓側等值電阻 $R_{eq1} = \dfrac{\text{瓦特表讀值}}{\text{安培表讀值的平方}} = \dfrac{600}{20^2} = 1.5(\Omega)$

　　(3)高壓側等值電抗 $X_{eq1} = \sqrt{4^2 - 1.5^2} = 3.7(\Omega)$

　　(4)因在高壓側加額定電流做短路試驗，故所得之數據皆為高壓
　　　側之值，若欲得低壓側之值，可按轉換公式換算得之

　　　$\Rightarrow$ 低壓側等值電抗 $X_{eq2} = \dfrac{X_{eq1}}{a^2} = \dfrac{3.7}{(\frac{2400}{240})^2} = 0.037(\Omega)$

12.(**B**)。(1) $S_A = S_原 \times \left(1 + \dfrac{\text{共同}}{\text{非共同}}\right) = 10k \times \left(1 + \dfrac{240}{(2640-240)}\right)$

　　　　$= 10k \times \dfrac{11}{10} = 11k(VA)$

　　(2) 高壓側電流 $I = \dfrac{S_A}{V_1} = \dfrac{11k}{2640} = 4.17(A)$

　　(3) 低壓側電流 $I = \dfrac{S_A}{V_2} = \dfrac{11k}{240} = 45.83(A)$

13.**(D)**。(1) 利用繞組通以交流電產生磁通來轉移能量。

　　(2) 變壓器是將交流電能轉換成交流電能,若接上直流電源可能
　　　　會燒毀。

14.**(B)**。變壓器是將交流電能轉換成交流電能,若接上直流電源可能會
　　　　燒毀。

15.**(B)**。(1) 無載時,流過 N_1 的電流 I_1 稱為無載電流 I_o,其值約為 N_1 額
　　　　定電流的 3~5%。

　　(2) I_o 產生 φ 通過 N_1、N_2 產生 E_1、E_2,但有一小部分離開鐵心,
　　　　只和 N_1、空氣隙、油箱完成迴路,稱之為「一次漏磁通 $φ_1$」。
　　　　在電路上以一次漏磁電感抗 jX_1 表示。

　　(3) θ:無載功因角。

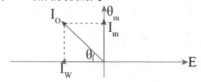

16.**(C)**。$\eta_d = \dfrac{m_L S_d \cos\theta \times t}{(m_L S_d \cos\theta \times t)+(P_i \times 24)+(m_L^2 P_c \times t)} \times 100\%$

　　　　$= \dfrac{1 \times 10k \times 1 \times 12}{(1 \times 10k \times 1 \times 12)+(0.1k \times 24)+[(1)^2 \times 0.4k \times 12]} \times 100\% = 94.3\%$

17.**(A)**。(1) $a = \dfrac{V_1}{V_2} \Rightarrow V_2 = \dfrac{V_1}{a} = \dfrac{100}{\frac{1}{2}} = 200(V)$

　　(2) ∵為減極性變壓器∴$V = V_2 - V_1 = 200 - 100 = 100(V)$

　　　💡註 若為加極性∵$V > V_1$∴$V = V_2 + V_1 = 200 + 100 = 300(V)$

18.**(B)**。(1) K 閉合瞬間⇒正轉:減極性、反轉:加極性。

　　(2) K 閉合一段時間打開⇒正轉:加極性、反轉:減極性。

19.**(C)**。變壓器的短路試驗:

　　(1) 目的:測量滿載銅損。

　　(2) 方法:將低壓側短路,高壓側加額定電流(儀表放置高壓側)。

　　(3) 可得:高壓側 R_{eq}、X_{eq}。

20.**(B)**。電流轉換:

　　(1) $S_1 = S_2 \Rightarrow E_1 I_1 = E_2 I_2$

　　(2) $\dfrac{E_1}{E_2} = \dfrac{I_2}{I_1} = a$(匝數比)

21.(**B**)。台灣電路系統電源電壓頻率為 60Hz。

22.(**A**)。最大效率：

$$\eta_{max} = \frac{m_L S \cos\theta}{m_L S \cos\theta + 2P_i} \times 100\%$$

(1) 定值損＝變動損$\Rightarrow P_i = P_c (= I_a^2 R) \Rightarrow P_{loss} = P_i + P_c = 2P_i$。

(2) $\because$ 負載量$m_L \propto I_a^2$ $\therefore P_i = m_L^2 P_c$

$\Rightarrow$ 發生最大效率時的負載率$m_L = \sqrt{\frac{P_i}{P_c}}$

(3) 一般電力變壓器：重載者，最大效率設計在滿載附近。

一般配電變壓器：最大效率設計在$\frac{3}{4}$或$\frac{1}{2}$額定負載者。

23.(**C**)。$V_{L2} = \frac{1}{a\sqrt{3}} V_{L1} = \frac{1}{\frac{11.4k}{380} \times \sqrt{3}} \times 11.4k = 220(V)$

	V_{L2}	I_{L2}
Y-Δ	$\frac{1}{a\sqrt{3}} V_{L1}$	$a\sqrt{3} I_{L1}$

24.(**D**)。變壓器的開路實驗：

(1) 目的：測量固定鐵損。

(2) 方法：將高壓側開路，低壓側加額定電壓(儀表放置低壓側)。

(3) 可得：低壓側 G_o、B_o。

25.(**C**)。比流器係將大電流變小電流用以測量。

(1) 減少誤差的方法：

① 使用高級鐵心材料$\Rightarrow$減少激磁電流。

② 二次側匝數退繞約 1%$\Rightarrow$略增變流比。

(2) 二次側額定電流為 5A。

(3) 注意事項：

① 二次測需接地，避免靜電作用。

② 二次測不可開路，應短路。

③ 一次側需與量測電路串接。

26.(**C**)。$E_{(1)av} = E_{(2)av}$

$\Rightarrow 4fN_1\phi_m = 4fN_2\phi_m$，$E_{eff} = 1.11E_{av} = 4.44fN\phi_m$

$\phi_m = \frac{E_{(1)eff}}{4.44fN_1\phi_m} = \frac{2200}{4.44 \times 50 \times 1000} = 9.9 \times 10^{-3}(wb)$

27.(**D**)。V-V 連接時，其總輸出容量為 Δ-Δ 連接時之 57.7%倍。

$$\because \frac{S_{V-V}}{S_{\Delta-\Delta}} = \frac{\sqrt{3}V_L I_L}{3V_L I_L} = 0.577 = 57.7\%$$

28.(**C**)。(A)鐵損為定值損，與負載無關。

(B)開路試驗側得的值為二次側，若欲求一次側則需換算。

(D)短路試驗是將低壓側短路,高壓側加額定電流(儀表放置高壓側)。

29.(**C**)。變壓器的開路實驗：

(1) 目的：測量固定鐵損。

(2) 方法：將高壓側開路，低壓側加額定電壓(儀表放置低壓側)。

(3) 可得：低壓側 G_o、B_o。

30.(**B**)。(1) 鐵損電流 I_w：供應鐵心的損失，與外加電壓V_1同相

$$\Rightarrow I_w = \frac{P_o}{V_1} = \frac{1500}{5000} = 0.3(A)$$

(2) 無載電流 I_o：

① 產生公共磁通ϕ_m及供應鐵心的損失，亦稱「激磁電流」

$$\Rightarrow I_w = 0.5(A)$$

② $\overline{I_o} = \overline{I_w} + \overline{I_m} = -I_w + jI_m = \sqrt{I_w^2 + I_m^2}$

(3) 磁化電流 I_m：$I_m = \sqrt{I_o^2 - I_w^2} = \sqrt{0.5^2 - 0.3^2} = 0.4(A)$

31.(**D**)。(1) 因鐵心飽和及磁滯現象，由於變壓器鐵心有磁飽和及磁滯現象，故當所加之電源 V_1 為正弦波時，產生交變互磁通ϕ亦為正弦波時，則激磁電流必無法為正弦波。

(2) 欲得正弦波之磁通，激磁電流必為非正弦波形；反之，激磁電流為正弦波，則磁通必為非正弦波。

32.(**C**)。若支變壓器為主變壓器的 86.6%，則輸出容量與定額容量之比

$$= \frac{S_{T-T}容量}{定額} = \frac{S_{T-T}}{S_M + S_T} = \frac{\sqrt{3}V_L I_L}{V_L I_L + 0.866V_L I_L} = \frac{\sqrt{3}}{1.866} = 0.928 = 92.8\%$$

33.(**A**)。3 ψ 4W 三次諧波可經由中性點形成迴路⇒激磁電流含三次諧波，應電勢為正弦波，但中性線的三次諧波電流會干擾電訊線路⇒解決方法為採用中性點接地之三繞組變壓器連接成 Y-Y-Δ。

34.**(D)**。(1) $a = \frac{N_1}{N_2} = \frac{V_1}{V_2} \Rightarrow V_2 = \frac{V_1}{a} = \frac{110}{\frac{1}{2}} = 220(V)$

(2) ∵為減極性變壓器∴$V_3 = V_2 - V_1 = 220 - 110 = 110(V)$

💡若為加極性∵$V_3 > V_1$∴$V_3 = V_2 + V_1 = 220 + 110 = 330(V)$

35.**(A)**。變壓器的鐵心:

(1) 材料:

① 含矽目的:減少磁滯損。

② 疊片目的:減少渦流損。

③ 交互疊製目的:減少磁路磁阻。

(2) 功能:支撐繞組及提供磁路,減少磁通在磁路中流通的阻力,減少激磁所需的電流 I_o。

(3) 具備條件:

① 高導磁係數:減少磁路中的磁阻$R = \frac{\ell}{\mu A}$。

② 高飽和磁通密度:減少磁路中所需鐵心的截面積。

③ 低鐵損:提高效率、降低絕緣等級。

④ 高機械強度:耐用。

⑤ 加工容易:降低成本。

⑥ 電阻高:減少渦流損。

36.**(D)**。(1)$V_{L2} = 220(V) \Rightarrow$ Y 接 $\Rightarrow V_{P2} = \frac{V_{L2}}{\sqrt{3}} = \frac{220}{\sqrt{3}} = 127(V)$

(2)$a = \frac{V_{P1}}{V_{P2}} \Rightarrow V_{P1} = aV_{P2} = 20 \times 127 = 2540(V)$

(3)$V_{L2} = \frac{1}{a}V_{L1} \Rightarrow V_{L1} = aV_{L2} = 20 \times 220 = 4400(V)$

(4)$P = \sqrt{3}V_{L2}I_{L2} \cos\theta$

$\Rightarrow I_{L2} = \frac{P}{\sqrt{3}V_{L2}} = \frac{10 \times 10^3}{\sqrt{3} \times 220 \times 0.8} = 32.8(A)$

$\Rightarrow$ Y 接 $\Rightarrow I_{P2} = I_{L2} = 32.8(A)$

$(5) I_{L2} = a I_{L1} \Rightarrow I_{L1} = \dfrac{I_{L2}}{a} = \dfrac{32.8}{20} = 1.64(A)$

$\Rightarrow Y \text{ 接} \Rightarrow I_{P1} = I_{L1} = 1.64(A)$

	V_{L2}	I_{L2}
Y-Y	$\dfrac{1}{a} V_{L1}$	$a I_{L1}$

37.(**C**)。$\dfrac{S_A(\text{負載容量})}{S_B(\text{負載容量})} = \dfrac{I_A}{I_B} = \dfrac{Z_B}{Z_A} = \dfrac{Z_B\%}{Z_A\%} \times \dfrac{S'_A(\text{額定容量})}{S'_B(\text{額定容量})}$ ；$S_A + S_B = S_L$

$\therefore \dfrac{S_{甲}}{S_{乙}} = \dfrac{Z_{乙}\%}{Z_{甲}\%} \times \dfrac{S'_{甲}}{S'_{乙}} = \dfrac{6\%}{4\%} \times \dfrac{80k}{80k} \cdots \cdots ①$

$S_{甲} + S_{乙} = S_L \Rightarrow S_{甲} + S_{乙} = 100k \cdots \cdots ②$

從①和②得 $\Rightarrow S_{甲} = 60kVA \cdot S_{乙} = 40kVA$

38.(**B**)。(1) 一次繞組：置於轉部，電壓線圈與負載並聯。

(2) 二次繞組：置於定部，電流線圈與負載串聯。

(3) 補償繞組：自行封閉，置於轉部，與一次繞組阻成 $90°$，當轉子轉 $90°$ 時，補償繞組提供依安匝平衡路徑，避免二次繞組形成抗流圈。

39.(**A**)。變壓器的開路實驗：

(1) 目的：測量固定鐵損。

(2) 方法：將高壓側開路，低壓側加額定電壓(儀表放置低壓側)。

(3) 可得：低壓側 $G_o \cdot B_o$。

40.(**C**)。(1) 定值損＝變動損 $\Rightarrow P_i = P_c(= I_a^2 R) \Rightarrow P_{loss} = P_i + P_c = 2P_i$

$\because$ 負載量 $m_L \propto I_a^2$ $\therefore P_i = m_L^2 P_c$

$\Rightarrow$ 發生最大效率時的負載率 $m_L = \sqrt{\dfrac{P_i}{P_c}} = \sqrt{\dfrac{3.2k}{5k}} = \dfrac{4}{5}$

(2) $S_{max} = m_L S = \dfrac{4}{5} \times 500k = 400kVA$

41.(**A**)。變壓器的短路試驗：

　　(1)目的：測量滿載銅損。

　　(2)方法：將低壓側短路，高壓側加額定電流(儀表放置高壓側)。

　　(3)可得：高壓側 R_{eq}、X_{eq}。

42.(**D**)。變壓器的配置方式

	內鐵式	外鐵式
用鐵量	少	多
用銅量	多	少
線圈	多	小
鐵心	小	大
感應電勢	一樣好	一樣好
磁路長度	長	短
壓制應力	差	好 (應力和電流平方成正比)
絕緣散熱	好	差
繞組位置	鐵心外	鐵心包圍
繞組每匝平均長	短	長
適用範圍	高電壓、低電流	低電壓、高電流

43.(**C**)。一次、二次側間線電壓相位差(位移角)：二次側 Y 型領前 30°。

44.(**B**)。(1) $S_A = S_原 \times \left(1 + \dfrac{共同}{非共同}\right) = 25k \times \left(1 + \dfrac{220}{(2420-220)}\right)$

　　　　 $= 25k \times \dfrac{11}{10} = 27.5k(VA)$

　　(2) $P_o = S\cos\theta = 27.5k \times 0.95 = 26.125k(W)$

　　(3) $\eta = \dfrac{P_o}{P_o + P_{loss}} \Rightarrow 0.98 = \dfrac{26.125k}{26.125k + P_{loss}}$

　　　　　　　　 $\Rightarrow P_{loss} = \left(\dfrac{26.125k}{0.98}\right) - 26.125k = 533(W)$

第七章　三相感應電動機

1. 旋轉原理：可由**阿拉哥圓盤**來說明。

　(1)發電作用：馬蹄形磁鐵沿著圓盤周圍以**逆時針**方向轉動,則圓盤因**電磁感應**產生發電作用,形成**流向軸心的渦流**。

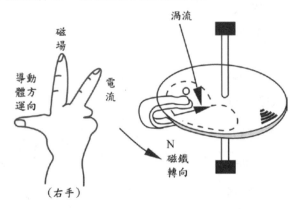

（右手）

　(2)電動作用：**渦流與磁場產生電動作用**,**使圓盤追隨磁鐵同方向旋轉**。

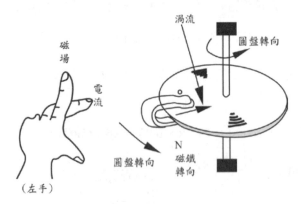

（左手）

　(3)感應電動機:實際感應電動機以**定子繞組**產生旋轉磁場,轉子取代圓盤,藉由上述原理產生:

　　①**轉子與旋轉磁場同向旋轉**。

②正常運轉時，**轉子轉速必須低於旋轉磁場轉速**，才能形成轉矩。

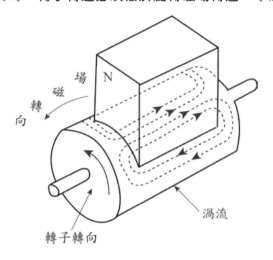

2. 旋轉磁場的產生

(1)二相旋轉磁場

①磁場產生條件：

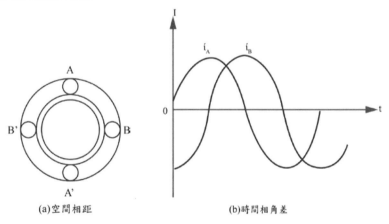

(a)空間相距   (b)時間相角差

②說明：

　A.二相繞組 A－A'及 B－B'在空間放置彼此相距 90°電機角，因此輸入二相電流i_A及i_B在時間上也相差 90°電機角。

　B.i_A產生磁動勢$F_A = F_m \cos \omega t$、i_B產生磁動勢$F_B = F_m \cos(\omega t - 90°) \Rightarrow$以同步角速度$\omega$旋轉。

　C.將時間與空間合併，二相綜合磁動勢：

$$F = F_A \cos \theta + F_B \cos(\theta - 90°)$$
$$= F_m \cos \omega t \cos \theta + F_m \cos(\omega t - 90°) \cos(\theta - 90°)$$
$$= F_m \cos(\omega t - \theta)$$

③結論：

　A.產生的旋轉磁場在**任意方向的磁場強度皆相等**，且綜合磁動勢 F=**每相最大磁動勢**F_m。

　🎈註 當$\omega t - \theta = 0°$ 時，$\cos(\omega t - \theta) = 1 \Rightarrow F_m \cos(\omega t - \theta) = F_m \Rightarrow$此時為每相最大磁動勢。

　B.旋轉磁場**以同步速率**$n_s = \dfrac{120f}{P}$**旋轉**。

(2)三相旋轉磁場

　①磁場產生條件：

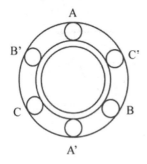
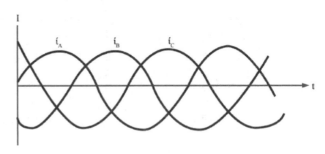

② 說明：

　A. 三相繞組 A－A'、B－B' 及 C－C' 在空間放置彼此相距 120°電機角，因此輸入三相電流i_A、i_B及i_C在時間上也相差 120°電機角。

　B. i_A產生磁動勢$F_A = F_m \cos\omega t$、i_B產生磁動勢$F_B = F_m \cos(\omega t - 120°)$、$i_C$產生磁動勢$F_C = F_m \cos(\omega t - 240°)$ ⇒以同步角速度ω旋轉。

　C. 將時間與空間合併，三相綜合磁動勢：

$$F = F_A \cos\theta + F_B \cos(\theta - 120°) + F_C \cos(\theta - 240°)$$
$$= F_m \cos\omega t \cos\theta + F_m \cos(\omega t - 120°)\cos(\theta - 120°)$$
$$+ F_m \cos(\omega t - 240°)\cos(\theta - 240°) = \frac{3}{2}F_m \cos(\theta - \omega t)$$

③ 結論：

　A. 產生的旋轉磁場在**任意方向的磁場強度皆相等**，且**綜合磁動勢**

　　$F = \frac{3}{2}$**每相最大磁動勢**F_m。

　　🔔 當$\omega t - \theta = 0°$ 時，$\cos(\omega t - \theta) = 1 \Rightarrow F_m \cos(\omega t - \theta) = F_m \Rightarrow$**此時為每相最大磁動勢。**

　B. **旋轉磁場以同步速率**$n_s = \frac{120f}{P}$**旋轉。**

　C. **對調任二條電源線，則三相繞組的相序改變，旋轉磁場反轉。**

江　湖　決　勝　題

◎某三相感應電動機，其額定規格為 1HP，220V，60Hz，1700rpm，若
　無載時加入 220V，60Hz 之電源，則下列何者為其無載轉速？
　(A)1800rpm　(B)1795rpm　(C)1700rpm　(D)1650rpm。

答：(B)。
　(1)$n_s = \frac{120f}{P} \Rightarrow 1700 = \frac{120 \times 60}{P} \Rightarrow P = \frac{120 \times 60}{1700} \doteqdot 4(極)$
　(2)加入 220V，60Hz 之電源，旋轉磁場以同步速率
　　N_s旋轉，$N_s = \frac{120f}{P} = \frac{120 \times 60}{4} = 1800(rpm)$
　(3)正常運轉時，轉子轉速必須低於旋轉磁場轉速，才能形成轉矩，
　　故選(B)

7-2 三相感應電動機之構造及分類

1. 感應電動機之特點：
　(1)最被廣泛使用。
　(2)構造簡單、價格便宜，堅固且故障少。
　(3)係定速電動機而適合一般負載之特性。若犧牲效率,也可使用於變速負載。
　(4)交流三相電動機之定子均有三相定子繞組，輸入電源後，可產生旋轉
　　磁場，**轉子受旋轉磁場之作用，即可旋轉**。

2. 三相感應電動機之構造及分類：
　(1)主要由**定子**與**轉子**兩部份所構成。
　(2)轉子由**轉子鐵心**、**轉子導體**及**轉軸**所組成。
　(3)依相數分類：單相、三相。
　(4)以保護方式分類：防塵型、防滴型、防水型、防爆型及浸水型。

定子	外殼	支持鐵心及繞組，兩側有軸承以支持轉部。**依外殼構造分類**：①開放型②閉鎖型③全閉型。
	鐵心	① 圓形成層薄矽（含量 1~3%）鋼片疊成（厚度 0.35~0.5mm），內側有槽，裝入定子繞組。 ②低壓小容量採半開口槽，高壓大容量採開口槽。
	繞組	①採用雙層繞。 ②為了消除空氣隙高次諧波，使空氣隙之磁通分布均勻，所以為**分佈短節距繞組**。 ③**低壓採 Y 型或△型接線；高壓採 Y 型接線。**
轉子 (依轉子導體分類)	鼠籠式	①採銅條或鑄鋁件，其**兩端加短路環**，形狀如鼠籠。 ②**轉子導體與鐵心間不加絕緣**，因轉子電阻比鐵心小，且運轉時轉子之應電勢極低，因此轉子之低電壓小電流只能在電阻較小的銅條、鋁條及環端流過。 ③採用斜型槽減少轉子與定子間因磁阻變化而產生電磁噪音。 ④**沒有接頭引出**，故在啟動時不能在外電路加啟動電阻於轉子電路中，但構造堅實。 ⑤適於小容量電機；轉差率隨負載變動小，故速率極穩定，運轉特性佳，啟動電流大，啟動轉矩小，輕載時功率因數低。
	繞線式	①採繞製與定子相同的極數之繞組為轉子導體。 ②採波繞，目的在於使轉子各相感應電勢對稱及相等，且便於外接電阻，以控制運轉速度，構造比鼠籠式複雜。 ③ Y 接於轉軸的滑環上，**轉子電阻大**，啟動時可經電刷自外部加接電阻，藉以限制啟動電流，增大啟動轉矩；正常運轉時，可改變外加接電阻大小，控制運轉速度。 ④適於大容量及大啟動轉矩，又稱滑環式感應電動機；啟動特性佳，但效率較差，速率調整率不佳。

3. 三相感應電動機的繞組

(1) q 相、P 極、S 槽、Y 連接：

① 每極線圈數 $= \dfrac{S}{P}$。　　② 每相線圈數 $= \dfrac{S}{q}$。

③ 每相每極線圈數 $= \dfrac{S}{P \times q}$。　　④ 每槽電工角 $\alpha = \dfrac{180° \times P}{S}$。

(2) 感應電壓的計算：

① 定子繞組每相感應電勢 $E_{1p} = 4.44 f \phi_m N_1 \times K_{w1}$

② 轉子繞組每相感應電勢 $E_{2r} = 4.44 f \phi_m N_2 \times K_{w2}$

> 註 N_1：定子每相繞組的匝數；N_2：轉子每相繞組的匝數；ϕ_m：旋轉磁場磁通量；K_{w1}：定子的繞組因數；K_{w2}：轉子的繞組因數。

江 湖 決 勝 題

1. 三相 50Hz 感應電動機，4 極 10kW，220V，若接上 60Hz，220V 電源使用，求：磁通變為原來幾倍。

答：$\dfrac{E'}{E} = \dfrac{4.44 \times f' \times \phi'_m \times N}{4.44 \times f \times \phi_m \times N} \Rightarrow \dfrac{220}{220} = \dfrac{60 \times \phi'_m}{50 \times \phi_m}$

$\Rightarrow 60 \times \phi'_m = 50 \times \phi_m \Rightarrow \dfrac{\phi'_m}{\phi_m} = \dfrac{50}{60} = 0.833$ 倍

2. 已知感應電動機定子鐵心的槽，有半閉槽或開口槽，槽數由極數及設計選擇而異，而今已知一三相感應電動機 8 極 72 槽，求：每相每極繞組線圈由多少只線圈來組成。

答：每相每極線圈數 $= \dfrac{S}{P \times q} = \dfrac{72}{8 \times 3} = 3$(只)

7-3　三相感應電動機之特性及等效電路

1. 旋轉磁場、轉差率

　(1)同步轉速(n_s)：將平衡三相(二相)電源加入空間中互差 120°(90°)電機角
　　之線圈上，在空間中會產生一大小為每相磁勢 1.5(1)**倍**之同步轉速的旋
　　轉磁場。

　　① 二極電機，線圈每秒轉一次 ⇒ f = 1Hz

　　② 極數為 P，線圈每秒轉一次 ⇒ $f = \dfrac{P}{2}$Hz

　　③ 極數為 P，線圈每秒轉$\dfrac{n_s}{60}$次

$$\Rightarrow f = \frac{P}{2}\left(\frac{n_s}{60}\right)Hz$$

$$\Rightarrow f = \frac{P}{2}\textbf{(線圈每秒之轉速)} = \frac{P}{2} \times \frac{n_s}{60}$$

$$\Rightarrow n_s = \frac{120f}{P}(rpm)$$

　　④ n_s為線圈每分鐘轉速，若 f、P 一定，則n_s為固定，此迴轉速度稱為
　　　同步轉速，即**旋轉磁場對空間之轉速**。

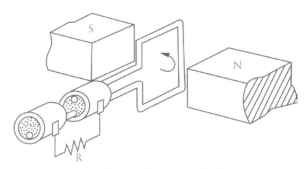

線圈在兩極電機內旋轉

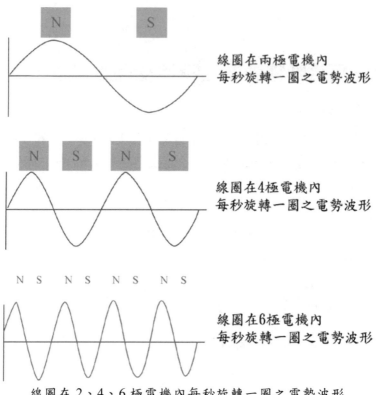

線圈在兩極電機內
每秒旋轉一圈之電勢波形

線圈在4極電機內
每秒旋轉一圈之電勢波形

線圈在6極電機內
每秒旋轉一圈之電勢波形

線圈在 2、4、6 極電機內每秒旋轉一圈之電勢波形

(2)轉差率(S)：

　①**轉子順旋轉磁場方向轉動，轉速不等於同步轉速**，否則轉子與旋轉
　　磁場無相對運動，轉子導體就不會感應電勢，沒有感應電流，電磁
　　轉矩也就無法形成。

　②正常情況下,感應電動機的轉子轉速 n **低於同步轉速** n_S,兩者之差,
　　稱為**轉差**,而轉差與同步轉速的比值,稱為**轉差率**(slip)。

$$S = \frac{n_s - n_r}{n_s} \times 100\%$$

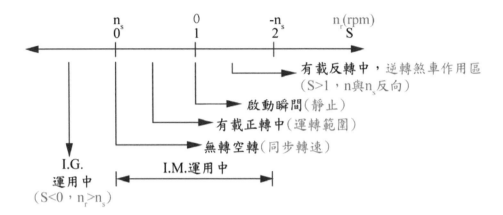

S=1	$n_r = 0$	啟動
S=0	$n_r = n_s$	同步
S=2	$n_r = -n_s$	反同步

(3)轉子轉速(n_r)：$n_r = (1 - S) \times n_s$(rpm)

(4)轉子頻率(f_r)：電動機剛啟動時，轉子尚未轉動 S=1，轉子頻率 f_r=f；隨
著轉速增加，轉子頻率會減少；若轉速達到同步轉速，S=0，轉子頻率
f_r=0，轉子導體感應電勢=0，會使轉速下降直到平衡。

$f_r = S \cdot f$（f：電源頻率）

2. 旋轉磁場與定轉部速率之關係（相對速率）

定部旋轉磁場→定部之速率	定部轉速 $n_p = 0$，$n_s - 0 = n_s$	同步速率
定部旋轉磁場→轉部之速率	$n_s - n_r = Sn_s$	轉差
轉部旋轉磁場→定部之速率	定部轉速 $n_p = 0$，$n_s - 0 = n_s$	同步速率
轉部旋轉磁場→轉部之速率	$n_s - n_r = Sn_s$	轉差

3. 定子及轉子感應電勢

(1) 啟動瞬間(S=1)：靜止時與變壓器相同，$a = \dfrac{E_{1p}}{E_{2r}}$

(2) 轉子運轉時：$S = \dfrac{轉子運轉時應電勢}{轉子靜止時應電勢} = \dfrac{E'_{2r}}{E_{2r}}$

4. 變動感應電動機之轉部特性就可能產生多種轉矩－轉速曲線,而就下列幾種標準設計的特性加以說明：

分類	特性
A 級 (低電阻單鼠籠式)	有正常的啟動轉矩與正常的啟動電流，及低轉差率： ①最常用、轉子電阻最小、啟動電流最大(5~8 倍額定電流)。 ②需降壓啟動、啟動轉矩最小、效率高、運轉特性佳。
B 級 (深槽型單鼠籠式)	有正常的啟動轉矩與低啟動電流，及低轉差率： ①啟動時，S=1，SX_2 大，轉子電流可降低、似轉部電阻加大，起動特性佳。 ②運轉時，因 SX_2 小，轉子電流平均分部整根導體，似電阻下降，運轉特性佳。 ③低轉差率、高運轉效率。主要為定速驅動，如風扇、吹風機。
C 級 (雙鼠籠式)	有高啟動轉矩與低啟動電流，及滿載時之低轉差率： ①上(外)層繞組：電阻大、電感小，起動時流過大部分電流。啟動轉矩大、啟動電流小。 ②下(內)層繞組：電阻小、電感大，運轉時流過大部分電流。轉子電阻低、效率高、轉差率小、運轉特性佳。 ③主要用於壓縮機。
D 級 (高電阻單鼠籠式)	有非常高的啟動轉矩與低啟動電流，及很高的滿載轉差率： ①轉差率最高，約 7~10%的同步轉速、效率低。 ②啟動電流約為 3~8 倍的額定電流，啟動轉矩大。 ③主要用於高加速之間歇性負載或高衝擊性負載，如沖床。

江 湖 決 勝 題

1. 三相感應電動機，當接到三相 60Hz 電源時，滿載轉速為 1140rpm，求：

　(1)該電動機之極數。　　　(2)滿載時轉差率。

　(3)滿載時轉部頻率。　　　(4)滿載時轉部磁場對定部之轉速。

　(5)若負載增加而使轉差率為 10%，求：

　　　①轉部轉速。　　　　　　②轉子磁場對轉子轉速。

　　　③定子磁場對轉子轉速。　④定子磁場對轉子磁場之轉速。

　　　⑤定子磁場對定子轉速。

　答：(1)∵ f = 60Hz，n_r = 1140rpm，一般感應機滿載轉差率為 3~5%
　　　　　之間，故 n_s = 1200rpm

　　　∴ $P = \frac{120f}{n_s} = \frac{120 \times 60}{1200} = 6(極)$

　　　(2)$S = \frac{n_s - n_r}{n_s} \times 100\% = \frac{1200 - 1140}{1200} \times 100\% = 5\%$

　　　(3)$f_r = S \cdot f = 0.05 \times 60 = 3(Hz)$

　　　(4)轉部旋轉磁場→定部之速率(同步速率)：n_s = 1200(rpm)

　　　(5)①$n_r = (1 - S)n_s = (1 - 10\%)1200 = 1080(rpm)$

　　　　　②轉部旋轉磁場→轉部之速率(轉差)：

　　　　　　$n_s - n_r = Sn_s \Rightarrow 1200 - 1080 = 10\% \times 1200 = 120(rpm)$

　　　　　③定部旋轉磁場→轉部之速率(轉差)：

　　　　　　$n_s - n_r = Sn_s \Rightarrow 1200 - 1080 = 10\% \times 1200 = 120(rpm)$

　　　　　④定子磁場對轉子磁場 ⇒ 同步 ⇒相對轉速=0

　　　　　⑤定部旋轉磁場→定部之速率(同步速率)：n_s = 1200(rpm)

2. 有一部三相鼠籠式感應電動機 15Hp、220V、4 極、60Hz，滿載轉速為
   1760rpm，求：半載時轉速。

   答：(1)$n_s = \frac{120f}{P} = \frac{120 \times f}{4} = \frac{120 \times 60}{4} = 1800$(rpm)

   (2)滿載時轉差 $\Delta n = n_s - n_r = 1800 - 1760 = 40$(rpm)

   (3)∵ $\frac{\Delta n'}{\Delta n} = \frac{m_L'}{m_L} \Rightarrow \Delta n \propto m_L \Rightarrow \Delta n' = \frac{1}{2} \times 40 = 20$(rpm)

   (4)$n_r' = n_s - \Delta n' = 1800 - 20 = 1780$(rpm)

3. 某三相 60Hz、6 極、220V 繞線感應電動機，其定部是 △ 聯接，轉部是
   Y 聯接，而轉部線圈匝數是定部線圈匝數的一半，若滿載轉部速率為
   1110rpm 時，求：

   (1)啟動時轉部每相應電勢。

   (2)滿載運轉時轉子每相應電勢。

   (3)滿載運轉時轉子應電勢的頻率。

   答：(1)∵轉部線圈匝數是定部線圈匝數的一半

   ∴$a = \frac{定部線圈匝數}{轉部線圈匝數} = \frac{定部線圈匝數}{\frac{1}{2}定部線圈匝數} = 2$

   啟動瞬間(S=1)：與變壓器相同，

   $a = \frac{E_{1p}}{E_{2r}} \Rightarrow 2 = \frac{220}{E_{2r}} \Rightarrow E_{2r} = 110$(V)

   (2)①$n_s = \frac{120f}{P} = \frac{120 \times 60}{6} = 1200$(rpm)

   ②$S = \frac{n_s - n_r}{n_s} \times 100\% = \frac{1200 - 1110}{1200} \times 100\% = 7.5\%$

   ③轉子運轉時：

   $S = \frac{轉子運轉時應電勢}{轉子靜止時應電勢} = \frac{E_{2r}'}{E_{2r}}$

   $\Rightarrow E_{2r}' = SE_{2r} = 0.075 \times 110 = 8.25$(V)

   (3)$f_r = S \cdot f = 0.075 \times 60 = 4.5$(Hz)

5. 三相感應電動機啟動瞬間與運轉時，轉部每相阻抗、電壓、電流之關係

	項目	啟動瞬間	運轉時
1	等效電路		
2	轉差率 S	1	$0<S<1$
3	轉子轉速(n_r)	0	$n_r = (1-S) \times n_s$
4	轉子頻率(f_r)	f	Sf
5	轉子每相電阻(R_2)	R_2	R_2
6	轉子每相電抗(X_2)	X_2	SX_2
7	轉子每相阻抗(Z_2)	$\overline{Z_2} = R_2 + jX_2$	$\overline{Z_2} = R_2 + jSX_2$
8	轉子每相電壓(E_2)	$E_{2r}(= \dfrac{E_{1p}}{a})$	$E'_{2r} = SE_{2r}$
9	轉子每相電流(I_2)	$I_{2r} = \dfrac{E_{2r}}{\sqrt{R_2^2 + X_2^2}}$	$I'_{2r} = \dfrac{SE_{2r}}{\sqrt{R_2^2 + (SX_2)^2}} < I_{2r}$
10	轉子每相功率因數$(\cos\theta_2)$	$\cos\theta_{2r} = \dfrac{R_2}{\sqrt{R_2^2 + X_2^2}}$	$\cos\theta'_{2r} = \dfrac{R_2}{\sqrt{R_2^2 + (SX_2)^2}}$ $> \cos\theta_{2r}$
11	轉子每相應電勢與電流的相角θ_2	$\theta_{2r} = \angle \tan^{-1}\dfrac{X_2}{R_2}$	$\theta'_{2r} = \angle \tan^{-1}\dfrac{SX_2}{R_2} < \theta_{2r}$

6. 三相感應電動機**轉部**等效電路

(1)三相感應電動機靜止時,其功用如同變壓器,所以變壓器等效電路及
相量圖可用於三相感應電動機中。

(2)三相感應電動機轉部每相含**機械負載**的等效電路,如下圖所示。

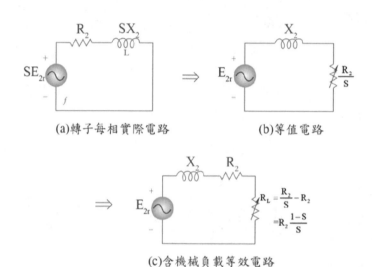

(a)轉子每相實際電路　　　　　　(b)等值電路

(c)含機械負載等效電路

① $\because \frac{R_2}{S} = R_2 + \left(\frac{1-S}{S} R_2\right) = R_2 + R_L$

$\Rightarrow \frac{R_2}{S}$分解成兩部份:

A.**轉子繞組電阻**R_2

B.**機械負載電阻**$R_L = \frac{1-S}{S} R_2$

② $\because$啟動時 S=1,$R_L = \frac{1-S}{S} R_2 = 0 \Rightarrow$ **短路**

③轉子啟動電流$I_{2r} = \frac{E_{2r}}{\sqrt{R_2^2 + X_2^2}}$

$\Rightarrow$ **與負載電阻大小無關**,及滿載或無載啟動電流都相同。

江 湖 決 勝 題

◎ 某 Y 型接線的三相感應電動機，在靜止時加 52V 線電壓，其線電流恰可達額定電流，若定部與轉部匝數比為 3：1，而靜止時轉部每相電阻與電抗各為 0.1Ω 及 0.5Ω，求：(1)轉部的啟動電流；(2)當其運轉於轉差率為 5%時，電源加入 208V 線電壓時轉部運轉電流。

答：(1)∵啟動瞬間(S=1)：靜止時與變壓器相同，$a = \dfrac{E_{1p}}{E_{2r}}$

$\therefore E_{2r} = \dfrac{E_{1p}}{a} = \dfrac{\frac{52}{\sqrt{3}}}{\frac{3}{1}} \doteqdot 10(V)$

📌 定部為 Y 接 ⇒ $V_L = \sqrt{3}V_P$

$I_{2r} = \dfrac{E_{2r}}{\sqrt{R_2^2 + X_2^2}} = \dfrac{10}{\sqrt{0.1^2 + 0.5^2}} = 19.6(A)$

(2)∵轉子運轉時：$S = \dfrac{轉子運轉時應電勢}{轉子靜止時應電勢} = \dfrac{E'_{2r}}{E_{2r}}$

$\therefore E'_{2r} = SE_{2r} = 5\% \times \left(\dfrac{E'_{1p}}{a}\right) = 0.05 \times \left(\dfrac{\frac{208}{\sqrt{3}}}{\frac{3}{1}}\right) = 2(V)$

$I'_{2r} = \dfrac{SE_{2r}}{\sqrt{R_2^2 + (SX_2)^2}} = \dfrac{E'_{2r}}{\sqrt{R_2^2 + (SX_2)^2}} = \dfrac{2}{\sqrt{0.1^2 + (5\% \times 0.5)^2}} \doteqdot 19.4(A)$

7. 三相感應電動機之功率

(1)一部感應電動機基本上可以描述是一部**旋轉的變壓器**，其輸入為三相
電壓與電流，對變壓器而言，其二次側會輸出功率；對感應機而言，
二次繞組（轉子）是短路的，因此正常操作情況下感應機並沒有輸出
功率，而是機械性的輸出功率。

(2)三相感應電動的電力流程，如圖 7-1 所示。

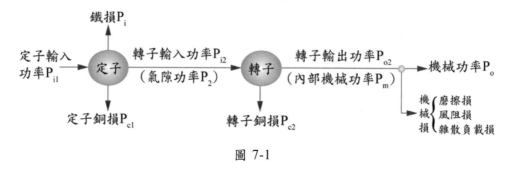

圖 7-1

(3)感應電動機一相份之輸出、輸入功率及損失，如圖 7-2 所示。

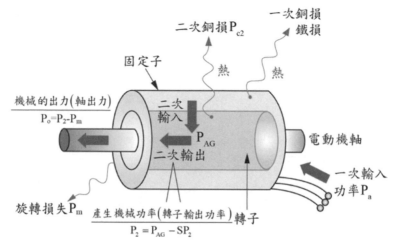

圖 7-2

(4)將轉子側**歸入定子側**的近似等效電路，如圖 7-3 所示⇒**近似變壓器**

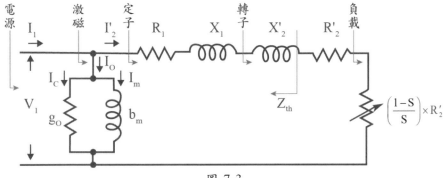

圖 7-3

R'_2：等效轉子電阻　　$(\dfrac{1-S}{S}) \times R'_2$：等效機械負載

① 三相輸入總功率$P_{in} = \sqrt{3}V_1I_1\cos\theta$

　（V_1：線電壓、I_1：線電流、$\cos\theta$：定子功率因數）

② 三相定子輸入功率$P_1 = \sqrt{3}V_1I_1\cos\theta$

③ 三相定子銅損功率$P_{c1} = 3 \times I_1^2 R_1$

④ 三相定子鐵損功率$P_i = 3 \times V_1^2 g_o$

⑤ **三相定子輸出功率$P_g = P_1 - P_{c1} - P_i$**

　📍三相定子輸出功率亦稱「氣隙功率」，即定子經過空氣隙傳至轉子之功
　率=轉子輸入功率，又稱「電磁功率」或「同步瓦特」。

⑥ **三相轉子輸入功率$P_2 = P_g = 3 \times I_{2r}^2 \dfrac{R_2}{S}$**

⑦ **三相轉子銅損功率$P_{c2} = 3 \times I_{2r}^2 R_2 = SP_g$**

⑧ **三相轉子輸出功率（內生機械功率、產生機械功率）**

　$P_{o2} = P_2 - P_{c2} = P_g - SP_g = (1 - S)P_g$

⑨ 機械損失=摩擦損+風阻損

⑩ **機械輸出功率（軸輸出功率）$P_o = P_{o2} - P_m$，（機械損失、雜散損失**

　合計為P_m）

　📍機械輸出功率可用來帶動機械負載。

⑪ 電磁轉矩 $T_e = \frac{P_{o2}}{\omega_r} = \frac{P_g}{\omega_s}$，(同步角速度 $\omega_r = \frac{2\pi \cdot n_r}{60}$、轉子角速度 $\omega_s = \frac{2\pi \cdot n_s}{60}$)

⑫ 機械轉矩 $T_m = \frac{P_{o2}}{\omega_r} = 9.55 \times \frac{P_{o2}}{n_r}$ (Nt·m) $= 0.974 \times \frac{P_{o2}}{n_r}$ (kg·m) $= 9.55 \times \frac{P_g}{n_s}$ (Nt·m)

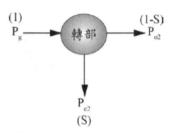

◆ 結論：若將轉子輸入功率 P_g，內生機械功率 P_{o2} 及轉子銅損 P_{c2} 作一比較，可得：

$P_g : P_{o2} : P_{c2} = 1 : (1-S) : S$

江 湖 決 勝 題

1. 一部 480V，60Hz，50Hp 的三相感應電動機，在功因為 0.85 落後的情況下，輸入電流為 60A，定子銅損為 2kW，轉子銅損為 700W，鐵心損失為 1800W，摩擦損失與風阻損失為 600W，而雜散損失不計，求：(1)氣隙功率；(2)產生機械功率；(3)軸輸出功率；(4)效率。

答：(1)$P_1 = \sqrt{3}V_1I_1\cos\theta = \sqrt{3} \times 480 \times 60 \times 0.85 = 42.4k$ (W)

$P_2 = P_g = P_1 - P_{c1} - P_i = 42.4k - 2k - 1.8k = 38.6k$ (W)

(2)$P_{o2} = P_2 - P_{c2} = 38.6k - 0.7k = 37.9k$ (W)

(3)$P_o = P_{o2} - P_m = 37.9k - 0.6k = 37.3k$ (W)

(4)$\eta = \frac{軸輸出功率}{三相定子輸入功率} \times 100\% = \frac{37.3k}{42.4k} \times 100\% = 88\%$

2. 有一 4 極，3 相 60Hz，220V，Δ 接 1Hp 繞線式感應電動機，其轉子為 Y 型接線，定子匝數與轉子匝數之比為 4：1，滿載轉速為 1740rpm，轉子電阻為 0.3Ω，堵住時轉子電抗為 1Ω，求：(1)堵住時轉子每相之電壓；(2)在滿載運轉下轉子每相電流；(3)滿載時轉子輸入功率（三相總輸入）；(4)滿載時轉子銅損；(5)轉子輸出功率。

答：(1)∵堵住靜止時與變壓器相同，$a = \dfrac{E_{1p}}{E_{2r}}$

∴轉子每相電壓$E_{2r} = \dfrac{E_{1p}}{a} = \dfrac{220}{\frac{4}{1}} = 55(V)$

💡 定部為 Δ 接 $\Rightarrow V_L = V_P$

(2)$n_s = \dfrac{120f}{P} = \dfrac{120 \times 60}{4} = 1800(rpm)$

$S = \dfrac{n_s - n_r}{n_s} = \dfrac{1800 - 1740}{1800} = 0.033$

運轉時轉子每相電流

$I'_{2r} = \dfrac{SE_{2r}}{\sqrt{R_2^2 + (SX_2)^2}} = \dfrac{E_{2r}}{\sqrt{(\frac{R_2}{S})^2 + X_2^2}} = \dfrac{55}{\sqrt{(\frac{0.3}{0.033})^2 + (1)^2}} = 6.075(A)$

(3)$P_2 = P_g = 3 \times I_{2r}^2 \dfrac{R_2}{S} = 3 \times 6.075^2 \times \dfrac{0.3}{0.033} = 1006(W)$

(4)$P_{c2} = 3 \times I_{2r}^2 R_2 = SP_g = 0.033 \times 1006 = 33.1(W)$

(5)$P_{o2} = P_2 - P_{c2} = P_g - SP_g = (1 - S)P_g = 1006 - 33.1 = 972.9(W)$
　或 $= (1 - 0.033) \times 1006 = 972.9(W)$

3. 有一部三相 4 極、60Hz、10HP 的感應電動機，其滿載之轉部銅損為 200W，請問此感應電動機之滿載轉速為何？

答：(1)三相轉子輸出功率(內生機械功率、產生機械功率)

$P_{o2} = P_2 - P_{c2} = P_g - P_{c2}$

$\Rightarrow P_g = P_{o2} + P_{c2} = (746 \times 10) + 200 = 7660(W)$

(2)三相轉子銅損功率

$P_{c2} = SP_g \Rightarrow 200 = S \times 7600 \Rightarrow S = \dfrac{200}{7660} = 0.026$

(3)同步轉速 $n_s = \dfrac{120f}{P} = \dfrac{120 \times 60}{4} = 1800(rpm)$

(4)$n_r = (1 - S) \times n_s = (1 - 0.026) \times 1800 = 1753.2(rpm)$

8. 三相感應電動機之轉矩分析，如圖 7-3 所示。

(1) 電磁轉矩（T_e）

① 等效轉子電阻+等效機械負載$= R'_2 + \left(\dfrac{1-S}{S}\right)R'_2 = \dfrac{R'_2}{S}$

② 等效轉子電流$I'_2 = \dfrac{V_1}{\sqrt{(R_1+\frac{R'_2}{S})^2+(X_1+X'_2)^2}}$

③ $T_e = \dfrac{P_g}{\omega_s} = \dfrac{1}{\omega_s}\cdot(\textbf{轉子輸入功率})$

$= \dfrac{1}{\omega_s}\cdot\left(I'^2_2\cdot\dfrac{R'_2}{S}\right) = \dfrac{1}{\omega_s}\cdot\dfrac{V_1^2}{(R_1+\frac{R'_2}{S})^2+(X_1+X'_2)^2}\cdot\dfrac{R'_2}{S}(Nt\cdot m)$

④ A. $\dfrac{1}{\omega_s} = \dfrac{1}{\frac{2\pi\cdot n_s}{60}} = \dfrac{60}{2\pi\cdot\frac{120f}{P}} = \dfrac{P}{4\pi f}$

B. $T_e = \dfrac{P}{4\pi f}\cdot\dfrac{V_1^2}{(R_1+\frac{R'_2}{S})^2+(X_1+X'_2)^2}\cdot\dfrac{R'_2}{S}$ ，（三相則要 × 3）

C. **正常運轉時，S 很小**，約為 0.01~0.03，$\dfrac{R'_2}{S} \gg R_1$且$\dfrac{R'_2}{S} \gg X_1 + X'_2 \Rightarrow$

$T_e \doteqdot \dfrac{P}{4\pi f}\cdot\dfrac{S\cdot V_1^2}{R'_2}$

D. 由 C.得知$T_e \propto \dfrac{S\cdot V_1^2}{f\cdot R'_2} \Rightarrow$正常運轉時，$T_e \propto S \propto V_1^2 \propto \dfrac{1}{f} \propto \dfrac{1}{R'_2}$。

(2) 啟動轉矩（T_s）

① 啟動時，S=1，$T_s \propto V_1^2$。

② $T_s = \dfrac{1}{\omega_s}\cdot\dfrac{V_1^2}{(R_1+R'_2)^2+(X_1+X'_2)^2}\cdot R'_2(Nt\cdot m)$

③ **等效轉子電阻**$R'_2 = 0$或$R'_2 = \infty$，則$T_s = 0$，感應電動機無法啟動。

(3) 最大電磁轉矩（T_{max}）

　　① 亦稱「脫出轉矩」、「停頓轉矩」或「崩潰轉矩」。

　　② 由電磁轉矩 $T_e = \dfrac{P_g}{\omega_s}$ 得知：

　　　A. T_{max} 發生在**轉子輸入功率 P_g 最大時**。

　　　B. $P_g = {I'_2}^2 \cdot \dfrac{R'_2}{S} \Rightarrow P_g$ 消耗在電阻 $\dfrac{R'_2}{S} \Rightarrow T_{max}$ **發生於消耗在此電阻 $\dfrac{R'_2}{S}$**

　　　　之功率最大時。

　　　C. 根據最大功率轉移定理得知 $R_L = Z_{th} \Rightarrow \dfrac{R'_2}{S} = R_1 + j(X_1 + X'_2)$

　　　D. $\left|\dfrac{R'_2}{S}\right| = \sqrt{R_1^2 + (X_1 + X'_2)^2} \Rightarrow S_{T_{max}} = \dfrac{R'_2}{\sqrt{R_1^2+(X'_2)^2}} \div \dfrac{R'_2}{X'_2} \div 0.2\sim0.3$

　　③　$T_{max} = \dfrac{1}{\omega_s} \cdot \dfrac{V_1^2}{\left(R_1+\frac{R'_2}{S}\right)^2+(X_1+X'_2)^2} \cdot \dfrac{R'_2}{S}$

　　　　　$= \dfrac{1}{\omega_s} \cdot \dfrac{V_1^2}{\left(R_1+\sqrt{R_1^2+(X_1+X'_2)^2}\right)^2+(X_1+X'_2)^2} \cdot \sqrt{R_1^2 + (X_1 + X'_2)^2}$

　　　　　$= \dfrac{1}{\omega_s} \cdot \dfrac{V_1^2\sqrt{R_1^2+(X_1+X'_2)^2}}{2\left[R_1^2+R_1\sqrt{R_1^2+(X_1+X'_2)^2}+(X_1+X'_2)^2\right]}$

　　　　　$= \dfrac{1}{\omega_s} \cdot \dfrac{V_1^2\sqrt{R_1^2+(X_1+X'_2)^2}}{2\left[\left(\sqrt{R_1^2+(X_1+X'_2)^2}\right)^2+R_1\sqrt{R_1^2+(X_1+X'_2)^2}\right]}$

　　　　　$= \dfrac{1}{\omega_s} \cdot \dfrac{V_1^2}{2\left[\left(\sqrt{R_1^2+(X_1+X'_2)^2}\right)+R_1\right]} = \dfrac{1}{\omega_s} \cdot \dfrac{0.5V_1^2}{R_1+\sqrt{R_1^2+(X_1+X'_2)^2}}$

　　④ T_{max} 與**轉子電阻 R'_2 無關**，$T_{max} \propto V_1^2 \propto \dfrac{1}{定子電阻 R_1} \propto \dfrac{1}{定子電抗 X_1} \propto$
　　$\dfrac{1}{轉子電抗 X_2}$。

　　⑤ 可藉由改變 R'_2 之大小可調節發生最大轉矩時之轉差率，即發生最大
　　轉矩時之轉差率與 R'_2 成正比。（請參照 $S_{T_{max}}$ 推導即得知）

(4)感應電動機之轉矩與轉速（轉差率）曲線

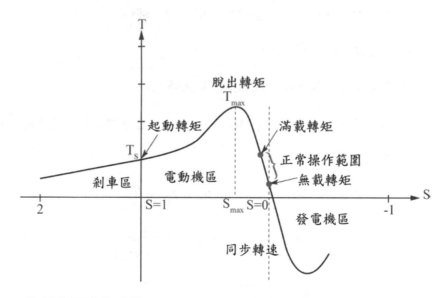

① 同步轉速(S=0)時 ⇒ $T_e = 0$。

② **無載與滿載之間：**

　A. **曲線為線性。**

　B. $R'_2 \gg X_2$。

　C. I'_2 與 T_e 隨 S 之增加而呈線性增加。

　📍**無載與滿載之間為一般正常運轉情況（低轉差率）**

③ 從**靜止(S=1)到同步轉速(S=0)**運轉 ⇒ 感應機從電源吸收能量，以驅動負載 ⇒ **電動機區。**

④ **啟動轉矩>滿載轉矩** ⇒ 感應機可在**任何負載**下啟動。

⑤ T_{max}約為滿載轉矩的 2~3 倍。

⑥ 感應電動機轉速**大於同步轉速**(S<0) ⇒ **轉矩為負**，方向相反。

⑦ 承⑥，若**轉速方向不變，則功率為負** ⇒ 感應機變為**發電機**，將機械功率轉換為電功率。

⑧ **旋轉方向與旋轉磁場方向相反**(S>1) ⇒ 轉矩使電動機很快地停止，並驅使反方向旋轉，如同反轉煞車，雖然電磁轉矩為正，但有制動作用。

(5)轉矩與電流之比例推移

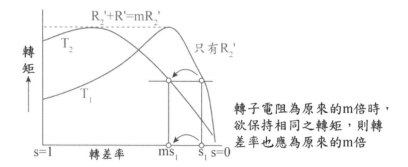

轉子電阻為原來的m倍時，欲保持相同之轉矩，則轉差率也應為原來的m倍

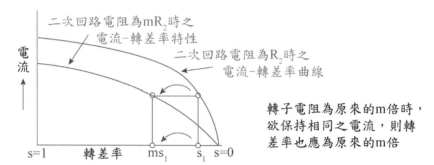

轉子電阻為原來的m倍時，欲保持相同之電流，則轉差率也應為原來的m倍

① 定義：由外加電阻 r 改變轉子電阻，將可**改變發生最大轉矩時的轉差率，以改變電動機之轉速**，但其**轉矩及電流卻不因而改變⇒限於繞線式。**

∴ 條件：

A.不同特性曲線（電阻值不同）。

B.T_e或I'_2保持相同。

C.工作區上的點。

② 公式：$\dfrac{mR'_2}{mS_1} = \dfrac{R'_2}{S_1} = \dfrac{R'_2+r}{S_2}$

③ 對於繞線式感應電動機於啟動時，可於轉子繞組加入電阻，使其啟動轉矩為最大轉矩，即**在 S=1 時欲產生T_{max}，則應在轉子繞組加入電阻R_s，使$\dfrac{R'_2+R_s}{1} = \dfrac{R'_2}{S_1}$**

④ 用途：速率控制、改善啟動轉矩。

9. 三相感應電動機之效率、功率因數,如圖 7-4 所示之速率特性曲線,橫軸表示轉差率(轉速),縱軸表示轉矩、一次電流、輸入功率、功率因數、效率等。

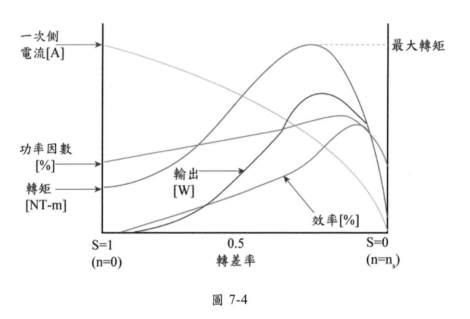

一次側
電流[A]

功率因數
[%]

轉矩
[NT-m]

輸出
[W]

效率[%]

最大轉矩

S=1　　　　　　0.5　　　　　　S=0
(n=0)　　　　　轉差率　　　　(n=nₛ)

圖 7-4

(1)轉子效率(電效率):$\eta_r = \dfrac{機械輸出功率}{三相轉子輸入功率} = \dfrac{P_o}{P_2} = 1 - S$

(2)感應電動機之負載增加(電流大),效率減低,轉差率增大。

(3)感應電動機之功率因數初隨負載之增加而增大,達最大值後,功率因數反而減少。

(4)輕載時,效率低,因大部分為固定損;負載增加至變動損和固定損相等時,效率最大,此時加重負載時,則銅損增大,而又使效率變低。

(5)輕載時,功率因數甚低;當負載增加,功率因數增大,當超載時,功率因數又下降。

(6)結論:**正常運轉時,轉差率(S)隨轉速增加而減少(S=1→0),隨負載增加而增大(S=0→1)。**

江 湖 決 勝 題

1. 某 6 極，60Hz 的三相感應電動機，當轉速為 1100rpm 時，其輸出轉矩為最大值，若轉子每相電阻為 0.04Ω，求：轉子靜止時每相轉子電抗值。

答：$(1)n_s = \frac{120f}{P} = \frac{120 \times 60}{6} = 1200(rpm)$

$(2)S_{T_{max}} = \frac{n_s - n_{r(T_{max})}}{n_s} = \frac{1200 - 1100}{1200} = \frac{1}{12}$

$(3)S_{T_{max}} = \frac{R'_2}{X'_2} \Rightarrow \frac{1}{12} = \frac{0.04}{X'_2} \Rightarrow X'_2 = 0.04 \times 12 = 0.48(\Omega)$

2. 有一台三相感應電動機 220V，60Hz，6 極，Y 接，設 $R_1 = R'_2 = 0.08\Omega$，$X_1 + X'_2 = 0.6\Omega$，求：$(1)S_{T_{max}}$；$(2)T_{max}$。

答：$(1)S_{T_{max}} = \frac{R'_2}{\sqrt{R_1^2 + (X_1 + X'_2)^2}} = \frac{0.08}{\sqrt{0.08^2 + 0.6^2}} = 0.132 = 13.2\%$

$(2)T_{max} = 3 \times \frac{1}{\omega_s} \cdot \frac{0.5V_1^2}{R_1 + \sqrt{R_1^2 + (X_1 + X'_2)^2}} = 3 \times \frac{P}{4\pi f} \cdot \frac{0.5V_1^2}{R_1 + \sqrt{R_1^2 + (X_1 + X'_2)^2}}$

$= \frac{3 \times 6}{4\pi \times 60} \times \frac{0.5 \times \left(\frac{220}{\sqrt{3}}\right)^2}{0.08 + \sqrt{0.08^2 + 0.6^2}} = 281(Nt \cdot m)$

註 轉部為 Y 接 $\Rightarrow V_L = \sqrt{3}V_P$

3. 設某一三相繞線式感應電動機在滿載轉差率為 2%，轉子每相電阻為 1Ω，若欲使此電動機之啟動轉矩相等於滿載轉矩，求：轉部應外加電阻。

答：(1)轉差率 S=1 時之轉矩稱為啟動轉矩。

$(2)\frac{R'_2}{S_1} = \frac{R'_2 + r}{S_2} \Rightarrow \frac{1}{0.02} = \frac{1+r}{1} \Rightarrow 0.02(1+r) = 1 \Rightarrow r = 49(\Omega)$

4. 有一部四極的三相繞線式轉子的感應電動機，當接於 60Hz 頻率電源，在同一轉矩下，若以 0.2Ω 的外加電阻加入滑環時可得 1400rpm 的轉速，如果改接 0.5Ω 的外電阻，得 1200rpm 的轉速，現欲得到 1000rpm 的轉速時，求：應外加多大的電阻。

答：$(1)n_s = \frac{120f}{P} = \frac{120 \times 60}{4} = 1800(rpm)$

$(2)①S_1 = \frac{n_s - n_{r1}}{n_s} = \frac{1800 - 1400}{1800} = \frac{2}{9}$

②$S_2 = \frac{n_s-n_{r2}}{n_s} = \frac{1800-1200}{1800} = \frac{3}{9}$

③$S_3 = \frac{n_s-n_{r3}}{n_s} = \frac{1800-1000}{1800} = \frac{4}{9}$

(3)先求原轉子電阻

$R'_2 : \frac{R'_2+r}{S_1} = \frac{R'_2+r}{S_2} \Rightarrow \frac{R'_2+0.2}{\frac{2}{9}} = \frac{R'_2+0.5}{\frac{3}{9}} \Rightarrow R'_2 = 0.4(\Omega)$

(4)再求 1000rpm 時之應外加電阻

$r : \frac{R'_2+r}{S_3} = \frac{R'_2+r}{S_2} \Rightarrow \frac{0.4+r}{\frac{4}{9}} = \frac{0.4+0.5}{\frac{3}{9}} \Rightarrow R'_2 = 0.8(\Omega)$

註 此題較特殊，為比例推移公式的延伸，先計算加入不同的外電阻所產生的轉差率，而推移出原轉子電阻；再藉由推移出的原轉子電阻找出欲產生新的轉速時，所應加的外電阻。

5.某三相220V，50Hp之感應電動機，在額定電壓下的啟動轉矩為220Nt-m，若降壓為 110V 啟動時，求：其啟動轉矩。

答：∵啟動時，S=1，$T_s \propto V_1^2$

∴$\frac{T'_s}{T_s} = \frac{V'^2_1}{V_1^2} \Rightarrow \frac{T'_s}{220} = \frac{110^2}{220^2} \Rightarrow T'_s = 55(Nt \cdot m)$

6.有一三相繞線式感應電動機，200V，50Hz，11kW，額定負載時，功因為 80%，效率為 88%，以 950rpm 之轉速運轉，求：(1)額定電流；(2)極數；(3)轉差率；(4)一次輸入功率；(5)二次輸入功率；(6)產生轉矩；(7)二次銅損；(8)若轉子每相電阻 0.3Ω，欲使電動機以 800rpm 運轉，則應於轉子迴路加入多少電阻。

答：(1)三相轉子輸出功率 $P_{o2} = \sqrt{3}V_1I_1\cos\theta \cdot \eta$

⇒額定電流$I_1 = \frac{P_{o2}}{\sqrt{3}V_1\cos\theta\cdot\eta} = \frac{11\times10^3}{\sqrt{3}\times200\times0.8\times0.88} = 45.1(A)$

(2)∵f=50Hz，轉速為 950rpm，轉差率為 3~5%，則同步轉速 n_s =1000rpm ∴$n_s = \frac{120f}{P} \Rightarrow P = \frac{120f}{n_s} = \frac{120\times50}{1000} = 6$(極)

(3)$S_1 = \frac{n_s-n_{r1}}{n_s} = \frac{1000-950}{1000} = 0.05 = 5\%$

(4)一次輸入功率=三相輸入總功率$P_{in} = \sqrt{3}V_1I_1\cos\theta = \sqrt{3}\times200\times45.1\times0.8 = 12.5k(W)$

(5)$P_{o2} = (1-S)P_g \Rightarrow$ 二次輸入功率 = 三相轉子輸入功率$P_g = \frac{P_{o2}}{(1-S)} = \frac{11k}{1-5\%} = 11.58k(W)$

(6)產生轉矩 = 電磁轉矩 $T_e = \frac{P_g}{\omega_s} = \frac{1}{\omega_s} \cdot P_g = \frac{1}{\frac{2\pi \cdot n_s}{60}} \cdot P_g = \frac{60 \times 11.58k}{2\pi \times 1000} = 110.6(Nt \cdot m)$

(7)二次銅損 = 三相轉子銅損功率 $P_{c2} = SP_g = 5\% \times 11.58k = 580(W)$ 或 $P_{o2} = P_2 - P_{c2} = P_g - P_{c2} \Rightarrow 11k = 11.58k - P_{c2} \Rightarrow P_{c2} = 11.58k - 11k = 0.58k = 580(W)$

(8)①$S_2 = \frac{n_s - n_{r2}}{n_s} = \frac{1000-800}{1000} = 0.2$

②$\frac{R'_2}{S_1} = \frac{R'_2 + r}{S_2} \Rightarrow \frac{0.3}{0.05} = \frac{0.3+r}{0.2} \Rightarrow r = 0.9(\Omega)$

7.4 極，50Hz 三相感應電動機，以 100(Nt-m)之轉矩驅動負載時，轉速為 1440rpm，若負載轉矩降為 50(Nt-m)時，求：電動機之輸出功率。

答：(1)同步轉速$n_s = \frac{120f}{P} = \frac{120 \times 50}{4} = 1500(rpm)$

(2)$S = \frac{n_s - n_r}{n_s} = \frac{1500-1440}{1500} = 0.04$

(3)一般正常運轉情況為無載與滿載之間之低轉差率區

　　$\Rightarrow$ 轉矩-轉速(T-S)曲線為線性

　　$\therefore T \propto S \therefore \frac{T'_e}{T_e} = \frac{S'}{S} \Rightarrow \frac{50}{100} = \frac{S'}{0.04} \Rightarrow S' = 0.04 \times \frac{50}{100} = 0.02$

(4)$T_e = \frac{P_{o2}}{\omega_r} \Rightarrow$ 三相轉子輸出功率

$$P_{o2} = \omega'_r \cdot T'_e = \frac{2\pi \cdot n'_r}{60} \cdot T'_e = \frac{2\pi \cdot (1-S')n_s}{60} \cdot T'_e$$
$$= 2\pi \times \frac{(1-0.02) \times 1500}{60} \times 50 = 7693 = 7.7k(W)$$

7-4 三相感應電動機之啟動及速率控制

1. 鼠籠式三相感應電動機啟動方法有三:

   (1) **直接啟動法**:又稱「**全壓啟動法**」;通常在 5Hp 以下的小型鼠籠式可用此法。

   (2) **降壓啟動法**:

   ① **Y－△啟動法**:適用於 5.5kW 或 10Hp 以下的電動機,啟動時將三相繞組接成 Y 型,旋轉後再以開關改接成△型運轉,為目前應用較廣的啟動法。

   A. **每相繞組電壓=全壓啟動電壓之** $\frac{1}{\sqrt{3}}$ **倍**。

   B. **每相繞組電流=全壓啟動電流之** $\frac{1}{\sqrt{3}}$ **倍**。

   C. **Y 接啟動線電流=△接全壓啟動線電流之** $\frac{1}{3}$ **倍**。

   D. **Y 接啟動轉矩=△接全壓啟動轉矩之** $\frac{1}{3}$ **倍**。

   ② **啟動補償器法**:又稱「**自耦變壓器降壓啟動法**」;適用於 11kW 或 15Hp 以上之電動機啟動,以電感器或自耦變壓器於啟動時,**降低電源電壓以限制啟動電流**,使不致過大。啟動後,**逐段移出啟動補償器,最後將電動機直接接於電源運轉**。

   設: $\frac{1}{n} = \frac{電動機側的電壓}{電源側的電壓}$,則:

   A. **啟動電流(一次側線電流)=全壓啟動電流之** $(\frac{1}{n})^2$ **倍**。

   B. **啟動電壓(二次側線電流)=全壓啟動電壓之** $\frac{1}{n}$ **倍**。

   C. **啟動轉矩=直接全壓啟動轉矩之** $(\frac{1}{n})^2$ **倍**。

   (3) **一次側串聯電抗(電阻)器法**:將鼠籠式感應電動機在定子繞組採△型連接,在啟動時利用**串聯電抗器或電阻器來降壓啟動**,降低啟動電流。

   設: $\frac{1}{n} = \frac{電動機側的電壓}{電源側的電壓}$,則:

   ① **電抗器啟動電流=全壓啟動電流之** $\frac{1}{n}$ **倍**。

   ② **電抗器啟動轉矩=全壓啟動轉矩之** $(\frac{1}{n})^2$ **倍**。

2. 繞線式感應電動機啟動方法是**轉部可串接外電阻**，由手動或自動法完成良
   好的啟動，啟動時轉子加入適當的電阻，啟動後再將電阻慢慢減為切離電
   路，如此可以**減少啟動電流，而加大啟動轉矩**。轉部加入啟動電阻的目的：
   (1)**限制啟動電流**；(2)**增加啟動轉矩**；(3)**提高啟動時之功率因數**。

3. 改變轉速的方法有三種，轉子的轉速$n_r = (1 - S) \times n_s = \dfrac{120f}{P}(1 - S)$：
   (1)**改變轉差率**；(2)**改變極數**；(3)**改變電源頻率**。

4. 改變轉差率(S)的方法有三種：
   (1)**改變電源電壓**：電源電壓上升時，**轉差率下降，轉速加快**；但效果不
      佳，因為控制速度範圍不廣。
   (2)**改變轉子電阻**：只限於繞線式，在轉子外另加電阻；**電阻大時轉差率
      亦大，轉速則下降**。
   (3)**外加交流電壓**：只限於繞線式，在轉子外加頻率為 sf 的電壓，若此電
      壓**與轉子電壓同相，則轉速加快**，可超過同步轉速，若**反向則轉速下
      降**。

5. 改變極數(P)的方法有二種：
   (1)**改變定子繞組線**：使其極數改變，**極數增加，則轉速下降**，通常變極
      法都是**雙倍變數**，如 4 極變 8 極，**則轉速減半**。
   (2)**串聯並用法**：用**兩部電動機合用**，可得四種不同的同步轉速，若只用 A
      機，則$n_a = \dfrac{120f}{P_A}$。若只用 B 機，則$n_b = \dfrac{120f}{P_B}$。若 AB 兩機**同向串級則**
      $n_a = \dfrac{120f}{P_A + P_B}$，**反向串級時則**$n_a = \dfrac{120f}{P_A - P_B}$。

6. 改變電源頻率(f)法：**頻率增加則轉速增大**$(N_r \propto f)$，在一般商用電源因頻
   率為固定，故若以變頻法改變轉速時，則需一套變頻設備，甚為昂貴，**但
   控制速率圓滑且寬廣，為無段變速，效果佳**，在船艦中另備一套電源專供
   電動機用，則適合此變頻法。

7-5　三相感應電動機之試驗

欲得三相感應電動機每相等效電路之數值，必須執行**電阻測試、無載試驗、堵轉試驗**，從量測其功率、電壓、電流，以換算等效電路之各數值。

1. 繞組電阻測試

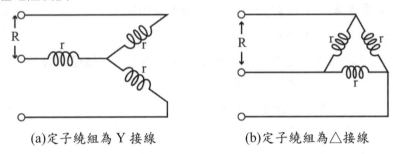

(a)定子繞組為 Y 接線　　　　　(b)定子繞組為△接線

主要目的是測定定子繞組每相之電阻，可採用惠斯登電橋或將可變直流加入三相感應電動機的任意兩端，並由直流電壓表及直流電流表測得其電壓 V_{dc} 及 I_{dc}，則**兩線端之電阻** $R = \dfrac{V_{dc}}{I_{dc}}$；若**定子繞組為 Y 接線**，則一次側繞組一相分之**電阻** $r = \dfrac{R}{2}$；若**定子繞組為△接線**，則一次側繞組一相分之電阻 $r = \dfrac{3}{2}R$。

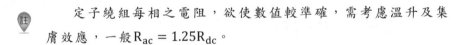
　　　定子繞組每相之電阻，欲使數值較準確，需考慮溫升及集膚效應，一般 $R_{ac} = 1.25 R_{dc}$。

2. 無載試驗

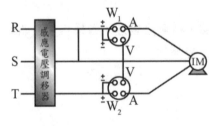

感應機之無載及諸轉試驗

將感應電動機在額定電壓下，以無載運轉得到額定電壓 V_r、無載電流 I_o 及無載功率損失 $W_o (= W_1 + W_2)$。

(1)功率因數 $\cos \theta_o = \dfrac{W_o}{\sqrt{3} V_r I_o}$

(2)導納 $Y_o = \dfrac{I_o}{\frac{V_r}{\sqrt{3}}} = \dfrac{\sqrt{3} I_o}{V_r} = \dfrac{1}{Z_M}$

(3)電導 $g_o = \dfrac{I_o \cos \theta_o}{\frac{V_r}{\sqrt{3}}} = \dfrac{W_o}{V_r{}^2} = \dfrac{1}{R_C}$

(4)電納 $b_o = \sqrt{Y_o{}^2 - g_o{}^2} = \dfrac{1}{X_M}$

3. 堵轉試驗

   如同**變壓器之短路試驗**，將感應點動機之轉子堵住，調整三相感應電壓調整器。使達　感應機之額定電流值 I_1、測量電壓 V_b 及功率 $W_b (= W_1 + W_2)$。

(1)$R = R_1 + R'_2 = \dfrac{W_b}{3I_1{}^2}$

(2)$R'_2 = R - R_1$　(R_1由電阻測試得知)

(3)$Z = \dfrac{V_b}{\sqrt{3} I_1} = \sqrt{R^2 - X^2}$

(4)$X = \sqrt{Z^2 - R^2} = X_1 + X'_2$

(5)$\cos \theta_S = \dfrac{W_b}{\sqrt{3} V_b I_1}$

> 註　在 IEEE 測量規範中，**堵轉試驗定子側加入的電源頻率為額定頻率的** 25%，也就是說，若額定頻率為 60Hz，則測試的電源頻率為 15Hz，因此在額定頻率運轉時之漏磁電抗應進行修正，即 $X_1 + X'_2 = \dfrac{60}{15} \sqrt{Z^2 - R^2}$。

天下大會考

( )　1. 三相感應電動機之輸出功率為 2 馬力,換算約為多少 kW?
(A)2kW　　　　　　　　　(B)1.5kW
(C)1.0kW　　　　　　　　(D)0.5kW。

( )　2. 三相感應電動機在運轉時其輸入總功率為 50kW,若連續運轉 5 小時,且每度電費為 3 元,則此負載需付費多少?
(A)750 元　　　　　　　　(B)500 元
(C)250 元　　　　　　　　(D)150 元。

( )　3. 有一台 6 極三相感應電動機,同步轉速為 1200rpm。若電動機之轉差率 5%時,則轉子繞組中電流之頻率應為何?
(A)1Hz　　　　　　　　　(B)2Hz
(C)3Hz　　　　　　　　　(D)4Hz。

( )　4. 有關三相感應電動機構造之敘述,下列何者不正確?
(A)主要是由定子及轉子兩部分所構成
(B)定子上有三相線圈
(C)轉子為鼠籠式或繞線式
(D)電刷應適當移位至磁中性面。

( )　5. 有一台 6 極、220V、60Hz 三相感應電動機,滿載時轉差率為 5%,產生之轉矩為 30 牛頓-公尺,機械損為 218.6W,試求轉子銅損應為何?
(A)200W　　　　　　　　(B)400W
(C)800W　　　　　　　　(D)1000W。

( ) 6. 有一台 6 極、繞線式三相感應電動機,滿載時之轉差率為 5%; 今在轉子之每相電路上串接 2.5Ω 之電阻,轉差率變為 7.5%,試求轉子每相電阻應為何?

(A)1Ω (B)5Ω

(C)45Ω (D)50Ω。

( ) 7. 某三相、六極感應電動機,電源頻率為 60Hz,則旋轉磁場轉速為多少?

(A)7200rpm (B)3600rpm

(C)1800rpm (D)1200rpm。

( ) 8. 有一部三相 2 極、10Hp 感應電動機,接三相 200V、60Hz 電源,滿載時線電流為 30A,功率因數為 0.8,求滿載效率為多少?

(A)79.7% (B)84.7%

(C)89.7% (D)94.7%。

( ) 9. 感應電動機轉子銅損與鐵損在下列哪一個狀況會最大?

(A)啟動時 (B)轉子達最高速時

(C)加速時 (D)減速時。

( ) 10. 下列感應電動機速度控制方法中,速度控制範圍最大者是?

(A)變換轉子電阻 (B)變換極數

(C)變換電源電壓 (D)變換電源頻率。

( ) 11. 三相繞線式感應電動機啟動時,在轉子繞組中串接額外的電阻,其目的為何?

(A)提高啟動電流及降低啟動轉矩

(B)提高啟動電流及降低啟動的輸入頻率

(C)提高啟動轉矩及提高啟動電流

(D)提高啟動轉矩及降低啟動電流。

( )　12. 三相感應電動機若忽略激磁電抗及鐵損的影響，其換算至定子側
之每相近似等效電路，如圖所示，圖中 R_1 及 R_2 分別為定子側及
轉子側的等效電阻，X_1 及
X_2 分別為定子側及轉子側
的等校漏電抗，S 為滑差率
（轉差率），V_1 為相電壓。
若此電動機在最大功率輸
出時，則其滑差率 S 為何？

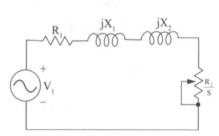

(A)$S = \dfrac{R_2}{\sqrt{R_1^2+(X_1+X_2)^2}}$　　　(B)$S = \dfrac{R_2}{\sqrt{R_1^2-(X_1+X_2)^2}}$

(C)$S = \dfrac{R_1}{\sqrt{R_2^2+(X_1+X_2)^2}}$　　　(D)$S = \dfrac{R_1}{\sqrt{R_2^2-(X_1+X_2)^2}}$

( )　13. 三相感應電動機在正常運轉下，若電源電壓的頻率 f_e 其單位為
Hz，此電動機轉軸之機械轉速 N_r 其單位為 rpm，極數為 P，滑差
率（轉差率）為 S，則下列何者正確？
(A)$N_r = (1 + S)\dfrac{120}{P}f_e$　　　(B)$N_r = (1 - S)\dfrac{120}{P}f_e$
(C)$N_r = \dfrac{120}{P}f_e$　　　(D)$N_r = (2 - S)\dfrac{120}{P}f_e$。

( )　14. 三相六極感應電動機，電源電壓為 220V，頻率為 50Hz，若在額
定負載下，滑差率（轉差率）為 5%，則電動機滿載時轉子轉速
為何？
(A)950rpm　　　　　　　(B)1000rpm
(C)1050rpm　　　　　　　(D)1200rpm。

( )　15. 三相感應電動機無載運轉時，如欲增加轉速，可選用下列何種方
法？
(A)減少電源頻率　　　　　(B)增加電源頻率
(C)減少電源電壓　　　　　(D)增加電動機極數。

( )　16. 一部三相 4 極，50Hz 感應電動機，於額定電流與頻率下，若轉子
感應電勢之頻率為 1.8Hz，則此電動機之轉差速率為多少？
(A)36rpm　　　　　　　　　(B)54rpm
(C)64rpm　　　　　　　　　(D)72rpm。

( )　17. 關於感應電動機之構造，下列敘述何者正確？
(A)定子與轉子鐵心採用矽鋼片疊積而成，主要是為減少磁滯損
(B)雙鼠籠式轉子設計主要目的為提高啟動電流，降低啟動轉矩
(C)為抵消電樞反應，故採用較小氣隙長度設計
(D)轉子鐵心採用斜形槽設計可減低旋轉時之噪音。

( )　18. 一部三相 4 極，60Hz 之繞線式感應電動機，轉子每相電阻為 0.5
Ω，運轉於 1200rpm 時產生最大轉矩，若此電動機要以最大轉矩
轉動，則轉子每相電路需外加多少電阻？
(A)1Ω　　　　　　　　　　(B)2Ω
(C)3Ω　　　　　　　　　　(D)4Ω。

( )　19. 正常工作下，三相感應電動機負載與轉差率的關係為何？
(A)負載增加，轉差率變大
(B)負載增加，轉差率變小
(C)負載減小，轉差率變大
(D)負載變動不會影響轉差率。

( )　20. 下列有關三相鼠籠式感應電動機轉子的敘述，何者正確？
(A)啟動時，轉子電流大部分流過高電阻低電感的上層繞組
(B)啟動時，轉子電流大部分流過低電阻高電感的上層繞組
(C)啟動時，轉子電流大部分流過高電阻低電感的下層繞組
(D)啟動時，轉子電流大部分流過低電阻高電感的下層繞組。

( ) 21. 不考慮暫態影響之情形,三相感應電動機的啟動電壓下降 35%時,
下列敘述何者正確?
(A)啟動電流下降 35%,啟動轉矩下降 35%
(B)啟動電流下降 35%,啟動轉矩下降 58%
(C)啟動電流下降 58%,啟動轉矩下降 35%
(D)啟動電流下降 58%,啟動轉矩下降 58%。

( ) 22. 下列何種啟動方法不適用於三相鼠籠式感應電動機?
(A)Y-Δ 降壓啟動法
(B)一次電抗降壓啟動法
(C)轉子加入電阻法
(D)補償器降壓啟動法。

( ) 23. 關於三相感應電動機之定子與轉子分別所產生之旋轉磁場,下列
敘速何者正確?
(A)兩者不同步,會隨負載而變
(B)兩者不同步,會隨電源頻率而變
(C)兩者同步
(D)兩者不同步,會隨啟動方式而變。

( ) 24. 關於感應機的最大轉矩,下列敘述何者正確?
(A)最大轉矩與電源電壓成正比
(B)最大轉矩與同步角速度成正比
(C)最大轉矩與轉子電阻值無關
(D)最大轉矩與定子電阻值成正比。

( ) 25. 三相鼠籠式感應電動機，用相同的線電壓，分別以 Y 連接起動與 Δ 連接起動，請問 Y、Δ 連接起動電流之比與 Y、Δ 連接起動轉矩之比，分別為何？

(A)$\frac{1}{\sqrt{3}}$, $\frac{1}{\sqrt{3}}$ (B)$\frac{1}{3}$, $\frac{1}{3}$

(C)$\frac{1}{3}$, $\frac{1}{\sqrt{3}}$ (D)$\frac{1}{\sqrt{3}}$, $\frac{1}{3}$。

( ) 26. 三相 4 極的感應電動機，接 50Hz 電源，測量出轉速為 1410rpm，則其轉差率為多少？

(A)3%   (B)6%

(C)12%   (D)22%。

( ) 27. 有關感應電動機轉子之感應電勢與轉差率(S)的關係，下列敘述何者錯誤？

(A)S=1，轉子感應電勢最大

(B)S=0 轉子之感應電勢為零

(C)感應電動機之轉速愈高，轉子之感應電勢愈大

(D)感應電動機之轉速愈低，轉子電流愈大。

解 答 與 解 析

1.(**B**)。(1)1 馬力 $=\frac{3}{4}$ kW

    (2)2 馬力 $=\frac{3}{4}$ kW $\times 2 = \frac{3}{2} = 1.5$k(W)

2.(**A**)。(1) 度=千瓦×小時 $= 50 \times 5 = 250$ 度

    (2)每度 3 元$\Rightarrow 250 \times 3 = 750$ 元

3.**(C)**。(1) $n_s = \frac{120f}{P} \Rightarrow$ 電源頻率 $f = \frac{P \cdot n_s}{120} = \frac{6 \times 1200}{120} = 60(rpm)$

(2)轉子頻率$f_r = S \cdot f = 5\% \times 60 = 0.05 \times 60 = 3(Hz)$

4.**(D)**。感應電動機因沒有電樞反應現象，故其電刷並不用移至適當的磁中性面。

5.**(A)**。(1)$n_s = \frac{120f}{P} = \frac{120 \times 60}{6} = 1200(rpm)$；

$n_r = (1 - S)n_s = (1 - 0.05) \times 1200 = 1140(rpm)$

(2)$T_e = \frac{P_{o2}}{\omega_r} = \frac{1}{\omega_r} \cdot P_{o2} = \frac{1}{\frac{2\pi \cdot n_r}{60}} \cdot P_{o2}$

$\Rightarrow 30 = \frac{1}{\frac{2\pi \times 1140}{60}} \cdot P_{o2} \Rightarrow P_{o2} = 30 \times \frac{2\pi \times 1140}{60} = 3581.4(W)$

(3)$P_{o2} = (1 - S)P_g \Rightarrow P_g = \frac{P_{o2}}{1-S} = \frac{3581.4}{1-0.05} = 3770(W)$

(4)$P_{c2} = SP_g = 0.05 \times 3770 = 188.5(W)$，故選 200(W)

6.**(B)**。$\frac{R'_2}{S_1} = \frac{R'_2 + r}{S_2} \Rightarrow \frac{R'_2}{0.05} = \frac{R'_2 + 2.5}{0.075} \Rightarrow R'_2 = 5(\Omega)$

7.**(D)**。$n_s = \frac{120f}{P} = \frac{120 \times 60}{6} = 1200(rpm)$

8.**(C)**。(1) 三相輸入總功率

$P_{in} = \sqrt{3}V_1 I_1 \cos\theta = \sqrt{3} \times 200 \times 30 \times 0.8 = 8313.84(W)$

(2)$\eta = \frac{P_o}{P_{in}} = \frac{10 \times 746}{8313.84} = 89.71\%$

9.**(A)**。(1) 啟動時，S=1，三相轉子銅損功率

$P_{c2} = 3 \times I_{2r}^2 R_2 = SP_g \Rightarrow P_{c2}$最大

(2)轉子運轉時：$S = \frac{轉子運轉時應電勢}{轉子靜止時應電勢} = \frac{E'_{2r}}{E_{2r}} \Rightarrow$

啟動時，S=1，E'_{2r}最大

(3)鐵損中P_e：磁滯損P_h=1：4，故$P_i \doteqdot P_h \Rightarrow P_i \propto V^2 \propto \frac{1}{f}$，與負載變化無關。

(4)由(3)得知，鐵損與電壓平方成正比，E'_{2r}最大，所以鐵損也最大。

10.**(D)**。頻率增加則轉速增大($N_r \propto f$)，在一般商用電源因頻率為固定，故若以變頻法改變轉速時，則需一套變頻設備，甚為昂貴，但控制速率圓滑且寬廣，為無段變速，效果佳，在船艦中另備一套電源專供電動機用，則適合此變頻法。

11.**(D)**。Y 接於轉軸的滑環上，轉子電阻大，啟動時可經電刷自外部加接電阻，藉以限制啟動電流，增大啟動轉矩；正常運轉時，可改變外加接電阻大小，控制運轉速度。

12.**(A)**。由電磁轉矩$T_e = \dfrac{P_g}{\omega_s}$得知：

(1)T_{max}發生在轉子輸入功率P_g最大時。

(2)$P_g = I'^2_2 \cdot \dfrac{R'_2}{S} \Rightarrow P_g$消耗在電阻$\dfrac{R'_2}{S} \Rightarrow T_{max}$發生於消耗在此電阻$\dfrac{R'_2}{S}$之功率最大時。

(3)根據最大功率轉移定理得知

$$R_L = Z_{th} \Rightarrow \frac{R'_2}{S} = R_1 + j(X_1 + X'_2)$$

(4)$\left|\dfrac{R'_2}{S}\right| = \sqrt{R_1^2 + (X_1 + X'_2)^2}$

$$\Rightarrow S_{T_{max}} = \frac{R'_2}{\sqrt{R_1^2 + (X_1 + X'_2)^2}} \doteq \frac{R'_2}{X'_2} \doteq 0.2 \sim 0.3$$

13.**(B)**。$n_r = (1 - S) \times n_s = (1 - S) \times \dfrac{120f}{P}$(rpm)

14.**(A)**。$n_r = (1 - S) \times n_s = (1 - S) \times \dfrac{120f}{P}$

$$= (1 - 5\%) \times \frac{120 \times 50}{6} = (1-0.05) \times 1000 = 950 \text{(rpm)}$$

15.(**B**)。頻率增加則轉速增大($N_r \propto f$)，在一般商用電源因頻率為固定，故若以變頻法改變轉速時，則需一套變頻設備，甚為昂貴，但控制速率圓滑且寬廣，為無段變速，效果佳，在船艦中另備一套電源專供電動機用，則適合此變頻法。

16.(**B**)。(1) 轉子頻率$f_r = S \cdot f \Rightarrow 1.8 = S \times 50 \Rightarrow S = 0.036$

(2)$S = \frac{n_s - n_r}{n_s} \Rightarrow n_s - n_r = S \times n_s = S \times \frac{120f}{P} = 0.036 \times \frac{120 \times 50}{4} = 0.036 \times 1500 = 54(rpm)$

17.(**D**)。採用斜型槽減少轉子與定子間因磁阻變化而產生電磁噪音。

18.(**A**)。(1) $n_s = \frac{120f}{P} = \frac{120 \times 60}{4} = 1800(rpm)$

(2)$S_1 = \frac{n_s - n_r}{n_s} = \frac{1800 - 1200}{1800} = \frac{1}{3}$

(3)對於繞線式感應電動機於啟動時，可於轉子繞組加入電阻，使其啟動轉矩為最大轉矩，在 S=1 時欲產生T_{max}，則應在轉子繞組加入電阻R_s，使$\frac{R'_2 + R_s}{1} = \frac{R'_2}{S_1}$

(4)$\frac{R'_2 + R_s}{1} = \frac{R'_2}{S_1} \Rightarrow \frac{0.5 + R_s}{1} = \frac{0.5}{\frac{1}{3}} \Rightarrow \frac{1}{3}(0.5 + R_s) = 0.5 \Rightarrow R_s = 1(\Omega)$

19.(**A**)。(1) 電動機剛啟動時，轉子尚未轉動 S=1，轉子頻率 f_r=f；隨著轉速增加，轉子頻率會減少；若轉速達到同步轉速，S=0，轉子頻率 f_r=0，轉子導體感應電勢=0，會使轉速下降直到平衡，故，隨轉速的增加，轉子頻率(f_r=f→0)及轉差率(S=1→0)皆會減少。

(2)感應電動機之負載增加，效率減低，轉差率增大，請參照本章圖 7-4 所示。

(3)結論：正常運轉時，轉差率(S)隨轉速增加而減少，隨負載增加而增大。

20.(**A**)。雙鼠籠式(C 級)：轉子繞組分上、下兩部份。

(1)上(外)層繞組：電阻大、電感小、感抗小，起動時，大部份啟動電流流經此繞組，故啟動轉矩大、啟動電流小。

(2)下(內)層繞組：電阻小、電感大、感抗大，運轉時，大部分電流流經此繞組，故效率高、轉差率小。

21.(**B**)。(1) ①啟動電流$I'_2 = \dfrac{V_1}{\sqrt{(R_1+\frac{R'_2}{s})^2+(X_1+X'_2)^2}} \Rightarrow I'_2 \propto V_1$

②啟動電壓下降 35%

$\Rightarrow (I'_2)' = (1-0.35)I'_2 = 0.65I'_2 = 65\%I'_2$

$\Rightarrow$ 啟動電流I'_2下降 35%，即原來的 65%。

(2) ①啟動轉矩$T_s = \dfrac{1}{\omega_s} \cdot \dfrac{V_1^2}{(R_1+R'_2)^2+(X_1+X'_2)^2} \cdot R'_2 \Rightarrow T_s \propto V_1^2$

②啟動電壓下降 35%

$\Rightarrow T_s' = (1-0.35)^2 T_s = 0.4225T_s = 42.25\%T_s$

$\Rightarrow$ 啟動轉矩T_s下降 57.75%($\doteqdot$ 58%)，即原來的 42.25%。

22.(**C**)。僅限於繞線式感應電動機啟動方法是轉部可串接外電阻，由手動或自動法完成良好的啟動，啟動時轉子加入適當的電阻，啟動後再將電阻慢慢減為切離電路，如此可以減少啟動電流，而加大啟動轉矩。轉部加入啟動電阻的目的：(1)限制啟動電流；(2)增加啟動轉矩；(3)提高啟動時之功率因數。

23.(**C**)。根據旋轉磁場的產生，有三個結論：

(1)產生的旋轉磁場在任意方向的磁場強度皆相等，且綜合磁動勢 F=$\dfrac{3}{2}$每相最大磁動勢F_m。

(2)旋轉磁場以同步速率$N_s = \dfrac{120f}{P}$旋轉。

(3)對調任二條電源線，則三相繞組的相序改變，旋轉磁場反轉。

24.(**C**)。(1) $T_{max} = \dfrac{1}{\omega_s} \cdot \dfrac{0.5V_1^2}{R_1+\sqrt{R_1^2+(X_1+X'_2)^2}}$

(2)T_{max}與轉子電阻R'_2無關，$T_{max} \propto V_1^2 \propto \dfrac{1}{定子電阻R_1} \propto \dfrac{1}{定子電抗X_1} \propto \dfrac{1}{轉子電抗X_2}$。

(3)可藉由改變R'_2之大小可調節發生最大轉矩時之轉差率，即發生最大轉矩時之轉差率與R'_2成正比。

25.(**B**)。Y－△啟動法：適用於 5.5kW 或 10Hp 以下的電動機，啟動時將三相繞組接成 Y 型，旋轉後再以開關改接成△型運轉，為目前應用較廣的啟動法。

(1)每相繞組電壓=全壓啟動電壓之 $\frac{1}{\sqrt{3}}$ 倍。

(2)每相繞組電流=全壓啟動電流之 $\frac{1}{\sqrt{3}}$ 倍。

(3)Y 接啟動線電流=△接全壓啟動線電流之 $\frac{1}{3}$ 倍。

(4)Y 接啟動轉矩=△接全壓啟動轉矩之 $\frac{1}{3}$ 倍。

26.(**B**)。(1)$n_s = \frac{120f}{P} = \frac{120 \times 50}{4} = 1500(\text{rpm})$

(2)$S = \frac{n_s - n_r}{n_s} = \frac{1500 - 1410}{1500} = 0.06 = 6\%$

27.(**我**)。(1)　　定子及轉子感應電勢：

①啟動瞬間(S=1)：靜止時與變壓器相同，$a = \frac{E_{1p}}{E_{2r}}$

②轉子運轉時：$S = \frac{轉子運轉時應電勢}{轉子靜止時應電勢} = \frac{E'_{2r}}{E_{2r}}$

(2)正常運轉時，轉差率(S)隨轉速增加而減少，隨負載增加而增大。

(3)轉速↑、S↓、E'_{2r}↓

第八章　單相感應電動機

8-1　單相感應電動機之原理

1. 磁場理論：

    (1)**單相**感應電動機之構造，**轉部為鼠籠式，定部繞有一單相繞組**（應另加一**起動繞組**）。此繞組加入**單相電源**後只能產生**位置方向不變而大小隨時間變化**的單相**交變磁場**，如圖 8-1 所示。

    $$H_\theta = H_m \cos\theta \cos\omega t$$

    (2)有別於單相感應電動機，**三相**感應電動機之定部繞組於通入三相電源後其產生**最大值不隨時間變化**，而**位置方向隨時間變化**之同步**旋轉磁場**，如圖 8-2 所示。

    $$H_\theta = H_m \cos(\theta - 1)$$

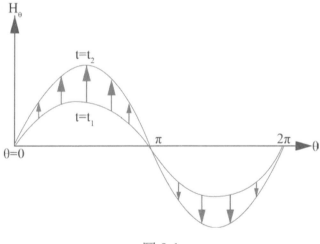

圖 8-1

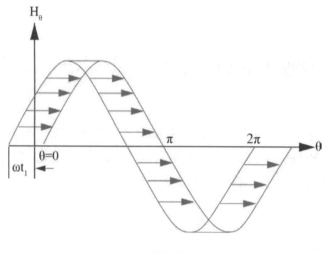

圖 8-2

(3)三相感應電動機，**一線斷線，若為輕負載，可能連續運轉**，由此可知，**單相磁場仍可產生轉矩**，但是將此電動機**停止運轉後再加上單相電源**時，電動機雖有大電流通過，卻**無法轉動**，因此**單相感應電動機不能自行啟動**，但**一經啟動後即能產生轉矩**繼續轉動。

(4)由(3)之現象可分為兩種學說：**雙旋轉磁場理論、交叉磁場理論**。

①雙旋轉磁場理論

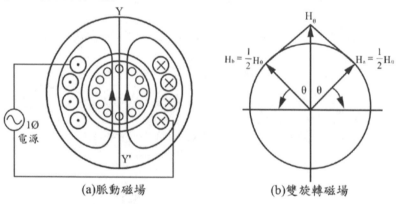

(a)脈動磁場　　　　　(b)雙旋轉磁場

圖 8-3

A. 如圖 8-3 所示之兩極電動機，當單相定子繞組通入單相交流電源，則產生電流 i 於繞組，設 $i = I_m \cos \omega t$，則此電流 i 所產生之磁勢為 $ki \cos \theta$（θ 為由線圈軸量得磁勢之空間角），即：$H_\theta = ki \cos \theta = kI_m \cos \theta \cos \omega t$

$\because \cos \alpha \cos \beta = \dfrac{1}{2} \cos(\alpha - \beta) + \dfrac{1}{2} \cos(\alpha + \beta)$

$\therefore H_\theta = \dfrac{kI_m}{2}[\cos(\theta - \omega t) + \cos(\theta + \omega t)]$

$\qquad = \dfrac{H_m}{2} \cos(\theta - \omega t) + \dfrac{H_m}{2} \cos(\theta + \omega t)$

$\qquad = H_a + H_b$

B. 由 A. 得知單相脈動磁場，可分解成兩個大小相等且為**最大值的$\dfrac{1}{2}$**，而以相等之速率 ω **反向旋轉**之磁場所合成。此二相量 H_a、H_b 在任一瞬間之合成值（相量和）必等於該瞬間單相磁場真正之值，且始終**沿 $Y - Y'$ 軸變化**。

C. 設順時針磁場 ϕ_a 產生轉矩 T_a，使轉子以正轉方向旋轉；另一逆時針磁場 ϕ_b 產生轉矩 T_b，使轉子以反方向旋轉。將轉差率 S=0~2 代入 $T_e = \dfrac{P}{4\pi f} \cdot \dfrac{v_1^2}{(R_1 + \frac{R'_2}{S})^2 + (X_1 + X'_2)^2} \cdot \dfrac{R'_2}{S}$ 推得圖 8-4。

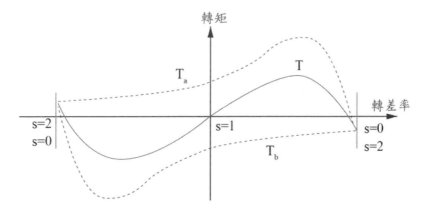

圖 8-4

D. 由圖 8-4 得知：

◆ **啟動時 S=1，兩轉矩大小相等方向相反，故淨轉矩=0⇒單相感應電動機不能自行啟動。**

◆ 轉子沿T_a作用之方向旋轉，轉子對**正轉磁場**之轉差率 S **漸小於** 1，**反轉磁場**之轉差率 S **漸大於** 1⇒**正轉矩佔優勢**$T_a > T_b$，**驅使轉子沿正轉方向加速**n_r**至接近同步轉速**n_s，即$n_r = n_s$（S 漸小於 1 趨近於 0）。

◆ 轉子對**正轉**旋轉磁場之轉差率$S_{正} = \frac{n_s - n_r}{n_s}$。

◆ 轉子對**反轉**旋轉磁場之轉差率$S_{反} = \frac{n_s - (-n_r)}{n_s} = \frac{n_s + n_r}{n_s}$

$= 2 - \frac{n_s - n_r}{n_s} = 2 - S_{正}$ 。

◆ 反之，轉子沿T_b作用之方向旋轉，則$T_b > T_a$則轉子沿反轉方向加速至接近同步轉速。

E. 結論：

◆ 雙旋轉磁場之原理，解釋單相感應電動機轉子流有$f_r = S \cdot f$及 $f_r = (2 - S) \cdot f$兩種頻率之電流，產生兩種旋轉磁場。

◆ T_b雖然始終存在，但在接近於同步速率時，對於轉子的影響很小，因此單相感應電動機**永遠向啟動時之方向轉動**。

◆ 由圖 8-2 得知，單相感應電動機的兩個旋轉磁場**每個週期相交兩次**，因此電動機產生之淨轉矩將有**兩倍於定子頻率的脈動**，這會**增加電動機的振動**，因此對容量大小相同之三相和單相感應電動機，**單相感應電動機會有較大之噪音，且輸入功率為脈動式**，這種脈動無法消除，因此單相感應電動機在設計時，必須容忍這種振動。

◆ 正轉磁場與反轉磁場之比較：

特性	正轉磁場	反轉磁場
旋轉方向	順時針	逆時針
轉矩方向	順時針	逆時針
轉差率	S	2 − S
轉部頻率	Sf	(2 − S)f
起動時的磁場強度	$H_正 = H_反$	$H_反 = H_正$
起動時的轉矩	$T_正 = T_反$	$T_反 = T_正$
正轉啟動後磁場強度	變大	變小
正轉啟動後轉矩	變大	變小
反轉啟動後磁場強度	變小	變大
反轉啟動後轉矩	變小	變大

② 交叉磁場理論

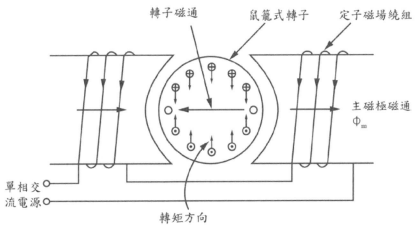

A. 產生的**脈動磁場**隨時間大小變化，先變大、後變小，**但卻停留在固定方向**。

B. 感應電動機之單相交變磁場（轉子磁通）穿過轉子時，轉部導體**如同變壓器產生感應電勢，形成感應電流**。

C. 由於單相感應電動機**沒有旋轉磁場**,但**轉子線圈是短路的**,所以有轉子電流在流動,而此轉子電流產生之磁場與定子磁場成一直線(**方向相反**),無法在轉子上產生淨轉矩⇒**啟動轉矩 = 0**

D. **靜止時,可視為一個二次測短路的變壓器。**

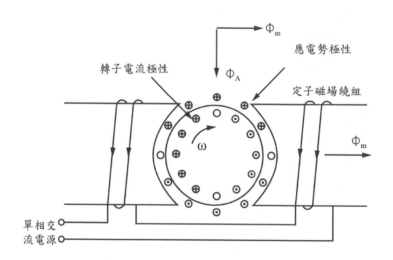

A. 轉子**受外力**而順時針方向轉動。

B. 轉子導體內有應電勢產生,此**應電勢與定子交變磁場同相**,亦即**定子磁通ϕ_m最大時,此應電勢亦最大,此應電勢靠轉子轉動而產生**,稱為**速率電勢**。

C. 轉動馬達之導體上感應之感應速率電勢之轉子頻率很高(與速率成正比),故轉子電抗(2πf)甚大於電阻,使**轉子電流較其應電勢落後 90°**。

D. 由此電流產生之磁通ϕ_A在空間上與ϕ_m成 90°電機角,**故產生旋轉磁場**,使電動機繼續轉動。

E. 加載後,造成轉速降低,則轉部速率電勢降低,產生交磁ϕ_A降低,而與ϕ_m形成大小變動不平衡的旋轉磁場,**致運轉時噪音大,振動大**。

江　湖　必　勝　題

1. 有一部四極、60Hz、額定轉速 1710rpm 的單相感應電動機，求：(1)正轉磁場時的轉差率；(2)反轉磁場時的轉差率。

   答：正轉磁場 $n_s = \dfrac{120f}{P} = \dfrac{120 \times 60}{4} = 1800(rpm)$

   　　反轉磁場 $n_r = -n_s = -1800(rpm)$

   (1)轉子對正轉旋轉磁場之轉差率 $S_{正} = \dfrac{n_s - n_r}{n_s} = \dfrac{1800 - 1710}{1800} = 0.05$

   (2)轉子對反轉旋轉磁場之轉差率

   $$S_{反} = \dfrac{n_s - (-n_r)}{n_s} = \dfrac{n_s + n_r}{n_s} = 2 - \dfrac{n_s - n_r}{n_s} = 2 - S_{正} = 2 - 0.05 = 1.95$$

2. 對單相繞組交流電源產生的交變磁場之現象及作用之敘述，下列何者不正確？　(A)係為方向不變，大小隨時間作正弦變化的磁場　(B)啟動轉矩為零無法自行啟動　(C)外力使轉子朝順時針方向轉動，則轉子朝該向加速至接近同步速率　(D)係雙旋轉磁場論將其分解成兩磁勢大小相等，旋轉方向相反之磁場表示　(E)由交叉磁場理論知其會產生穩定旋轉磁場及轉矩來帶動負載。

   答：(E)。

   　　由交叉磁場理論得知：加載後，造成轉速降低，則轉部速率電勢降低，產生交磁 ϕ_A 降低，而與 ϕ_m 形成大小變動不平衡的旋轉磁場，致運轉時噪音大，振動大。故選(E)

8-2　單相感應電動機之啟動分類、構造、特性及用途

1. 於 8-1 已說明，單相感應電動機又稱「分數馬力電動機」**本身沒有啟動轉矩**，必須採用**鼠籠型轉子和啟動繞組幫助啟動**，依啟動法可分為：

   (1)**分相繞組啟動式：電感分相式感應電動機。**

   (2)**電容啟動式：電容式感應電動機。**

   (3)**蔽極式啟動：蔽極式感應電動機。**

2. 若採具**換向器與電刷**之直流機轉子，稱為「單相換向電動機」；依啟動方法可分為：　(1)串激式電動機。　(2)推斥式電動機。

3. 電感分相式感應電動機

　(1)構造：

　　①因在定部槽內**行駛繞組 M（主繞組）無法自行啟動**，需在**定部槽外設啟動繞組（輔助繞組）**，使兩繞組空間上相距 90° 電機角。係利用剖相方式產生旋轉磁場以啟動運轉。

　　②**離心開關：為 B 接點（常閉接點 Normal Close,N.C.）**，利用裝置於轉**軸上的離心開關驅動器（SWr），在達 75%同步轉速（額定轉速）的離心力時來驅動該接點（Close→Open），以切斷電源完成啟動。**

　(2)動作及連接：

　　①啟動繞組串聯離心開關後，與行駛繞組並聯接單相電源，雖然電源是單相，兩繞組電流因阻抗角相異而有分相效果,故稱為「分相式」，又稱剖相法、裂相法。

　　②定子有行駛繞組與啟動繞組,行駛繞組與啟動繞組配置位置相差 90° 電機角且並聯於單相電源；啟動時，再**配合兩繞組分相的繞組電流** I_A 與 I_M**，得以產生旋轉磁場使轉子旋轉，待轉速達到 75%的同步轉速時，離心開關接點跳脫**（∵ 確保啟動繞組不被燒毀，減少功率損失），**電動機賴行駛繞組的交變磁場持續加速轉動，完成啟動。**

　(3)特性：

　　①優點：構造簡單、價格便宜。

　　②**缺點：高啟動電流、低啟動轉矩。**

　　③用途：低啟動轉矩之風扇、吹風機等。

　(4)比較說明

繞組名稱	位於定子	導線	電阻	匝數	電感	電流落後電壓	備註
行駛繞組	內側	粗	小	多	大	角度較大(較落後)	
啟動繞組	外側	細	大	少	小	角度較小	∵線徑細、匝數少 ∴不能久接電源，轉速達到 75%的同步轉速時需利用離心開關切離電源。

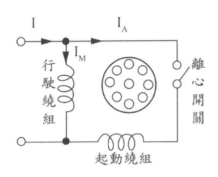

接線電路圖

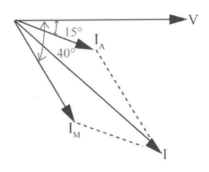

電壓、電流向量圖

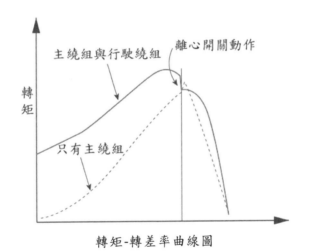

轉矩-轉差率曲線圖

4. 電容式感應電動機：構造上大致與分相式電動機相同，僅在啟動電路中增設一或二個串聯電容，串聯電容之改善效果，可分為：電容啟動式、永久電容式、雙值電容式。

(1) 電容啟動式

　① 構造：

　　A. 將啟動電容 C_s 與離心開關串聯後，接於啟動繞組中，再與行駛繞組並聯，使啟動時**啟動繞組電流 I_A 越前行駛繞組電流 I_M 約 90°**。

B. 啟動轉矩$T_s \propto \sin\theta \Rightarrow \dfrac{\text{電容分相啟動轉矩}}{\text{電阻分相啟動轉矩}} = \dfrac{\sin 90°}{\sin 25°} = 2.37 \Rightarrow$ 電容分相啟

　動之啟動轉矩約為電阻分相的 2.37 倍。

C. 待轉速達到 75% 的同步轉速時，離心開關接點跳脫切離電路，故

　選間歇作用的乾式交流電解電容器為啟動電容器。

② 啟動電容量：

A. $Z_M = R_M + jX_M \Rightarrow |Z_M| = \sqrt{R_M^2 + X_M^2} \angle \theta_M$

　$\Rightarrow \theta_M = \tan^{-1}\dfrac{X_M}{R_M} \Rightarrow \tan\theta_M = \dfrac{X_M}{R_M}$

B. ∵ 啟動電流I_A超前行駛電流I_M

　⇒ 啟動繞組串聯啟動電容C_S後為電容性電路，$X_C > X_A$

　∴ $Z_A = R_A + j(X_C - X_A) \Rightarrow |Z_A| = \sqrt{R_A^2 + (X_C - X_A)^2} \angle \theta_A$

　$\Rightarrow \theta_A = \tan^{-1}\dfrac{X_C - X_A}{R_A} = \tan^{-1}\dfrac{X_C}{R_A} - \dfrac{X_A}{R_A} = \tan^{-1}\dfrac{X_C}{R_A} - \dfrac{X_M}{R_M}$

　　$= 90° - \theta_M$（詳見電壓、電流向量圖，$\theta_A + \theta_M = 90°$）

　$\Rightarrow \tan\theta_A = \tan(90° - \theta_M) = \dfrac{X_C - X_A}{R_A}$

　$\Rightarrow \cot\theta_M = \dfrac{X_C - X_A}{R_A}$

C. ∵ $\tan\theta_M = \dfrac{1}{\cot\theta_M} = \dfrac{1}{\frac{X_C - X_A}{R_A}}$ ∴ $\tan\theta_M = \dfrac{X_M}{R_M} = \dfrac{R_A}{X_C - X_A}$

D. $X_C = \dfrac{1}{\omega C_s} = X_A + \dfrac{R_A R_M}{X_M} = \dfrac{X_A X_M + R_A R_M}{X_M}$

　⇒ $X_C =$ [(電抗兩兩相乘) + (電阻兩兩相乘)] ÷ 行駛繞組電抗值

③特性：

A. 啟動電容的特性：

　◆ 有極性（交流）電解質：可縮短啟動時間，保護啟動繞組。

　◆ **大值電容量：提高啟動轉矩**

　　$(\because \downarrow X_C = \dfrac{1}{\omega C\uparrow}$ ， $\uparrow I_A = \dfrac{E}{|Z_A - jX_C\downarrow|}$ ， $X_C \downarrow I_A \uparrow$ 又 $\because T_s \propto I_A \Rightarrow T_s \uparrow)$。

B. **優點：具兩相完全旋轉磁場，低啟動電流、高啟動轉矩、高啟動功因(佳)、效率高、噪音小。**

C. **缺點：運轉特性不佳、啟動電容器易漏電變質。**

D. 用途：高啟動轉矩之電冰箱、除濕機、空調機或冰箱之壓縮機等。

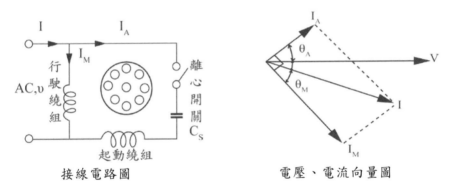

接線電路圖　　　　　　　　　電壓、電流向量圖

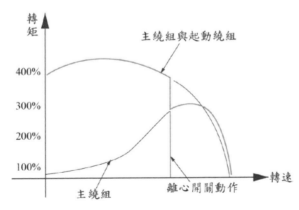

轉矩-轉差率曲線圖

江 湖 必 勝 題

◎ 有一 1/3 馬力、120V、60Hz 之電容器啟動式電動機，其主要繞組阻抗
為 $Z_M = 4.5 + j3.7\Omega = 5.83\angle 36.9°\,\Omega$，而輔助繞組阻抗為 $Z_A = 9.5 + j3.5 =$
$10.2\angle 20.2°\,\Omega$，如欲使主繞組電流與輔助繞組電流相差 90°，求：啟動電
容器之電容值及電容抗。已知：

$\tan 36.9° = 0.8273$ 　　　　　$\tan 20.2° = 0.3679$

$\tan 50.4° = 1.20897$ 　　　　$\tan 79.8° = 5.55777$

答：$(1) X_C = \dfrac{X_A X_M + R_A R_M}{X_M} = \dfrac{(3.5 \times 3.7) + (9.5 \times 4.5)}{3.7} = 15.05 (\Omega)$

$(2) X_C = \dfrac{1}{\omega C_s} \Rightarrow 15.05 = \dfrac{1}{377 \times C_s} \Rightarrow C_s = 177\mu(F)$

(2) 永久電容式

　① 構造：電動機所使用之電容器 C_r，不僅可**供啟動之用**，且於運轉時，
　　　因無離心開關，此電容器仍與啟動繞組串聯接於線路上⇒**電容啟動**
　　　兼運轉式電動機。

　② 動作及連接：

　　A. 此電動機注重其運轉特性，故**電容器的容量較小**($C_r < C_s$)，致**啟動**
　　　轉矩較小。

　　B. 可在**任何負載下形成平衡二相運轉**，如此運轉時之功率因數、效
　　　率及轉矩之脈動將獲得改善⇒**噪音、震動小**。

　　C. 轉相控制：為使電動機易於反轉，如
　　　下圖正逆轉接線，將兩繞組以**相同線**
　　　徑及**相同匝數**繞製，由**三路開關切換**
　　　電容器所串聯的繞組，以改變轉向⇒
　　　亦稱電容切換法。

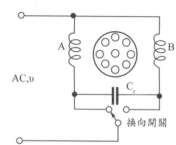

　③ 特性：

　　A. 啟動兼運轉式電容的特性：

　　　◈ 無極性油浸紙介質：因長時間接於交流電源。

　　　◈ **小值電容量：為了降低流過輔助繞組的電流，保護啟動繞組。**

B. 優點：

◈ **提高運轉時的功率因數**⇒C_E。

◈ **噪音及震動小**⇒有兩相旋轉磁場，脈動成份少。

◈ **滿載時效率高**⇒線路取用小電流。

◈ **可增加最大轉矩**⇒兩繞組同時驅動。

C. 缺點：

◈ **啟動轉矩小**（約 50%~100%的額定轉矩）。

◈ 運轉電容器 C_E 體積大、耐壓高，成本高。

D. 用途：**不需高啟動轉矩、容易操作正反轉及需安靜的場所**，如：
風扇、抽風機、排風機、洗衣機、辦公室用電動機。

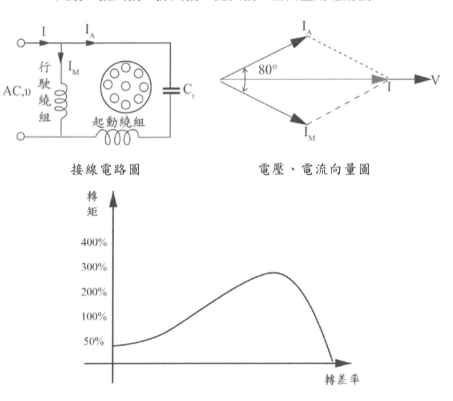

接線電路圖　　　　　　電壓、電流向量圖

轉矩-轉差率曲線圖

江 湖 必 勝 題

◎永久電容式電動機之特性，下列何者不正確？

(A)噪音小、震動小　　(B)效率高、線路電流小

(C)啟動轉矩大　　　　(D)無離心開關

(E)採低值電容量的油浸式紙質電動器。

答：(C)。永久電容式電動機之啟動轉矩小(約 50%~100%的額定轉矩)，故選(C)。

(3)雙值電容式

　①構造：為獲得高啟動轉矩及良好的運轉特性：

　　A.啟動時使用**高值電容值**的交流電解電容器 Cs（**啟動電容**），與**低值電容值**的油浸式紙質電容器 Cr（**行駛電容**）並聯⇒獲得**最佳啟動特性**。

　　B.待轉速達到 75%的同步轉速時，離心開關接點跳脫，將電解電容器切離電路，此時，可藉低電容值的油浸式紙質電容器與啟動繞組串聯⇒獲得最佳的運轉特性。

　②特性：

　　A.**優點：高啟動轉矩及良好的運轉特性。**

　　B.用途：**需高啟動轉矩、高運轉轉矩之場合**，如：冷氣機、農業用機械。

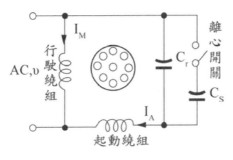

接線電路圖

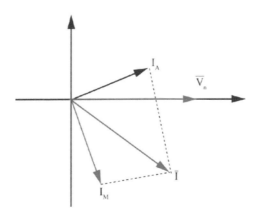

電壓、電流向量圖

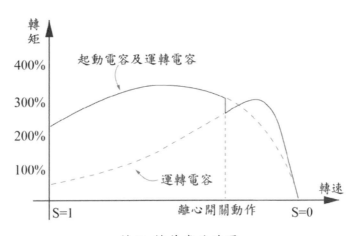

轉矩-轉差率曲線圖

(4)電容式感應電動機特性比較：

名稱	電容種類	容量	耐壓	說明
電容啟動式	有極性交流電解質	大	低	啟動繞組轉速到達75%需切離電源
永久電容式	無極性油浸式紙質	小	高	啟動繞組產生磁勢與運轉繞組相同
雙值電容式	雙值電容式為以上兩種的合體			兼具電容啟動式和永久電容式特性

5. 蔽極式感應電動機

(1)構造：在主磁極的鐵心約寬1/3位置開槽，在槽內繞有電阻極低的線圈，自成捷路或採用裸銅片自成捷路，而後在主磁極上繞線圈，兩者產生移動磁場。

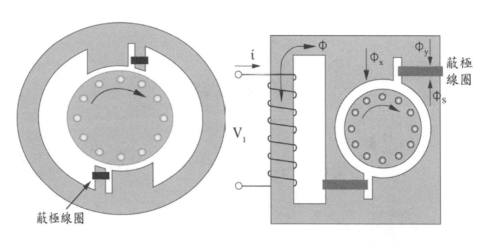

構造圖　　　　　　　　　　　　　　電路圖

(2)移動磁場：在主繞組接交流電源 V_1，則有電流 i 產生磁通φ，φ分成穿過未蔽極部份的ϕ_x及穿過蔽極的ϕ_y，而蔽極線圈因電磁感應原理產生應電勢 E_s，以致內流經過渦流 I_s，而有磁通ϕ_s，所以蔽極部分磁通是ϕ_y與ϕ_s的向量和ϕ'，且ϕ'落後ϕ_x一個時相角θ(0 < θ < 90°) ⇒**在任何時候，主磁極磁通為一從未蔽極部份移向蔽極部份的移動磁場，而有啟動轉矩產生。**

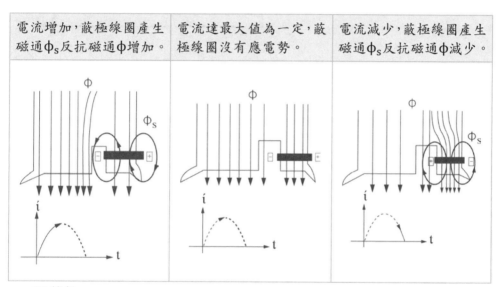

電流增加，蔽極線圈產生磁通ϕ_s反抗磁通φ增加。	電流達最大值為一定，蔽極線圈沒有應電勢。	電流減少，蔽極線圈產生磁通ϕ_s反抗磁通φ減少。

(3)特性：

① 依據愣次定律得知蔽極線圈產生較同鐵心的主磁極線圈所產生的磁通滯後 90°，故形成自未蔽極處向蔽極處移動的磁場，**轉子的轉向和移動磁場方向一致。**

② 優點：構造簡單、價格低廉、不易發生故障。

③ **缺點：運轉噪音大、啟動轉矩小、功率因數低、效率差。**

④ 用途：小型電風扇、吹風機、吊扇、魚缸水過濾器。

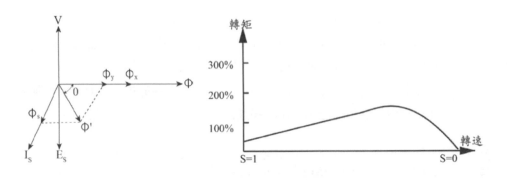

電壓、電流、磁通相量圖　　　　　　　轉矩-轉差率曲線圖

6. 各類單相感應電動機的比較

電動機型式	啟動轉矩	啟動電流	離心開關	特色	用途
電感分相式	中	大	有	構造簡單、便宜	抽水機、送風機
電容啟動式	大	中	有	啟動轉矩較大 功率因數較高 運轉效率提升	壓縮機
永久電容式	小	小	無		風扇
雙值電容式	大	中	有		壓縮機、幫浦
蔽極式	小	極小	無	構造堅固簡單、便宜	吊扇
推斥式啟動	極大	中	無	構造複雜、啟動轉矩最大	需最大啟動轉矩之處

(1)啟動轉矩：串激式>推斥式>雙值電容式>電容啟動式>電感分相式>永久電容式>蔽極式。

(2)啟動和運轉特性由優到劣排序：①雙值電容式；②電容啟動式；③永久電容式；④電感分相式；⑤蔽極式。

江 湖 必 勝 題

1. 壓縮機只拉出三條接線端，分別為R、S、C，則相對之線端間特性測量結果何者為對？　(A)R-C只是行駛線圈、線徑較細　(B)S-C是啟動線圈、內阻最小　(C)R-S為行駛線圈並聯啟動線圈、內阻最大　(D)R-S為行駛線圈串聯啟動線圈，量得內阻最大　(E)C線端通常是直接接地、不接電源。

答：(D)。(1)壓縮機為電容啟動式。(2)C為共通點；R-C為行駛線圈，線徑粗、電阻小；S-C為啟動線圈，線徑細、電阻大。

2. 有位朋友送來一個馬達請你修理，你拆開後發現內有一離心開關，啟動線圈很細而且其匝數比主線圈的少過一半，所以你判定這單相感應馬達是？ (A)分相啟動式　(B)電容啟動式　(C)蔽極式　(D)推斥啟動式。

答：(A)。電感分相式感應電動機∵線徑細、匝數少∴不能久接電源，轉速達到75%的同步轉速時需利用離心開關切離電源。

8-3 單相感應電動機之轉向及速率控制

1. 電動機只靠**行駛繞組所生的交變磁場維持運轉**，如分相式、電容啟動式等，運轉中改變啟動繞組或行駛繞組接線，**轉向不變**。
2. 電動機靠**行駛繞組與啟動繞組所生旋轉磁場維持運轉**，如永久電容、雙值電容式等，運轉中改變啟動繞組或行駛繞組接線，**轉向改變**。
3. 通常單相感應電動機如需反轉，啟動時，僅將**行駛繞組或啟動繞組之一接點相反接於電源**。
4. 轉向控制的方法：

(1)改變行駛繞組或輔助繞組其中之一的電流方向：
　①方法：利用鼓型開關。
　②適用：分相式、電容啟動式。

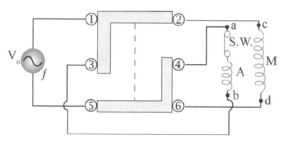

(2)電容切換法：A、B 兩繞
　組構造完全相同。

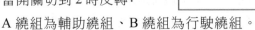

①當開關切到 1 時正轉：
　A 繞組為行駛繞組、B
　繞組為輔助繞組。

②當開關切到 2 時反轉：
　A 繞組為輔助繞組、B 繞組為行駛繞組。

③適用：永久電容式電動機，如洗衣機正反轉。

(3)改變蔽極線圈裝置位置

①將主磁極鐵心拆下**翻面**使電動機反轉。

②將主磁極鐵心的兩對蔽極線圈中對角的其中一組短接，另一組開路，
　即可改變轉向。

③如右圖所示：順時
　針旋轉⇒ab 短接、cd
　開路；逆時針旋轉
　⇒ab開路、cd短路。

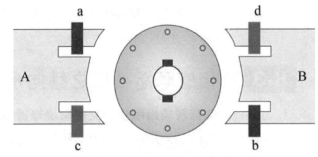

④適用：蔽極式感應
　電動機。

5. 應用實例

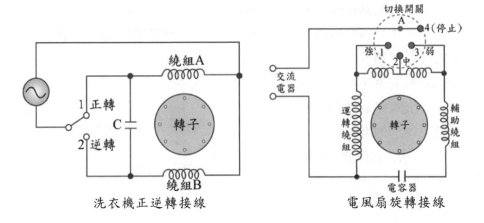

洗衣機正逆轉接線　　　　　電風扇旋轉接線

6. 三相感應電動機單向運轉

(1) 三相感應電動機的定子三相繞組採用 Y 接，並且將電容器接於 U、V 之間，三相繞組中有一不完全的三相電流，可以使三相感應電動機使用單相電源運轉。

(2) 三相感應電動機作單相運轉時（史坦梅滋接法 Steinmetz connection），其輸出最多僅有其額定值的 70~80%。

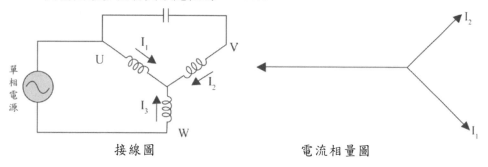

接線圖　　　　　　　　　　電流相量圖

7. 單相感應電動機的轉速控制

(1) 公式：$n_r = (1 - S) \times n_s = (1 - S) \times \dfrac{120f}{P}$

(2) 方法：

① **變頻法**：利用變頻機改變電源頻率 f。

② **變極法**：利用生成極原理改變主磁極極數 P。

③ **變壓法**：利用調速線圈（抗流圈）改變加到行駛繞組的端電壓大小，如圖 8-5 電風扇的轉速控制電路所示，當轉速切換開關由 1 逐次切換到 3，則行駛繞組端電壓愈來愈小，轉速逐次減慢。

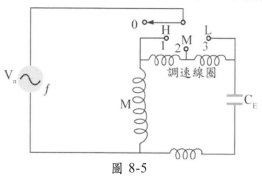

圖 8-5

天下大會考

( )　1. 家庭用電冰箱的壓縮機馬達,通常採用?
　　(A)蔽極式單相馬達　　　　　(B)分相式單相馬達
　　(C)電容啟動式單相馬達　　　(D)推斥式單相馬達。

( )　2. 單相感應電動機之定子繞組接入單相交流電時,在氣隙所形成之磁場可視為下列何者?
　　(A)單旋轉磁場　　　　　(B)單固定磁場
　　(C)雙旋轉磁場　　　　　(D)雙固定磁場。

( )　3. 有關單相電容啟動式感應電動機之電容器,下列敘述何者正確?
　　(A)電容器串接於運轉繞組
　　(B)電容器串聯於啟動繞組
　　(C)電容器並接於運轉繞組
　　(D)電容器並接於電源側。

( )　4. 如要使單相電容式感應電動機之旋轉方向逆轉,可選用何種方法?
　　(A)運轉繞組兩端的接線維持不變,啟動繞組兩端的接線相互對調
　　(B)運轉繞組兩端的接線相互對調,而且啟動繞組兩端的接線也要相互對調
　　(C)運轉繞組與啟動繞組的接線不變,由電源線兩端接線互對調反接
　　(D)僅對調電容器兩端的接線即可。

( )　5. 下列何種電動機常被用於小型吹風機等家用電器?
　　(A)分相式感應電動機
　　(B)電容啟動式感應電動機
　　(C)永久電容式感應電動機
　　(D)蔽極式感應電動機。

( )　6. 單相分相式感應電動機主繞組（運轉繞組）的電路特性為何？
(A)低電阻低電感
(B)低電阻高電感
(C)高電阻低電感
(D)高電阻高電感。

( )　7. 下列有關單相分相式感應電動機之敘述，何者正確？
(A)只有運轉繞組時也能啟動，但轉矩較小
(B)啟動繞組與運轉繞組在空間上互成 90 度電工角
(C)分相式電動機接電源之兩線對調，即可逆轉
(D)將啟動繞組與運轉繞組之兩接線端同時對調，即可逆轉。

( )　8. 分相式感應電動機有啟動繞組與運轉繞組，下列關於運轉繞組的
敘述何者正確？
(A)運轉繞組使用線徑較細的銅線，且置於定子線槽的外層
(B)運轉繞組使用線徑較粗的銅線，且置於定子線槽的內層
(C)電阻值小，電感抗值小
(D)電阻值大，電感抗值大。

( )　9. 關於電容式感應電動機的電容器，下列敘述何者正確？
(A)應串聯於電源側　　　　　(B)應串聯於主繞組
(C)應並聯於電源側　　　　　(D)應串聯於輔助繞組。

( )　10. 雙值電容感應電動機之輔助繞組使用 C_r 及 C_s 兩個電容器，其 C_r
及 C_s 分別為運轉電容器及啟動電容器，下列敘述何者正確？
(A)C_r 為低容量的交流電解質電容器
(B)C_s 為低容量的交流電解質電容器
(C)C_r 為高容量的交流電解質電容器
(D)C_s 為高容量的交流電解質電容器。

解 答 與 解 析

1.**(C)**。電容啟動式單相電動機之用途：高啟動轉矩之電冰箱、除濕機、空調機或冰箱之壓縮機。

2.**(C)**。兩極電動機，當單相定子繞組通入單相交流電源，則產生電流 i 於繞組，設 $i = I_m \cos \omega t$，則此電流 i 所產生之磁勢為 $ki \cos \theta$（θ為由線圈軸量得磁勢之空間角），即：$H_\theta = ki \cos \theta = kI_m \cos \theta \cos \omega t$

$\because \cos \alpha \cos \beta = \frac{1}{2} \cos(\alpha - \beta) + \frac{1}{2} \cos(\alpha + \beta)$

$\therefore H_\theta = \frac{kI_m}{2} [\cos(\theta - \omega t) + \cos(\theta + \omega t)] = \frac{H_m}{2} \cos(\theta - \omega t) +$

$\quad \frac{H_m}{2} \cos(\theta + \omega t) = H_a + H_b$

3.**(B)**。將啟動電容 C_s 與離心開關串聯後，接於啟動繞組中，再與行駛繞組並聯，使啟動時啟動繞組電流 I_A 越前行駛繞組電流 I_M 約 90°。

4.**(A)**。單相感應電動機如需反轉，啟動時，僅將行駛繞組或啟動繞組之一接點相反接於電源。

5.**(D)**。蔽極式感應電動機：

(1)優點：構造簡單、價格低廉、不易發生故障。

(2)缺點：運轉噪音大、啟動轉矩小、功率因數低、效率差。

(3)用途：小型電風扇、吹風機、吊扇、魚缸水過濾器。

6.**(B)**。單相分相式感應電動機主繞組：

繞組名稱	行駛繞組	啟動繞組
位於定子	內側	外側
導線	粗	細
電阻	小	大
匝數	多	少
電感	大	小
電流落後電壓	角度較大(較落後)	角度較小
備註		∵線徑細、匝數少 ∴不能久接電源，轉速達到 75%的同步轉速時需利用離心開關切離電源。

7.**(B)**。因在定部槽內行駛繞組　M(主繞組)無法自行啟動，需在定部槽外設啟動繞組(輔助繞組)，使兩繞組空間上相距 90°電機角。係利用剖相方式產生旋轉磁場以啟動運轉。

8.**(B)**。分相感應電動機：

繞組名稱	行駛繞組	啟動繞組
位於定子	內側	外側
導線	粗	細
電阻	小	大
匝數	多	少
電感	大	小
電流落後電壓	角度較大(較落後)	角度較小

繞組名稱	行駛繞組	啟動繞組
備註		∵線徑細、匝數少 ∴不能久接電源，轉速達到 75%的同步轉速時需利用離心開關切離電源。

9.**(D)**。將啟動電容 C_s 與離心開關串聯後，接於啟動繞組(輔助繞組)中，再與行駛繞組並聯，使啟動時啟動繞組電流 I_A 越前行駛繞組電流 I_M 約 90°。

10.**(D)**。雙質電容感應電動機：

(1)構造：為獲得高啟動轉矩及良好的運轉特性：

① 啟動時使用高值電容值的交流電解電容器 C_s(啟動電容)，與低值電容值的油浸式紙質電容器 C_r（行駛電容）並聯⇒獲得最佳啟動特性。

② 待轉速達到 75%的同步轉速時，離心開關接點跳脫，將電解電容器切離電路，此時，可藉低電容值的油浸式紙質電容器與啟動繞組串聯⇒獲得最佳的運轉特性。

(2)特性：

① 優點：高啟動轉矩及良好的運轉特性。

② 用途：需高啟動轉矩、高運轉轉矩之場合，如：冷氣機、農業用機械。

第九章 同步發電機

9-1 同步發電機之原理

1. 頻率、極數及轉速之關係

    (1)若某電機之磁極數為 P，當磁場與電樞導體以相對速率 n_s 旋轉時，則電樞導體中感應電勢之頻率、極數及轉速之關係為。

    $$f = \frac{P}{2} \times \frac{n_s}{60} = \frac{P \cdot n_s}{120} \, (Hz)$$

    (2)由極數及旋轉速率決定頻率，產生交流電功率的發電機叫作同步發電機，此 n_s 為同步轉速。

    $$n_s = \frac{120f}{P} \, (rpm)$$

    (3)由(2)得知，**在一定之頻率下，磁極數愈小，同步轉速愈高。**

江 湖 必 勝 題

◎ 有一 6 極，60Hz，交流同步發電機，求：

  (1)其每分鐘轉速。

  (2)在 50Hz 的電源上使用，其轉速。

  答：$(1)n_s = \frac{120f}{P} = \frac{120 \times 60}{6} = 1200(rpm)$

      $(2)n_s = \frac{120f}{P} = \frac{120 \times 50}{6} = 1000(rpm)$

2. 感應電勢及同步轉速

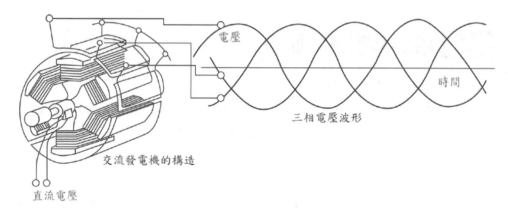

電壓

時間

三相電壓波形

交流發電機的構造

直流電壓

三相交流發電機之原理說明圖

(1) 三相交流發電機之原理說明

利用電磁感應作用，**導體切割磁場（轉電式）**或**旋轉磁場割切靜止的導體（轉磁式）**而產生應電勢。

$$E_{av} = N\frac{\Delta\phi}{\Delta t}(V)$$

(2) 由右圖得知，磁極由右向左運動時（即磁場固定，線圈由左至右運動）：

① 在圖(a)位置，因線圈與磁場運動方向平行，線圈交鏈之磁通最大 ϕ_m，應電勢 = 0。

② 經 Δt，磁極移動 $\frac{1}{2}$ 極距（$90°$ 電機角）在圖(b)位置，因線圈與磁場垂直，線圈交鏈之磁通 =0，應電勢最大。

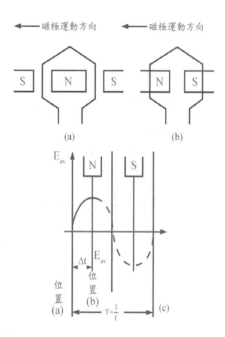

③由①和②得知，**割切線圈應電勢之週期為應電勢波形一週的$\frac{1}{4}$⇒轉子磁極每旋轉一對磁極產生一個週期的應電勢。**

④若感應電勢頻率 f，週期$T = \frac{1}{f}$，由③得知⇒$\frac{1}{4}$週的時間$\Delta t = \frac{1}{4f}$，磁通最大變化量$\Delta t = \phi_m - 0 = \phi_m$。

⑤**每相感應電勢平均值**$E_{av} = N\frac{\Delta \phi}{\Delta t} = N\frac{\phi_m}{\frac{1}{4f}} = 4fN\phi_m$。

⑥**每相感應電勢有效值**$E_{eff} = 4.44fN\phi_m$。

(3)應電勢相關說明及其它公式

①波形：正弦波。

②頻率：$f = \frac{P}{2} \cdot S(rps) = \frac{P}{2} \cdot \frac{n_s}{60} = \frac{P \cdot n_s}{120} = \frac{1}{T}(1/sec)$

③週期：$T = \frac{1}{f}$

④同步角速度：$\omega_s = 2\pi \cdot f = 2\pi \cdot S = 2\pi \cdot \frac{n_s}{60}(rad/s)$

⑤一般電樞繞組採用**短節距及分佈繞組**，故需考慮**節距因數**K_p**及分佈因數**K_d，則每相感應電勢有效值$E_{eff} = 4.44 \cdot (K_pK_d) \cdot fN\phi_m = 4.44K_wfN\phi_m$。

> 🔔 繞組因數$K_w = K_pK_d$

江 湖 必 勝 題

1. 有一同步發電機其極數為 12，感應電壓之頻率為 60Hz，求其同步轉速之角速度。

答：$(1)n_s = \frac{120f}{P} = \frac{120 \times 60}{12} = 600(rpm)$

$(2)\omega_s = 2\pi \cdot \frac{n_s}{60} = 2\pi \cdot \frac{600}{60} = 20\pi(rad/s)$

2. 有一 Y 接之同步發電機 f=60Hz，每極最大磁通$\phi_m = 0.1wb$；每相匝數 N=500 匝，繞組因數=0.9，求：無載時的相電壓及線電壓。

答：$(1)V_P = E_{eff} = 4.44K_wfN\phi_m = 4.44 \times 0.9 \times 60 \times 500 \times 0.1 = 11988(V)$

$(2)V_L = \sqrt{3}V_P = \sqrt{3} \times 11988 = 11988\sqrt{3}(V)$

3.有一部三相交流發電機，每極的磁通量為 0.01wb，電樞總導體數為 600
根，則當頻率為 50Hz 時，求：每相應電勢。

答：m=3 相，Z=2N(一匝兩根)

(1)$N = \frac{600}{2 \times 3} = 100$(匝/相)

(2)$V_P = E_{eff} = 4.44fN\phi_m = 4.44 \times 50 \times 100 \times 0.01 = 222$(V)

3. 電樞及電樞繞組：交流發電機的靜止部分為定子，在其鐵心槽內埋設有線
圈導體，稱為「電樞」，當電機旋轉時，旋轉磁場割切電樞線圈而產生應
電勢。

(1)條件：

① 電樞繞組每一線圈之跨距一定要在**相鄰異極**。

② 線圈連接時，通常要**使電勢互加**。

③ 電勢之波形為**正弦波**；

④ 為減少渦流損，採**矽鋼片疊置**而成。

⑤ **採 Y 接**，原因有二：

A. 可自 Y 接中性點至地之接地線上取得零序電流，作為是否發生接
地故障之偵測及保護；

B. 因第三諧波各相為同相，採 Δ 接時，則第三諧波之電流將在相內
循環而產生損失；而 Y 接各相感應之電壓雖含有第三諧波，但不
會出現在線間電壓。

(2)依槽放置線圈邊分類

① 單層繞組：每極每相一槽只放置一只線圈邊；**每極每相只有一個容
納導體的槽稱為「集中繞組」**，槽內之線圈導體感應相同電勢，**每相
之應電勢為所有線圈導體應電勢之代數和**。

② 雙層繞組：每極每相**兩槽放置兩只線圈邊**，一邊放在槽的下層，另
一邊置於同一相另一槽的上層，相隔一極距。

③ 分佈繞組：為了改善集中繞組造成的非正弦之梯形波，實際發電機
多採用**每極每相都有數個容量導體的槽**。

註　集中繞組產生平坦梯形波

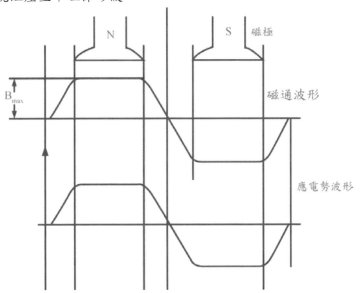

(1) 原因：

   ① 由於存在電機磁極底下的磁通密度，因**擴散作用及邊際效應**的結果，其分佈並非正弦波，其應電勢波形與磁通密度之梯形波相似。

   ② **匝數之多少僅決定其電勢之高低**，波形並未改變，此波形因而產生諧波。

(2) 一般交流發電機**採分佈繞組不採集中繞組**的原因：

   ① 分佈繞組可得**較佳的電勢波形**，即正弦波。

   ② 線圈分佈在許多小槽中，能減少自感漏抗。

   ③ 導體平均分佈於電樞面上，因此**散熱佳**。

   ④ 容量加大，有較多的空間線圈與絕緣材料。

(3) 依一個線圈的兩個線圈邊相隔距離分類

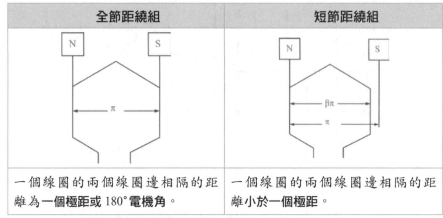

全節距繞組	短節距繞組
一個線圈的兩個線圈邊相隔的距離為**一個極距或** 180° **電機角。**	一個線圈的兩個線圈邊相隔的距離**小於一個極距。**

一般交流發電機**採短節距繞組**不採全節距繞組的原因：

① **可改善電勢波形**，各繞組電壓波形為向量和。

② 可以減少末端連接線，**減少用銅量**，且可減少線圈末端之自感量。

③ 每極下有數個槽可以容納兩個異相的繞組，槽外線圈較短，**減少漏電抗，故互感較小。**

(4) 繞組因數

① 用以計算電樞應電勢時，由於繞組**採短節距及分佈繞組**不採集中繞組，**使各線圈所感應電勢之相量和少於代數和**，而必須乘上一因數，稱為「繞組因數」。

② 短節距繞組所引起的因數⇒節距因數 K_p（Pitch factor）；分佈繞組所引起的因數⇒分佈因數 K_d（Distribution factor）。

③ **繞組因數** $K_w = K_p K_d$

④ 短節距繞且分佈繞組的發電機中，每相之總應電勢有效值：

$$E_{eff} = 4.44 \cdot \left(K_p K_d\right) \cdot fN\phi_m = 4.44 K_w fN\phi_m$$

(5)節距因數及分佈因數的說明如下：

①節距因數 K_p：

全節距繞	◍ 當線圈元件一邊在 N 極下，另一邊在 S 極下，**相差** $180°$ **電機角**。 ◍ 每一線圈邊係由同數量之導體以同一速率割切同一磁場而產生之應電勢 $\Rightarrow E_1 = E_2$。 ◍ **全節距之應電勢** $E_s = \overrightarrow{E_1} + (-\overrightarrow{E_2}) = 2E$	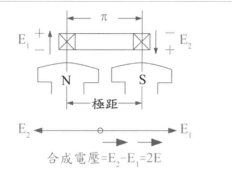
短節距繞	◍ 線圈跨距對極距之比為 β ($\beta < 1$)，則兩線圈邊之應電勢。 ◍ 相位差 $\beta\pi$ 角度 ◍ **短節距繞合成電勢** $\mathbf{E'_s} = \overrightarrow{E_1} + (-\overrightarrow{E_2}) = 2E\cos(\frac{\pi - \beta\pi}{2}) = 2E\sin\frac{\beta\pi}{2}$	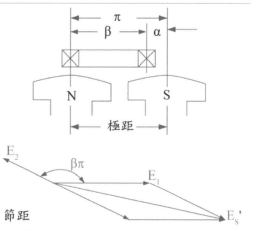

節距因數 $K_P = \dfrac{\text{短節距繞組每相應電勢}}{\text{全節距繞組每相應電勢}} = \dfrac{2E\sin\frac{\beta\pi}{2}}{2E} = \sin\frac{\beta\pi}{2}$

A. **應電勢降低，頻率上升，節距因數變化大小不一定。**

B. 欲**消除**三次諧波 $K_{P3} = \sin\frac{3\beta\pi}{2} = 0 \Rightarrow \frac{3\beta\pi}{2} = k\pi \Rightarrow k = 1、2\dots$

C. 由 B.得知：短節距 $k = 1 \Rightarrow \beta = \frac{2}{3}$；長節距 $k = 2 \Rightarrow \beta = \frac{4}{3}$

D. **結論：** $\beta = 1 \pm \frac{1}{n} \Rightarrow$ **可消除第n次諧波。**

E. 利用 $\frac{4}{5}$ 節距，使兩線圈邊感應之五次諧波抵消：

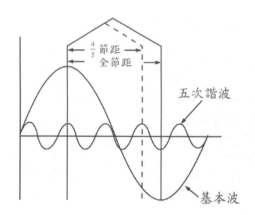

② 分佈因數 K_d：

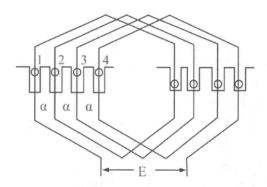

A. 線圈為分佈式，故每極每相所感應之電動勢不再相同，所以，**每相總電動勢不再是各線圈的 N 倍，必須乘上 K_d。**

B. 磁場以相同速度由左至右移動，以相同大小切割相同之線圈邊 1、2、3、4，故其應電勢 $E_1 = E_2 = E_3 = E_4$。

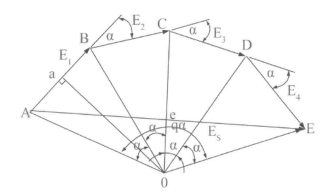

A. 槽距為 α ，故在時相上E_2落後E_1 α ，以此類推。

B. 由 A.推得如上之相量圖。

C. 根據幾何學，推得 A、B、C、D、E 五點共圓，半徑為$\overline{OA}$。

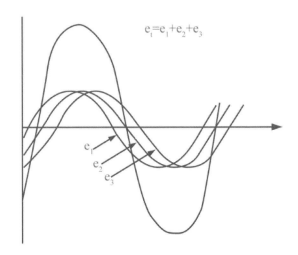

A. 每極每相之槽數為 q，相數為 m，槽距為 α ，則每極共有 mq 槽，

極距為 π ，故相鄰兩槽之間隔(槽距)$\alpha = \dfrac{\pi}{mq}$。

B $\overline{AB} = 2\overline{Aa} = 2 \times \overline{OA} \times \sin\dfrac{\alpha}{2}$; $\overline{AE} = 2\overline{Ae} = 2 \times \overline{OA} \times \sin\dfrac{q\alpha}{2}$

$\Rightarrow q\overline{AB} = q \times 2 \times \overline{OA} \times \sin\dfrac{\alpha}{2}$

C. 分佈因數

$$K_d = \frac{\text{分佈繞組每相應電勢(每相合成電勢之相量和)}}{\text{集中繞組每相應電勢(每相合成電勢之代數和)}} = \frac{\overline{AE}}{q\overline{AB}}$$

$$= \frac{2 \times \overline{OA} \times \sin\frac{q\alpha}{2}}{q \times 2 \times \overline{OA} \times \sin\frac{\alpha}{2}} = \frac{\sin\frac{q\alpha}{2}}{q\sin\frac{\alpha}{2}}$$

D. **應電勢降低，頻率上升，分佈因數下降。**

E. **交流發電機採用分佈繞組的原因：** 每極每相之槽數為 3 時，各線圈邊感應 e_1、e_2、e_3 之電壓，故線圈端子之**合成電壓可較接近正弦波**之電壓 e_t。

(6) 高諧波應電勢

① 定義：60Hz **交流發電機的成分稱為基本波**，頻率為基本波的倍數稱為高次諧波，例如：二倍頻率稱為二次諧波、三倍頻率稱為三次諧波。

② 高次諧波產生的原因：

A. 氣隙內磁通因磁滯及剩磁現象所引起的分佈呈非正弦波。

B. 電樞槽距所引起。

③ 減少高次諧波的方法：

A. **採用分佈繞組。**

B. **採用短節距繞組。**

C. **減少槽磁振動：**

◍ **使用斜槽。**

◍ **使用分數槽繞組。**

◍ **選用較大的每相每極的槽數 q。**

◍ **選用槽寬與氣隙長度比值較小的電機。**

江 湖 必 勝 題

1. 有一三相 12 極同步發電機共 144 槽，線圈節距 10 槽，f=60Hz，每極最大磁通量 $\phi_m = 0.04wb$，每相匝數 N=230 匝，求：
   (1)分佈因數。　　　　　　　　(2)節距因數。
   (3)繞組因數。　　　　　　　　(4)Y 接時，無載時之相電壓及線電壓。

   答：m=3，P=12，$q = \dfrac{S}{mP} = \dfrac{144}{3 \times 12} = 4(槽/極-相)$

   (1)槽距 $\alpha = \dfrac{\pi}{mq} = \dfrac{180°}{3 \times 4} = 15° \therefore K_d = \dfrac{\sin\frac{q\alpha}{2}}{q\sin\frac{\alpha}{2}} = \dfrac{\sin(\frac{4 \times 15°}{2})}{4 \times \sin(\frac{15°}{2})} = 0.958$

   (2) $\beta =$ 線圈跨距對極距之比為 $= \dfrac{線圈跨距}{極距} = \dfrac{10}{\frac{電樞總槽數}{主磁極數}} = \dfrac{10}{\frac{144}{12}} = \dfrac{5}{6}$

   $K_P = \sin\dfrac{\beta\pi}{2} = \sin(\dfrac{5}{6} \times \dfrac{\pi}{2}) = \sin\dfrac{150°}{2} = 0.966$

   (3) $K_w = K_P K_d = 0.966 \times 0.958 = 0.925$

   (4) $E_P = 4.44 K_w f N \phi_m = 4.44 \times 0.925 \times 60 \times 230 \times 0.04 = 2267(V)$
   $E_L = \sqrt{3}E_P = 2267\sqrt{3}(V)$

2. 有一三相 6 極、36 槽、雙層繞組，若線圈極距為 $\frac{2}{3}$，求：電樞繞製的
   (1)每極每相槽數。　　　　　　(2)每槽所佔電機角。
   (3)若 A 相始端在第 3 槽，則 B 相始端在第幾槽。
   (4)分佈因數。　　　　　　　　(5)節距因數。
   (6)繞組因數。

   答：(1)m=3，P=6，每極每相槽數 $q = \dfrac{S}{mP} = \dfrac{36}{3 \times 6} = 2(槽/極-相)$

   (2)槽距 $\alpha = \dfrac{\pi}{mq} = \dfrac{180°}{3 \times 2} = 30°$

   (3)$\because$ B 相始端與 A 相始端差 $\dfrac{120°}{30°} = 4$ 槽
   $\therefore$ B 相始端應在第 4+3=7 槽

   (4)$K_d = \dfrac{\sin\frac{q\alpha}{2}}{q\sin\frac{\alpha}{2}} = \dfrac{\sin(\frac{2 \times 30°}{2})}{2 \times \sin(\frac{30°}{2})} = \dfrac{1}{4\sin 15°}$

   (5)$K_P = \sin\dfrac{\beta\pi}{2} = \sin\dfrac{\frac{2}{3}\pi}{2} = \sin 60°$

   (6)$K_w = K_p K_d = \sin 60° \times \dfrac{1}{4\sin 15°} = \dfrac{\sqrt{3}}{8\sin 15°}$

4. 電機角與機械角之關係

(1)$\theta_e = \dfrac{P}{2}\theta_m$（P：極數、$\theta_e$：電機角度(度，弳)、$\theta_m$：機械角度(度，弳)）

(2)$f_e = \dfrac{P}{2}f_m$（f_e：電機頻率(Hz)、f_m：機械頻率(Hz)）

(3)$\omega_e = \dfrac{P}{2}\omega_m$（$\omega_e$：電機角速度(rad/s)、$\omega_m$：機械角速度(rad/s)）

5. 磁極及磁極繞組

(1)凸極式

① 為減少極面損失，鐵心採矽鋼疊片。

② 磁場線圈繞在磁極上。

③ 磁極極面槽內裝置**阻尼繞組**（Damper），防止發電機有**忽快忽慢的追逐**（Hunting）**現象**。

　　註 將許多阻尼棒兩端用端環短路，即形成阻尼繞組。

④ 用途：中速或低速發電機。

(2)隱極式

① ∵隱極式磁極通常用於高速旋轉，

　　∴為減低風阻及離心力，槽採用平行槽或輻射狀槽。

　　註 ● 平行槽：只能有兩個磁極，因為槽後鐵質太少，無法抵制離心力效應。

　　　　● 輻射狀槽：四個磁極以上多採此種。

② 轉部磁場用 125V 或 250V 電路供應的直流激磁。

③ 用途：高速發電機。

9-2 同步發電機之分類及構造

1. 依相數分類

機種	特性及用途
單相交流發電機	只能產生一正弦波之電源。
三相交流發電機	將單向交流發電機中之單組線圈改為三個互成 120°電機角的線圈，可產生三個正弦波之電源。

2. 依旋轉（構造）分類

機種	用途
旋轉電樞式（轉電式）	低電壓中小型機
旋轉磁場式（轉磁式）	高電壓大電流適用
旋轉感應鐵心式（感應器式）	高頻率電源適用

3. 依原動機分類

機種	特性及用途
水輪式發電機	轉速低、直徑大、轉軸長度短、凸極型、磁極數多
汽輪式發電機	轉速高、直徑小、轉軸長度長、圓柱型、磁極數少
引擎驅動式發電機	緊急供電用

4. 依磁場激磁方式分類

機種	用途
直流激磁機式	以直流發電機為激磁機
交流激磁機式	交流發電機發電，再整流以激磁
複激磁機式	由多台激磁機合作，大容量同步機適用
自激式	不用激磁機，本身發電後整流來激磁

5. 依機種分類

機種	放置方式	轉子直徑	轉子長度	磁極	轉速	極數
汽輪式發電機	橫軸	小	長	隱極式	高速	較少
水輪式發電機	直軸	大	短	凸極式	低速	較多

6. 散熱方式

方式		用途及特性
空氣冷卻式	自冷式	小型機適用
	他冷式	大型機適用 ⇒ 保持乾淨
氫氣冷卻式		冷卻效果大，高速大容量氣輪機適用
水冷式		水輪機定子使用此方式，轉子採用空氣冷卻式
油冷式		定子不因水份而鏽蝕

7. 交流同步發電機與直流發電機的比較

比較項目	交流同步發電機	直流發電機
電樞內部應電勢	正弦波	正弦波
輸出端電壓	正弦波	脈動直流電
換向片	不需要	需要
電刷或滑環	需要	需要
輸出電壓形式	有效值	平均值
電流路徑數 a	1	偶數
電樞繞組接線法	開路繞組	閉路繞組
構造	旋轉磁場式	旋轉電樞式
缺點	電壓有諧波	電刷易產生火花
激磁方式	直流激磁	直流激磁

9-3 同步發電機之特性

1. 同步發電機的電樞反應

(1) 定義：當同步電機的**三相交流電流**流過電樞繞組時，產生的旋轉磁場，即稱為**電樞磁場** ϕ_a，會干擾主磁場 ϕ_f，且視電樞電流的功率因數（電樞電流的相位）而使主磁場減弱、增強或產生畸變。

(2) 因素：

① **負載率** m_L：即與負載電流（電樞電流）大小有關，電樞反應與負載成正比。

② **負載性質** PF：即與電樞電流的相位有關。

(3) 相數關係：

① **單相**交流發電機的電樞反應：**交變磁場**，磁場大小會改變⇒**脈動性質**。

② **三向**交流發電機的電樞反應：**旋轉磁場**，磁場大小不改變⇒**恆定性質**。

(4)電樞反應的分類說明：

分類	說明	圖示
電樞電流純電阻性	①I_a與E_p同相，PF＝1。 ②ϕ_a與ϕ_f正交磁橫軸。 ③應電勢高次諧波↑。	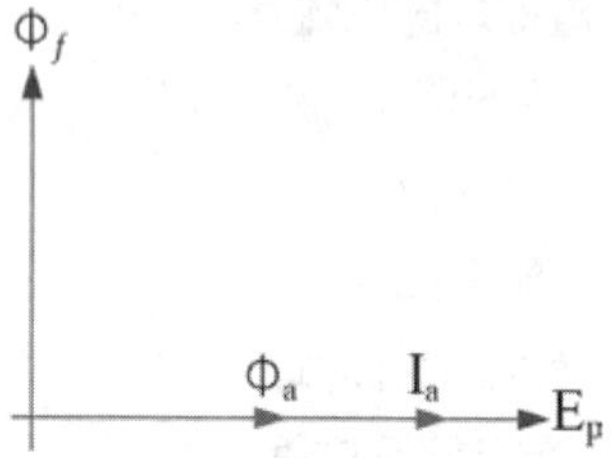
電樞電流純電感性	①I_a滯後$E_p 90°$，PF＝0 滯後。 ②ϕ_a與ϕ_f反相，去磁直軸。 ③有效磁通↓，應電勢↓。	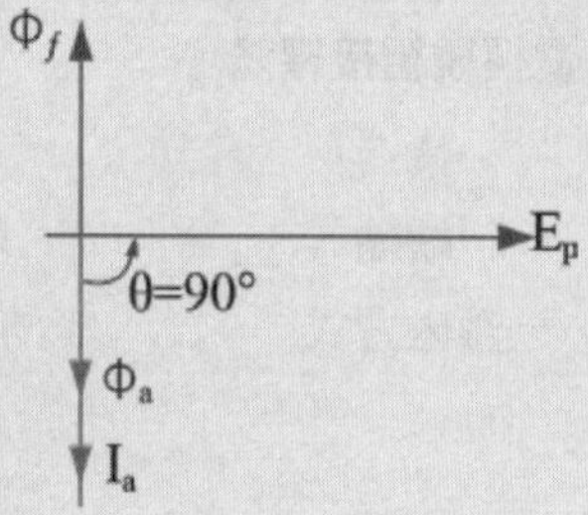
電樞電流純電容性	①I_a超前$E_p 90°$，PF＝0 超前。 ②ϕ_a與ϕ_f同相，加磁直軸。 ③有效磁通↑，應電勢↑。	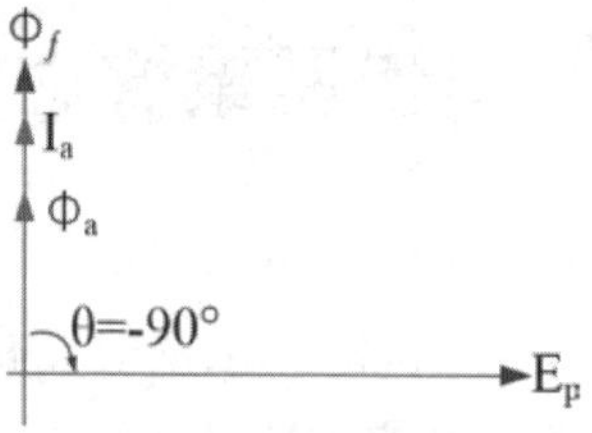
電樞電流電感性	①I_a滯後$E_p\theta$，PF＜1滯後。 ②ϕ_a分解成正交磁ϕ_{ac}與去磁ϕ_{ad}。 ③應電勢↓，高次諧波↑。	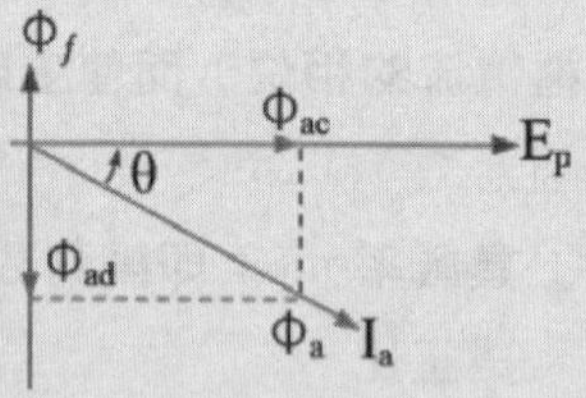
電樞電流電容性	①I_a超前$E_p\theta$，PF＜1 超前。 ②ϕ_a分解成正交磁ϕ_{ac}與加磁ϕ_{ad}。 ③應電勢↑，高次諧波↑。	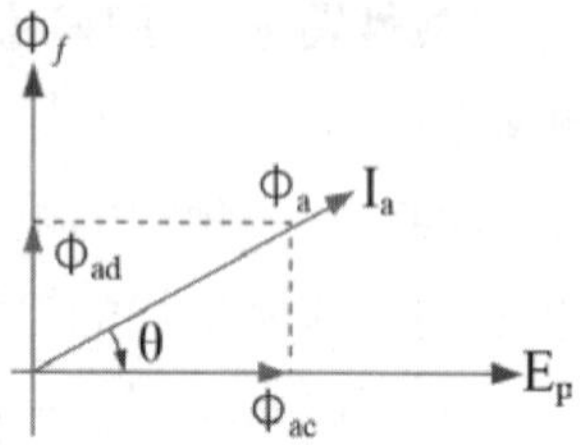

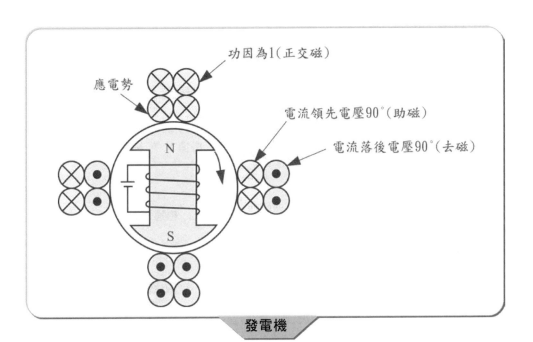

功因為1(正交磁)

應電勢

電流領先電壓90°(助磁)

電流落後電壓90°(去磁)

發電機

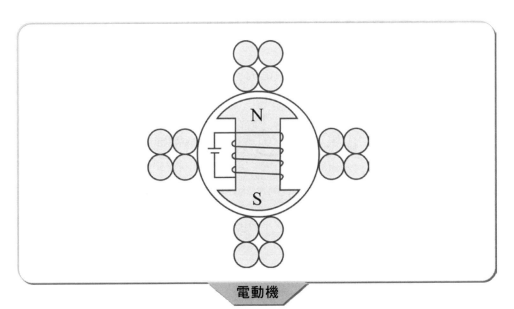

電動機

(5)電樞反應的影響比較：

感應電勢與負載電流的關係	負載	電樞反應效應	電樞反應的結果			應電勢不變，激磁電流變化
			感應電勢	前極尖	後極尖	
同相位	純電阻性	正交磁效應間接去磁效應	主磁場扭曲變形非正弦波(高次諧波↑)	磁通↓	磁通↑	增加
電流滯後電壓90°電機角	純電感性	直接去磁效應	去磁使有效磁通↓應電勢↓	磁通皆↓		增加
電流超前電壓90°電機角	純電容性	加磁效應	加磁使有效磁通↑應電勢↑	磁通皆↑		減少

(6)同步機與直流機電樞反應的比較：

　　①同步機：**與電樞電流相位有關（負載特性）。**

　　②直流機：**與電刷位置有關。**

2. 等效電路之電樞漏磁電抗、同步電抗、同步阻抗、相量圖及電壓調整率

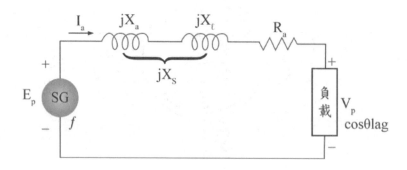

等效電路

(1) 漏磁電抗、同步電抗、同步阻抗

① 電樞電阻R_a：含集膚效應的電樞交流有效電阻。

② 電樞漏磁電抗X_ℓ：電樞電流所產生的磁通，大部分為電樞反應磁通，僅小部分**漏磁通與電樞導體交鏈**，而不與主磁場相作用，致電樞導體產生漏磁電抗。

　　A. **電樞槽愈深愈狹，每槽導線匝數愈多，則電樞漏磁電抗愈大。**

　　B. 電樞漏磁通：槽內漏磁通、齒端漏磁通、線圈端漏磁通三種。

　　C. 電機漏磁電抗的大小：高壓>低壓、高頻>低頻、窄深槽>寬淺槽、半閉口槽>開口槽、有樞槽電樞>平滑槽電樞。

　　D. **樞槽內電樞導體加倍，漏磁電抗增加四倍。**

③ 電樞反應電抗X_a：電樞電流產生的電樞反應磁場，致電樞導體產生與主磁場交鏈之電抗。

④ 同步電抗X_s：電樞反應電抗X_a與電樞漏磁電抗X_ℓ之和。

　$X_s = X_a + X_\ell$

⑤ 同步阻抗Z_s：同步電抗X_s與電樞電阻R_a之相量和。

　$\overline{Z}_s = R_a + jX_s$，$Z_s = \sqrt{R_a^2 + X_s^2}$

　（落後功因負載⇒壓升；超前功因負載⇒壓降）

　　A. 良好電機，其電樞電阻壓降，遠比同步電抗壓降小⇒ $R_a \ll X_s$。

　　B. 由 A.得知，$\overline{Z}_s = R_a + jX_s \fallingdotseq jX_s$。

　　C. 由 B.得知，交流發電機的同步電抗幾近於同步電抗⇒**同步電抗對於輸出電壓的大小有很大的影響。**

(2)相量圖

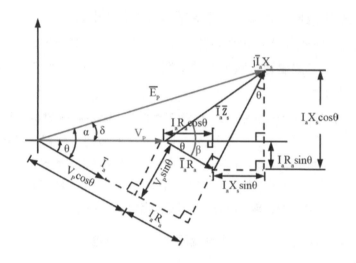

①E_p：每相應電勢、V_p：每相電樞電壓、I_a：每相電樞電流。

符號	名稱	意義
θ	功因角	V_p與I_a的相位角
α	內相角	E_p與I_a的相位角
δ	負載(轉矩)角	E_p與V_p的相位角

② $E_p = \sqrt{(V_p \cos \theta + I_a R_a)^2 + (V_p \sin \theta \pm I_a X_s)^2}$

（功因滯後為＋、功因超前為－）

③ $\delta = \tan^{-1} \dfrac{I_a X_s \cos \theta - I_a R_a \sin \theta}{V_p + I_a R_a \cos \theta + I_a X_s \sin \theta}$

④ $I_a X_s \cos \theta = E_p \sin \delta \Rightarrow I_a \cos \theta = \dfrac{E_p \sin \delta}{X_s}$

∴ $P = V_p I_a \cos \theta = \dfrac{V_p E_p}{X_s} \sin \delta$（$\delta$ 一般約 20°）

◎ 非凸極式交流發電機之輸出功率與負載角之正弦函數成正比。
◎ $\delta = 90°$時，為臨界功率角，輸出功率為最大極限值。

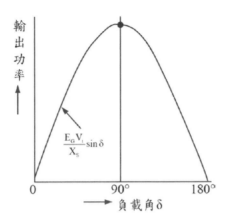

輸出功率與負載角**δ**之關係

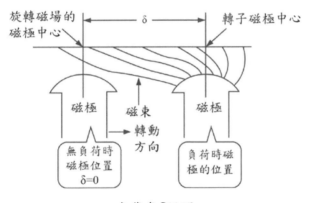

負載角**δ**說明

(3) 電壓調整率

$$\varepsilon = VR\% = \frac{V_{NL} - V_{FL}}{V_{FL}} \times 100\% = \frac{E_p - V_p}{V_p} \times 100\%$$

① 在交流發電機中，負載變化時，其端電壓發生變化的原因有三：

　　A. 電樞電阻壓降$I_a R_a$。

　　B. 電樞漏磁電抗壓降$I_a X_\ell$。

　　C. 電樞反應所產生之電抗壓降$I_a X_a$。

②不同功率因數時增加負載之效應：

A. $\cos \theta = 1 \Rightarrow$ 負載端電壓與電流同相，電樞反應最小，電壓調整率最佳。

$$\Rightarrow E_p = \sqrt{(V_p + I_a R_a)^2 + (I_a X_s)^2}, \textbf{負載增加，端電壓下降，} E_p \textbf{大。}$$

B. **$0 < \cos \theta < 1$ 且功因滯後** $\Rightarrow$ 因電樞反應有使磁場減弱之趨勢，所以端電壓下降更甚。

$$\Rightarrow E_p = \sqrt{(V_p \cos \theta + I_a R_a)^2 + (V_p \sin \theta + I_a X_s)^2},$$

負載增加，端電壓下降，E_p 中。

C. **$0 < \cos \theta < 1$ 且功因超前** $\Rightarrow$ 因電樞反應有使磁場增強之趨勢，所以端電壓提升。

$$\Rightarrow E_p = \sqrt{(V_p \cos \theta + I_a R_a)^2 + (V_p \sin \theta - I_a X_s)^2},$$

負載增加，端電壓上升，E_p 小。

③整理：

A. $\cos \theta \leq 1$ 滯後：$0° \leq \theta < 90°$，$\cos \theta$ 及 $\sin \theta$ 均為正，

$E_p > V_p \Rightarrow \varepsilon > 0$(**正值，$\theta \uparrow \varepsilon \uparrow$**)

B. $\cos \theta < 1$ 超前：$-90° < \theta < 0°$，$\cos \theta$ 為正，$\sin \theta$ 為負，

$E_p < V_p \Rightarrow \varepsilon \leq 0$(**負值，$\theta \uparrow \varepsilon \downarrow$**)

④交流發電機必須採用自動電壓調整器，且比直流機更為重要的原因：

A. **交流發電機不能採用複激，低功因且滯後時，電壓降落很大，無法補償。**

B. 由於功因及負載變化所導致電壓變動，較直流電機為大，因**交流發電機除電樞電抗壓降外，尚需加上電樞反應所產生之影響。**

C. 交流發電機常用於**長途輸電系統**，輸電線及變壓器之電阻電抗，又導致額外之電壓下降，以致端電壓隨負載變化極大。

⑤同步阻抗是由開路試驗與短路試驗測得而知，由於**短路試驗時皆為去磁效應，故短路電流較實際值小，而同步阻抗較實際值大，由此方法計算出的電壓調整率較實際值大**，故稱為悲觀法或同步阻抗法。

江 湖 必 勝 題

◎有一台 100kVA、1100V 三相同步發電機，經各種試驗得下面數據：

1.電阻測量：線端間加 6V 直流電壓時，其電流為 10A。

2.無載飽和曲線實驗：激磁電流為 12.5A 時，線間電壓為 420V。

3.短路特性試驗：激磁電流為 12.5A 時，線電流為額定電流。

設此發電機為 Y 接，且繞組等效電阻為直流電阻之 1.5 倍，求：功因為 0.8 滯後時之電壓調整率。

答：(1)額定電流$I_n = I_L = I_a = \frac{100k}{\sqrt{3} \times 1100} = 52.5(A)$

(2)每相直流電阻$R_{dc} = \frac{6}{2 \times 10} = 0.3(\Omega/相)$

(3)每相交流電阻$R_a = 1.5 \times 0.3 = 0.45(\Omega/相)$

(4)每相同步阻抗$Z_s = \frac{\frac{420}{\sqrt{3}}}{52.5} = 4.62(\Omega/相)$

(5)每相同步電抗$X_s = \sqrt{Z_s^2 - R_a^2} = \sqrt{4.62^2 - 0.45^2} = 4.6(\Omega/相)$

(6)每相額定電壓$V_p = \frac{1100}{\sqrt{3}} = 635(V)$

(7)①$I_a R_a = 52.5 \times 0.45 = 23.6(V)$；$I_a X_s = 52.5 \times 4.6 = 242(V)$

　　②功因為 0.8 滯後

$$\Rightarrow E_p = \sqrt{(V_p \cos\theta + I_a R_a)^2 + (V_p \sin\theta + I_a X_s)^2}$$

$$= \sqrt{(635 \times 0.8 + 23.6)^2 + (635 \times 0.6 + 242)^2} = 819(V/相)$$

(8)$\varepsilon = \frac{E_p - V_p}{V_p} \times 100\% = \frac{819 - 635}{635} \times 100\% = 29\%$

3. 同步發電機之特性曲線的比較：E_p：感應電勢、V_p：輸出端電壓、I_f：激磁電流、I_ℓ：負載電流、I_s：短路電流、θ：功因角

特性曲線圖	曲線名稱	描述關係 (X-Y)	定值	曲線說明
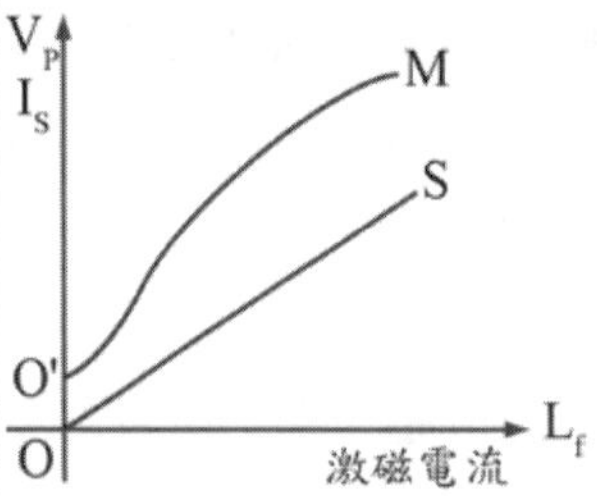	無載飽和曲線 (O.C.C.)	I_f-V_p	無載且同步轉速 n 運轉	(1)圖示中 O′M 曲線。 (2)開路試驗求得。 (3)激磁電流較小⇒一直線。 (4)激磁電流增加⇒一曲線。(∵鐵心未飽和)
	三相短路曲線 (S.C.C.)	I_f-I_s	短路且同步轉速 n 運轉	(1)圖示中 OS 曲線。 (2)短路試驗求得。 (3)短路時電流落後電壓，電樞反應為去磁，鐵心不易飽和⇒一直線；⇒同步電抗隨鐵心飽和程度而不同。
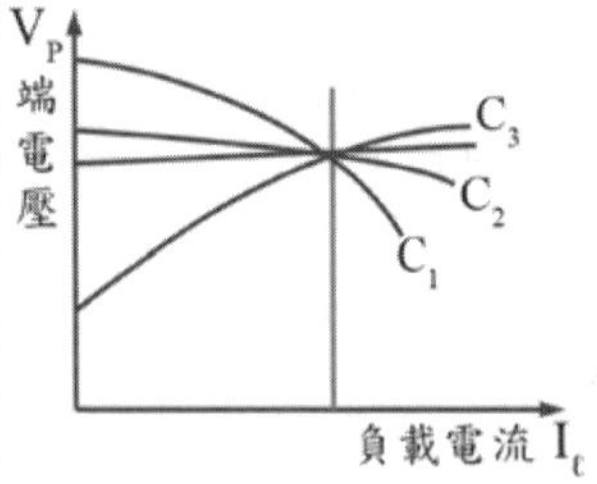	外部特性曲線	I_ℓ-V_p	I_f、n、θ	(1)輸出端電壓隨負載電流而不同。 (2)與功因有關： ① C_1⇒功因滯後，電樞反應去磁作用，端電壓隨負載電流增加而降低，下垂曲線。 ② C_2⇒功因=1，端電壓隨負載增加而降低，故降低程度較小。 ③ C_3⇒功因超前，電樞反應加磁作用，端電壓隨負載電流增加而上升，上升曲線。

特性曲線圖	曲線名稱	描述關係(X-Y)	定值	曲線說明
	激磁特性曲線	I_ℓ-I_f	V_p、n、θ	(1)功因滯後、功因=1 皆有 **去磁作用** $\Rightarrow$ I_f 需增大以維持輸出端電壓為定值，故I_f隨**負載增大而增加。** (2)功因超前電樞反應為 **加磁作用** $\Rightarrow$ I_f 需減少以維持輸出端電壓為定值，故I_f隨**負載增大而降低。**

4.同步發電機之特性曲線的定義比較

特性曲線名稱	特性曲線別稱	定義說明
無載飽和曲線	飽和特性曲線、開路曲線	同步發電機在**無載時**，轉子以**同步轉速運轉**所得**無載端電壓**V_p與**激磁電流**I_f間的關係曲線。
三相短路曲線	短路曲線	將發電機電樞輸出端**用安培表短路時**，描述**電樞短路電流**I_s與**激磁電流**I_f間的關係曲線。
外部特性曲線	負載特性曲線	當同步發電機以同步速率運轉時，在維持**額定激磁電流**I_f及**負載功率 P 不變**的條件下，變更負載時描述**負載端電壓**V_p與**負載電流**I_ℓ間的關係曲線。
激磁特性曲線	磁場調整特性曲線	當發電機以同步轉速運轉時，以**無載負載端電壓**V_p不變為前提下，**變更恆定功率因數** $\cos\theta$的負載時所需**激磁電流**I_f與**負載電流**I_ℓ間的關係曲線。

5. 同步發電機的試驗比較

試驗法	過程說明
開路試驗	同步機以同步轉速運轉，記錄激磁電流與端電壓的關係，用以得到無載飽和曲線。又可測量無載旋轉損失、摩擦損、風損、鐵損。
短路試驗	同步機以同步轉速運轉，記錄激磁電流與電樞電流的關係，用以得到三相短路曲線。
負載特性試驗	轉速為同步轉速，調整激磁電流或負載，以測量負載電壓、電流及功率。
電樞電阻測量	電樞加上直流電，測量直流電阻，以計算電樞電阻，與感應電動機的定子電阻測量相同。

6. 短路比、自激磁、短路電流

　(1)短路比與同步阻抗

　　①百分率同步阻抗：取同步阻抗Z_s於**額定電流之壓降**與**相電壓**之比。

$$Z_s\% = \frac{I_n Z_s}{V_n} \times 100\%$$

　　②短路比：

$$K_s = \frac{無載時所產生額定電壓所帶之激磁電流}{短路時所產生額定電壓所帶之激磁電流}，或$$

$$K_s = \frac{1}{百分率同步阻抗} = \frac{1}{Z_s\%}$$

　　③說明：

　　　A. $K_s\uparrow$、$Z_s\downarrow$、電樞反應↓、空氣隙↑⇒鐵機械(機械損)，電壓較穩定。

　　　B. $K_s\downarrow$、$Z_s\uparrow$、電樞反應↑、空氣隙↓⇒銅機械，電壓欠穩定。

　　　C. 水輪式發電機的$K_s \doteqdot 0.9\sim1.2$，汽輪式發電機的$K_s \doteqdot 0.6\sim1.0$。

(2) 自激磁

　　① 無激磁運轉之同步發電機，若輸出
　　　長距離的輸電線接以電容性負載，
　　　因發電機之**剩磁**存在，有 90° 進相充
　　　電電流通過電樞繞組且引起**加磁電**
　　　樞反應，使電壓增加且充電電流增
　　　大；**而增大的充電電流使電壓更加**
　　　提高，如此循環，稱為同步發電機
　　　的「自激現象」。

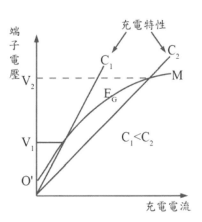

　　② 與直流串激發電機相似。

　　③ O'M 為飽和特性曲線。

　　④ C_1、C_2 為輸電線之充電特性曲線；C_1 電容量小，可使端子電壓升至
　　　V_1；C_2 電容量較大，可使端子電壓升至較大 V_2。

　　⑤ **輸電線電容量 C 之大小，可引起較額定電壓為高，且危害線路及機**
　　　器絕緣之電壓。

(3) 減少自激現象

　　① 使用電樞反應小，而**短路比大**的發電機。

　　② **使剩磁為極小。**

　　③ **並聯數部發電機**，各機分擔線路充電電流，可使各發電機電樞反應
　　　減小。

　　④ 於受電端加裝**同步調相機**，並用於欠激磁運轉，從輸電線取用遲相
　　　電流，以中和充電電流，使自激現象減少。

(4)短路電流

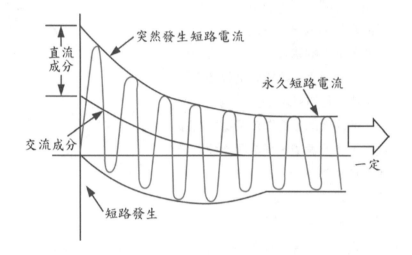

①同步發電機運轉時**發生短路**，短路電流I_s等於額定電流乘以短路比
　　$(I_s = I_n K_s)$。

②因為輸出端短路，電路中只剩下**電樞繞組阻抗**，故I_s**不大**。

③又因**電樞繞組電抗**遠大於電阻，致I_s滯後E_p90°，產生**去磁作用，磁通
　量減少，E_p降低，故I_s不大**，約為額定電流的 0.6~1.2 倍。

④**發生短路的最初零點幾秒鐘**，只有電樞漏磁電抗X_ℓ在限制短路電流。

⑤線路短路瞬間，為電樞反應欲產生去磁作用之際，由於磁場繞組的
　自感作用，電樞反應無法建立，磁場繞組會有額外的激磁電流，**以
　反抗磁通量減少，但磁通量並沒有立即減少，因此突然發生短路電
　流**的幾週正弦波稱為「暫態短路電流」。經數週後，自感應電勢消失，
　則產生**電感性電樞反應使磁通減少**，發電機之應電勢降低，短路電
　流亦降低，為**永久性短路電流**，如同短路試驗時之發電機短路電流
　特性。

江 湖 必 勝 題

◎ 有一三相同步交流發電機在無載下以額定電壓，額定轉速運轉，突然將三相短路，則瞬間短路電流為額定電流的 8 倍，永久性短路電流為額定電流的 1.25 倍，若忽略電樞電阻，求：(1)發電機之百分比電樞漏磁電抗；(2)發電機之百分比同步電抗。

答：(1)短路發生瞬間只有電樞漏磁電抗 X_ℓ 在限制短路電流。

$$I_s = I_n K_s = I_n \times \frac{1}{X_\ell\%}$$

$$\Rightarrow X_\ell\% = \frac{I_n}{I_s} \times 100\% = \frac{I_n}{8I_n} \times 100\% = \frac{1}{8} \times 100\% = 12.5\%$$

(2) $X_s\% = \frac{I_n}{I_s} \times 100\% = \frac{I_n}{1.25I_n} \times 100\% = 80\%$

　　🔖 短路比 $K_s = \frac{1}{X_s\%} = \frac{1}{80\%} = 1.25$

7. 額定輸出、耗損及效率

(1)同步發電機的輸出主要受本身運轉時之溫度上升限制。

(2)同步發電機之損失與直流機之損失大致相同：

　①鐵損：電樞鐵心中之磁滯損及渦流損所構成。

　②機械損：**電機旋轉時，所造成之損失**，包括：軸承、電刷之摩擦損失、風阻損失等。

　③銅損：**電樞導體通過電流時所造成之損失，與負載電流之平方成正比**，且包括集膚作用結果所引起電阻增加之損失。

　④激磁損失：激磁電流流過磁場線圈之電阻所造成的損失。

　⑤雜散損失：除上述四項外，其他無法測得的損失，如介質損失及磁通變型所引起的鐵損。

(3)同步發電機效率之計算與變壓器、直流發電機相同：

輸出為$\sqrt{3}VI$、功因為$\cos\theta$、所有損失和為P_ℓ，則三相發電機之效率η為：

$$\eta = \frac{P_o}{P_o + P_\ell} \times 100\% = \frac{\sqrt{3}VI\cos\theta}{\sqrt{3}VI\cos\theta + P_\ell} \times 100\%$$

江 湖 必 勝 題

◎有一 12 極，2.2kV，500kVA，每分鐘 600 轉，功率因數為 0.8 之發電機，其負載效率為 90%，求：發電機之損失。

答：$\eta = \frac{P_o}{P_o+P_\ell} \times 100\% = \frac{\sqrt{3}VI\cos\theta}{\sqrt{3}VI\cos\theta+P_\ell} \times 100\% = \frac{S\cos\theta}{S\cos\theta+P_\ell} \times 100\%$

$\Rightarrow 0.9 = \frac{500\times10^3\times0.8}{500\times10^3\times0.8+P_\ell} \Rightarrow P_\ell = 44k(W)$

📍 $S_\ell = \frac{P_\ell}{\cos\theta} = \frac{44k}{0.8} = 55k(VA)$

9-4 同步發電機之並聯運用

1. 並聯運用的理由
   (1)使系統效率提高。　(2)使預備容量減少。
   (3)維修方便。　(4)提高供電可靠度。
   (5)合乎經濟效益。
2. 並聯運用的條件
   (1)角速度不可忽快忽慢，才不致使發電機的輸出電壓大小、相位、頻率有所變動。
   (2)頻率需相同（平均一致的角速度）。
   (3)應電勢的波形需相同（電壓大小、時相需相同）。
   (4)相序需相同（相序不同絕對不可並聯運用）。
   (5)適當下垂速率的負載特性曲線（避免產生掠奪負載效應）。
   　①下垂速率：負載曲線可使發電機負載增加時，轉速下降，造成感

應電勢落後，產生整步電流，使輸出功率減少，使負載分配不致
變動。

② 斜率$S = \dfrac{P}{f} \Rightarrow P = S(f_0 - f_s)$

P　：發電機之輸出功率

f_0　：發電機之無載頻率

f_s　：系統之運轉頻率

S：曲線之斜率，單位為(kW/Hz)或(MW/Hz)

③ 負載特性曲線與負載變動的關係：

速率-負載特性曲線	負載減小時	負載加大時
較下垂(S.R.較大)	分擔減少較少	分擔增加較少
較平坦(S.R.較小)	分擔減少較多	分擔增加較多

3. 並聯程序

(1)使用伏特計，即臨發電機之磁場電流必須被調至使其端電壓和運轉系統
的線電壓相同。

(2)臨發電機之相序必須和運轉系統之相序做比較。

(3)臨發電機之頻率要調至比運轉系統的頻率稍微高一點。臨發電機要調至
有稍微高一點的頻率。

(4)一旦頻率已經非常接近了，兩系統中的電壓對彼此的相位變化會非常慢。
當觀察此相位變化，且相角是相等的時候，把連接兩個系統的開關關
上。

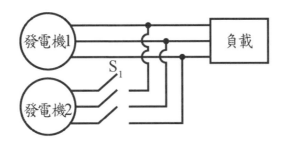

4. 整步：同步發電機於並聯使用時，處於平衡狀態，任何使用發電機於**並聯中發生失步，將恆為其產生反應所阻止，使之不至於失去同步。**

5. 整步電流I_o：當其中一台發電機**欲脫離同步時**，則在兩同步發電機間會**產生一循環電流**，此電流將使滯後發電機加速，使超前發電機減速，**使兩台發電機保持穩定的同步狀態**，則此電流稱之為「整步電流」。

$$I_o = \frac{E_A - E_B}{Z_{SA} \pm Z_{SB}}$$

6. 並聯運用之方法

   (1)相序測定

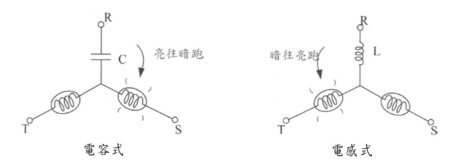

電容式　　　　　　　　　電感式

   (2)整步法

分類	說明	圖示
三暗法	兩台同步機同步時，三燈全暗	

分類	說明	圖示
三明法	兩台同步機同步時，三燈全亮	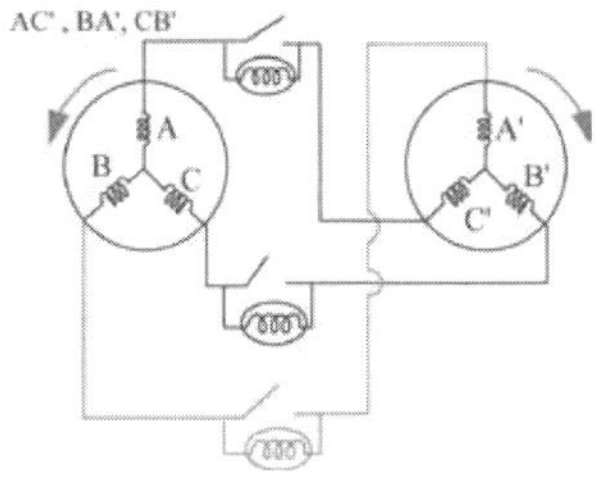AC', BA', CB' A B C A' B' C'
二明一滅法（旋轉燈法）	最常用的方法	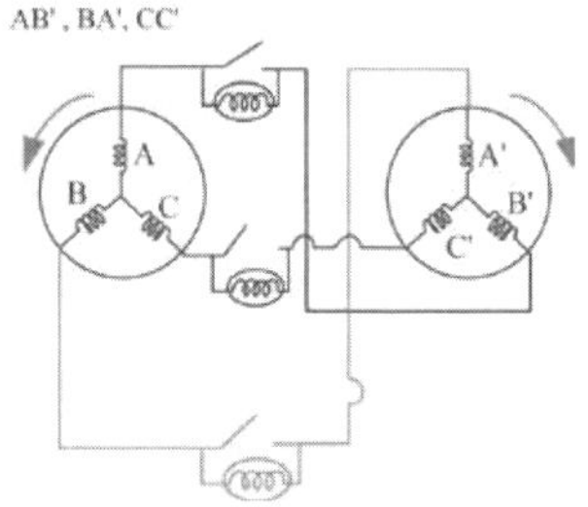AB', BA', CC' A B C A' B' C'

情況	相序	頻率	電壓大小	時相(相位)	三燈現象	可並聯與否
①	同	一致	相等	一致	二明一滅(同步)	可
②	同	一致	稍異	稍異	二明一暗(整步)	可
③	同	稍異	相等	不定	三燈輪流明滅	不可
④	同	稍異	稍異	不定	三燈輪流明暗	不可
⑤	不同	一致	相等	一致	三燈皆滅	不可
⑥	不同	一致	稍異	稍異	三燈皆暗	不可

註 二明一滅法：當兩機同步(A 相同A′、B 相同B′、C 相同C′)，AB′相兩端及BA′相兩端所接的燈因不同相而有電位差，故兩燈皆會亮。CC′因接同相位而等電位，故燈不亮。

(3)同步變壓器法：用於單相測定，無法測定相序。

(4)同步儀：用於單相測定，無法測定相序。

7. 負載分配

(1)直流發電機並聯運轉,增加磁場激磁之直流電機組會多分擔一些負載。

(2)交流同步發電機增減磁場激磁可控制端電壓及虛功率分配,增減轉子轉速可控制頻率及有效功率之分配。

(3)**同步發電機單獨運轉時,有效功率及虛功率由負載決定供應的大小**;當發電機接至無限匯流排,其頻率及電壓為固定;若增減磁場激磁之交流發電機組,僅有電勢差及無效橫流產生,可控制虛功率之分配;**增減轉子轉速,會改變原動機之速率負載特性曲線,可控制有效功率之分配。**

(4)**有效功率分配**:欲增加輸出有效電力之發電機,**應電勢需較端電壓領先一個 δ 負載角,即增加其原動機之轉速(增加原動機之速率-負載特性曲線)**,若要使系統頻率不變,另一發電機也要適度調整。

① 原動機吸取功率增加時,轉速會降低,同步發電機轉速與電源頻率有關,故**同步發電機之輸出功率與頻率有關。**

⇒有效功率與電源頻率,隨轉速成比例變動。

② 已知全體的總功率 $P_T = P_A + P_B$ 且 $P_B > P_A$。

③ 若調整原動機 A 使轉速增加,則系統的頻率增加,且 $P'_T = P'_A + P'_B$。

④ 若調整原動機 B 使轉速下降,則系統的頻率下降,且 $P''_T = P''_A + P''_B$。

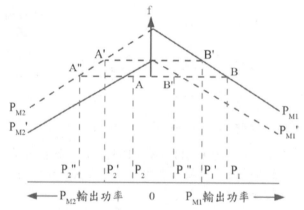

(5)**無效功率分配**:調整激磁電流 I_f 可改變無效功率 Q_L 的分配,$Q_L \propto I_f$。

江 湖 必 勝 題

1. 兩部發電機並聯運轉共同供應負載，發電機 A 之無載頻率為 61.5Hz，而斜率為 S_{PA} = 1MW/Hz，發電機 B 之無載頻率為 61.0Hz，而斜率 S_{PB} = 1MW/Hz，此兩部發電機在 0.8 落後功率因數下供應 2.5MW 之總有效功率，所形成系統之頻率-有效功率如圖所示，

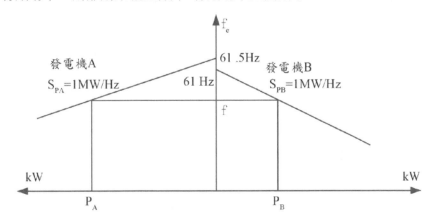

求：(1)此系統運轉頻率及兩部發電機分別供應多少有效功率？(2)假設此電力系統中另外加入負載 1MW，則新的系統頻率為多少？且兩部機各供應多少有效功率？(3)同(2)，若將發電機 B 之原動機調整使其頻率上升 0.5Hz，則新系統頻率及發電機供應之有效功率各為多少？

答：依題意得知：斜率$S = \dfrac{P}{f} = \dfrac{MW}{Hz}$

(1)① $S_{PA} = \dfrac{P_A}{f_A} = \dfrac{P_A}{f_{AO} - f_s} \Rightarrow P_A = S_{PA}(f_{AO} - f_s)$

$S_{PB} = \dfrac{P_B}{f_B} = \dfrac{P_B}{f_{BO} - f_s} \Rightarrow P_B = S_{PB}(f_{BO} - f_s)$

$P_T = P_A + P_B \Rightarrow P_T = S_{PA}(f_{AO} - f_s) + S_{PB}(f_{BO} - f_s)$

$\Rightarrow 2.5M = 1M \times (61.5 - f_s) + 1M \times (61.0 - f_s)$

$\Rightarrow f_s = 60.0(Hz)$

② $P_A = S_{PA}(f_{AO} - f_s) = 1M(61.5 - 60.0) = 1.5M(W)$

$P_B = S_{PB}(f_{BO} - f_s) = 1M(61.0 - 60.0) = 1.0M(W)$

(2)①$2.5M + 1M = 1M \times (61.5 - f'_s) + 1M \times (61 - f'_s)$

　　$\Rightarrow f'_s = 59.5(Hz)$

　　② $P'_A = S_{PA}(f_{A0} - f'_s) = 1M(61.5 - 59.5) = 2M(W)$

　　$P'_B = S_{PB}(f_{B0} - f'_s) = 1M(61.0 - 59.5) = 1.5M(W)$

(3)①$3.5M = 1M \times (61.5 - f''_s) + 1M \times [(61.0 + 0.5) - f''_s)]$

　　$\Rightarrow f''_s = 59.75(Hz)$

　　② $P''_A = P''_B = 1M(61.5 - 59.75) = 1.75M(W)$

　　③ 系統頻率提高至 59.75Hz，P_B供應有效功率增加，P_A則減少。

2. 兩台相似之 300kVA 交流發電機並聯，A 機的速率-負載特性曲線自無載至滿載 300kW，頻率由 60.5Hz 均勻降至 59.5Hz，而同一情形下 B 機之頻率，由 60.5Hz 均勻降至 59Hz，當共同負擔 450kW 的負載時，求：(1)A、B 機各負擔功率；(2)系統頻率。

答：依題意繪出同步發電機並聯有效功率分配圖：

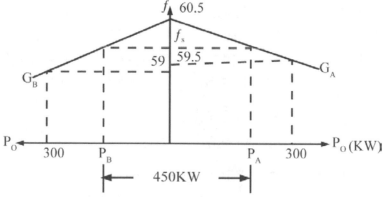

$P_T = P_A + P_B = 450kW \cdots\cdots①$

按相似三角型之比例推得以下②、③方程式：

$\frac{P_A}{300} = \frac{60.5 - f_s}{60.5 - 59.5} \cdots\cdots②$　　$\frac{P_B}{300} = \frac{60.5 - f_s}{60.5 - 59} \cdots\cdots③$

由①、②、③解聯立得知：

$P_A = 270k(W)$、$P_B = 180k(W)$、$f_s = 59.6(Hz)$

3. 有 A 及 B 兩台相似的 2500kVA 交
   流發電機並聯供應一負載，兩機的
   輸出功率-速率曲線如圖所示，求：
   (1)當負載為 3000kW 時，各機分
   　擔的負載為多少？
   (2)並聯系統的頻率f_x為多少？

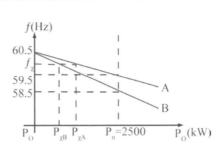

答：$(1)\Delta f_A = f_{oA} - f_{nA} = 60.5 - 59.5 = 1(Hz)$

　　　$\Delta f_B = f_{oB} - f_{nB} = 60.5 - 58.5 = 2(Hz)$

　　　$P_T = P_{XA} + P_{XB} = 3000kW$
　　　由圖得知負載比例分配成反比$\frac{P_{XA}}{P_{XB}} = \frac{\Delta f_{XB}}{\Delta f_{XA}} = \frac{2}{1} \Rightarrow P_{XA} : P_{XB} = 2 : 1$
　　　故，P_{XA}及P_{XB}將$P_T = 3000kW$按比例$2 : 1$分配，
　　　　$P_{XA} = 2000kW$、$P_{XB} = 1000kW$。

　　(2)按相似三角型之比例推得以下方程式：

　　$\frac{P_{XA}-0}{P_{nA}-0} = \frac{f_{oA}-f_x}{f_{oA}-f_{nA}} \Rightarrow \frac{2000k}{2500k} = \frac{60.5-f_x}{60.5-59.5}$
　$\Rightarrow f_x = 60.5 - \left(\frac{2000k}{2500k} \times 1\right) = 59.7(Hz)$

4. 設有如下表數據的兩台發電機 A 及 B：

發電機		A	B
容量(kW)功率因數 100%		1500	4000
電壓(V)		6600	6600
極數		2	16
轉速特性	無載轉速(rpm)	3200	380
	滿載轉速(rpm)	2900	370

且其 A、B 兩機之轉速特性曲線為直線性，求：50Hz 時之總負載。

答：(1)依題意繪出同步發電機並聯有效功率分配圖：

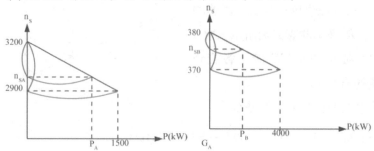

(2)$n_{SA} = \dfrac{120f}{P_A} = \dfrac{120 \times 50}{2} = 3000(rpm)$、

$n_{SB} = \dfrac{120f}{P_B} = \dfrac{120 \times 50}{16} = 375(rpm)$

(3)按相似三角形之比例推得以下方程式：

$\dfrac{P_A - 0}{1500 - 0} = \dfrac{3200 - n_{SA}}{3200 - 2900} \Rightarrow \dfrac{P_A}{1500} = \dfrac{3200 - 3000}{300} \Rightarrow P_A = 1000k(W)$

$\dfrac{P_B - 0}{4000 - 0} = \dfrac{380 - n_{SB}}{380 - 370} \Rightarrow \dfrac{P_B}{4000} = \dfrac{380 - 375}{10} \Rightarrow P_B = 2000k(W)$

(4)$P_T = P_A + P_B = 1000 + 2000 = 3000k(W)$

5. 兩台同步發電機 Y 接並聯，已知 A 機 250V，$Z_{SA} = 6\Omega$，B 機 220V，
$Z_{SB} = 4\Omega$，求：兩台發電機間的循環電流。

答：$I_o = \dfrac{E_A - E_B}{Z_{SA} \pm Z_{SB}} = \dfrac{\frac{250}{\sqrt{3}} - \frac{220}{\sqrt{3}}}{6 + 4} = \dfrac{30}{\sqrt{3}} \times \dfrac{1}{10} = \sqrt{3}(A)$

7. 同步發電機的並聯控制

　(1)負載分配應與容量成正比，而與等效內阻成反比。

控制項目	改變
原動機速度	系統頻率改變，負載有效功率分配
發電機激磁	感應電勢大小、負載無效功率分配

(2)發電機並聯運轉時，負載端電壓、負載電流、負載功率因數、負載電源頻率皆未改變；**各發電機的輸出電源頻率與輸出電壓大小皆相同，且負載分配應合理**。

8. 追逐現象：

(1)定義：並聯運轉中之發電機，**若負載突然發生變動時**，於此瞬間負載角 δ 應隨之改變，但由於轉部之慣性及場繞組與磁極面鐵塊的制動作用，轉子無法立即固定在與新負載相對應之新負載角下運轉，**致轉子轉速徘徊在同步轉速上下，負載角 δ 呈連續來回擺動**，而發出異聲，電樞產生非定幅正弦波形的應電勢，此不安定的現象，稱為「追逐現象」。

(2)原因：

① 負載急遽變動時。

② 原動機的速率調整不良或過於靈敏。

③ 驅動發電機之原動機轉矩有脈動現象。

(3)防止方法

① 調整調速器之緩衝壺，使其不因負載變動而過份靈敏。

② 在旋轉磁極之極面上，裝置**短路的阻尼繞組**。

③ 設計足夠的轉動慣量或加大飛輪效應。

④ 設計具**高電樞反應**的電機。

天下大會考

( ) 1. 有一台 40kVA、220V、60Hz、Y 接三相同步發電機，開路試驗之
數據為：線電壓 220V 時，場電流為 2.75A；線電壓 195V 時，場
電流為 2.2A。短路試驗之數據為：電樞電流 118A 時，場電流為
2.2A；電樞電流 105A 時，場電流為 1.96A。則發電機之百分率同
步阻抗值為何？
(A)61%　　　　　　　　(B)71%
(C)81%　　　　　　　　(D)91%。

( ) 2. 下列何者不是同步發電機之並聯運轉條件？
(A)感應電勢相等　　　　(B)相位角相等
(C)相序相同　　　　　　(D)極數相等。

( ) 3. 有關三相同步發電機之負載特性試驗操作，下列敘述何者正確？
(A)轉速為同步轉速，電樞繞組短路，調整激磁電流，以量測其
電樞電流
(B)轉速為零，電樞繞組開路，調整激磁電流，以量測電樞端電壓
(C)轉速為同步轉速，調整激磁電流或負載，以量測負載電壓、
電流及功率
(D)轉速為零，調整激磁電流及負載，以量測負載電壓、電流及
功率。

( ) 4. 同步發電機的開路試驗，其目的為何？
(A)量測磁場電流與發電機短路電流的關係
(B)量測磁場電流與發電機輸出電流的關係
(C)量測磁場電流與發電機短路電壓的關係
(D)量測發電機的負載特性。

( )　5.如圖所示為一三相同步發電機接不同性質負載下的外部特性曲線，
　　　則發電機接何種負載其電壓調整率最好？
　　　(A)電阻性，即功率因數為 1 時
　　　(B)電感性，即滯後功率因數時
　　　(C)電容性，即超前功率因數時
　　　(D)條件不足，無法判斷。

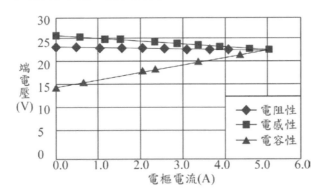

( )　6. 有一部三相 Y 接同步發電機，額定線電壓為 220V，若開路特性
　　　試驗得：端電壓E_a = 220V，激磁電流I_f = 0.92A；短路特性試驗
　　　得：短路電流I_a = 10.50A，I_f = 0.92A，則發電機每相的同步阻抗
　　　為多少？
　　　(A)7.0Ω　　　　　　　　　　(B)10.0Ω
　　　(C)12.1Ω　　　　　　　　　 (D)20.9Ω。

( )　7. 有 A、B 兩部三相 Y 接同步發電機作並聯運轉，若 A 機無載線電
　　　壓為$230\sqrt{3}$V，每相同步電抗為 3Ω；B 機無載線電壓為$220\sqrt{3}$V，
　　　每相同步電抗為 2Ω，若兩發電機內電阻不計，則其內部無效環
　　　流為多少？
　　　(A)1A　　　　　　　　　　　(B)1.5A
　　　(C)2A　　　　　　　　　　　(D)2.5A。

( )　8. 同步發電機的電樞繞組原為短節距繞組，若不改變線圈匝數，且改採全節距繞組方式，則其特點為何？
(A)可以改善感應電勢的波形　　(B)感應電勢較高
(C)可節省末端連接線　　　　　(D)導體間互感較小。

( )　9. 有一台三相、四極、Y 接的同步發電，電樞繞組每相匝數為 50 匝，每極磁通量為 0.02 韋伯，轉速為 1500rpm，若感應電勢為正弦波，則每相感應電勢有效值為何？
(A)200V　　　　(B)222V　　　　(C)240V　　　　(D)384V。

( )　10. 三相同步發電機的負載為純電容性時，下列關於電樞反應的敘述何者正確？
(A) 會有直軸反應產生正交磁效應，會升高感應電勢，電壓調整率為正值
(B) 會有交軸反應產生去磁效應，會降低感應電勢，電壓調整率為正值
(C) 會有直軸反應產生加磁效應，會升高應電勢，電壓調整率為負值
(D) 會有交軸反應產生去磁效應，會降低感應電勢，電壓調整率為負值。

( )　11. 火力發電廠的發電機組，主要是採用下列何種電機？
(A)感應機　　　　　　　　　(B)同步機
(C)直流機　　　　　　　　　(D)步進電機。

( )　12. 同步發電機連接不同特性負載時，電壓調整率會隨負載而產生變化，當同步發電機之電壓調整率為負值時，同步發電機所連接負載為何？
(A)純電阻性負載　　　　　　(B)電容性負載
(C)純電感性負載　　　　　　(D)電感性負載。

解 答 與 解 析

1.**(B)**。(1) 開路試驗求得：無載飽和曲線(I_f-E_p)，$I_{f無} = 2.75(A)$

　　⇒ 題意給定額定電壓 220V 三相同步發電機

　(2) 短路試驗求得：三相短路曲線(I_f-I_a)，$I_{f短} = 1.96(A)$

　　⇒ 額定電流$I_n = \dfrac{S}{\sqrt{3}V} = \dfrac{40k}{\sqrt{3} \times 220} = 105(A)$

　(3)$K_s = \dfrac{\text{無載時所產生額定電壓所帶之激磁電流}}{\text{短路時所產生額定電壓所帶之激磁電流}} = \dfrac{2.75}{1.96}$

　(4)$K_s = \dfrac{1}{\text{百分率同步阻抗}} = \dfrac{1}{Z_s\%} \Rightarrow Z_s\% = \dfrac{1}{\frac{2.75}{1.96}} = \dfrac{1.96}{2.75} = 0.713 = 71.3\%$

2.**(D)**。並聯運用的條件：

　(1)角速度不可忽快忽慢，才不致使發電機的輸出電壓大小、相位、頻率有所變動。

　(2)頻率需相同(平均一致的角速度)。

　(3)應電勢的波形需相同(電壓大小、時相需相同)。

　(4)相序需相同。

　(5)適當下垂速率的負載特性曲線(避免產生掠奪負載效應)。

3.**(C)**。三相同步發電機：

試驗法	過程說明
開路試驗	同步機以同步轉速運轉，記錄激磁電流與端電壓的關係，用以得到無載飽和曲線。又可測量無載旋轉損失、摩擦損、風損、鐵損。
短路試驗	同步機以同步轉速運轉，記錄激磁電流與電樞電流的關係，用以得到三相短路曲線。
負載特性試驗	轉速為同步轉速，調整激磁電流或負載，以測量負載電壓、電流及功率。
電樞電阻測量	電樞加上直流電，測量直流電阻，以計算電樞電阻，與感應電動機的定子電阻測量相同。

4.**(C)**。三相同步發電機：

試驗法	過程說明
開路試驗	同步機以同步轉速運轉，記錄激磁電流與端電壓的關係，用以得到無載飽和曲線。又可測量無載旋轉損失、摩擦損、風損、鐵損。
短路試驗	同步機以同步轉速運轉，記錄激磁電流與電樞電流的關係，用以得到三相短路曲線。
負載特性試驗	轉速為同步轉速，調整激磁電流或負載，以測量負載電壓、電流及功率。
電樞電阻測量	電樞加上直流電，測量直流電阻，以計算電樞電阻，與感應電動機的定子電阻測量相同。

5.**(A)**。$\cos\theta = 1 \Rightarrow$ 負載端電壓與電流同相，電樞反應最小，電壓調整率最佳。

$$\Rightarrow E_p = \sqrt{(V_p + I_aR_a)^2 + (I_aX_s)^2}，\textbf{負載增加，端電壓下降。}$$

6.**(C)**。(1)額定電流(短路電流)$I_n = I_L = I_a = 10.50(A)$

(2)每相同步阻抗

$$Z_s = \frac{\frac{\text{無載飽和曲線實驗(開路試驗)測得線間電壓}}{\sqrt{3}}}{\text{額定電流}} = \frac{\frac{220}{\sqrt{3}}}{10.50} = 12.1(\Omega/\text{相})$$

7.**(C)**。$I_o = \frac{E_A - E_B}{Z_{SA} \pm Z_{SB}} = \frac{\frac{230\sqrt{3}}{\sqrt{3}} - \frac{220\sqrt{3}}{\sqrt{3}}}{3+2} = \frac{10}{5} = 2(A)$

8.**(B)**。短節距繞組為一個線圈的兩個線圈邊相隔的距離小於一個極距，故短節距繞組所產生之感應電勢較全節距繞組者為低。換句話說，感應電勢：全節距繞組＞短節距繞組。

9.**(B)**。(1)$n_s = \frac{120f}{P} \Rightarrow 1500 = \frac{120 \times f}{4} \Rightarrow f = 50(Hz)$

(2)$E_{eff} = 4.44fN\phi_m = 4.44 \times 50 \times 50 \times 0.02 = 222(V)$

10.(**C**)。(1) 電樞電流純電容性：I_a超前E_p90°，PF = 1 超前；ϕ_a與ϕ_f同相，加磁直軸；有效磁通↑，應電勢↑。

(2) $0 < \cos\theta < 1$ 且功因超前 ⇒因電樞反應有使磁場增強之趨勢，所以端電壓提升。

$$\Rightarrow E_p = \sqrt{(V_p\cos\theta + I_aR_a)^2 + (V_p\sin\theta - I_aX_s)^2}$$，負載增加，端電壓上升。

(3) $\cos\theta < 1$超前：$-90° < \theta < 0°$，$\cos\theta$為正，$\sin\theta$為負，$E_p < V_p \Rightarrow \varepsilon \leq 0$(負值，$\theta$↑$\varepsilon$↓)

11.(**B**)。(1)依旋轉(構造)分類

機種	用途
旋轉電樞式(轉電式)	低電壓中小型機
旋轉磁場式(轉磁式)	高電壓大電流適用
旋轉感應鐵心式(感應器式)	高頻率電源適用

(2)火力發電廠發電機組大多是高電壓大電流電機，而同步發電機一般採用轉磁式，可感應更高的應電勢，並且絕緣處理也較容易。

12.(**B**)。(1) $\cos\theta \leq 1$滯後：$0° < \theta < 90°$，$\cos\theta$及$\sin\theta$均為正，
$E_p > V_p \Rightarrow \epsilon > 0$(正值，$\theta$↑$\epsilon$↑)

(2)$\cos\theta < 1$超前：$-90° < \theta < 0°$，$\cos\theta$為正，$\sin\theta$為負，
$E_p < V_p \Rightarrow \varepsilon \leq 0$(負值，$\theta$↑$\varepsilon$↓)

第十章 同步電動機

10-1 同步電動機之構造及原理

1. 構造

(1)兩極同步電動機

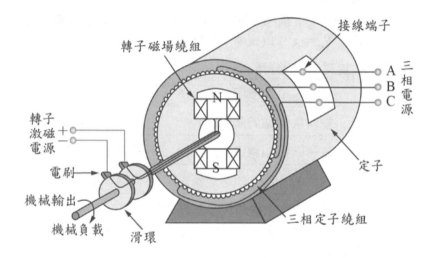

① 以同步轉速運轉，不能以非同步轉速運轉。

② 與**轉磁式**同步發電機相同，分**定子**與**轉子**。

③ 三相電樞繞組繞於定子上，定子極數與轉子極數相同，繞法與**同步發電機**或**感應電動機**相同。

④ 同步發電機可不改變結構，直接作為同步電動機。

(2)定部：定部槽中置有單相或三相電樞繞組，加入**交流電源**以產生**同步速率**的**旋轉磁場**。

(3)轉部：

① 轉部槽中繞有磁場繞組，加入**直流電源**可產生主磁極，主磁極數需設計與定子電樞繞組極數相同。

註 同步電動機之轉子需用**直流激磁**，大部分同步電動機均在輸出軸另一端接**小型激磁機**，以供應直流激磁電流；亦有將交流電源利用**整流子**整流穩壓後供應此激磁電流。

②因凸極型轉子除了有**電磁轉矩**外，尚有**磁阻轉矩**；而隱極型轉子只有電磁轉矩，故除特殊高速電機外，一般為**凸極型**轉子。

(4)阻尼繞組：

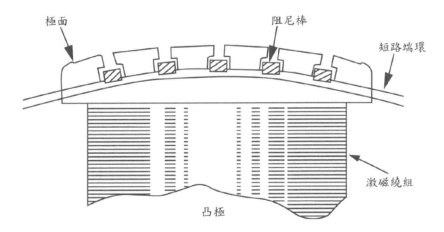

(1)**轉部**除激磁繞組外，尚有滑環、**短路棒**，此短路棒稱為「**阻尼繞組**」或「鼠籠式繞組」。

(2)阻尼繞組置於極面槽內，與轉軸平行，兩邊用**端環**短路。

(3)功能：起動時**幫助起動**，同步運轉時無作用，負載急遽變化時**防止運轉中的追逐現象**。

2. 原理

(1)通入三相交流電源

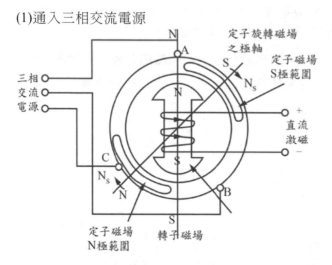

①**定部**電樞繞組通入**三相交流電源**，產生強度不變的旋轉磁場，以**同步轉速** $n_s = \frac{120f}{P}$ 旋轉。

②若**轉部是靜止的**，除裝有阻尼繞阻的同步機外，則此電動機無法啟動⇒**同步電動機不能自行啟動，因轉部轉矩為零。**

(2)通入直流電源

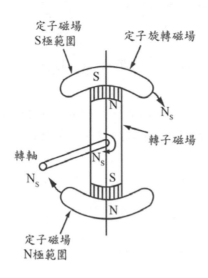

①**轉部**在**未加負載**的情況下通入**直流電源**，使磁極激磁**產生固定磁極**與定部的**旋轉磁場**互相吸引鎖住，形成**電磁轉矩**，使轉子隨定子旋轉磁場牽引以**同步旋轉**，相角差為零。

②轉子若不依同步轉速隨定部旋轉，轉子會失去轉矩而逐漸停下來。

同步電動加上負載後的情況：

① 電動機轉速減慢，而反電勢↓，電樞電流↑($I_a = \dfrac{V_t - E}{R_a}$)以便產生較大的轉矩帶動負載。

② 同步電動機仍以同步轉速運轉，因此加上負載後，轉子轉速瞬間減慢⇒轉子磁極與定子旋轉磁場之相角差較無載時滯後一角度δ，稱為「負載角」或「轉矩角」。

③ 轉子磁極與其相對應的定子導體間之位移角β，隨負載增加而加大。位移角β為機械角，換算成電機角即為轉矩角δ⇒$\delta = \dfrac{P(極數)}{2} \cdot \beta$

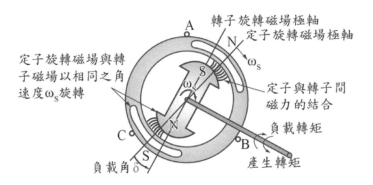

加上負載後轉子磁極滯後定子旋轉磁場δ

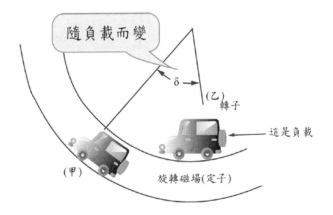

雖有相位差，但仍以相同速度(同步)運轉

3. 特色

　　(1)可藉調整其激磁電流大小，以改善供電系統的功率因數$\cos\theta$。

　　(2)恆以同步轉速$n_s = \frac{120f}{P}$運轉。

　　(3)當運轉於$\cos\theta = 1$時，效率高於其它同量的電動機。

4. 缺點

　　(1)無法自行啟動。

　　(2)需有兩套電源（AC、DC）。

　　(3)需有阻尼繞阻以防止追逐作用。

5. 同步電動機與感應電動機之比較

項目	同步電動機	感應電動機
定部	三相電樞繞組	三相電樞繞組
轉部	永久磁鐵(激磁繞組)	鼠籠式短路繞組
氣隙	寬	窄
速率	同步轉速$n_s = \frac{120f}{P}$	轉子轉速$n_r = (1-S) \times n_s < n_s$
轉矩	與負載角δ成正比	與電壓平方成正比
效率	大	小
啟動	無法自行啟動	可自行啟動
功率因數	可調整	無法調整
特點	價格貴	堅固耐用、價格便宜
電源數	兩個（定部交流、轉部直流）	一個（三相交流電源）

江 湖 必 勝 題

1. 同步電動機欲產生轉矩，定部電樞繞組極數必須與轉部磁極數？
   (A)較少磁極　(B)相等　(C)較多磁極　(D)以上皆非。

   答：(B)。電樞繞組繞於定子上，定子極數與轉子相同，繞法與同步發
   　　電機或感應電動機相同，故選(B)。

2. 同步電動機轉子速度於同步速度時，使可產生？　(A)轉速　(B)轉矩
   (C)電流　(D)以上皆非　故自身啟動絕對不可能。

   答：(B)。轉部在未加負載的情況下通入直流電源，使磁極激磁產生固
   　　定磁極與定部的旋轉磁場互相吸引鎖住，形成電磁轉矩，使轉子
   　　隨定子旋轉磁場牽引以同步旋轉，相角差為零，故選(B)。

3. 一部 20 極，600V，60Hz 三相 Y 接同步電動機，在無載時，轉部比同
   步位置落後 0.5°，求：轉部離開同步位置之電機角。

   答：轉矩角 $\delta = \dfrac{P}{2} \cdot \beta = \dfrac{20}{2} \cdot 0.5° = 5°$

10-2　同步電動機之等效電路及特性

1. 同步電動機之等效電路、向量圖、輸出功率及輸出轉矩

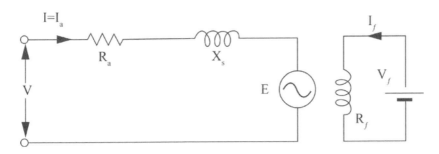

　①$X_s = X_a + X_\ell$、$I = I_a$
　②X_s：同步電抗、X_a：電樞反應電抗、X_ℓ：電樞漏磁電抗。

每相等效電路圖

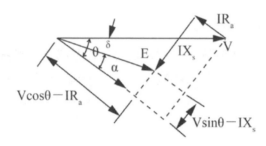

電樞電流滯後之向量圖

(1)電樞反電勢$\overline{E} = \overline{V} - \overline{I}(R_a + jX_s) = \sqrt{(V\cos\theta - IR_a)^2 + (V\sin\theta \mp IX_s)^2}$

　🎈 ①＋：功因超前$\Rightarrow E > V$；②－：功因滯後$\Rightarrow E < V$。

(2)輸入負載電流 I ＝ 每相電樞電流$I_a = \dfrac{\overline{V} - \overline{E}}{R_a + jX_s}$

(3)同步電動機的各種角度：

符號	名稱	意義	公式
θ	功因角	V與I_a的相位角	$\theta = \alpha + \delta$
α	內相角	E與I_a的相位角	$\angle \tan^{-1}\dfrac{V\sin\theta \mp IX_s}{V\cos\theta - IR_a}$
δ	負載(轉矩)角	E與V的相位角	$\angle \tan^{-1}\dfrac{IX_s\cos\theta - IR_a\sin\theta}{V - IR_a\cos\theta - IX_s\sin\theta}$

(4)每一相輸出有效功率P_o（內生機械功率P_m）

　①公式推導：

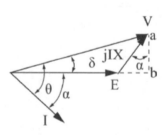

　　$ab = IX\cos\alpha = V\sin\delta$

　　$\Rightarrow I\cos\alpha = \dfrac{V\sin\delta}{X} \Rightarrow P = \dfrac{EV}{X}\sin\delta$

　②$P_o = P_m = \dfrac{E_p V_p}{X_s}\sin\delta$(W/相)

(5)每一相輸出轉矩T_o（電磁轉矩T_m）

　①$T_o = T_m = \dfrac{P_o}{\omega_s}$（Nt-m/相）

📌 ◎ $\omega_s = 2\pi \cdot \dfrac{n_s}{60}$ (rad/s)　　◎ n_r：轉子轉速(rpm)

② 負載增加，δ 增加，$T_o \propto P_o \propto \sin\delta$ 亦增加，$\delta = 90°$ 時，為「臨界功率角」$\Rightarrow P_{o(max)}$、$T_{o(max)}$

　　⇒ 此時若負載再增加，δ 亦再增大，但轉矩反而減少，致同步電動機載不動，此現象稱為「脫出同步」，而 $T_{o(max)}$ 亦稱為「脫出轉矩」或「崩潰轉矩」。

③ δ 一般約 $20°$，可安定運轉的 δ 約 $0°\sim70°$。

江 湖 必 勝 題

1. 同步電動機有超前電流時，其感應電勢？　(A)大於端電壓　(B)小於端電壓　(C)等於端電壓　(D)視電流大小而定。

答：(A)。電樞反電勢

$$\overline{E} = \overline{V} - \overline{I}(R_a + jX_s) = \sqrt{(V\cos\theta - IR_a)^2 + (V\sin\theta \mp IX_s)^2}$$

(1)＋：功因超前 $\Rightarrow E > V$；(2)－：功因滯後 $\Rightarrow E < V$。

2. 三相同步電動機之負載轉矩若大於其最大電磁轉矩（或稱脫出轉矩）時，將造成何種現象？　(A)電動機將以低於同步速度之速度穩定運轉　(B)電動機將出現追逐現象，最後仍以同步速度運轉　(C)電動機將以高於同步速度之速度穩定運轉　(D)電動機將逐漸減速而停止運轉。

答：(D)。負載增加，δ 增加，$T_o \propto \sin\delta$ 亦增加，$\delta = 90°$ 時，為「臨界功率角」$\Rightarrow P_{o(max)}$、$T_{o(max)}$ ⇒此時若負載再增加，δ 亦再增大，但轉矩反而減少，致同步電動機載不動，此現象稱為「脫出同步」，而 $T_{o(max)}$ 亦稱為「脫出轉矩」或「崩潰轉矩」。

3. 有一 380V，50HP，三相 Y 接之同步電動機，每相電樞電阻 0.3Ω，同步電抗 0.4Ω，求：在額定負載，功率因數為 0.8 超前及效率為 0.885 時之 (1)每相反電勢；(2)反電勢與電流間之間的夾角。若功率因數為 0.8 滯後及效率為 0.885 時之(3)每相反電勢；(4)反電勢與電流間之間的夾角。

答：每相額定電流 $I = I_a = \dfrac{P_o}{\sqrt{3}V_L\cos\theta\cdot\eta} = \dfrac{50\times746}{\sqrt{3}\times380\times0.8\times0.885} = 80(A)$

每相端電壓 $V = \dfrac{V_L}{\sqrt{3}} = \dfrac{380}{\sqrt{3}} = 220(V)$

$\cos\theta = 0.8 \Rightarrow \sin\theta = 0.6$

(1) $\overline{E} = \sqrt{(V\cos\theta - IR_a)^2 + (V\sin\theta \mp IX_s)^2}$ (功率因數超前取 +)

$= \sqrt{(220\times0.8 - 80\times0.3)^2 + (220\times0.6 + 80\times0.4)^2}$

$= 223.6(V)$

(2) 反電勢與電流間之夾角

$\alpha = \angle\tan^{-1}\dfrac{V\sin\theta\mp IX_s}{V\cos\theta - IR_a} = \angle\tan^{-1}\dfrac{132+32}{176-24} = \angle\tan^{-1}\dfrac{164}{152} = 47°$

(3) $\overline{E} = \sqrt{(V\cos\theta - IR_a)^2 + (V\sin\theta \mp IX_s)^2}$ (功率因數滯後取 −)

$= \sqrt{(220\times0.8 - 80\times0.3)^2 + (220\times0.6 - 80\times0.4)^2}$

$= 181.9(V)$

(4) 反電勢與電流間之夾角

$\alpha = \angle\tan^{-1}\dfrac{V\sin\theta\mp IX_s}{V\cos\theta - IR_a} = \angle\tan^{-1}\dfrac{132-32}{176-24} = \angle\tan^{-1}\dfrac{100}{152} = 33.4°$

【結論】功率因數超前時，反電勢 E＞每相端電壓 V。

4. 有一台 Y 接三相圓柱型轉子同步電動機為 6 極、220V、60Hz，若同步電抗為 10Ω，電樞電阻可以不計，當每相反電勢為 120V，且轉部比同步位置落後機械角 20°，求：(1)輸出功率；(2)輸出轉矩。

答：每相端電壓 $V = \dfrac{V_L}{\sqrt{3}} = \dfrac{220}{\sqrt{3}} = 127(V)$

轉矩角 $\delta = \dfrac{P}{2}\cdot\beta = \dfrac{6}{2}\cdot20° = 60°$

同步轉速 $n_s = \dfrac{120f}{P} = \dfrac{120\times60}{6} = 1200(rpm)$

同步角速度 $\omega_s = 2\pi\cdot\dfrac{n_s}{60} = 2\pi\cdot\dfrac{1200}{60} = 40\pi(rad/s)$

$(1) P_o = P_m = \dfrac{E_p V_p}{X_s} \sin\delta$（依題意得知電動機為 3 相）

$\quad = \dfrac{3 E_p V_p}{X_s} \sin\delta = \dfrac{3 \times 120 \times 127}{10} \times \sin 60° = 3960(W)$

$(2) T_o = T_m = \dfrac{P_o}{\omega_s} = \dfrac{3960}{40\pi} = \dfrac{99}{\pi}(Nt \cdot m)$

5. 有一台 6 極 381V，60Hz，Y 接三相非凸極式同步電動機，每相電樞電阻為 1Ω，同步電抗 10Ω，轉矩角為 30°，當每相反電勢為 210V，求：(1)輸出功率；(2)最大輸出功率；(3)最大輸出轉矩。

答：每相端電壓 $V = \dfrac{V_L}{\sqrt{3}} = \dfrac{381}{\sqrt{3}} = 220(V)$

　同步轉速 $n_s = \dfrac{120f}{P} = \dfrac{120 \times 60}{6} = 1200(rpm)$

　同步角速度 $\omega_s = 2\pi \cdot \dfrac{n_s}{60} = 2\pi \cdot \dfrac{1200}{60} = 40\pi(rad/s)$

　$(1) P_o = P_m = \dfrac{E_p V_p}{X_s} \sin\delta$（依題意得知電動機為 3 相）

　$\quad = \dfrac{3 E_p V_p}{X_s} \sin\delta = \dfrac{3 \times 210 \times 220}{10} \times \sin 30° = 6930(W)$

　(2) 負載增加，δ 增加，$T_o \propto \sin\delta$ 亦增加，$\delta = 90°$ 時，為「臨界功率角」$\Rightarrow P_{o(max)}$、$T_{o(max)}$

　$\quad P_{o(max)} = \dfrac{3 E_p V_p}{X_s} \sin\delta = \dfrac{3 \times 210 \times 220}{10} \times \sin 90° = 13860(W)$

　$(3) T_{o(max)} = \dfrac{P_{o(max)}}{\omega_s} = \dfrac{13860}{40\pi} = 110(Nt \cdot m)$

2.同步電動機之特性

(1)**負載特性**：電源端電壓及激磁電流不變時，**增加負載**，功率因數亦隨之改變。

① 正常激磁（正激）

A. $n_r = n_s$。

B. Load ↑、電樞電流I_{a3} ↑、**θ_3愈滯後、功率因數 ≪ 1**。

C. I_a ↑、E ↑ ⇒ E與V之間的**轉矩角δ** ↑。

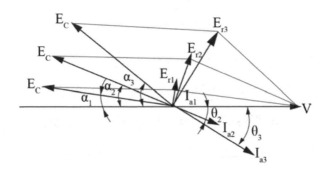

② 欠激

A. $n_r = n_s$。

B. Load ↑、電樞電流I_{a3} ↑、**θ_3往超前移、滯後功因愈改善 → 1**。

C. I_a ↑、E ↑ ⇒ E與V之間的**轉矩角δ** ↑。

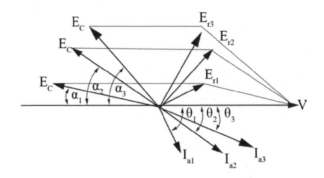

③ 過激

A. $n_r = n_s$。

B. Load↑、電樞電流I_{a3}↑、θ_3往滯後移、超前功因愈改善→1。

C. I_a↑、E↑⇒ E與V之間的**轉矩角δ**↑。

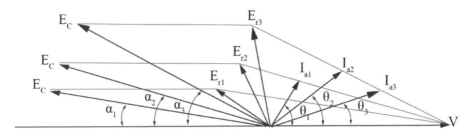

(2) 激磁特性：V 型特性曲線

① 定義：

A. 外施電壓及負載不變時，若**改變其激磁電流**，可改善電樞電流及相位（功率因數）。

B. 在**負載一定**時，**電樞電流I_a與激磁電流I_f**之關係曲線，略成 V 型，故稱 V 曲線。

② 圖示說明：

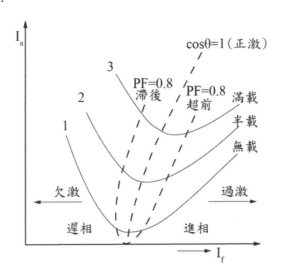

　A. 曲線 1、2、3 分別代表無載、半載、滿載。

　B. 極低激磁$I_f\downarrow \Rightarrow I_a\uparrow$、遲相（滯後lagging）。

　C. 激磁電流(I_f)漸增$\Rightarrow I_a\downarrow$直至最小值。

　D. 激磁電流(I_f)繼續增加$\Rightarrow I_a\uparrow$、進相（超前leading）。

③ 結論：

　A. I_f漸增：欠激→過激。

　B. I_f漸增至I_a為最小值：正常激磁(正激)，$\cos\theta = 1$最大。

　C. 激磁＜正激：欠激，I_a滯後 $\Leftrightarrow$激磁＞正激：過激，I_a超前。

　D. 點線為 V 曲線之最小I_a的軌跡，在此點線上$\cos\theta = 1$。

　E. 至過激時：I_a持續增大，$\cos\theta$再變小且超前。

(3) **激磁特性：倒 V 型特性曲線**（$\cos\theta$-I_f關係曲線）

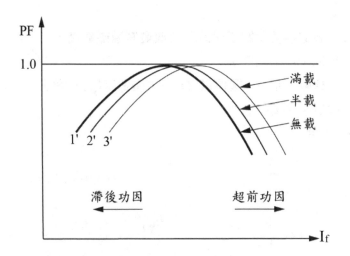

① 1′、2′、3′表示各對 1、2、3 之功率因數變化曲線，稱為「倒 V 曲線」。

② 由 V 型曲線得知，某一負載之 V 型曲線其電功率為定值，$P = VI\cos\theta = VI_{\cos\theta=1}$，因此曲線上任一點之功率因數：

$$\cos\theta = \frac{I_{\cos\theta=1}}{I} = \frac{\text{V 型曲線谷底電流}}{\text{任一點之電樞電流}}$$

(4)**電樞反應**：與同步發電機相反

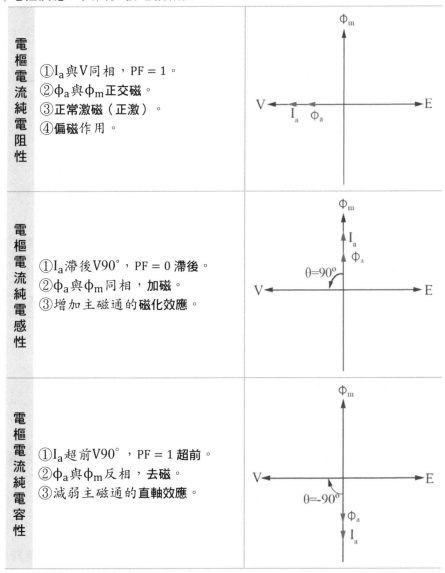

電樞電流純電阻性	①I_a與V同相，PF = 1。 ②ϕ_a與ϕ_m正交磁。 ③正常激磁（正激）。 ④偏磁作用。	
電樞電流純電感性	①I_a滯後V90°，PF = 0 滯後。 ②ϕ_a與ϕ_m同相，加磁。 ③增加主磁通的磁化效應。	
電樞電流純電容性	①I_a超前V90°，PF = 1 超前。 ②ϕ_a與ϕ_m反相，去磁。 ③減弱主磁通的直軸效應。	

| 電樞電流電感性 | ①I_a滯後$V\theta$，PF < 1滯後。
②ϕ_a分解成**加磁**ϕ_{aa}與**正交磁**ϕ_{ac}。
③**欠激**。
④**偏磁及加磁**作用。
　A.正交磁$\phi_{ac} = \phi_a \cos\theta \propto \dfrac{1}{\theta}$
　B.加磁$\phi_{aa} = \phi_a \sin\theta \propto \theta$ | 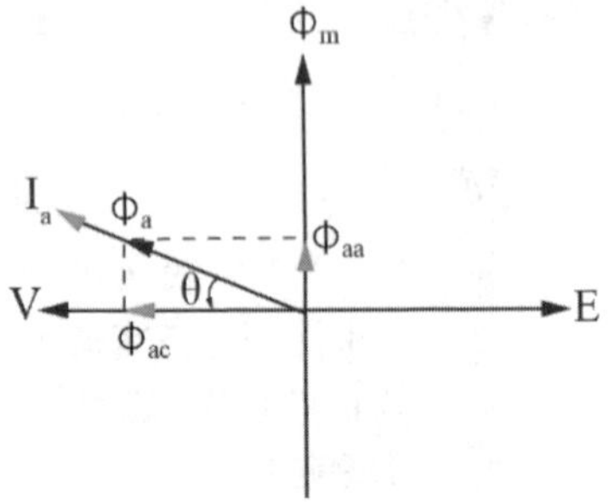 |
| 電樞電流電容性 | ①I_a超前$V\theta$，PF < 1**超前**。
②ϕ_a分解成**去磁**ϕ_{ad}與**正交磁**ϕ_{ac}。
③**過激**。
④**偏磁及去磁**作用。
　A.正交磁$\phi_{ac} = \phi_a \cos\theta \propto \dfrac{1}{\theta}$
　B.加磁$\phi_{ad} = \phi_a \sin\theta \propto \theta$ | 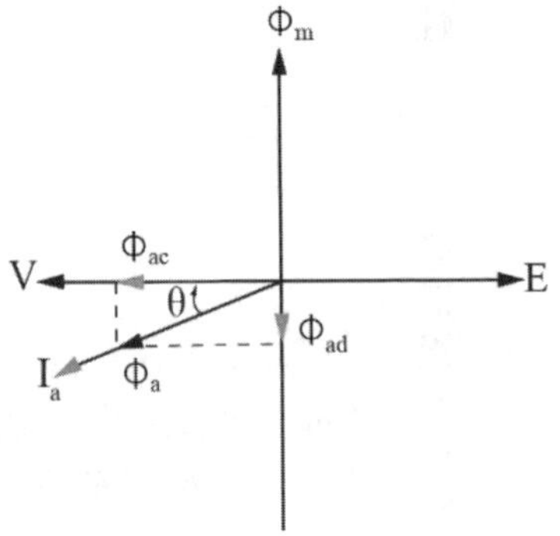 |

10-3　同步電動機之啟動法

1. 同步電動機**無法自行啟動**：

   同步電動機在**靜止時，啟動轉矩為零**，因此欲啟動同步電動機必須：

   (1)藉外力或別的作用先將同步電動機轉子轉到接近同步轉速。

   (2)加直流激磁使轉部達到同步轉速。

2. 同步電動機的啟動方法：

   (1)感應啟動法：又稱「自動啟動法」。**利用轉部的阻尼繞組，藉感應電動機之原理，使轉部轉動，然後再藉轉部直流激磁所發生之同步化轉矩引入同步。**

   　　由轉部轉動後，再藉由直流激磁，而非啟動時就加直流激磁。

(2) 輔助啟動法：

①在同步電動機軸上**耦合一直流電動機**：先將直流發電機作為電動機以啟動同步電動機，**一旦接近同步速率時，將激磁電流送入同步電動機，而使電動機得以整步。**

②以裝於同一軸上之感應電動機啟動（他機帶動啟動）：此種感應電動機必須比起動之電動機**有較少之極數**（最好少 2 極），因而有較高的同步速率（ $\uparrow n_s = \frac{120f}{P\downarrow}$ ），先將同步電動機升高至同步速率以上。**將交流電流及直流電流同時加入電樞及磁場繞組中藉以引入轉矩，使同步電動機轉子達到同步速率。**

③超同步電動機啟動法：定部與轉部皆可以自由轉動，故需雙重軸承啟動，定部繞組接上交流電，因阻尼繞組作用，定部以反方向啟動運轉，當轉速接近同步轉速時，再將轉部激磁，使定部進入同步轉速運轉，此時定部逐漸制動，轉部則沿正方向逐漸進入同步轉速運轉。

3. 啟動時應注意事項：

(1) **當轉子開始轉動直到接近同步轉速時**，磁場繞組上將感應一高壓，此高壓很可能破壞轉子之絕緣，故**需在同步電動機轉子接近同步轉速後，才可使轉子繞組通入直流電。**

(2) 在無載或輕載的情況下，接近同步轉速時，加入直流電源，轉速並未改變，此乃轉子本身已進入同步，其同步轉矩來自磁阻轉矩。

10-4　同步電動機之運用

1. 同步電動機的優點：

(1) 在一定的頻率下，有一定的轉速（速率不變）。

(2) **功率因數可由激磁電流加以調整，可在 P.F.=1 時運轉。**

(3) **可變為進相負載。**

(4)低轉速時，**效率較感應機高**。

(5)空氣隙大，機械故障少。

2. 同步電動機的缺點：

(1)**啟動轉矩小，本身沒有啟動轉矩。**

(2)**啟動電流大。**

(3)啟動操作複雜。

(4)**轉部為直流激磁，需另備直流電源。**

(5)**負載突然增加或減小時，容易發生追逐現象。**

(6)價格昂貴。

3. 同步電動機之運用

(1)擔任機械負載：因效率高，所以適用在需要固定轉速的任何負載中，如：抽水機、粉碎機、研磨機、鼓風機、船舶推進機等。

(2)同步調相機：

① 專攻改善供電系統的功率因數，當線路系統的功率因數改善後，可以**減少線路損失、線路壓降，增加系統容量**。

② 通常安裝於輸電系統之**一次變電所**，變電所之主變壓器通常作成三繞組變壓器，把同步調相機接於第三繞組，其功用為：

A.**改善輸電系統之穩定度。**

B.**改善系統之功率因數，減少線路電流、減少線路壓降，使電壓調整率良好。**

(3)調整線路電壓：若因發電機之電壓變動或線路上之壓降變動而致受電端電壓發生變動時，**可變更其受電端之同步電動機之直流場激，使受電端電壓保持一定**。當受電端負載增加時，應將同步電動機之直流激磁增加，反之減弱，如此可保持受電端電壓於一定。

(4)小型同步電動機可作為計時驅動器用：用於需速率恆定，及需與頻率相同步之器械，如：唱盤、計時器、計數器、交流電鐘之驅動器。常採用不需有直流激磁的磁阻電動機、磁滯電動機。

天下大會考

(　) 1. 一部額定為 50Hz，12 極之三相同步電動機，若在額定頻率下運
轉，則其轉軸轉速為多少？
(A)1200rpm　　　　　　(B)1000rpm
(C)600rpm　　　　　　(D)500rpm。

(　) 2. 下列有關三相同步電動機啟動之敘述，何者正確？
(A)串接啟動電阻啟動　　(B)降低電源電壓啟動
(C)利用阻尼繞組之感應啟動　(D)直接送入場電流起動。

(　) 3. 同步電動機啟動實驗時，轉子線圈最好如何？
(A)先短路　　　　　　(B)加直流激磁
(C)加交流激磁　　　　(D)降低匝數。

(　) 4. 有關三相同步電動機的特性，下列敘述何者正確？
(A)機械負載轉矩在額定範圍增加，而其轉速會降低
(B)機械負載轉矩在額定範圍增加，而其轉速維持不變
(C)激磁電流在額定範圍增加，而其轉速會昇高
(D)激磁電流在額定範圍增加，而其轉速會降低。

(　) 5. 下列何者為三相同步電動機轉速控制的主要方法？
(A)調整電源頻率　　　(B)調整機磁電流量
(C)轉子的繞組插入可變電阻　(D)變更轉差率。

(　) 6. 如圖所示為一三相同步電動機
的倒 V 型特性曲線，若在功率
因數為 1 時，保持激磁電流不
變，此時將電動機的負載增加，
則下列敘述何者正確？

(A)功率因數變超前

(B)功率因數變滯後

(C)功率因數不變

(D)功率因數可能變超前或變滯後。

( )　7. 下列有關同步電動機的敘述，何者正確？

(A)欠激時電樞電流超前端電壓

(B)過激時電動機相當於一電感性負載

(C)V 型曲線中各曲線最低點時電動機之功率因數為滯後

(D)V 型曲線為電樞電流與激磁電流的關係。

( )　8. 同步電動機在固定負載下，調整直流激磁電流的主要目的為何？

(A)調整功率因數 　　　　　　(B)調整轉矩

(C)調整轉差率 　　　　　　　(D)調整頻率。

( )　9. 關於三相圓柱型轉子之同步電動機的輸出功率，設 δ 為負載角，下列敘述何者錯誤？

(A)輸出功率與$\cos\delta$成正比

(B)輸出功率與線端電壓成正比

(C)輸出功率與線感應電勢成正比

(D)輸出功率與同步電抗成反比。

( )　10. 由同步電動機之 V 型曲線可知，在同步電動機之外加電壓及負載固定不變下，激磁電流由小變大，此時同步電動機之敘述何者正確？

(A)功率因數之變化先增後減

(B)同步電動機之負載特性從電容性、電阻性變化到電感性

(C)電樞電流之變化先增後減

(D)同步電動機之激磁特性變化從過激磁狀態、正常激磁狀態到欠激磁狀態。

解 答 與 解 析

1.**(D)**。$n_s = \dfrac{120f}{P} = \dfrac{120 \times 50}{12} = 500(rpm)$

2.**(C)**。感應啟動法：又稱「自動啟動法」。利用轉部的阻尼繞組，藉感應電動機之原理，使轉部轉動。

3.**(A)**。(1) 轉部除激磁繞組外，尚有滑環、短路棒，此短路棒稱為「阻尼繞組」或「鼠籠式繞組」。
　　　(2)阻尼繞組置於極面槽內，與轉軸平行，兩邊用端環短路。
　　　(3)功能：起動時幫助起動，同步運轉時無作用，負載急遽變化時防止運轉中的追逐現象。

4.**(B)**。三相同步電動機的特色：(1)可藉調整其激磁電流大小，以改善供電系統的功率因數$\cos\theta$。(2)恆以同步轉速$n_s = \dfrac{120f}{P}$運轉。
　　　(3)當運轉於$\cos\theta = 1$時，效率高於其它同量的電動機。

5.**(A)**。$n_s = \dfrac{120f}{P}$，$n_s \propto f \propto \dfrac{1}{P}$

6.**(B)**。(1) 如圖所示，一固定激磁電流對應半載時的$\cos\theta = 1$。
　　　(2)負載增加、激磁電流保持不變時，將滿載的倒 V 頂點往左邊 0.8 落後移動。

7.**(D)**。(1) 外施電壓及負載不變時，若改變其激磁電流，可改善電樞電流及相位(功率因數)。 (2)在負載一定時，電樞電流I_a與激磁電流I_f之關係曲線，略成 V 型，故稱 V 曲線。

8.**(A)**。(1) 外施電壓及負載不變時，若改變其激磁電流，可改善電樞電流及相位(功率因數)。 (2)在負載一定時，電樞電流I_a與激磁電流I_f之關係曲線，略成 V 型，故稱 V 曲線。

9.**(A)**。(1)$P_o = P_m = \dfrac{E_p V_p}{X_s}\sin\delta(W/相)$；(2)$T_o = T_m = \dfrac{P_o}{\omega_s}$；(3)$T_o \propto P_o \propto \sin\delta$

10.**(A)**。(A)功率因數先增後減。(B)負載特性從電感性、電阻性變化到電容性。(C)電樞電流I_a先減少後增加。(D)激磁特性變化從欠激磁狀態、正常激磁狀態變化到過激磁狀態。

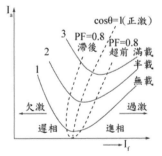

第十一章 特殊電機

11-1 步進電動機

1. 步進電動機的概論

   用於列表機之紙帶驅動（用於電腦週邊設備，如：列表機、掃描器、數值控制工具機）

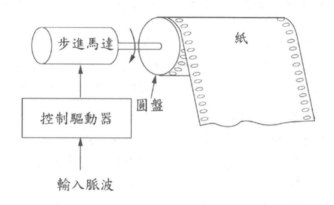

(1)步進電動機（步階馬達）介紹：

　①每當接受一電氣脈波信號時，就以**一定的角度**作正確的步進轉動，其**轉動角度與輸入脈衝信號個數成正比例**，故**連續性加以脈衝**時，電動機的**轉動速度即與脈衝頻率成正比例**，如此可正確得到**數位-類比(D/A)**之轉換。

　②每輸入一脈衝步進角度有 1.5°、1.8°、2.0°、2.5°、5°、7.5° 或 15°、30° 等，而使每轉一圈其步進數為 240、200、180、48...等，甚至有高達 400 步進數者（步進角度 0.9°）。

(3)特性：

　①**可作定速、定位控制**。

　②**可作正逆轉控制**。

③用數位控制系統，且一般採用開回路控制。

④無累進位置誤差。

⑤**轉矩隨轉速增大而降低。**

⑥**脈波信號愈大、轉矩愈大、轉速成正比於頻率，與電壓大小無關。**

⑦無外加脈波信號、轉子不動。

⑧步進角度極小，約 0.9° 或 1.8°。

(4)步進電動機之控制電路

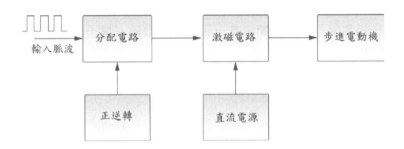

(5)相關說明

①扭矩現象：當步進電動機停止轉動時，將不易使步進電動機轉動的一種現象。

②相數：是指步進電動機連接到電源的繞組數。

③步進角度縮小的方法：

　　A.**增加定子極數。**

　　B.**增加轉子凸極數。**

　　C.**採用 1-2 相激磁（半步進方式）。**

④步進角計算：$\theta = \dfrac{360°}{mN}$，(m：相數、N：轉子凸極數)

⑤定子繞組方式：

　　A.單線繞組：一磁極僅一條漆包線繞成。

　　B.雙線繞組：一磁極以兩條漆包線繞成，接成極性相反，不易產生剩磁而產生制動作用使轉矩降低。

⑥失速：若頻率增加，而脈波數不變，只是讓步進電動機更快轉到設
定的角度位置，但角度大小不變。一個脈波數若可以使電動機轉動
5°，n 個脈波數便可以使電動機轉動n×5°。**當馬達轉子的旋轉速度
無法跟上定子激磁速度時，造成馬達轉子停止轉動稱為失速**。各種
馬達都有發生失速的可能，在一般馬達應用上，發生失速時往往會
造成繞組線圈燒毀，不過**步進馬達失速時只會靜止**，線圈雖然仍在
激磁中，但由於是脈波訊號，因此不會燒毀線圈。

(6)步進電動機角度與激磁方式的關係

①**一相激磁：每一時間只有一個線圈受激磁。**轉子震動較為劇烈，轉
矩較小。

②**二相激磁：每一時間有兩個線圈受激磁。**轉子震動較小，且減少震
動發生，又轉矩較大。

③一、二相激磁：一相激磁與二相激磁互相輪流。步進角度較小，且
減少震動發生。

🔋一相激磁與二相激磁其步進角相同，但一、二相激磁方式僅為一相或
二相激磁方式的 1/2。

(7)步進電動機的轉矩-轉速特性曲線

T_{max}：最大啟動轉矩　　　　T_L：負載轉矩

f_S：無載時最大啟動頻率　　f_R：無載時最大連續響應頻率

f_{LS}：有載時的最大啟動頻率　f_{LR}：有載時的最大連續響應頻率

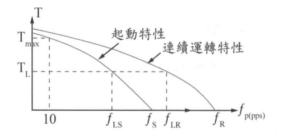

2. 步進電動機的分類

　　(1)永久磁鐵式（PM, permanent magnet type）：PM 式步進馬達的**定子有4 個（4 相）凸極線圈；轉子是 2 極的永久磁鐵製成**，其特性為線圈無激磁時，由於轉子本身具磁性，故仍能產生保持轉矩。鋁鎳鈷系（alnico）磁鐵轉子之步進角較大，為 45° 或 90°，而陶鐵系（ferrite）磁鐵因可多極磁化故步進角較小，為 7.5° 及 15°。

　　①定子齒數 $N_s = q \cdot P$，（q：相數、P：極數）

　　② $\dfrac{360°}{\dfrac{N_s}{360°}} = \square + \theta$（其中 $\square$ 內必定為整數，而其餘數為 θ，即每步的角度）

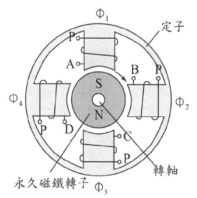

PM 型步進電動機截面

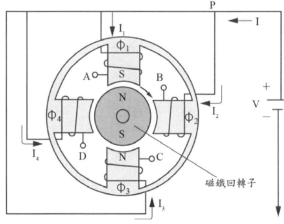

4 相步進電動機的電路連接

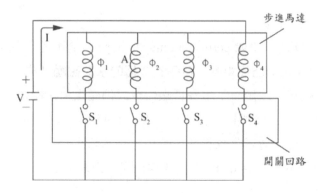

4 相步進電動機的基本電路

③激磁相及步進數之關係：

步進數	激磁線圈	S_1	S_2	S_3	S_4	回轉角度	
1	ϕ_1	ON	OFF	OFF	OFF	90°	一回轉
2	ϕ_2	OFF	ON	OFF	OFF	180°	
3	ϕ_3	OFF	OFF	ON	OFF	270°	
4	ϕ_4	OFF	OFF	OFF	ON	360°	
5	ϕ_1	ON	OFF	OFF	OFF	450°	二回轉
6	ϕ_2	OFF	ON	OFF	OFF	540°	
7	ϕ_3	OFF	OFF	ON	OFF	630°	
8	ϕ_4	OFF	OFF	OFF	ON	720°	
9	ϕ_1	ON	OFF	OFF	OFF	810°	

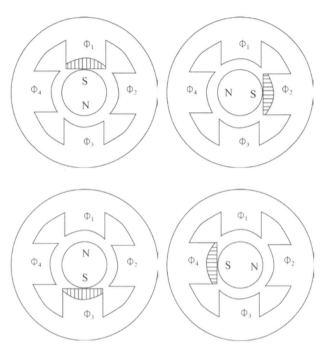

相激磁回轉情形

(2)可變磁阻式（VR, variable reluctance type）：

VR 式步進馬達的轉子是以高導磁材料加工製成，**利用定子線圈產生吸引力使轉子轉動，因此當線圈未激磁時無法保持轉矩**，VR 式步進馬達可以提供較大的轉矩，步進角一般均為 $15°$。

①每齒所對應之角度差$\theta = \frac{360°}{N_s} - \frac{360°}{N_r}$（**度/每步**），（$N_s$：定子齒數、$N_r$：轉子齒數）

②每一轉走 N 步$\Rightarrow N = \frac{360°}{\theta}$（**步/每轉**）

③ VR 型步進電動機動作原理：

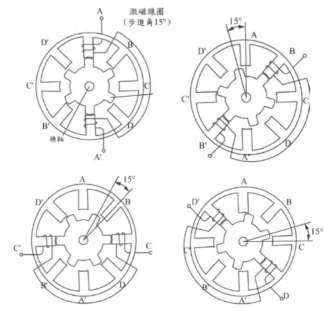

A. 激磁相由 A 切換至 B，電動機將逆時針轉動 15°。

B. 切換至 C 相激磁時，電動機再逆時針轉動 15°。

C. 在由 D 相激磁時，電動機再逆時針轉動 15°。

∴A→B→C→D→A→B→C→D→A 逆時針一直轉下去。

D. 如果激磁線圈由 A 切換至 D，則順時針轉動 15°。

E. $N = \frac{360°}{15°} = 24$(步/每轉) ⇒每轉需24步進之電動機，此即為 VR 型。

◇補充

① 多重堆疊可變磁阻式。

A. 每一轉走 N 步⇒ $N = n \cdot T$(**步/每轉**)，(n：相數、T：定子每相齒數 =轉子每相齒數)

B. 每一步轉θ度⇒ $\theta = \frac{360°}{N}$(**度/每步**)

②單堆疊可變磁阻式：轉子不是磁極，是普通鐵塊

　　A.定子齒數$N_s = q \cdot P$，(q：相數、P：極數)

　　B.轉子齒數$N_r = N_s \pm mP$，(m：一般取(−1))

　　C.每一步轉θ度 $\Rightarrow \theta = \dfrac{360°}{N_r} - \dfrac{360°}{N_s}$**(度/每步)**

　　D.每一轉走 N 步 $\Rightarrow N = \dfrac{360°}{\theta}$**(步/每轉)**

(3)混合型（hybrid type）：混合型步進馬達在結構上，是在轉子外圍設置許多齒輪狀之凸出電極，同時在其軸向亦裝置永久磁鐵，**具備了 PM 式與 VR 式兩者的高精確度與高轉矩的特性**，步進角較小，一般介於$1.8°{\sim}3.6°$。

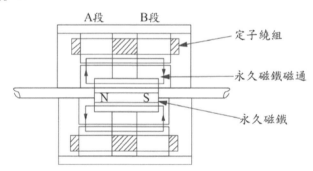

混合型步進電動機之構造

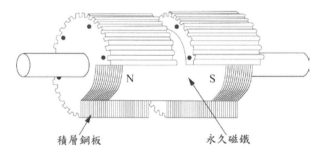

混合型步進電動機轉子構造

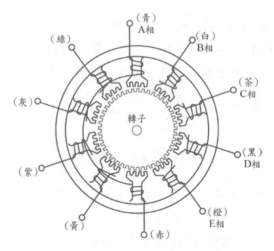

5 相步進電動機之實際構造圖

江 湖 必 勝 題

◎有一三相可變磁阻式步進電動機,轉速為 450rpm,步進角為 15°,求:
(1)轉子齒數;(2)控制脈衝之頻率(PPS, pulse per second,每秒輸入的脈波次數)。

答:(1)①每一轉走 N 步 $\Rightarrow N = \dfrac{360°}{\theta} = \dfrac{360°}{15°} = 24$(步/每轉)

②每一轉走 N 步 $\Rightarrow N = n \cdot T \Rightarrow T = \dfrac{N}{n} = \dfrac{24}{3} = 8$(齒)

(2)〈算法一〉:

①$n_P = n \times \dfrac{360°}{\theta} = 450$(轉/分)$\times \dfrac{360°}{15°}$(步進數 pulse/轉)

$= 10800$(pulse/min)

②$f_p = \dfrac{n_P}{60} = \dfrac{10800}{60} = 180$(pulse/sec) $= 180$PPS

〈算法二〉:

每分鐘轉速 $n = ($每分鐘步數$) \times \dfrac{\theta}{360°} = (60 \times f) \times \dfrac{\theta}{360°}$

$\Rightarrow 450 = 60 \times f \times \dfrac{15°}{360°} \Rightarrow f = 180$PPS

11-2　伺服電動機

1. 伺服馬達：依照輸入信號操作機械負載的馬達，控制機械位置的閉迴路控制系統。

2. 伺服馬達的要求：

   (1)**啟動轉矩大**⇒**靜止時（零轉速）加速快。**

   (2)**轉子慣性小**⇒**可瞬間停止。**

   (3)**摩擦小**⇒**可瞬間啟動（避免膠著現象）。**

   (4)**能正反轉**⇒**用於機械控制。**

   (5)**時間常數** $\tau = \dfrac{L}{R}$ **小**⇒**暫態響應時間短，能快速響應。**

3. 直流伺服電動機：

   (1)構造：與直流分激式或他激式電動機類似。

   　①細長轉子、圓盤式電樞⇒減少轉子慣性。

   　②斜槽、無槽的平滑式電樞繞組⇒避免膠著現象。

   (2)控制方法：

   　①電樞控制式：基本控制方式，如圖 11-1(a)(b)。

   　　啟動轉矩大、響應快，**具有再生制動，故制動速度快**，電樞電流要比磁場激磁電流**大**，故需要大容量控制器，**避免電樞反應採用高飽和磁極**，以產生較大的控制電流作為電樞電流的控制信號。

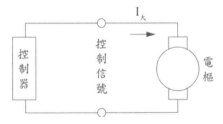

圖 11-1(a)樞控式，控制電流大

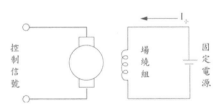

圖 11-1(b)樞控式，場繞組損失小

②磁場控制式：如圖 11-2(a)(b)。

電樞發熱量大而效率低，磁場線圈電感大又受磁滯影響，且無再生制動，故響應較差，僅需控制磁場電流，故僅需**小容量控制器**，是場控式的優點。由於電樞繞組按**固定電源**，不論電動機正轉、逆轉或停止狀態，**電樞持續有電流流通**，而**電樞電流往往比場電流大**，所以**損失大**。

圖 11-2(a)場控式，控制電流小　　　圖 11-2(b)場控式，電樞損失大

③分裂磁場串激式：串激磁場具有兩相同的繞組，兩串激磁場方向相反，故磁場為兩串激磁場之差，響應最快。

4. 交流二相伺服電動機：如圖 11-3 所示，為二相伺服電動機構造，類似單相的分相式感應電動機又稱平衡馬達，**定子有激磁繞組與控制繞組，兩繞組位置相差 90°電機角，轉子為高電阻的鼠籠式轉子，以避免單相運轉，尚可改善轉矩與速率特性**。二相伺服馬達之啟動轉矩較一般分相感應電動機為大。

(1)轉相控制：由兩繞組間的電流超前或滯後控制。

(2)轉矩控制：由兩繞組間的電流大小或相位差控制。

(3)控制方法：

①電壓控制：簡單但易受雜音干擾。

②相位控制：缺點為繞組上經常需加額定電壓，電力消耗大，溫度較高，但消耗功率較大，需注意散熱。優點為不易受電源雜訊的干擾。

③**電壓相位混合控制：取以上兩者的優點，最常使用。**

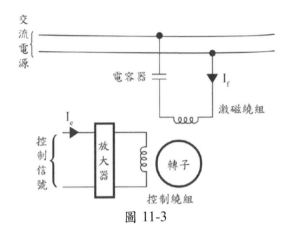

圖 11-3

5. 二相伺服電動機之原理，如圖 11-4 所示。

6. 一般 AC 分相電動機和伺服電動機之轉矩對轉速之關係，如圖 11-5 所示。

7. 在各種控制電壓下，AC 伺服電動機之轉矩對速率之關係，如圖 11-6 所示。

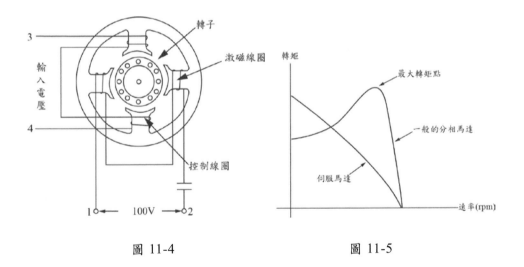

圖 11-4　　　　　　　　　　　圖 11-5

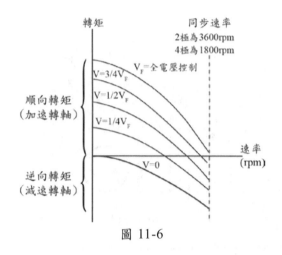

圖 11-6

8. 直流與交流伺服電動機的比較

類型	說明	適用
直流	電刷需保養、摩擦較大、但效率高	大功率
交流	構造簡單、但轉子電阻大而效率低	小功率

11-3　直流無刷電動機

　　直流無刷電動機是將電樞繞組（2 相、3 相或 4 相）置於定子，**轉子直接使用永久磁鐵**（不是使用磁場繞組）產生磁場。為永磁式同步馬達，但具有**轉子位置感測裝置（光學尺）**及變頻器，以決定電樞繞組之激磁，可使定子產生之磁場與轉子之磁場保持垂直，具有**如同直流馬達**般之轉矩產生性能。

　　戴森空氣倍增器：新機種的電風扇完全顛覆傳統的設計原理，因為沒有扇葉，利用高科技無刷直流數位馬達電風扇（無刷馬達），搭配渦輪增壓與噴射技術，產生導入與牽引的氣流，形成環狀風，讓風變得更平穩，不需要拆卸清潔，不需擔心安全問題。

1. 優點：**較直流電動機的轉動慣量小、不會產生雜訊、壽命長、不需經常維修**。
2. 用途：磁碟機、音響設備、機械手臂等定位或定速控制。
3. 檢測轉子位置感測裝置：霍爾元件、磁阻元件、光遮斷器等。

11-4 線性電動機

1. **利用電磁效應，直接產生直線方向的驅動力，其啟動推力大，能得到大的加速及減速（制動）**。
2. 將傳統的**鼠籠式感應電動機切開，拉成直線狀**，即為線性電動機。**拉成直線的轉子稱為二次側**，而其定子稱為一次側。
3. **將一次側通以多相平衡電流，產生移動磁場，使一次側與二次側間產生相對運動的推力**，形式有：移動一次側型、移動二次側型。
4. 相關公式：
   (1) 線性電動機產生的**同步速率** $V_s = 2\tau f(m/s)$，（τ：極距、f：頻率）。

   🔖 由公式得知，同步速率**與極數無關**，故其一次側的極數可以**不為偶數**。

   (2) 轉差率 $S = \dfrac{V_s - V}{V_s} \times 100\%$，$V = V_s(1 - S)$，（$V$：轉子速率）。

   (3) 對物體的推力 $F = \dfrac{P_M}{V} = \dfrac{(1-S)P_g}{(1-S)V_s} = \dfrac{P_g}{V_s}$

5. 缺點：
   (1) 一、二次側間隙大，所需的磁化電流大，功率因數低。
   (2) 具有**終端效應**，引起電阻損失，效率低。

   🔖 終端效應：如圖 11-7 所示，二次部分導體上發生的渦流路徑情況，為一封閉且長方形路徑。此渦流只有在一次磁場範圍內會產生作用力，由於一次鐵心之寬度的限制，對於移動磁場之方向，渦流的分佈變為不對稱，尤其在機器之兩端更為顯著。渦流分佈不對稱就會造成推力不均勻，此現象稱為終端效應。

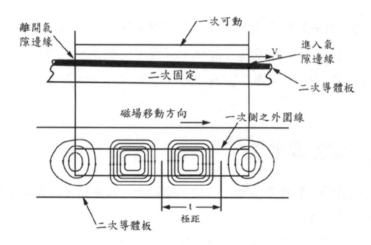

圖 11-7

6. 二次導體板感應電流路徑圖及終端效應，如圖 11-7 所示。

7. 用途：低速時可應用於輸送帶、窗簾、布幕、自動門的拉動工作；高速時可應用於**磁浮列車**、發射體（高速砲）。最熱門發展項目是為交通工具。

8. 線性電動機由感應機發展而來，如圖 11-8 所示。

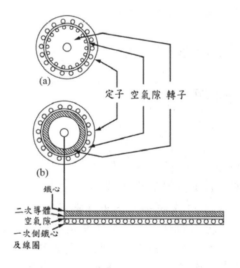

圖 11-8

9. 兩側式線性感應電動機，如圖 11-9 所示。

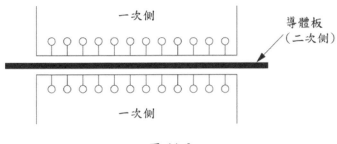

圖 11-9

10. 線性感應電動機與迴轉型感應電動機之推力與速率之比較，如圖 11-10 所示。

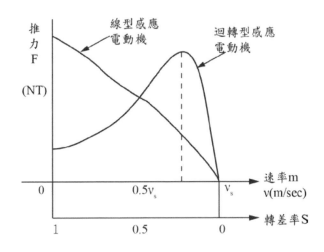

圖 11-10

11. 線性電動機作為運輸工具，如圖 11-11 所示。

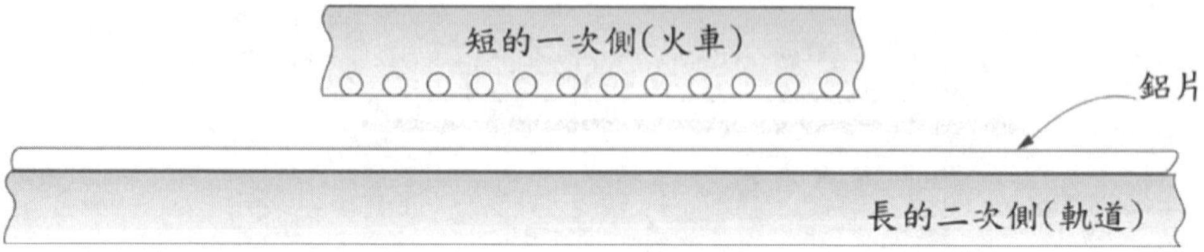

圖 11-11

江 湖 必 勝 題

◎有一極距τ＝5cm之線性感應電動機，以頻率f＝50Hz 激磁，其移動
速度V＝2m/sec時，求：轉差率。

答：(1)同步速率V_s＝2τf＝2 × (5 × 10^{-2}) × 50 ＝ 5(m/s)

　　(2)轉差率S＝$\frac{v_s - v}{v_s}$ × 100% ＝ $\frac{5-2}{5}$ ＝ 0.6 ＝ 60%

天下大會考

( )　1. 下列有關直流無刷電動機的敘述，何者錯誤？
　　(A)不需要利用碳刷，可避免火花問題
　　(B)以電子電路取代傳統換向部分
　　(C)壽命長，不需經常維護
　　(D)轉矩與電樞電流的平方成正比。

( )　2. 相同容量下，若以保養容易、高效率、體積小等因素為主要考量時，則下列電動機何者最適宜？
　　(A)直流分激電動機
　　(B)直流串激電動機
　　(C)直流無刷電動機
　　(D)感應電動機。

( )　3. 下列何者不是步進電動機之特性？
　　(A)旋轉總角度與輸入脈波總數成正比
　　(B)轉速與輸入脈波頻率成正比
　　(C)靜止時有較高之保持轉矩
　　(D)需要碳刷，不易維護。

( )　4. 下列何者可以用來控制線性脈波電動機之轉速？
　　(A)改變輸入脈波電壓大小
　　(B)改變輸入脈波頻率
　　(C)改變輸入脈波相位
　　(D)改變輸入脈波功率。

解答與解析

1.**(D)**。(1)直流串激電動機的轉矩與電樞電流平方成正比。

(2)直流無刷電動機的優點：較直流電動機的轉動慣量小、不會產生雜訊、壽命長、不需經常維修。

2.**(C)**。直流無刷電動機的優點：較直流電動機的轉動慣量小、不會產生雜訊、壽命長、不需需經常維修。

3.**(D)**。(1)可作定速、定位控制。

(2)可作正逆轉控制。

(3)用數位控制系統，且一般採用開回路控制。

(4)無累進位置誤差。

(5)轉矩隨轉速增大而降低。

(6)脈波信號愈大、轉矩愈大、轉速成正比於頻率，與電壓大小無關。

(7)無外加脈波信號、轉子不動。

(8)步進角度極小，約 0.9° 或 1.8°。

4.**(B)**。線性電動機產生的同步速率 $V_s = 2\tau f(m/s)$，(τ：極距、f:頻率)。由公式得知，同步速率與極數無關，故其一次側的極數可以不為偶數。

第十二章
最新試題與解析

( )　1. 一流通電流為 2 A 的長直導線，長度為 10 公尺，在磁通密度 B＝10^{-3} 韋伯/平方公尺的磁場中，其所受作用力為 0.01 牛頓，則導線與磁場間之夾角為何？
(A)30°　　　　(B)45°　　　　(C)60°　　　　(D)90°。

( )　2. 一個 20 mH 的電感器，若通過該電感器的電流，在 0.2 ms 內由 30 mA 增加至 80 mA，則電感器兩端的感應電壓 E_{av} 為何？
(A)1 V　　　　　　　　　(B)3 V
(C)5 V　　　　　　　　　(D)7 V。

( )　3. 一台 100 V、7.5 HP 分激式電動機，場電阻為 10Ω，滿載效率為 75 %，若為滿載時（忽略電刷壓降），則電樞電流（I_a）為何？
(A)39.7 A　　　　　　　　(B)49.7 A
(C)64.6 A　　　　　　　　(D)74.6 A。

( )　4. 直流分激式電動機啟動時，增加啟動電阻器之目的為下列何者？
(A)降低電樞電流　　　　　(B)降低磁場電流
(C)增加電樞轉速　　　　　(D)增加啟動轉矩。

( )　5. 一台 8 kVA、110 V / 220 V 之單相變壓器，接成 110 V / 330 V 之升壓型自耦變壓器，則此自耦變壓器之額定容量變為多少？
(A)8 kVA　　　　　　　　(B)10 kVA
(C)12 kVA　　　　　　　　(D)16 kVA。

( )　6. 一台直流串激式發電機，無載感應電動勢為 115 V，電樞電阻為 0.2Ω，串激場電阻為 0.1Ω，當電樞電流為 50 A 時，若忽略電刷壓降，則此發電機輸出功率為何？

(A)8000 W　　　　　　　　　(B)7000 W

(C)6000 W　　　　　　　　　(D)5000 W。

( )　7. 兩極直流發電機採單分疊繞，每極磁通量 0.8 韋伯，電樞共有 12 根導體，其轉速為 600 rpm，試問其兩電刷間產生之電壓為何？

(A)96 V　　　　　　　　　　(B)120 V

(C)192 V　　　　　　　　　　(D)384 V。

( )　8. 單相 60 Hz 的變壓器，若連接在相同電壓，但頻率為 50 Hz 的電源使用，下列敘述何者正確？

(A)鐵損及無載電流均不變

(B)鐵損稍微減少，無載電流稍微減少

(C)鐵損稍微減少，無載電流稍微增加

(D)鐵損稍微增加，無載電流稍微增加。

( )　9. 下列何者無法利用變壓器之開路試驗求得？

(A)鐵損　　　　　　　　　　(B)磁化電流

(C)無載功率因數　　　　　　(D)等效阻抗。

( )　10. 一台 10 kVA、2200 V / 220 V 之單相變壓器，已知其二次側阻抗標么值為 0.05，則一次側阻抗電壓為何？

(A)55 V　　　　　　　　　　(B)110 V

(C)50 V　　　　　　　　　　(D)100 V。

( )　11. 一般正常使用下，有關油浸式變壓器內部絕緣油的特性，下列何者有誤？

(A)高絕緣耐壓　　　　　　　(B)高黏度係數

(C)高引火點　　　　　　　　(D)化學性質穩定。

( )　12. 一台 4 極直流電動機，其電樞導體之總安匝數為 6000 安匝，若其電
刷自機械中性面移動 6° 機械角，則該電動機每極之交磁安匝數為何？
(A)1500 安匝　　　　　　　　(B)1300 安匝
(C)200 安匝　　　　　　　　(D)100 安匝。

( )　13. 當串激直流電動機電樞電流為 30 A 時，產生的轉矩為 40 牛頓·公尺，
若電樞電流降為 15 A 時，則轉矩變為多少？
(A)10 牛頓·公尺　　　　　　(B)20 牛頓·公尺
(C)30 牛頓·公尺　　　　　　(D)40 牛頓·公尺。

( )　14. A、B 兩台直流分激發電機並聯供給 100 A 負載，A 發電機無載電壓
為 100 V，電樞電阻為 0.04Ω；B 發電機無載電壓為 98 V，電樞電阻
為 0.05Ω。若不計激磁電流及電樞反應，則負載端電壓為何？
(A)94.2 V　　(B)96.89 V　　(C)98.6 V　　(D)100 V。

( )　15. 某一 6.8 kW、120 V 直流發電機總損失為 1200 W，則其效率為何？
(A)75 %　　　(B)80 %　　　(C)85 %　　　(D)90 %。

( )　16. 一單相 5 kVA 之變壓器鐵損為 60 W，滿載銅損為 120 W，在一天內
功率因數為 1 的情況下，滿載 10 小時，半載 6 小時，1/4 負載 4 小時，
無載 4 小時，則全日效率為何？
(A)85 %　　　(B)87 %　　　(C)90 %　　　(D)96 %。

( )　17. 下列何者可增加直流分激發電機的輸出電壓？
(A)降低轉速，減少磁場電阻　　(B)降低轉速，增加磁場電阻
(C)增加轉速，減少磁場電阻　　(D)增加轉速，增加磁場電阻。

( )　18. 一部四相混合型步進馬達，轉子齒輪數為 45 齒，則步進角度 θ 為何？
(A)2°　　　　　　　　　　　(B)4°
(C)6°　　　　　　　　　　　(D)8°。

( ) 19. 下列何種電動機具有「低速時高轉矩，高速時低轉矩」的特性？
(A)他激式 (B)串激式
(C)分激式 (D)積複激式。

( ) 20. 變壓器介質損失來源為下列何者？
(A)鐵心的磁滯現象 (B)線圈電阻受熱變化
(C)漏磁的磁感應 (D)絕緣物的漏電流。

( ) 21. 某一 1.5 kVA、220 V / 110 V、60 Hz 之單相變壓器做開路試驗，其電表讀值為 $V_{OC} = 110\ V$，$P_{OC} = 44\ W$，$I_{OC} = 0.5\ A$，則該變壓器的無載功率因數為何？
(A)0.16 (B)0.25
(C)0.6 (D)0.8。

( ) 22. 一台 60 kVA、6000 V / 200 V 之單相變壓器，其阻抗為 5 %，當二次側短路時，其二次側短路電流為何？
(A)6000 A (B)5000 A
(C)4000 A (D)3000 A。

( ) 23. 三台單相變壓器，其匝比 $N_1 : N_2$ 為 10，當連接成 Δ-Y 接時，二次側線電流為 I2，則一次側線電流為何？
(A)$\dfrac{I_2}{10}$ (B)10 I₂
(C)$\dfrac{\sqrt{3}I_2}{10}$ (D)10 $\sqrt{3}$ I₂。

( ) 24. 某一變壓器無載時，量測其電壓比為 25：1，滿載時電壓比為 27：1，則該變壓器的電壓變動率為何？
(A)9.6 % (B)9.2 %
(C)8 % (D)7.4 %。

(　)　25. 一台 120 V 直流分激電動機，其電樞電阻為 0.2Ω，電刷壓降為 2 V，
額定電源電流為 75 A，場電阻為 30Ω，若欲限制啟動電流為額定電
流的 150 %，則應串聯之啟動電阻為何？
(A)1.09Ω　　　　(B)0.89Ω　　　　(C)0.85Ω　　　　(D)0.95Ω。

(　)　26. 三相感應電動機於額定電壓時，有關轉差率 S 的敘述，下列何者有誤？
(A)當同步轉速等於轉子轉速時，S = 0
(B)當 S > 1 時，電動機有逆轉制動作用
(C)當 S = 1 時，電動機通常在靜止或剛啟動時
(D)當 0 < S < 1 時，電動機有發電機的作用。

(　)　27. 在電工機械中，將絕緣材料耐溫等級以英文字母表示，下列絕緣材料
耐溫等級中，依最高容許溫度由低排列至高順序為何？
(A)A、B、E、F、H　　　　　　(B)A、E、B、F、H
(C)A、F、B、E、H　　　　　　(D)A、B、E、H、F。

(　)　28. 有關直流無刷電動機的敘述，下列何者有誤？
(A)轉矩與電樞電流的平方成正比
(B)不用碳刷，避免火花問題
(C)低速時有較高轉矩
(D)以電子電路取代傳統換向部分。

(　)　29. 下列何種試驗可測量三相感應電動機的滿載銅損？
(A)無載試驗　　　　　　　　　(B)負載試驗
(C)堵轉（堵住）試驗　　　　　(D)直流電阻試驗。

(　)　30. 下列何者可改變三相感應電動機之轉子方向？
(A)移除三相電源的其中一相電源
(B)改變電源的頻率
(C)對調三相電源中的任 2 條電源線
(D)改變電源的電壓。

( )　31. 電容啟動式單相感應電動機無法自行啟動，但用手轉動轉軸後，便可
　　　　使其正常運轉，下列何者非造成此故障之原因？
　　　　(A)輔助繞阻斷線　　　　　　　(B)主繞阻斷線
　　　　(C)電容器損壞　　　　　　　　(D)離心開關的接點故障。

( )　32. 有一 0.5 HP、110 V、60 Hz 之單相感應電動機，其效率為 0.6，功率
　　　　因數為 0.8，若啟動電流為額定電流的 6 倍，則啟動電流最接近下列
　　　　何者？
　　　　(A)42 A　　　　　　　　　　　(B)50 A
　　　　(C)54 A　　　　　　　　　　　(D)60 A。

( )　33. 下列何種試驗可測量同步發電機之無載飽和特性曲線？
　　　　(A)開路試驗　　　　　　　　　(B)短路試驗
　　　　(C)負載試驗　　　　　　　　　(D)耐壓試驗。

( )　34. 下列何者為同步發電機併入電力系統運轉的條件之一？
　　　　(A)極數相同　　　　　　　　　(B)電流相同
　　　　(C)阻抗相同　　　　　　　　　(D)相序相同。

( )　35. 有一交流發電機，使用 $\frac{5}{6}$ 節距繞阻時，其節距因數為何？
　　　　(A)cos15°　　　　　　　　　　(B)sin15°
　　　　(C)cos18°　　　　　　　　　　(D)sin30°。

( )　36. 三相 Y 接同步發電機，每相匝數為 500 匝，頻率為 60 Hz，每極最大
　　　　磁通量為 0.1 韋伯，繞阻因數為 0.5，則其無載時之相電壓為何？
　　　　(A)6060 V　　　　　　　　　　(B)6660 V
　　　　(C)6698 V　　　　　　　　　　(D)6989 V。

( )　37. 同步電動機的 V 形特性曲線為下列何者之關係？
　　　　(A)電樞電壓與激磁電流　　　　(B)電樞電流與激磁電壓
　　　　(C)電樞電流與激磁電流　　　　(D)電樞電壓與激磁電壓。

( )　38. 有一交流發電機，無載時端電壓為 200 V，滿載時端電壓為 240 V，
下列敘述何者正確？
(A)負載為電感性　　　　　　(B)負載為電阻性
(C)電壓調整率約 –16.7%　　　(D)電壓調整率約 16.7%。

( )　39. 三相同步電動機與三相感應電動機比較，下列敘述何者正確？
(A) 二者之轉子速率均為同步速率
(B) 二者之構造完全相同
(C) 三相同步電動機之定子有旋轉磁場產生，三相感應電動機則無
(D) 三相同步電動機之轉子以直流激磁，三相感應電動機之轉子則無
　　須直流激磁。

( )　40. 無載運轉之同步電動機，加入負載時，會發生下列何種情形？
(A)繼續以同步速度旋轉
(B)低於同步速率旋轉
(C)瞬時速率下降，穩定後以同步速率繼續旋轉
(D)瞬時速率增加，穩定後以同步速率繼續旋轉。

( )　41. 下列何種電動機以輸入脈衝波方式，輸出固定旋轉角度，並能用來做
定位控制？
(A)步進電動機　　　　　　　(B)線性感應電動機
(C)線性同步電動機　　　　　(D)磁滯電動機。

( )　42. 一台線性感應電動機，若極距為 5 cm，電源頻率為 60 Hz，轉差率為
0.4，則移動速度為何？
(A)3.0 m/s　　　　　　　　　(B)3.6 m/s
(C)3.8 m/s　　　　　　　　　(D)4.0 m/s。

( )　43. 關於三相感應電動機的敘述，下列何者正確？
(A)轉子電阻越大，轉速越快　(B)轉子頻率越小，轉速不變
(C)轉子電抗與轉速無關　　　(D)轉矩與轉速有關。

( )　44. 一台 50 Hz、4 極的三相繞線式感應電動機，每相轉子電阻為 1Ω，滿載轉速為 1470 rpm，若要將滿載轉速降至 1350 rpm，則須於轉子電路中串接之電阻為何？

(A)2Ω　　　　(B)3Ω　　　　(C)4Ω　　　　(D)5Ω。

( )　45. 三相感應電動機以 Y-△方式啟動與全壓啟動比較，關於啟動電流與啟動轉矩的敘述，下列何者正確？

(A)啟動電流增加，啟動轉矩減少

(B)啟動電流減少，啟動轉矩增加

(C)兩者皆增加

(D)兩者皆減少。

( )　46. 有一 6 極、110 V、60 Hz 之單相感應電動機，於輸入電壓 110 V 時，測得輸入電流為 5 A、輸入電功率為 330 W，則功率因數為何？

(A)0.4　　　　　　　　　　(B)0.5

(C)0.6　　　　　　　　　　(D)0.7。

( )　47. 同步發電機為防止追逐現象，會在轉子磁極的極面線槽內裝設下列何者？

(A)短路阻尼繞阻　　　　　(B)串聯極小電阻

(C)並聯小電容　　　　　　(D)串聯等效電感。

( )　48. 同步發電機之短路比可由下列何種實驗求得？

(A)無載與相位特性試驗　　(B)無載與負載試驗

(C)負載與短路試驗　　　　(D)無載與短路試驗。

( )　49. 三相感應電動機之再生制動係利用下列何種方式達成？

(A)定子輸入直流激磁電流　(B)使轉子轉速大於同步轉速

(C)將電源任二相反接　　　(D)定子接三相可變電阻。

( )　50. 一個 8 極的電動機，其 180°電機角相當於多少的機械角？

(A)90°　　　　(B)180°　　　　(C)45°　　　　(D)60°。

【解 答 與 解 析】

答案標示為#者，表官方公告更正該題答案。

1.(A)。　$F = BLI \sin \theta$，$0.01 = 10^{-3} \times 10 \times 2 \times \sin \theta$，$\sin \theta = 0.5$，$\theta = 30°$

2.(C)。　$E = L \dfrac{\Delta I}{\Delta t} = 20 \times 10^{-3} \times \dfrac{(80-30)}{0.2} = 5V$

3.(C)。　$I_f = \dfrac{100}{10} = 10A$，

　　　　$I_L = \dfrac{7.5 \times 746 \div 0.75}{100} = 74.6A$，

　　　　$I_a = I_L - I_f = 74.6 - 10 = 64.6A$

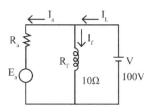

4.(A)。　增加啟動電阻器可降低電樞電流。

5.(C)。　$S' = S(1 + \dfrac{共同}{非共同}) = 8k \times (1 + \dfrac{110}{220}) = 12kVA$

6.(D)。　$V = E - I_a(R_a + R_s) = 115 - 50(0.2 + 0.1) = 100V$，
　　　　$P_o = 100 \times 50 = 5000W$

7.(A)。　$E = \dfrac{PZ}{60a} \times \phi \times n = \dfrac{2 \times 12}{60 \times (1 \times 2)} \times 0.8 \times 600 = 96V$

8.(D)。　鐵損包含磁滯損（$P_h \propto \dfrac{V^2}{f}$）與渦流損（$P_e \propto V^2$）。電壓不變，頻率由 60Hz 改為 50Hz，鐵損稍微增加，無載電流稍微增加。

9.(D)。　開路試驗可以測出變壓器的鐵損、激磁電導、激磁電納、無載功率因數。故選(D)。

10.(B)。　標么值 $= \dfrac{實際值}{基本值}$，$Z_{pu} = 0.05 = \dfrac{V}{2200}$，$V = 110V$

11.(B)。　絕緣油需要低黏度係數，故選(B)。

12.(B)。 $\theta_e = \dfrac{P}{2}\theta_m = \dfrac{4}{2} \times 6° = 12°$

每極之交磁安匝數 $= \dfrac{6000}{4} \times \dfrac{180° - 2 \times 12°}{180°} = 1300$ 安匝

13.(#)。 本題公告答案為(A)或(B)。

串激式 $\begin{cases} \text{未飽和：} T \propto I_a{}^2 \Rightarrow T' = 40 \times \left(\dfrac{15}{30}\right)^2 = 10\text{N}-\text{m} \\[4mm] \text{飽和：} T \propto I_a \Rightarrow 40 \times \left(\dfrac{15}{30}\right) = 20\text{N}-\text{m} \end{cases}$

14.(B)。

$100 = I_A + I_B = \dfrac{100 - V_L}{0.04} + \dfrac{98 - V_L}{0.05}$ ， $V_L = 96.89\text{V}$

15.(C)。 $\eta = \dfrac{6800}{6800 + 1200} \times 100\% = 85\%$

16.(D)。 $P_o = 5000 \times 10 + 0.5 \times 5000 \times 6 + 0.25 \times 5000 \times 4 = 70000\text{W}$

$P_i = P_o + P_{loss}$

$= 70000 + 60 \times 24 + 120 \times 10 + \left(\dfrac{1}{2}\right)^2 \times 120 \times 6 + \left(\dfrac{1}{4}\right)^2 \times 120 \times 4 = 72850\text{W}$

$\eta = \dfrac{P_o}{P_i} = \dfrac{70000}{72850} \times 100\% = 96\%$

17.(C)。 $E = k\phi n \propto \phi n$ ， $\phi \propto \dfrac{1}{R_f}$

18.(A)。 $\theta = \dfrac{360°}{mN} = \dfrac{360°}{4 \times 45} = 2°$

19.(B)。串激式具有低速時高轉矩，高速時低轉矩的特性。

20.(D)。變壓器介質損失來源為絕緣物的漏電流。

21.(D)。$pf = \cos\theta = \dfrac{P}{S} = \dfrac{44}{110 \times 0.5} = 0.8$

22.(A)。$0.05 = \dfrac{Z}{\dfrac{200^2}{60k}}$，$I = \dfrac{200}{Z} = 6000A$

23.(C)。Y 接 $I_L = I_p$，△接 $I_L = \sqrt{3}I_p$，$I_{L1} = I_2 \times \dfrac{1}{1} \times \dfrac{1}{10} \times \sqrt{3} = \dfrac{\sqrt{3}}{10}I_2$

24.(C)。電壓調整率 $VR\% = \dfrac{V_{無載} - V_{滿載}}{V_{滿載}} \times 100\% = \dfrac{\dfrac{1}{25} - \dfrac{1}{27}}{\dfrac{1}{27}} \times 100\% = 8\%$

25.(B)。$I_f = \dfrac{120}{30} = 4A$

$I_{as} = 75 \times 1.5 - 4 = \dfrac{120 - 2}{0.2 + r}$

$r = 0.89\Omega$

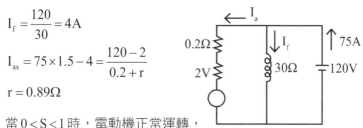

26.(D)。當 $0 < S < 1$ 時，電動機正常運轉，有馬達的作用。

27.(B)。

絕緣符號	耐溫
Y	90°C
A	105°C
E	120°C
B	130°C
F	150°C
H	180°C
C	180°C以上

28.(A)。轉矩與電樞電流成正比（ $T = \dfrac{P}{\omega} = \dfrac{VI}{\omega} \propto I$ ）。

29.(C)。堵轉（堵住）試驗可測量滿載銅損。

30.(C)。對調三相電源中的任2條電源線可改變三相感應電動機之轉子方向。

31.(B)。無法自行啟動，但可手轉動啟動運轉，表示啟動繞組異常，運轉繞組正常。故不可能為主繞阻斷線。

32.(A)。 $I_s = 6I = 6 \times \dfrac{P}{V\cos\theta} = 6 \times \dfrac{0.5 \times 746 \div 0.6}{110 \times 0.8} = 42A$

33.(A)。開路試驗可測量同步發電機之無載飽和特性曲線。

34.(D)。併入電力系統運轉的條件：相序、電壓、相位、頻率均一致。

35.(A)。 $K_p = \sin\dfrac{\beta\pi}{2} = \sin\dfrac{\frac{5}{6}\times180°}{2} = \sin75° = \cos15°$

36.(B)。 $E = 4.44Nf\phi k_W = 4.44 \times 500 \times 60 \times 0.1 \times 0.5 = 6660V$

37.(C)。V形特性曲線為電樞電流與激磁電流之關係（ $I_a - I_f$ ）。

38.(C)。電壓調整率
$VR\% = \dfrac{V_{無載} - V_{滿載}}{V_{滿載}} \times 100\% = \dfrac{200 - 240}{240} \times 100\% = -16.7\%$

39.(D)。(A)感應電動機之轉子速率非為同步速率，有轉差。
(B)二者之構造不同。
(C)三相同步電動機之定子無旋轉磁場產生，三相感應電動機則有。

40.(C)。加入負載瞬間，速率下降，穩定後以同步速率繼續旋轉。

41.(A)。脈衝波 → 步進電動機。

42.(B)。 $N_s = 2Y_pf = 2 \times 0.05 \times 60 = 6$ ， $N_r = (1-S)N_s = (1-0.4) \times 6 = 3.6m/s$

43.(D)。 (A)$\dfrac{R_2}{S} = \dfrac{R_2 + r}{S'}$，轉子電阻越大，轉差越大，轉速越慢。

(B)$N = \dfrac{120f}{P}$，轉子頻率越小，轉速越小。

(C)$X_{2r} = SX_2$，$X_{2r} \propto S \propto \dfrac{1}{N}$，轉子電抗與轉速成反比。

44.(C)。 $N_s = \dfrac{120f}{P} = \dfrac{120 \times 50}{4} = 1500\text{rpm}$，$S = \dfrac{1500 - 1470}{1500} = 0.02$，

$S' = \dfrac{1500 - 1350}{1500} = 0.1$，$\dfrac{1}{0.02} = \dfrac{1+r}{0.1}$，$r = 4\Omega$

45.(D)。 Y-△方式啟動可使啟動電流與啟動轉矩皆減少。

46.(C)。 $pf = \dfrac{P}{VI} = \dfrac{330}{110 \times 5} = 0.6$

47.(A)。 短路阻尼繞阻可防止追逐現象。

48.(D)。 短路比可由無載與短路試驗求得。

49.(B)。 再生制動為發電機性質，此時轉子轉速大於同步轉速。

50.(C)。 $\theta_e = \dfrac{P}{2} \theta_m$，$\theta_m = \dfrac{2}{P} \theta_e = \dfrac{2}{8} \times 180° = 45°$

110 年　鐵路特考員級

一、兩台 300 kVA 交流發電機並聯運用,第一機之速率 v.s.負載曲線為自
無載至 300 kW 負載時,其頻率由 60.5 Hz 均勻降至 58.5 Hz,而第二
機之頻率在同一情形下時,由 60.2 Hz 均勻降至 58.3 Hz,若兩機之
總負載為 340 kW,則各機分擔多少負載?最後的頻率為多少?

答:$P_A + P_B = 340\text{kW} \cdots\cdots(1)$

$\dfrac{P_A - 0}{60.5 - f} = \dfrac{300 - 0}{60.5 - 58.5} \cdots\cdots(2)$

$\dfrac{P_B - 0}{60.2 - f} = \dfrac{340 - 0}{60.2 - 58.3} \cdots\cdots(3)$

由(1)(2)(3)式可得,$P_A = 188.55\text{kW}$

$P_B = 151.1\text{kW}$, $f = 59.24\text{Hz}$

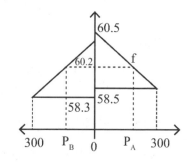

二、一台 6 HP, 200V 之直流並激電動機的磁場電路電阻為 200 Ω,電樞
電路之電阻為 0.4 Ω。當此電動機之電源側輸入額定之 220 V 電壓及
4.2 kW 的功率時,電動機的轉子機械轉速為 1800 rpm。試問在相同
的電壓供應情況下,若電動機的轉軸機械損失可以忽略,而當轉子機
械轉速升高為 1820 rpm 時,此一電動機的總輸入功率為多少 kW?而
在此條件下電動機的操作效率又為多少?

答:輸入電流 $I_L = \dfrac{4.2\text{k}}{200} = 21\text{A}$

場電流 $I_f = \dfrac{200}{200} = 1\text{A}$

電樞電流 $I_a = 21 - 1 = 20\text{A}$

感應電勢 $E_a = 200 - 20 \times 0.4 = 192\text{V}$

$E \propto n$, $E_a' = E_a \times \dfrac{1820}{1800} = 194.13\text{V}$

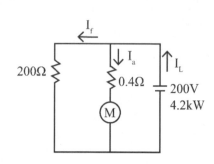

$$I_a' = \frac{200-194.13}{0.4} = 14.675A , I_L' = 14.675+1 = 15.675A$$

總輸入功率 $P' = 200 \times 15.675 = 3135W$

效率 $\eta = \dfrac{3135 - (200 \times 1) - (14.675^2 \times 0.4)}{3135} \times 100\% = 90.87\%$

三、一台單相變壓器的額定為 2.0 kVA, 200 V/500 V，其一次側線圈電阻及漏磁電抗為 0.025+j0.075p.u.，二次側線圈電阻及漏磁電抗亦為 0.025+j0.075p.u.，等效鐵心損失電阻為 30p.u.且等效磁化電抗為 40p.u.，而此變壓器之二次（高壓）側連接了一功率因數 0.8 滯後的額定負載。此時若將其二次側的負載輸出端電壓大小維持於 500 V，試求此工作條件下變壓器之工作效率及電壓調整率。

答：二次側負載電流 $I_{2p.u.} = \dfrac{1}{1} \angle -37° = 1 \angle -37°$

一次側電源電流

$$I_{1p.u.} = 1 \angle -37° + \frac{1 + (0.025 + j0.075) \times 1 \angle -37°}{30 + j40} = 1.0207 \angle -37.28°$$

一次側電源電壓

$$V_{1p.u.} = 1 + (0.025 + j0.075) \times 1 \angle -37° + (0.025 + j0.075) \times 1.0207 \angle -37.28°$$

$$= 1.13533 \angle 4.56°$$

輸入功率 $P_{p.u.} = 1.13533 \angle 4.56° \times 1.0207 \angle -37.28° = 1.15883 \angle -32.72°°$

工作效率 $\eta = \dfrac{1 \times \cos 37°}{1.15883 \cos(-32.72°)} \times 100\% = 81.92\%$

電壓調整率 $VR\% = \dfrac{1.13533 - 1}{1} \times 100\% = 13.53\%$

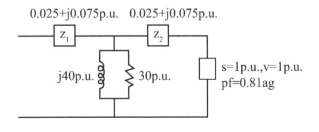

四、一個三相 Y 接，4 極，208V、15HP、60Hz 的感應電動機，等效至定
子側的等效電路參數為：$R_1 = 0.210\Omega / 相$；$R_2 = 0.137\Omega / 相$；
$X_1 = 0.442\Omega / 相$；$X_2 = 0.442\Omega / 相$；$X_m = 13.2\Omega / 相$。
試求：
(一)啟動轉矩。
(二)最大電磁轉矩及發生最大轉矩時的轉速。

答：$N_s = \dfrac{120 \times 60}{4} = 1800 rpm$

$Z_{th} = (0.21 + j0.442) \mathbin{/\mkern-5mu/} j13.2 = 0.1966 + j0.4307\Omega$

$|V_{th}| = \left| \dfrac{208}{\sqrt{3}} \times \dfrac{j13.2}{(0.21 + j0.442) + j13.2} \right| = 116.14 V$

(一) 啟動轉矩 $T_s = \dfrac{3}{\omega_s} \times \dfrac{V_{th}{}^2}{(R_{th} + R_2)^2 + (X_{th} + X_2)^2} \times R_2$

$\quad = \dfrac{3}{2\pi \times \dfrac{1800}{60}} \times \dfrac{116.14^2}{(0.1966 + 0.137)^2 + (0.4307 + 0.442)^2} \times 0.137 = 33.71 \, N\text{-}m$

(二) 最大電磁轉矩 $T_{max} = \dfrac{1}{\omega_s} \times \dfrac{0.5 \times 3 \times V_{th}{}^2}{R_{th} + \sqrt{R_{th}{}^2 + (X_{th} + X_2)^2}}$

$\quad = \dfrac{1}{2\pi \times \dfrac{1800}{60}} \times \dfrac{0.5 \times 3 \times 116.14^2}{0.1966 + \sqrt{0.1966^2 + (0.4307 + 0.442)^2}} = 98.44 \, N\text{-}m$

$S_{max} = \dfrac{R_2}{\sqrt{R_{th}{}^2 + (X_{th} + X_2)^2}} = \dfrac{0.137}{\sqrt{0.1966^2 + (0.4307 + 0.442)^2}} = 0.15315$

最大轉矩時的轉速 $N_r = (1 - S_{max})N_s = (1 - 0.15315) \times 1800 = 1524.33 rpm$

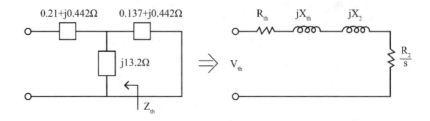

110 年 鐵路特考佐級

( ) 1. 某 400 匝線圈內磁通量在 5 秒內，從 0.2 增加到 0.7 韋伯，求這段時間線圈感應電壓為多少 V？

(A)0V (B)20V (C)40V (D)56V。

( ) 2. 某電感器的電感為 6mH，流過電感器的直流電流為 100A，此電感器的儲存能量為多少焦耳？

(A)30 (B)15 (C)0.6 (D)0.3。

( ) 3. 某磁路的截面積為 20 平方公分其通過磁通量為 5×10^{-4} 韋伯，此磁通密度為多少特斯拉（Tesla）？

(A)4.0 (B)2.5 (C)0.4 (D)0.25。

( ) 4. 某線圈型電感器磁路的磁阻（reluctance）固定，電感與線圈匝數的關係，下列何者正確？

(A)電感與線圈匝數成正比 (B)電感與線圈匝數成平方正比
(C)電感與線圈匝數成反比 (D)電感與線圈匝數成平方反比。

( ) 5. 變壓器高壓側繞組的匝數為 600 匝，低壓側繞組的匝數為 30 匝，若低壓側的負載電阻為 2Ω，則等效至高壓側的負載電阻為何？

(A)5mΩ (B)20Ω (C)400Ω (D)800Ω。

( ) 6. 某單相變壓器在滿載時負載側的電壓為 200V，滿載的電壓調整率為 5%，則無載時負載側的電壓為何？

(A)240V (B)220V (C)210V (D)200V。

( ) 7. 某變壓器在額定電流為 100A 操作，其額定總銅損為 2kW，若電流為 50A 時，則此總銅損為何？

(A)4kW (B)2kW
(C)1kW (D)0.5kW。

( ) 8. 單相變壓器的額定電壓為 2400 V：240 V，用三個單相變壓器接成三相變壓器，高壓側繞組為 Y 接，低壓側繞組為 Δ 接，下列何者正確？
(A)高壓側的額定線電壓為 2400 V，低壓側的額定線電壓為 240 V
(B)高壓側的額定線電壓為 $2400\sqrt{3}$ V，低壓側的額定線電壓為 $240\sqrt{3}$ V
(C)高壓側的額定線電壓為 $2400\sqrt{3}$ V，低壓側的額定線電壓為 240 V
(D)高壓側的額定線電壓為 $2400\sqrt{2}$ V，低壓側的額定線電壓為 240 V。

( ) 9. 某變壓器輸出功率為 20 kW，若鐵心損為 600W，銅損為 900W，則變壓器的效率約為何？
(A)93%　　　　(B)94%　　　　(C)95%　　　　(D)96%。

( ) 10. 有關變壓器短路實驗的主要目的，下列何者正確？
(A)量測鐵心損及等效並聯激磁電抗
(B)量測銅損及等效串聯阻抗
(C)量測鐵心損及等效串聯阻抗
(D)量測銅損及等效並聯激磁電抗。

( ) 11. 採用三個單相變壓器接成 Y-Y 的三相變壓器，若單相變壓器的額定功率為 50 kVA，則此三相變壓器的額定功率為何？
(A)$50\sqrt{2}$ kVA　(B)$50\sqrt{3}$ kVA　(C)150 kVA　(D)200 kVA。

( ) 12. 下列何種三相變壓器之組合，無法並聯供電？
(A)Δ-Δ 與 Y-Y　　　　　　　(B)Δ-Δ 與 Δ-Δ
(C)Δ-Y 與 Y-Y　　　　　　　(D)V-V 與 Δ-Δ。

( ) 13. 有部他激直流發電機感應電壓為 200V，若將其發電機轉速提升 4 倍，每極磁通量減少一半，則此發電機的感應電壓變為多少伏特？
(A)100 V　　　(B)200 V　　　(C)300 V　　　(D)400 V。

( ) 14. 下列何種接線可提供三相對六相供電？
(A)雙 Δ-雙 Δ　(B)Δ-雙 Y　(C)T-雙 V　(D)U-雙 Δ。

( )　15. 直流串激式電動機的電樞電流為 2 A 其電磁轉矩為 0.5 N-m，若電樞電流為 4A，忽略電樞反應及鐵心磁飽和，則電動機的電磁轉矩為何？
(A)0.5 N-m　　(B)1 N-m　　(C)2 N-m　　(D)4 N-m。

( )　16. 直流永磁式發電機在轉速為 1000 rpm，其反電動勢為 50 V，若轉速為 1200 rpm，則發電機的反電動勢約為何？
(A)33.3 V　　(B)50 V　　(C)60 V　　(D)75 V。

( )　17. 直流永磁式電動機的電樞電阻為 3Ω，外加於電樞端電壓為 36V，在轉速為零時，其啟動時的電樞電流為何？
(A)12 A　　(B)6 A　　(C)4 A　　(D)2 A。

( )　18. 直流他激式發電機的電樞電阻為 0.4Ω，當輸出電壓為 200 V，輸出功率為 2 kW，則電樞電阻的消耗功率約為何？
(A)20W　　(B)40W　　(C)60W　　(D)100W。

( )　19. 直流永磁式電動機的滿載轉速為 1000 rpm，無載時轉速為 1100 rpm，此電動機的轉速調整率（speed regulation）約為何？
(A)20%　　(B)10%　　(C)5%　　(D)2.5%。

( )　20. 直流電動機分類中，其電樞繞組與激磁場繞組的接線描述，下列何者正確？
(A)直流並激式電動機的電樞繞組與激磁場繞組串聯
(B)直流並激式電動機的電樞繞組與激磁場繞組並聯
(C)直流串激式電動機的電樞繞組與激磁場繞組並聯
(D)直流他激式電動機的電樞繞組與激磁場繞組並聯。

( )　21. 單相 22 kV/2.2 kV, 300 kVA 之變壓器，若接成 22 kV/24.2 kV 之升壓型自耦變壓器，則理論上其供電容量：
(A)仍為 300 kVA　　　　(B)增加為 2.2 倍
(C)增加為 11 倍　　　　(D)增加為 450 kVA。

( )　22. 某 4 極三相感應電動機,轉子轉速為 1795 rpm,定子旋轉磁場之角
速率為何?
(A)565.2 rad/s　　　　　　　(B)377 rad/s
(C)188.4 rad/s　　　　　　　(D)94.2 rad/s。

( )　23. 220V、60Hz、1HP 單相感應電動機,其效率為 0.65,功率因數為 0.8,
若起動電流為滿載電流的 6 倍,試求起動電流約為多少 A?
(A)39 A　　　　(B)42 A　　　　(C)53 A　　　　(D)60 A。

( )　24. 某三相、6 極、60 Hz 的感應電動機的轉速為 1164 rpm,此感應電動
機的滑差率約為何?
(A)0.01　　　　(B)0.02　　　　(C)0.03　　　　(D)0.05。

( )　25. 某三相、Y 接、線電壓為 220 V 的感應電動機轉出功率為 5 kW、效
率為 0.92、功率因數為 0.8 落後,則此線電流有效值約為何?
(A)30.9 A　　　　(B)22.7 A　　　　(C)17.8 A　　　　(D)10.3 A。

( )　26. 某三相、60 Hz、8 極的感應電動機,若在滑差率為 0.04 操作,其總
氣隙功率為 1600W,則轉子的總電阻損失約為何?
(A)64W　　　　(B)128W　　　　(C)1472W　　　　(D)1536W。

( )　27. 有關繞線式轉子的三相感應電動機,其外部電阻啟動的主要目的,下
列敘述何者正確?
(A)提高啟動電流,提高啟動轉矩
(B)提高啟動電流,降低啟動轉矩
(C)降低啟動電流,降低啟動轉矩
(D)降低啟動電流,提高啟動轉矩。

( )　28. 有關三相感應電動機的無載實驗(no-load test)及堵轉實驗
(blocked-rotor test),下列敘述何者正確?
(A)無載實驗時電動機端電壓調整為額定電壓,此滑差率為 1
(B)無載實驗時電動機的電流調整為額定電流,此滑差率為 1

(C)堵轉實驗時電動機的電流調整為額定電流，此滑差率為 1

(D)堵轉實驗時電動機端電壓調整為額定電壓，此滑差率接近零。

( )　29. 三相感應電動機的線電壓為 220V、線電流為 20A，功率因數為 0.85
落後，則此電動機的總虛功率約為何？

(A)13.2 kVAR　　　　　　　　　(B)7.6 kVAR

(C)6.5 kVAR　　　　　　　　　(D)4.0 kVAR。

( )　30. 某三相、60Hz、Y 接的感應電動機，啟動的線電壓為 440V 其啟動轉
矩為 120N-m，若調整啟動的線電壓為 220V，則其啟動轉矩約為何？

(A)15 N-m　　　(B)30 N-m　　　(C)60 N-m　　　(D)120 N-m。

( )　31. 某三相變壓器一次側電壓保持不變，若二次側由接改成 Y 接，則二
次側電壓？

(A)變為原來的 3 倍　　　　　(B)變為原來的 $\frac{1}{\sqrt{3}}$ 倍

(C)變為原來的 $\frac{1}{3}$ 倍　　　　　(D)變為原來的 $\sqrt{3}$ 倍。

( )　32. 某三相同步發電機的額定功率為 100 kVA、線電壓為 400 V，以額定
功率及電壓為基值，則其每相阻抗的基值為何？

(A)0.5Ω　　　(B)1.0Ω　　　(C)1.2Ω　　　(D)1.6Ω。

( )　33. 某三相同步電動機線電壓為 380V、線電流為 100A、功率因數為 0.6
超前，則此電動機的總實功率約為何？

(A)52.7 kW　　　(B)39.5 kW　　　(C)30.4 kW　　　(D)22.8 kW。

( )　34. 三相同步發電機相電壓的相位，各相差多少電工角度？

(A)45　　　(B)90　　　(C)120　　　(D)180。

( )　35. 某三相、4 極、60 Hz 的同步電動機的輸出功率為 10 kW，則輸出轉
矩約為何？

(A)65 N-m　　　(B)53 N-m　　　(C)42 N-m　　　(D)33 N-m。

( )　36. 某三相、4 極、60 Hz 的非凸極型同步發電機，輸出端相電壓為 127 V，
反電動勢相電壓為 200 V，每相同步電抗為 2Ω，若忽略其損失，則
此發電機的最大輸出總實功率約為何？

(A)12.7 kW　　　(B)25.4 kW　　　(C)38.1 kW　　　(D)48.1 kW。

( )　37. 三相同步電動機的阻尼繞組（damper winding）其主要功用，下列何
者正確？

(A)防止追逐現象及幫助啟動　　(B)提高運轉的轉速

(C)提高運轉效率　　　　　　　(D)降低輸入電流。

( )　38. 三相同步發電機的短路比（short-circuit ratio）為 2.5，以額定為基值
的每相同步電抗的標么值（per unit）約為何？

(A)0.4　　　　　(B)0.8　　　　　(C)1.25　　　　　(D)2.5。

( )　39. 有關三相同步發電機的功率角(power angle)的敘述，下列何者正確？

(A)輸出端的相電壓與激磁場繞組電流的相位差

(B)輸出端的相電壓與電樞繞組相電流的相位差

(C)電樞繞組相電流與反電動勢相電壓的相位差

(D)輸出端的相電壓與反電動勢相電壓的相位差。

( )　40. 下列何種電機可以交直流直接供電驅動？

(A)同步馬達　　　　　　　　　(B)步進馬達

(C)伺服馬達　　　　　　　　　(D)直流串激馬達。

【解 答 與 解 析】

答案標示為#者，表官方公告更正該題答案。

1.(C)。 $E = N\dfrac{\Delta\phi}{\Delta t} = 400 \times \dfrac{0.7 - 0.2}{5} = 40V$

2.(A)。 $W = \dfrac{1}{2}LI^2 = \dfrac{1}{2} \times 6 \times 10^{-3} \times 100^2 = 30J$

3.(D)。　$B = \dfrac{\phi}{A} = \dfrac{5 \times 10^{-4}}{20 \times 10^{-4}} = 0.25 \text{ Tesla}$

4.(B)。　$L = \dfrac{N^2}{R} = \dfrac{\mu A N^2}{l}$ ，$L \propto N^2$

5.(D)。　$a = \dfrac{N_1}{N_2} = \dfrac{600}{30} = 20$ ，$Z_L' = a^2 Z_L = 20^2 \times 2 = 800 \ \Omega$

6.(C)。　$VR\% = \dfrac{V_{無載} - V_{滿載}}{V_{滿載}} \times 100\%$ ，$5\% = \dfrac{V_{無載} - 200}{200} \times 100\%$ ，$V_{無載} = 210V$

7.(D)。　$銅損 = I^2 R \propto I^2$ ，$P' = 2k \times \dfrac{50^2}{100^2} = 0.5kW$

8.(C)。　Y 接：$V_L = \sqrt{3} V_p$ ，$\triangle$ 接：$V_L = V_p$ ，∴高壓側的額定線電壓為 $2400\sqrt{3}$ V，低壓側的額定線電壓為 240V

9.(A)。　$\eta = \dfrac{20k}{20k + 600 + 900} \times 100\% = 93\%$

10.(B)。　短路實驗的主要目的為量測銅損及等效串聯阻抗。

11.(C)。　$50 \times 3 = 150kVA$

12.(C)。　$\triangle$-Y 與 Y-Y 無法並聯供電。

13.(D)。　$E = kn\phi \propto n\phi$ ，$E' = 200 \times 4 \times \dfrac{1}{2} = 400V$

14.(B)。　$\triangle$-雙 Y 可提供三相對六相供電。

15.(C)。　$T = k I_a \phi = k' I_a^2 \propto I_a^2$ ，$T' = 0.5 \times (\dfrac{4}{2})^2 = 2 \text{ N-m}$

16.(C)。　$E = kn\phi \propto n$ ，$E' = 50 \times \dfrac{1200}{1000} = 60V$

17.(A)。　$n = \dfrac{V - I_a R_a - V_b}{k\phi}$ ，$0 = 36 - I_a \times 3 - 0$ ，$I_a = 12A$

18.(B)。 $P = \left(\dfrac{2k}{200}\right)^2 \times 0.4 = 40W$

19.(B)。 $SR\% = \dfrac{n_{無載} - n_{滿載}}{n_{滿載}} \times 100\% = \dfrac{1100 - 1000}{1000} \times 100\% = 10\%$

20.(B)。 (A)直流並激式電動機的電樞繞組與激磁場繞組並聯。
(C)直流串激式電動機的電樞繞組與激磁場繞組串聯。
(D)直流他激式電動機的電樞繞組與激磁場繞組無關係。

21.(C)。 $S' = S\left(1 + \dfrac{共同}{非共同}\right) = 300k \times \left(1 + \dfrac{22}{2.2}\right) = 300k \times 11 = 3300kVA$

22.(C)。 $N_s = \dfrac{120 \times 60}{4} = 1800rpm$ ， $\omega = \dfrac{2\pi \times 1800}{60} = 188.4 \text{ rad/s}$

23.(A)。 $0.65 = \dfrac{1 \times 746}{220 \times I \times 0.8}$ ， $I = 6.52A$ ， $I_s = 6I = 39A$

24.(C)。 $N_s = \dfrac{120f}{P} = \dfrac{120 \times 60}{6} = 1200rpm$ ， $S = \dfrac{N_s - N_r}{N_s} = \dfrac{1200 - 1164}{1200} = 0.03$

25.(C)。 $0.92 = \dfrac{5000}{\sqrt{3} \times 220 \times I \times 0.8}$ ， $I = 17.8A$

26.(A)。 氣隙功率：轉子損失 $= P_{ag} : P_{rc} = 1 : S$ ， $P_{rc} = 1600 \times \dfrac{0.04}{1} = 64W$

27.(D)。 外部電阻啟動的主要目的為降低啟動電流，提高啟動轉矩。

28.(C)。 (A)(B)無載實驗時電動機端電壓調整為額定電壓，此滑差率為 0。
(C)(D)堵轉實驗時電動機的電流調整為額定電流，此滑差率為 1。

29.(D)。 $Q = \sqrt{3}VI\sin\theta = \sqrt{3} \times 220 \times 20 \times \sqrt{1 - 0.85^2} = 4kVAR$

30.(B)。 $T_s \propto V^2$ ， $T_s' = 120 \times \left(\dfrac{220}{440}\right)^2 = 30\,N\text{-}m$

31.(D)。 本來 Δ 接時 $V_L = V_p$ ，改為 Y 接後 $V_L = \sqrt{3}V_p$ ，故變為原來的 $\sqrt{3}$ 倍。

32.(D)。　$Z = \dfrac{V^2}{S} = \dfrac{400^2}{100k} = 1.6\,\Omega$

33.(B)。　$P = \sqrt{3} \times 380 \times 100 \times 0.6 = 39.5\,kW$

34.(C)。　$\theta = \dfrac{360°}{3} = 120°$

35.(B)。　$T = \dfrac{P_o}{\dfrac{4}{P}\pi f} = \dfrac{10k}{\dfrac{4}{4}\pi \times 60} = 53\,N\text{-}m$

36.(C)。　$P_{o\max} = 3EI = 3 \times 127 \times \dfrac{200}{2} = 38.1\,kW$

37.(A)。　阻尼繞組主要功用為防止追逐現象及幫助啟動。

38.(A)。　百分比同步阻抗 $Z_s\% = \dfrac{1}{\text{短路比}K_s} = \dfrac{1}{2.5} = 0.4$

39.(D)。　功率角是輸出端的相電壓與反電動勢相電壓的相位差。

40.(D)。　僅直流串激馬達可以交直流直接供電。

111 年　台電新進僱用人員

( )　1. 關於佛萊銘（Fleming）右手定則在發電機中的應用，食指代表何者之方向？
(A)磁場　　　　(B)電流　　　　(C)受力　　　　(D)轉動。

( )　2. 有一台分激式直流電動機其無載轉速為 1200 rpm，已知其速率調整率為 5％，則其滿載轉速約為多少 rpm？
(A)1043 rpm　　(B)1143 rpm　　(C)1243 rpm　　(D)1343 rpm。

( )　3. 某發電機輸出為 200 kW，若其損失為 10 kW，則其效率為何？
(A)50%　　　　(B)75%　　　　(C)85%　　　　(D)95%。

( )　4. 有關直流發電機的鐵損（鐵心損失）之敘述，下列何者正確？
(A)包含銅損　　　　　　　　(B)包含雜散損失
(C)包含機械損失　　　　　　(D)包含磁滯損失。

( )　5. 下列何者為變壓器中絕緣油之作用？
(A)冷卻　　　　(B)防雷擊　　　(C)抗噪　　　(D)防潮。

( )　6. 下列何者無法利用變壓器之開路試驗求得？
(A)變壓比　　　(B)激磁導納　　(C)銅損　　　(D)鐵損。

( )　7. 一單相變壓器其無載端電壓為 480 V，而滿載端電壓為 320 V，則此變壓器之電壓調整率為何？
(A)25%　　　　(B)50%　　　　(C)75%　　　　(D)95%。

( )　8. 在分激式發電機中，若其臨界場電阻線之斜角 $\theta = 60°$ 時，則臨界場電阻為何？
(A)$\sqrt{3}$　　　(B)$\dfrac{1}{\sqrt{3}}$　　　(C)1　　　　(D)0.5。

( )　9. 額定 10 kVA，220 / 110 V 之單相變壓器，已知無載時一天實際的耗電量為 12 度（kWh），則此變壓器之鐵心損失為何？

(A)300W　　　　(B)500W　　　　(C)700W　　　　(D)800W。

( )　10. Y-Δ 接法之變壓器，其一、二次側線電壓相位差為何？

(A) 0°　　　　(B) 15°　　　　(C) 30°　　　　(D) 45°。

( )　11. 使用比流器（CT, Current Transformer）時，何種動作可能會造成極大的危險？

(A)一次側開路　　　　　　　(B)一次側短路
(C)二次側開路　　　　　　　(D)二次側短路。

( )　12. 在直流發電機中，轉速變為原來的 2 倍，磁通密度變為原來的 0.4 倍，則其感應電動勢變為原來的幾倍？

(A)0.6　　　　(B)0.8　　　　(C)1.0　　　　(D)1.2。

( )　13. 某單相變壓器之額定容量為 150 kVA，1500 V / 500 V，若將此變壓器接成 2000 V / 1500 V 之降壓自耦變壓器，則其輸出容量為何？

(A) 300 kVA　　(B)400 kVA　　(C)500 kVA　　(D)600 kVA。

( )　14. 單相 100 kVA 之變壓器兩台，作 V-V 連接於三相平衡電路中，其供給負載容量為多少 kVA？

(A)57.7　　　　(B)86.6　　　　(C)173.2　　　　(D)200。

( )　15. 使用比壓器（PT, Potential Transformer）時，何種動作可能會造成極大的危險？

(A)一次側開路　　　　　　　(B)一次側短路
(C)二次側開路　　　　　　　(D)二次側短路。

( )　16. 一台 5 馬力，220 V，60 Hz 之 4 極三相感應電動機，若其轉速為 1780rpm，則其輸出轉矩為何？

(A)2 Nt-m　　　(B)5 Nt-m　　　(C)10 Nt-m　　　(D)20 Nt-m。

( )　17. 某變壓器之一次側繞組匝數為 N1，二次側繞組匝數為 N2，則二次側
電阻 R2 換算至一次側之等效電阻值為何？
(A)$(N2/N1)^2 \times R2$ 　　　　　(B)$(N1/N2)^2 \times R2$
(C)$(N1/N2)^4 \times R2$ 　　　　　(D)$(N2/N1)^4 \times R2$ 。

( )　18. 直流電機鐵心通常採薄矽鋼片疊製而成，其目的為何？
(A)減低銅損 　　　　　(B)減低磁滯損
(C)減低渦流損 　　　　　(D)避免磁飽和。

( )　19. 某台額定容量為 10HP，220V，60Hz，六極之電動機，其滿載功率因
數為 0.6 滯後，若要將其功率因數提升至 0.8 滯後，則需並聯多少容
量之電容器？
(A) 1352 VAR 　　(B)2352 VAR 　　(C)3352 VAR 　　(D)4352 VAR。

( )　20. 三相感應電動機無載運轉時，若欲提升其轉速，可以提升下列何者？
(A)減少電源頻率 　　　　　(B)增加電源頻率
(C)減少電源電壓 　　　　　(D)增加電源電壓。

( )　21. 下列何者為單相感應電動機的蔽極線圈（Shading Coil）之作用？
(A)減少漏磁 　　(B)幫助啟動 　　(C)增加轉矩 　　(D)提高效率。

( )　22. 某三相同步發電機，其轉速為 300rpm，頻率為 60Hz，則其極數為何？
(A)4 極 　　(B)8 極 　　(C)20 極 　　(D)24 極。

( )　23. 將額定頻率為 60Hz 之變壓器接於 50Hz 之電源上，則其鐵心內之磁
通密度約增加多少？
(A)5 % 　　(B)10% 　　(C)15 % 　　(D)20%。

( )　24. 低速大容量水輪式交流發電機，大多採用下列何種軸承？
(A)水平式 　　(B)直立式 　　(C)分離式 　　(D)臥式。

( )　25. 在同一部發電機中，如用作三相，則其額定輸出為用作單相時的幾倍？
(A)1 　　(B)3 　　(C)$\sqrt{3}$ 　　(D)$\sqrt{2}$ 。

( )　26. 變壓器一次側與二次側有非理想的相角差是下列何種因素造成？
　　　　(A)線圈電阻　　　(B)漏磁　　　　(C)鐵損　　　　(D)絕緣。

( )　27. 將額定頻率 60Hz 之變壓器接上額定電壓但頻率為 50Hz 的電源，則鐵損變為原來的幾倍？
　　　　(A)$\frac{6}{5}$　　　　(B)$\frac{5}{6}$　　　　(C)$\frac{36}{25}$　　　　(D)$\frac{25}{36}$。

( )　28. 變壓器之鐵損與負載電流有何關係？
　　　　(A)成正比　　　　　　　　(B)成反比
　　　　(C)成平方正比　　　　　　(D)無關。

( )　29. 三相感應電動機之轉部（Rotor）中，若加一電阻，則其最大轉矩會產生何種改變？
　　　　(A)增大　　　　　　　　　(B)不變
　　　　(C)變小　　　　　　　　　(D)先變大後變小。

( )　30. 一台 4 極 60 Hz 之三相感應電動機，當轉差率為 5%時，其轉速為何？
　　　　(A)1514 rpm　　　(B)1614 rpm　　　(C)1714 rpm　　　(D)1814 rpm。

( )　31. 下列何者為鼠籠式感應電動機之優點？
　　　　(A)低啟動電流　　　　　　(B)低啟動轉矩
　　　　(C)交直流兩用　　　　　　(D)可變頻使用。

( )　32. 下列何種試驗可測量出三相感應電動機之全部銅損？
　　　　(A)滿載試驗　　　(B)溫度試驗　　　(C)無載試驗　　　(D)堵住試驗。

( )　33. 一般發電廠使用之升壓變壓器多採用何種連接方式？
　　　　(A)Y-Δ　　　　(B)Δ-Y　　　　(C)Y-Y　　　　(D)Δ-Δ。

( )　34. 一般電力變壓器在最高效率運轉時，其條件為何？
　　　　(A)銅損等於鐵損　　　　　(B)銅損大於鐵損
　　　　(C)銅損小於鐵損　　　　　(D)與銅損、鐵損無關。

( )　35. 某單相變壓器之額定值為 2 kVA，220 / 110 V，60 Hz，經開路試驗測
　　　　得 V = 110 V，I = 1 A，P = 20 W，則其無載之功率因數為何？
　　　　(A)0.16　　　　(B)0.18　　　　(C)0.20　　　　(D)0.22。

( )　36. 有一同步發電機絕緣材料使用等級 H，則等級 H 最高耐溫為幾度 C？
　　　　(A)90　　　　(B)130　　　　(C)180　　　　(D)155。

( )　37. 感應電動機為電感性負載，在輕負載時功率因數很低，若欲提高其功
　　　　率因數應如何作為？
　　　　(A)並聯電容器　　　　　　　　(B)串聯電容器
　　　　(C)並聯電阻器　　　　　　　　(D)串聯電阻器。

( )　38. 某三相、二極、60 Hz 之同步發電機，在 50 Hz 的電源上使用時，轉
　　　　速變為多少 rpm？
　　　　(A)1500　　　　(B)1800　　　　(C)3000　　　　(D)3600。

( )　39. 二部三相感應電動機之極數分別為 10 及 8，電源頻率為 60 Hz，當接
　　　　成兩機串極相消時，則同步轉速較兩機串極相助時有何差別？
　　　　(A)無差別
　　　　(B)兩機無法串極運轉
　　　　(C)兩機串極相助之同步轉速較大
　　　　(D)兩機串極相消之同步轉速較大。

( )　40. 三相同步發電機額定輸出為 4950 kVA，額定電壓為 $3300\sqrt{3}$ V，則其
　　　　額定電流為多少安培？
　　　　(A)300　　　　(B)400　　　　(C)500　　　　(D)600。

( )　41. 有一同步發電機額定輸出為 3000 kVA，功率因數為 0.8，所有損失和
　　　　為 600 kW，則其效率為多少％？
　　　　(A)50　　　　(B)60　　　　(C)70　　　　(D)80。

( )　42. 兩同步發電機並聯運轉所需之條件，下列何者有誤？
　　　　(A)相序相同　　(B)頻率相同　　(C)波形相同　　(D)容量相同。

( )　43. 若將一台三相感應電動機加上負載，其轉速將如何變化？
　　　　(A)減慢　　　　(B)不變　　　　(C)加快　　　　(D)與負載無關。

( )　44. 同步電動機每相所產生之轉矩，與機械功率之關係為何？
　　　　(A)成平方反比　　　　　　　(B)成平方正比
　　　　(C)成反比　　　　　　　　　(D)成正比。

( )　45. 有一三相步進電動機，步進角為 20 度，則其轉子齒數為多少齒？
　　　　(A)4　　　　　　(B)5　　　　　　(C)6　　　　　　(D)7。

( )　46. 霍爾元件中的霍爾電壓與外加的磁通密度的關係為何？
　　　　(A)正比　　　　(B)反比　　　　(C)平方正比　　(D)平方反比。

( )　47. 三相繞線式感應馬達轉子結構上有幾個滑環？
　　　　(A)1　　　　　　(B)2　　　　　　(C)3　　　　　　(D)4。

( )　48. 若在運轉中，將分相式感應電動機的起動線圈兩端反接，則其旋轉方
　　　　向為何？
　　　　(A)不變　　　　　　　　　　(B)停止
　　　　(C)反向運轉　　　　　　　　(D)啟動線圈兩端無法反接。

( )　49. 當三相感應電動機正常運轉時，下列何者會隨轉速改變？
　　　　(A)定子電抗　　(B)定子電阻　　(C)轉子電抗　　(D)轉子電阻。

( )　50. 如右圖所示，已知理想變壓器，一、二次側匝比為 1：100，
　　　　則圖中 I 及 E 各為何？
　　　　(A) 1 A，600 V
　　　　(B) 2 A，700 V
　　　　(C) 3 A，800 V
　　　　(D) 4 A，800 V。

【解　答　與　解　析】

答案標示為#者，表官方公告更正該題答案。

1.(A)。拇指：導體移動方向。食指：磁場方向。中指：生成的電流方向。

2.(B)。速度調整率 $SR\% = \dfrac{n_{無載} - n_{滿載}}{n_{滿載}} \times 100\%$，$5\% = \dfrac{1200 - n_{滿載}}{n_{滿載}} \times 100\%$，

$n_{滿載} = 1143\text{rpm}$

3.(D)。效率 $\eta = \dfrac{200}{200 + 10} \times 100\% = 95\%$

4.(D)。鐵損包括磁滯損與渦流損。

5.(A)。絕緣油除絕緣外，亦可作冷卻用。

6.(C)。銅損由短路試驗求得。

7.(B)。電壓調整率 $VR\% = \dfrac{V_{無載} - V_{滿載}}{V_{滿載}} \times 100\% = \dfrac{480 - 320}{320} \times 100\% = 50\%$

8.(A)。$R_f = \tan\theta = \tan 60° = \sqrt{3}$

9.(B)。$P = \dfrac{12 \times 1000}{24} = 500\text{W}$

10.(C)。Y-Δ 接的一、二次側線電壓相位差為 30 度。

11.(C)。比壓器二次側不可短路，比流器二次側不可開路。

12.(B)。$E = k\phi n \propto \phi n$，$\dfrac{E'}{E} = \dfrac{0.4 \times 2}{1} = 0.8$

13.(D)。$S' = S\left(1 + \dfrac{共同}{非共同}\right) = 150\text{k} \times \left(1 + \dfrac{1500}{500}\right) = 600\text{kVA}$

14.(C)。$S = 100\text{k} \times 2 \times 0.866 = 173.2\text{kVA}$

15.(D)。比壓器二次側不可短路，比流器二次側不可開路。

16.(D)。 $T = \dfrac{P_o}{\omega} = \dfrac{5 \times 746}{2\pi \times \dfrac{1780}{60}} = 20 \text{ N-m}$

17.(B)。 $R2' = \left(\dfrac{N1}{N2}\right)^2 R2$

18.(C)。 薄矽鋼片可以減低渦流損。

19.(D)。 $Q = P(\tan\theta_1 - \tan\theta_2) = 10 \times 746 \times \left(\dfrac{4}{3} - \dfrac{3}{4}\right) = 4352 \text{VAR}$

20.(B)。 $N = \dfrac{120f}{P} \propto f$ ，∴增加電源頻率可提升其轉速。

21.(B)。 蔽極線圈可幫助啟動。

22.(D)。 $P = \dfrac{120f}{N} = \dfrac{120 \times 60}{300} = 24$

23.(D)。 $E = 4.44Nf\phi$ ， $\phi \propto \dfrac{1}{f}$ ， $\dfrac{\phi'}{\phi} = \dfrac{60}{50} = 1.2$ ，∴增加 20%

24.(B)。 低速大容量水輪式交流發電機，大多採用直立式軸承

25.(C)。 $S = \sqrt{3}VI$ ，∴為 $\sqrt{3}$ 倍

26.(B)。 相角差主要是漏磁造成

27.(A)。 鐵損包含磁滯損（ $P_h \propto \dfrac{V^2}{f}$ ）與渦流損（ $P_e \propto V^2$ ），磁滯損約為渦流損的 4 倍，所以可簡化為鐵損 $P_c \propto \dfrac{1}{f}$ ， $\dfrac{P_c'}{P_c} = \dfrac{6}{5}$

28.(D)。 鐵損與負載電流無關

29.(B)。 最大轉矩公式 $T_{max} = \dfrac{3}{\omega_s} \dfrac{0.5V_1^2}{\sqrt{R_1^2 + (X_1 + X_2')^2}}$ ，公式內無轉子電阻，∴最大轉矩不變

30.(C)。 $N_r = (1-S)N_s = (1-5\%) \times \frac{120 \times 60}{4} = 1710rpm$，選最接近的(C)。

31.(#)。 依公告，本題無標準解。
鼠籠式感應電動機缺點為起動電流大、起動轉矩小；優點為良好運轉特性。

32.(D)。 堵住試驗可量測銅損。

33.(B)。 多採用 Δ-Y。

34.(A)。 最高效率在銅損等於鐵損時發生。

35.(B)。 $S = VI = 110$，$pf = \frac{P}{S} = \frac{20}{110} = 0.18$

36.(C)。

絕緣符號	耐溫
Y	90°C
A	105°C
E	120°C
B	130°C
F	150°C
H	180°C
C	180°C以上

37.(A)。 並聯電容器可提高功率因數。

38.(C)。 $N_s = \frac{120f}{P} = \frac{120 \times 50}{2} = 3000rpm$

39.(D)。 串極互助：$\frac{120f}{P_1 + P_2} = \frac{120 \times 60}{10+8} = 400rpm$

串極互消：$\frac{120f}{P_1 - P_2} = \frac{120 \times 60}{10-8} = 3600rpm$

∴可得串極互消之同步轉速較大

40.(C)。 $I = \frac{S}{\sqrt{3}V} = \frac{4950k}{\sqrt{3} \times 3300\sqrt{3}} = 500A$

41.(D)。 $\eta = \dfrac{S\cos\theta}{S\cos\theta + P_{loss}} \times 100\% = \dfrac{3000 \times 0.8}{3000 \times 0.8 + 600} \times 100\% = 80\%$

42.(D)。 同步並聯不需要容量相同。

43.(A)。 感應電動機加上負載，轉速將變慢。

44.(D)。 單相機械功率 $P_m = \dfrac{VE}{X_s}\sin\delta$ ，轉矩 $T_m = \dfrac{q}{\omega}\dfrac{VE}{X_s}\sin\delta$ ，∴轉矩與機械功率成正比

45.(C)。 $\theta = \dfrac{360°}{mN}$ ， $20° = \dfrac{360°}{3 \times N}$ ， $N = 6$

46.(A)。 $V = \dfrac{IBR_H}{d}$ ， $V \propto B$

47.(C)。 有 3 個滑環。

48.(A)。 旋轉方向不變。

49.(C)。 轉子電抗 $X_2 = 2\pi f_r L_2$ ，而轉子頻率 f_r 隨轉速變化，故轉子電抗會隨轉速改變。

50.(A)。 $I = \dfrac{10}{10} = 1A$ ， $a = \dfrac{V_1}{V_2} = \dfrac{N_1}{N_2} = \dfrac{1}{100} = \dfrac{I_2}{I_1}$ ，

二次側電流 $I_2 = \dfrac{1}{100} \times 1 = 0.01A$ ， $E = 0.01 \times 60k = 600V$

111 年　鐵路特考員級

一、 輸入 11 kV 之單相變壓器,輸出供應單相三線式 110 V/220 V 交流
電源給家中各種電器用品。若輸出發生中性線斷路時,繪電路接線
圖,說明使用中之電器可能發生故障的原因?

答: 原本 $V_{ab} = V_{bc} = 110V$。當中性線斷路後,因兩端負載 L_a 與 L_b 不同,

造成 $V_{ab} = 220 \times \dfrac{L_a}{L_a + L_b} \neq 220 \times \dfrac{L_b}{L_a + L_b} \neq 110$。假設負載 L_a 較 L_b 大,

則 $V_{ab} > 110V$, $V_{bc} < 110V$,此時
負載端 L_a 會因為電壓超過額定
電壓而全部燒燬,而負載端 L_b 則
會沒事。

二、繪串激式直流電動機的等效電路,
並說明其適合用於高啟動轉矩之機械負載的理由?

答: $I_a = I_L = I_s$

(一) 串激式電動機轉速:轉速 $n = \dfrac{V - I_a(R_a + R_s)}{K\phi}$,當負載增加時,

電樞電流 I_a 增加,分子會減少,而分母增

多($\phi \propto I_a$),因此轉速下降($n \propto \dfrac{1}{I_a}$)

(二) 串激式電動機轉矩:因 $\phi \propto I_a$,轉矩
$T = K\phi I_a = K'I_a^2 \propto I_a^2$。假設若電流增為原
來的 2 倍,轉矩將增為原來的 4 倍,但是
因轉速減半,所以功率 $P = T\omega$ 也只有增為
原來的 2 倍而已。

(三) 因負載大時轉速低、轉矩大;負載小時轉速高、轉矩小的特
性,常用於起動時或低速時需要大轉矩的場合。

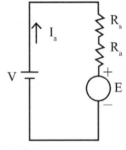

三、一部一般用途之三相四極 220 V，60 Hz，10 hp 之感應機。若測得
　　穩態轉速為 1818 rpm，繪此感應機之轉矩對轉速操作特性曲線，並
　　於圖上標出操作點。

答：輸入電流 $I_L = \dfrac{4.2k}{200} = 21A$

　　$N_S = \dfrac{120f}{P} = \dfrac{120 \times 60}{4} = 1800rpm$ ，$S = \dfrac{1800 - 1818}{1800} = -0.01$。

　　操作點位於發電機區，此時轉子輸入功率大於電源端之功率。

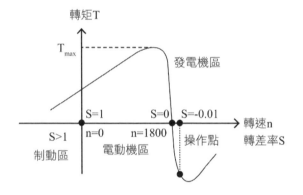

四、說明以變頻電源驅動永磁式同步電動機時，電源頻率於啟動期間變
　　化的情形。

答：同步電動機的原理是利用定子的電樞繞組接多相交流電源，形成
　　一旋轉磁場，轉子的磁場繞組接直流電源，產生的磁場會與旋轉
　　磁場互相牽引，使轉子一定以同步轉速（ $N_S = \dfrac{120f}{P}$ ）順旋轉磁場
　　轉向旋轉，而永磁式同步電動機則是以永久磁鐵當磁極。
　　當同步電動機起動時，因旋轉磁場轉速相對於靜止的轉子，實在
　　太快了，靜止的轉子跟不上旋轉磁場的旋轉速率。所以，可以使
　　用變頻電源驅動同步電動機。
　　藉由先使用低頻，使轉子可以跟上旋轉磁場的旋轉速率，再逐漸
　　提高頻率至額定頻率，使同步電動機順利啟動

111 年 鐵路特考佐級

( ) 1. 無原動機帶動，無改變頻率，於靜止狀態施加額定電壓，下列電動機何者無法啟動？
(A)直流機 　　　　　　　　(B)無阻尼繞組的同步機
(C)感應機 　　　　　　　　(D)有阻尼繞組的同步機。

( ) 2. 直流並激發電機無法建立高電壓的可能原因，下列敘述何者錯誤？
(A)沒有剩磁 　　　　　　　(B)並激場總電阻小於臨界電阻
(C)轉向錯誤 　　　　　　　(D)接線錯誤或開路。

( ) 3. 下列何者不是三相同步發電機符合可以並聯的條件？
(A)旋轉燈法三燈輪流明滅一直旋轉
(B)兩明一滅法兩燈最亮一燈不亮
(C)亮燈法三燈全最亮
(D)暗燈法三燈全不亮。

( ) 4. 用 600：5 的比流器測量配電饋線的電流，當比流器輸出至電流表為4A，配電饋線上的實際電流為多少安培？
(A)4 　　　　　　　　　　(B)480
(C)600 　　　　　　　　　(D)5。

( ) 5. 同步轉速1800rpm的感應電動機，轉差率0.06，轉子轉速為多少rpm？
(A)1800 　　　　　　　　 (B)108
(C)1692 　　　　　　　　 (D)1908。

( ) 6. 額定 60Hz，600V 的繞線式感應電動機，轉差率 0.06，轉子產生電壓的頻率為多少 Hz？
(A)600 　　　　(B)60 　　　　(C)36 　　　　(D)3.6。

( )　7. 關於直流機的電樞反應，下列敘述何者正確？

(A)發電機磁中性面往旋轉方向移動

(B)磁中性面移動角度與負載無關

(C)磁場不受影響

(D)磁中性面不會移動。

( )　8. 某直流機以 100rpm 運轉，有 50 個換向片，電刷由 1 個換向片移到相鄰換向片所需時間為多少秒？

(A)0.02　　　　(B)0.01　　　　(C)0.5　　　　(D)0.012。

( )　9. 額定電壓 100V，額定電流 10A，電樞電阻 0.5Ω 的直流機，要讓啟動電流不超過額定電流，必須在電樞電路串接幾歐姆的電阻？

(A)9.5　　　　(B)200　　　　(C)10　　　　(D)20。

( )　10. 下列單相感應電動機的啟動方式那一個沒有離心開關？

(A)分相繞組法　　　　　　(B)電容啟動法

(C)永久分相電容法　　　　(D)雙值電容法。

( )　11. 容量 1kVA，高壓側 2000V，低壓側 200V 的變壓器，接成高壓側 2200V，低壓側 2000V 的自耦變壓器，容量變成多少 kVA？

(A)1　　　　(B)11　　　　(C)2　　　　(D)22。

( )　12. 下列對 4 極全節距繞兩線圈邊跨過角度的敘述何者正確？

(A)跨過 180 度機械角度　　(B)跨過 180 度電機角度

(C)跨過 360 度機械角度　　(D)跨過 360 度電機角度。

( )　13. 下列對過複激直流發電機並聯運轉的敘述何者錯誤？

(A)電壓額定要一樣

(B)電流額定要一樣

(C)必須加均壓線

(D)串激場電阻的值要與額定容量成反比。

( )　14. 某三相永磁步進電動機，要達到每一脈衝移動 15 度機械角度，所需
　　　　極數為幾極？
　　　　(A)2　　　　　　(B)8　　　　　　(C)16　　　　　(D)32。

( )　15. 兩極三相永磁步進電動機，每分鐘送 600 個脈衝，每分鐘轉速為多少 rpm？
　　　　(A)100　　　　　(B)200　　　　　(C)300　　　　　(D)400。

( )　16. 下列對於萬用電機的敘述何者錯誤？
　　　　(A)加直流電源可運轉　　　　　　(B)加交流電源可運轉
　　　　(C)屬於一種串激直流機　　　　　(D)屬於一種並激直流機。

( )　17. 4 極，60Hz 之感應機，轉子轉速 1710rpm，則轉差率為多少？
　　　　(A)0.0526　　　(B)0.95　　　　　(C)0　　　　　　(D)0.05。

( )　18. 某直流電動機之端電壓為 120V，其電樞電阻為 0.3Ω，當電樞電流 20A
　　　　時，轉速為 1800rpm，當電樞電流 30A 時，此電動機的轉速約為多少？
　　　　(A)1508 rpm　　(B)1660 rpm　　(C)1710 rpm　　(D)1752 rpm。

( )　19. 下列何種直流發電機在無載時無法建立端電壓？
　　　　(A)他激式　　　(B)分激式　　　(C)串激式　　　(D)積複激式。

( )　20. 某 16 極的同步發電機，其轉速為 435rpm，求其輸出電壓的頻率為多少？
　　　　(A)57Hz　　　　(B)58Hz　　　　(C)59Hz　　　　(D)60Hz。

( )　21. 三相感應電動機由啟動到運轉於額定轉速時，其轉差率（Slip rate）
　　　　如何變化？
　　　　(A)由大變小　　　　　　　　　　(B)維持不變
　　　　(C)由小變大　　　　　　　　　　(D)由正變負。

( )　22. 變壓器之鐵心採用薄疊片堆疊而成主要目的為何？
　　　　(A)減少磁滯損　　　　　　　　　(B)減少銅損
　　　　(C)減少機械損　　　　　　　　　(D)減少渦流損。

( )　23. 單相變壓器開路試驗可以得到下列何種資訊？

　　　　(A)變壓器激磁導納　　　　　　　(B)變壓器的銅損

　　　　(C)變壓器極性　　　　　　　　　(D)變壓器效率。

( )　24. 變壓器之短路試驗，其操作方式為何？

　　　　(A)高壓側短路，低壓側加入額定電壓

　　　　(B)高壓側短路，低壓側加入額定電流

　　　　(C)低壓側短路，高壓側加入額定電壓

　　　　(D)低壓側短路，高壓側加入額定電流。

( )　25. 一部 220V/110V 之變壓器在低壓側連接一 $4 + j3\,\Omega$ 的負載，此負載參考到高壓側時之阻抗為多少？

　　　　(A) $1 + j0.75\,\Omega$　　　　　　　(B) $2 + j1.5\,\Omega$

　　　　(C) $4 + j3\,\Omega$　　　　　　　　(D) $16 + j12\,\Omega$。

( )　26. 下列那種三相變壓器的連接方式會產生三次諧波？

　　　　(A) $\triangle - \triangle$　　　　　　　　　　(B) $\triangle - Y$

　　　　(C) Y-Y　　　　　　　　　　　(D) Y- $\triangle$。

( )　27. 一部四極，60 Hz 繞線式感應電動機，滿載時轉速為 1710 rpm，其每相轉子電阻 R_2 為 0.40Ω，若欲使滿載轉速變為 1665rpm，求所需串聯的外部電阻為多少？

　　　　(A) 0.05Ω　　　　(B) 0.10Ω　　　　(C) 0.15Ω　　　　(D) 0.20Ω。

( )　28. 一部三相 16 極永磁式步進馬達，其每一個脈衝的移動角度為多少？

　　　　(A) $3.75°$　　　　(B) $7.50°$　　　　(C) $11.25°$　　　　(D) $15.0°$。

( )　29. 一部同步發電機其無載頻率為 61Hz，當其連接一 1000kW 的負載時系統的頻率降為 60Hz，若再並聯一 600kW 負載時，系統的頻率將為多少？

　　　　(A)59.0 Hz　　　　(B)59.2 Hz　　　　(C)59.4 Hz　　　　(D)59.6 Hz。

( )　30. 一部三相，四極，220V，Δ接的感應電動機，在功率因數 0.85 落後下吸取 80A 電流，假設定子銅損 1000W，定子鐵損 500W，轉子銅損 1200W，摩擦損及風損 450W，求氣隙功率為多少？

(A)13.5 kW　　　(B)16.2 kW　　　(C)24.4 kW　　　(D)32.6 kW。

( )　31. 一直流分激發電機無載時端電壓為 220V，假設其電壓調整率為 5%，則其滿載端電壓為多少？

(A)209.5V　　　(B)212.4V　　　(C)214.3V　　　(D)217.0V。

( )　32. 一部直流他激式發電機，滿載轉速為 1000rpm，電流為 200A，端電壓為 115V，電樞電阻為 0.025Ω，求在滿載時的感應電動勢為多少？

(A)120 V　　　(B)125 V　　　(C)130 V　　　(D)135 V。

( )　33. 一部 50hp，230V，有補償繞組之直流分激電動機，電樞電阻為 0.06Ω。並聯磁場電路總電阻為 23Ω，其無載轉速為 800 rpm，當電動機的輸入電流為 110A 時速度為多少？

(A)746 rpm　　　(B)758 rpm　　　(C)760 rpm　　　(D)779 rpm。

( )　34. 下列有關比較直流分激（並激）式發電機和串激式發電機中激磁繞組的敘述，何者正確？
(A)分激式發電機之線徑較粗，匝數較少
(B)分激式發電機之線徑較細，匝數較多
(C)分激式發電機之線徑較粗，匝數較多
(D)分激式發電機之線徑較細，匝數較少。

( )　35. 下列何種直流發電機適合用來設計成提供給電焊機使用的發電機？
(A)分激（並激）式　　　　　(B)他激式
(C)串激式　　　　　　　　　(D)積複激式。

( )　36. 若有一 8 極直流電機其電樞繞組採雙工疊繞方式，若其在額定電流 160A 之狀況下運轉，試問電樞每條並聯路徑的電流為多少？

(A)5 A　　　(B)10 A　　　(C)15 A　　　(D)20 A。

( ) 37. 一部三相，60Hz 感應電動機，無載情況下轉速為 1194 rpm，滿載情況下轉速為 1152 rpm，此電動機在額定負載時的轉差率（Slip rate）為多少？

(A)0.01　　　　(B)0.02　　　　(C)0.03　　　　(D)0.04。

( ) 38. 一部感應電動機運轉於額定狀態，若負載增加時，下列何種物理量會變小？

(A)轉差率　　　(B)同步轉速　　(C)轉子電流　　(D)機械轉速。

( ) 39. 一額定 100 VA，110 V/220 V 的變壓器在一次側加入 55 V 的直流電，則二次側的電壓為多少？

(A)0 V　　　　　(B)55 V　　　　(C)110 V　　　　(D)220 V。

( ) 40. 額定 1 kVA，240 V/120V，60 Hz 的變壓器，若使用在 50 Hz 的電源時，高壓側最大的使用電壓為多少？

(A)180 V　　　　(B)200 V　　　(C)220 V　　　(D)240 V。

【解 答 與 解 析】

答案標示為#者，表官方公告更正該題答案。

1.(B)。 無阻尼繞組的同步機無法啟動。

2.(B)。 分激發電機電壓建立的條件：(1)要有剩磁、(2)場電阻要小於臨界場電阻、(3)轉速要高於臨界轉速、(4)磁場繞組所生的磁通要與剩磁同方向。

3.(A)。 旋轉燈法即兩明一滅法，兩燈亮一燈不亮時可以並聯。

4.(B)。 $4 \times \dfrac{600}{5} = 480A$

5.(C)。 $N_r = N_s(1-S) = 1800 \times (1-0.06) = 1692rpm$

6.(D)。 $f_r = Sf_s = 0.06 \times 60 = 3.6Hz$

7.(A)。 (B)磁中性面移動角度與負載有關。
(C)磁場受影響。
(D)磁中性面會移動。

8.(D)。 轉一圈需要 $\dfrac{1}{100}$ 分 $= = \dfrac{60}{100}$ 秒，$T = \dfrac{\frac{60}{100}}{50} = 0.012s$

9.(A)。 $100 = 10 \times (0.5 + R)$，$R = 9.5\,\Omega$

10.(C)。 永久分相電容法沒有離心開關。

11.(B)。 $S' = S\left(1 + \dfrac{\text{共同繞組}}{\text{非共同繞組}}\right) = 1k \times \left(1 + \dfrac{2000}{200}\right) = 11kVA$

12.(B)。 全節距繞時，兩線圈邊相隔 180 度電機角度。

13.(B)。 (A)並聯電壓會相同。
(C)均壓線可避免負載分配不均而燒毀。
(D)並聯時電壓相同，$S = \dfrac{V^2}{R} \propto \dfrac{1}{R}$。
故選(B)。

14.(B)。 $\theta = \dfrac{360°}{mN}$，$N = \dfrac{360°}{m\theta} = \dfrac{360}{3 \times 15} = 8\,$極

15.(A)。 $\theta = \dfrac{360°}{mN} = \dfrac{360°}{2 \times 3} = 60°$，$n = \dfrac{f\theta}{360} = \dfrac{600 \times 60}{360} = 100rpm$

16.(D)。 萬用電機為串激直流機，直流交流皆可使用。

17.(D)。 $N_s = \dfrac{120f}{P} = \dfrac{120 \times 60}{4} = 1800rpm$，$S = \dfrac{1800 - 1710}{1800} = 0.05$

18.(D)。 $n = \dfrac{V - I_a R_a}{k\phi}$，$\dfrac{n'}{1800} = \dfrac{120 - 30 \times 0.3}{120 - 20 \times 0.3}$，$n' = 1752rpm$

19.(C)。 串激式無載時無法建立端電壓。

20.(B)。 $N = \dfrac{120f}{P} = \dfrac{120f}{16} = 7.5f = 435$，$f = 58Hz$

21.(A)。三相感應電動機由啟動到運轉於額定轉速時,轉速由零逐漸上升,故轉差率由大變小。

22.(D)。採用薄疊片堆疊而成可減少渦流損。

23.(A)。開路試驗可測出變壓器的鐵損、激磁電導、激磁電納、無載功率因數。

24.(D)。短路試驗為低壓側短路,高壓側加入額定電流。

25.(D)。$Z' = \left(\dfrac{220}{110}\right)^2 \times (4 + j3) = 16 + j12\ \Omega$

26.(C)。Y-Y 接會產生三次諧波。

27.(D)。$N_s = \dfrac{120f}{P} = \dfrac{120 \times 60}{4} = 1800\text{rpm}$, $S_1 = \dfrac{1800 - 1710}{1800} = 0.05$,

$S_2 = \dfrac{1800 - 1665}{1800} = 0.075$, $\dfrac{0.075}{0.05} = \dfrac{0.4 + r}{0.4}$, $r = 0.2\ \Omega$

28.(B)。$\theta = \dfrac{360°}{mN} = \dfrac{360°}{3 \times 16} = 7.5°$

29.(C)。$\dfrac{61 - f}{61 - 60} = \dfrac{1600 - 0}{1000 - 0}$, $f = 59.4\text{Hz}$

30.(C)。$P_g = \sqrt{3} \times 220 \times 80 \times 0.85 - 1000 - 500 = 24.4\text{kW}$

31.(A)。$VR\% = \dfrac{V_{無載} - V_{滿載}}{V_{滿載}}$, $5\% = \dfrac{220 - V_{滿載}}{V_{滿載}}$, $V_{滿載} = 209.5\text{V}$

32.(A)。$E = 115 + 200 \times 0.025 = 120\text{V}$

33.(D)。$I_f = \dfrac{230}{23} = 10\text{A}$, $I_a = 110 - 10 = 100\text{A}$,

$E' = 230 - 100 \times 0.06 = 224\text{V}$, $N' = 800 \times \dfrac{224}{230} = 779\text{rpm}$

34.(B)。分激式發電機之線徑較細,匝數較多。

35.(C)。 串激式發電機特性曲線如下：

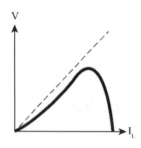

前段可做為升壓機使用，後段因負載電流變化小（恆流特性），可供電焊機使用。

36.(B)。 $a = mp = 2 \times 8 = 16$，$I = \dfrac{160}{16} = 10A$

37.(D)。 $N_s > 1194$，$N_s \cong 1200$，$S = \dfrac{1200 - 1152}{1200} = 0.04$

38.(D)。 負載增加，機械轉速變小。

39.(A)。 變壓器需要加入交流電才能變壓，故為 0V。

40.(B)。 $E = 4.44Nf\phi \propto f$，$E' = 240 \times \dfrac{50}{60} = 200V$。

112 年　中鋼新進人員（員級）

＊僅收錄電工機械試題

一、單選題

( )　1. 一導線之單位截面積中，在 2 秒內流過 10 庫倫的電荷，試問流經該
　　　　導線之電流為何？
　　　　(A)5A　　　　　　(B)0.5A　　　　(C)20A　　　　　(D)10A。

( )　2. 欲將同步發電機並聯至電網時，經由同步指示儀得知相序不正確，則
　　　　下列處理方法何者較為合理？
　　　　(A)將發電機任兩相接線交換　　(B)將發電機三相接線均互換
　　　　(C)提高發電機的激磁電流　　　(D)提高原動機轉矩。

( )　3. 欲降低渦流損失，下列措施何者可能沒有效？
　　　　(A)降低鐵芯的電阻係數
　　　　(B)採用三明治繞法繞組
　　　　(C)採用陶鐵磁(ferrite)材質鐵芯
　　　　(D)採用層疊的矽鋼片鐵芯。

( )　4. 以下敘述何者錯誤？
　　　　(A)感應電動機的最大轉矩與轉子電阻大小無關
　　　　(B)感應電動機的起動轉矩與轉子電阻大小無關
　　　　(C)感應電動機的轉差可改變轉子電阻來控制
　　　　(D)感應電動機的轉差可改變電源電壓來調整。

( )　5. 一部三相 220V，60Hz，4 極鼠籠式感應機，原以 1650rpm 穩定運轉，
　　　　若將輸入電源的相序改變，則在此瞬間電機操作於何種模式？
　　　　(A)電動機模式　　　　　　　　(B)發電機模式
　　　　(C)同步機模式　　　　　　　　(D)栓鎖(Plugging)模式。

( )　6. 圖為電動機的特性曲線,橫軸是電樞電流,縱軸端電壓。請問曲線 a 是何種型式之電動機?

(A)並激式　　　(B)差複激式　(C)積複激式　　(D)串激式。

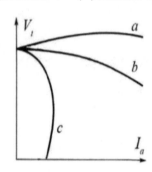

( )　7. 直流發電機的飽和曲線(magnetization curve)是下列那兩者的關係曲線?

(A)負載電流與磁場電流

(B)感應電動勢與磁場電流

(C)感應電動勢與負載電流

(D)感應電動勢與電樞電流。

( )　8. 下列關於變壓器開路試驗的敘述何者正確?

(A)通常需施加額定電流　　　(B)通常將低壓側短路

(C)可測定激磁導納　　　　(D)可測定等效阻抗。

二、複選題

( )　9. 以下何種電動機可用變頻電源驅動控制轉速?

(A)鼠籠式感應電動機

(B)永久磁鐵作為磁場之直流電動機

(C)永久磁鐵作為磁場之同步電動機

(D)它激式直流電動機。

( )　10. 鼠籠式感應電動機的轉子設計成雙鼠籠是為了：
　　　　(A)便於控制轉速　　　　　　(B)降低啟動電流
　　　　(C)提高運轉效率　　　　　　(D)提高啟動轉矩。

【解 答 與 解 析】

答案標示為#者，表官方公告更正該題答案。

一、單選題

1.(A)。 $I = \dfrac{\Delta Q}{\Delta t} = \dfrac{10}{2} = 5A$

2.(A)。 相序不正確時，表示相序接反，此時將發電機任兩相接線交換即可改變相序。

3.(A)。 降低鐵芯的電阻係數無法降低渦流損。

4.(B)。 感應電動機的起動轉矩與轉子電阻大小有關。

5.(D)。 將輸入電源的相序改變，則在此瞬間電機操作於栓鎖（Plugging）模式。

6.(C)。 a 為積複激式
　　　　b 為他激式
　　　　c 為差複激式

7.(B)。 飽和曲線是感應電動勢與磁場電流關係曲線。

8.(#)。 (A)通常需施加額定電壓
　　　　(B)通常將高壓側開路
　　　　(D)短路試驗才可測定等效阻抗
　　　　官方公布答案有誤，正確答案應選(C)

二、複選題

9.(A)(C)。 感應機和同步機均可使用頻率控制轉速（$n = \dfrac{120f}{p}$）。

10.(B)(C)(D)。雙鼠籠式可以降低啟動電流、提高運轉效率、提高啟動轉矩。

112 年　中鋼新進人員（師級）

*僅收錄電工機械試題

一、單選題

( )　1. 900kW 之負載，功率因數為 0.6 滯後，欲將功率因數提昇至 0.8 滯後，
則須並聯之電容 kVAR 為何？
(A)375　　　　(B)425　　　　(C)475　　　　(D)525。

( )　2. 一同步發電機由輸入功率到輸出功率間的基本損失，不包括以下何
項？
(A)鐵損　　　(B)感應損　　(C)銅損　　　(D)雜散損。

( )　3. 三相感應電動機之負載降低時，轉差率的變化為何？
(A)轉差率變小　　　　　　(B)轉差率變大
(C)轉差率不變　　　　　　(D)以上皆非。

二、複選題

( )　4. 若三相感應電動機採用降壓啟動且啟動電壓為額定電壓的 60%時，下
列敘述何者正確？
(A)啟動電流下降 40%　　　(B)啟動電流下降 64%
(C)啟動轉矩下降 40%　　　(D)啟動轉矩下降 64%。

( )　5. 三具單相理想變壓器，其一次側與二次側匝數比為 40，以 Y-Y 接線
供應三相 220V、10kW、功率因數為 0.8 之負載，則下列敘述何者正
確？
(A)一次側相電壓約為 5080V
(B)一次側線電流約為 0.8A
(C)二次側相電壓約為 220V
(D)二次側線電流約為 32A。

【解 答 與 解 析】

答案標示為#者，表官方公告更正該題答案。

一、單選題

1.(D)。 $Q＝P(\tan\theta_1－\tan\theta_2)=900k\times\left(\dfrac{8}{6}-\dfrac{6}{8}\right)=525kVAR$

2.(B)。 感應損屬於感應機的損失

3.(A)。 三相感應電動機之負載降低時，轉差率會變小。

二、複選題

4.(A)(D)。啟動電流 $I_s\propto V$，$I_s'=0.6I_s$ 啟動電流下降 40%

啟動轉矩 $T_s\propto V^2$，$T_s'=0.6^2T_S=0.36T_S$ 啟動轉矩下降 64%

5.(A)(B)(D)。Y 接：$V_L=\sqrt{3}\,V_p$，$I_L=I_p$，$n=\dfrac{n_1}{n_2}=\dfrac{V_1}{V_2}=\dfrac{I_2}{I_1}=40$

$V_{1p}=220\times40\times\dfrac{1}{\sqrt{3}}=5080V$，$V_{2p}=220\times\dfrac{1}{\sqrt{3}}=127V$

$S=\dfrac{P}{\cos\theta}=\sqrt{3}\,V_LI_L$，$I_{2L}=\dfrac{10k\,/\,0.8}{\sqrt{3}\times220}=32A$，$I_{1L}=32\times\dfrac{1}{40}=0.8A$

112 年　台電新進僱用人員

( )　1. 有一個 50m/s 移動速率且長度為 50cm 之導體，置於磁通密度
　　　0.6Wb/m² 之均勻磁場中，若導體運動方向與磁場成 90°，則此導體之
　　　感應電動勢為何？
　　　(A)0V　　　　　(B)1.5V　　　　　(C)15V　　　　　(D)150V。

( )　2. 有一部 1.5kW、100V 之直流電動機，滿載效率 75%，求其滿載電流
　　　為何？
　　　(A)10A　　　　　(B)20A　　　　　(C)25A　　　　　(D)40A。

( )　3. 有一台水力發電機使用的絕緣材料為 F 絕緣等級，求其可容許最高溫
　　　度為何？
　　　(A)90℃　　　　　(B)130℃　　　　　(C)155℃　　　　　(D)180℃。

( )　4. 有一磁路已知磁阻為 4000AT/Wb，鐵心上繞有 2000 匝的線圈，外加
　　　電流 5A，則產生之磁通量為何？
　　　(A)1Wb　　　　　(B)2Wb　　　　　(C)2.5Wb　　　　　(D)4Wb。

( )　5. 變壓器鐵心如採用內鐵式，與外鐵式相比較，下列何者有誤？
　　　(A)絕緣散熱好　　　　　　　(B)適於高電壓、低電流
　　　(C)抑制機械應力好　　　　　(D)用鐵量少。

( )　6. 有關理想變壓器，下列何者有誤？
　　　(A)銅損＝0、鐵損＝0　　　　(B)效率 $\eta=1$
　　　(C)導磁係數 $\mu=\infty$　　　　　(D)電壓調整率 $\varepsilon=1$。

( )　7. 有一部配電用變壓器容量 15kVA，鐵損為 150W，滿載銅損為 400W，
　　　負載功率因數為 0.8，求其在半載之效率為何？
　　　(A)95%　　　　　(B)96%　　　　　(C)97%　　　　　(D)98%。

( )　8. 有一部 20kVA、2000V/200V 之變壓器，求高壓側與低壓側額定電流各為何？
　　　(A)1A、10A　　　　　　　　(B)10A、10A
　　　(C)10A、100A　　　　　　　(D)100A、10A。

( )　9. 有一部單相 3300V/220V 變壓器，若高壓側電阻為 90Ω，則等效至低壓側的電阻值為何？
　　　(A)0.4Ω　　　　(B)4Ω　　　　(C)40Ω　　　　(D)400Ω。

( )　10. 有一部單相變壓器匝數比為 20：1，滿載時二次側端電壓為 100V，一次側端電壓為 2080V，則其電壓調整率為何？
　　　(A)2%　　　　(B)3%　　　　(C)4%　　　　(D)5%。

( )　11. 有關變壓器之三相△連接，下列何者正確？
　　　(A)線電壓 $= \sqrt{3}$ 相電壓　　　(B)線電壓＝相電壓
　　　(C)線電流＝相電流　　　(D) $\sqrt{3}$ 線電流＝相電流。

( )　12. 有關變壓器的鐵損，下列何者正確？
　　　(A)鐵損和負載電流成正比　　　(B)鐵損和電壓平方成正比
　　　(C)鐵損和負載電流成反比　　　(D)鐵損和頻率成正比。

( )　13. 有一部 4kVA、1000V/100V 之單相變壓器，低壓側短路，於高壓側加電源進行測試，瓦特表量測值為 225W、電壓表為 125V、電流表為 2.5A，則低壓側等效電阻為何？
　　　(A)0.36Ω　　　　(B)0.1Ω　　　　(C)10Ω　　　　(D)36Ω。

( )　14. 有關自耦變壓器的優點，下列何者有誤？
　　　(A)輸出容量可以提升
　　　(B)漏電抗、激磁電流及電壓調整率較同容量的變壓器大
　　　(C)鐵損、銅損較同容量的變壓器小
　　　(D)節省銅線及鐵心材料。

( )　15. 有關比流器，下列何者有誤？
　　　　(A)二次側額定電流為 1A
　　　　(B)比流器使用時須注意二次側一端必須接地，以避免靜電感應
　　　　(C)將大電流降為小電流
　　　　(D)擴大電流表的使用範圍。

( )　16. 有一部 4kVA、200V/400V 的單相變壓器連接成 200V/600V 的自耦變
　　　　壓器，則輸出容量為何？
　　　　(A)4kVA　　　　(B)6kVA　　　　(C)8kVA　　　　(D)10kVA。

( )　17. 有一台 4 極、50Hz 之交流同步發電機，求其轉速為何？
　　　　(A)1000rpm　　(B)1200rpm　　(C)1500rpm　　(D)3000rpm。

( )　18. 有一台 6 極、3.3kV、450kVA，功率因數為 0.8 之發電機，其負載效
　　　　率為 90%，則此發電機之損失 S 為何？
　　　　(A)40kVA　　　(B)50kVA　　　(C)80kVA　　　(D)100kVA。

( )　19. 有關短路比（SCR）愈小，下列何者有誤？
　　　　(A)電樞反應愈小　　　　　　(B)空氣隙較窄
　　　　(C)同步阻抗大　　　　　　　(D)磁極磁勢愈小。

( )　20. 若交流發電機之電樞電流為純電阻性，功率因數 $\cos\theta = 1$，此電樞反
　　　　應為何？
　　　　(A)正交磁效應
　　　　(B)去磁效應
　　　　(C)加磁效應
　　　　(D)一正交磁效應及一去磁效應。

( )　21. 有一台三相交流同步發電機轉速為 600rpm，電壓頻率為 50Hz，其極
　　　　數為多少極？
　　　　(A)6　　　　　　(B)8　　　　　　(C)10　　　　　　(D)12。

( )　22. 有一部 30kVA、3300V/220V 變壓器，高壓側做短路試驗，三個電表
　　　　讀值分別為 V＝80V、I＝10A、P=480W，求其短路時功率因數為何？
　　　　(A)0.5　　　　(B)0.6　　　　(C)0.75　　　　(D)0.8。

( )　23. 有關變壓器相關試驗，下列何者正確？
　　　　(A)進行短路試驗時，低壓側短路
　　　　(B)進行短路試驗時，高壓側加入額定電壓
　　　　(C)進行開路試驗時，低壓側短路
　　　　(D)進行開路試驗時，低壓側加入額定電流。

( )　24. 有一平衡三相△接之負載，若每相阻抗為（6＋j8）Ω，接於線電壓
　　　　100V 之三相平衡電源上，下列敘述何者有誤？
　　　　(A)負載相電流＝10A　　　　　　(B)負載線電流＝10A
　　　　(C)負載功率因數為 0.6　　　　　(D)負載阻抗大小為 10Ω。

( )　25. 有一部 2200V/110V、400kVA 之單相變壓器，滿載時銅損為 6kW，
　　　　鐵損為 2.16kW，則效率最大時之輸出容量 S 為何？
　　　　(A)160kVA　　　(B)240kVA　　　(C)320kVA　　　(D)360kVA。

( )　26. 一般串激式直流發電機的激磁繞組之匝數及粗細應為何？
　　　　(A)匝數多、線徑細　　　　　　(B)匝數多、線徑粗
　　　　(C)匝數少、線徑粗　　　　　　(D)匝數少、線徑細。

( )　27. 直流電機電樞鐵心採用斜口槽之目的為何？
　　　　(A)增加轉矩　　　　　　　　　(B)減少運轉噪音
　　　　(C)減少渦流損　　　　　　　　(D)幫助啟動。

( )　28. 有關在正常轉速下的直流發電機，下列何者在無載時不能成功建立感
　　　　應電動勢？
　　　　(A)分激式　　　(B)外激式　　　(C)複激式　　　(D)串激式。

(　) 29. 下列何種直流發電機之端電壓隨負載加大而上升？
(A)分激式　　(B)過複激式　(C)欠複激式　　(D)差複激式。

(　) 30. 若將負載兩端短路，則對直流發電機的敘述，下列何者正確？
(A)分激式電樞電流會變大
(B)差複激式會燒毀電機
(C)串激式電樞電壓及電流會立即減小
(D)外激式會燒毀電機。

(　) 31. 有一部直流分激式電動機，其相關實驗測得電樞電阻為 0.5Ω，磁場線圈電阻為 200Ω，轉軸的角速度為 200rad/s（弳度/秒），當供給電動機的直流電源電壓與電流分別為 200V 與 31A 時，則此電動機產生的電磁轉矩為何？
(A)24.25N-m　(B)27.75N-m　(C)30.25N-m　　(D)32.75N-m。

(　) 32. 有關串激式直流電動機的特性，下列敘述何者正確？
(A)激磁場磁通量與電樞電流平方成正比
(B)激磁場磁通量與電樞電流成反比
(C)轉矩與電樞電流成正比
(D)轉矩與電樞電流平方成正比。

(　) 33. 有一部 4 極直流電動機，端電壓 220V，電樞電阻為 0.4Ω，每極磁通為 1.5×10^{-2} 韋伯，電樞導體數為 500 根，電樞繞組採單分波繞，滿載時電樞電流為 50A，若忽略電刷壓降，求其滿載時轉速為何？
(A)800rpm　　(B)1600rpm　(C)1780rpm　　(D)1820rpm。

(　) 34. 有關直流電動機的損失，下列何者與負載大小無關？
(A)電樞繞組銅損　　　　　(B)串激繞組銅損
(C)分激繞組銅損　　　　　(D)中間極繞組銅損。

( )　35. 直流發電機之負載特性曲線係指哪兩者之間的關係曲線？
(A)電樞電勢與激磁電流　　　(B)電樞電流與激磁電流
(C)電樞電勢與負載電流　　　(D)端電壓與負載電流。

( )　36. 下列何者為直流電機均壓線的功能？
(A)改善換向作用　　　　　　(B)提升絕緣
(C)提升溫度限度　　　　　　(D)抵消電樞反應。

( )　37. 有一部單相 6 極、60Hz 之感應電動機，若轉子轉速為順向 900rpm，
則轉子對於逆向旋轉磁場之轉差率為何？
(A)0.85　　　　(B)1　　　　(C)1.25　　　　(D)1.75。

( )　38. 有一部三相感應電動機之氣隙功率為 P_1，內生機械功率為 P_2，轉子
銅損為 P_3，轉差率為 S，則 P_1：P_2：P_3 之比例關係為何？
(A)（1－S）：1：S　　　　(B)S：（1－S）：1
(C)1：S：（1－S）　　　　(D)1：（1－S）：S。

( )　39. 感應電動機產生最大轉矩時的轉差率與下列何者成正比？
(A)輸入電壓　　　　　　　　(B)定子電阻
(C)轉子電阻　　　　　　　　(D)轉子電抗。

( )　40. 有一部三相 4 極、60Hz 之繞線式轉子感應電動機，轉子每相電阻為
0.6Ω，運轉於 1200 rpm 時產生最大轉矩，若此電動機要以最大轉矩
啟動，則轉子每相電路須外加多少電阻？
(A)0.6Ω　　　　　　　　　　(B)0.8Ω
(C)1.0Ω　　　　　　　　　　(D)1.2Ω。

( )　41. 三相感應電動機運轉時，若在電源側並接電力電容器，其主要目的為
何？
(A)降低電動機轉軸之轉速　　(B)增加電源側之有效功率
(C)改善電源側之功率因數　　(D)增加電動機電磁轉矩。

( )　42. 下列何種啟動方法不適用於三相鼠籠式感應電動機？
　　　(A)Y-Δ 降壓啟動法　　　　　　(B)一次電抗降壓啟動法
　　　(C)補償器降壓啟動法　　　　　(D)轉子加入電阻法。

( )　43. 單相電容啟動式感應電動機啟動過程中，離心開關會切斷啟動繞組
　　　（輔助繞組）的電流，此時的轉子轉速約為何？
　　　(A)75%同步轉速　　　　　　　(B)85%同步轉速
　　　(C)100%同步轉速　　　　　　　(D)120%同步轉速。

( )　44. 有一部三相 4 極感應電動機以變頻器驅動，其轉速為 1000rpm，此時
　　　電動機之轉差率為 4%，則變頻器輸出之電源頻率約為何？
　　　(A)34.7Hz　　　　　　　　　　(B)42.5Hz
　　　(C)47.3Hz　　　　　　　　　　(D)52.3Hz。

( )　45. 有一台六相步進馬達，若轉子凸極數為 30，試求此步進馬達之步進
　　　角 θ 為幾度？
　　　(A)2°　　　　　(B)3°　　　　　(C)4°　　　　　(D)6°。

( )　46. 三相感應電動機的額定線電壓為 220V，額定頻率為 60Hz，極數為 6
　　　極；若轉速為 1080 轉/分，則轉子繞組的電流頻率為何？
　　　(A)2 Hz　　　　(B)3 Hz　　　　(C)4 Hz　　　　(D)6 Hz。

( )　47. 有一台 3000W 的直流發電機，滿載時固定損失為 200W。已知此發
　　　電機之半載效率為 80%，則其滿載時之可變損失應為何？
　　　(A)1000W　　　(B)900W　　　　(C)800W　　　(D)700W。

( )　48. 有一部三相 8 極、60Hz 之感應電動機，若操作在轉差率為 0.03 時，
　　　其總氣隙功率為 1200W，則轉子的總電阻損失為何？
　　　(A)36W　　　　(B)48W　　　　(C)64W　　　(D)128W。

( )　49. 有一台分激式直流發電機，其感應電動勢為 110V，電樞電阻為 0.1Ω，電樞電流為 40A，磁場電阻為 53Ω，若忽略電刷壓降，則輸出功率為何？
　　　(A)4028W　　　(B)4250W　　　(C)4500W　　　(D)4664W。

( )　50. 若以 N、S 表示為主磁極之極性，n、s 表示為中間極（換向磁極）之極性，則沿直流發電機旋轉方向之磁極排列應為何？
　　　(A)NsnS　　　(B)NSns　　　(C)NnSs　　　(D)NsSn。

【解 答 與 解 析】

答案標示為#者，表官方公告更正該題答案。

1.(C)。 $E = Blv\sin\theta = 0.6 \times 0.5 \times 50 \times \sin90° = 15V$

2.(B)。 $75\% = \dfrac{1500}{100 \times I} \times 100\%$，$I = 20A$

3.(C)。

絕緣等級	最高耐溫
Y	90°C
A	105°C
E	120°C
B	130°C
F	155°C
H	180°C
C	180°C以上

4.(C)。 $\mathbb{R} = \dfrac{\mathcal{F}}{\phi}$，$\phi = \dfrac{\mathcal{F}}{\mathbb{R}} = \dfrac{2000 \times 5}{4000} = 2.5Wb$

5.(C)。 內鐵式抑制機械應力較差。

6.(D)。 電壓調整率 $VR\% = \dfrac{V_{無載} - V_{滿載}}{V_{滿載}} \times 100\%$，理想變壓器無損失，$VR\%$

$= \dfrac{V - V}{V} \times 100\% = 0$

7.(B)。 $\eta = \dfrac{15000 \times 0.8 \times \dfrac{1}{2}}{15000 \times 0.8 \times \dfrac{1}{2} + 150 + 400 \times (\dfrac{1}{2})^2} \times 100\% = 96\%$

8.(C)。 $I_{高} = \dfrac{20k}{2000} = 10A$，$I_{低} = \dfrac{20k}{200} = 100A$

9.(A)。 $a = \dfrac{3300}{220} = 15$，$Z_{eq2} = \dfrac{90}{15^2} = 0.4\Omega$

10.(C)。 $VR\% = \dfrac{V_{無載} - V_{滿載}}{V_{滿載}} \times 100\% = \dfrac{2080 \times \dfrac{1}{20} - 100}{100} \times 100 = 4\%$

11.(B)。 $\triangle$接：$V_L = V_P$，$I_L = \sqrt{3} I_p$
　　　Y接：$V_L = \sqrt{3} V_p$，$I_L = I_p$

12.(B)。 鐵損有渦流損（$P_e \propto V^2$）和磁滯損（$P_h \propto \dfrac{v^2}{f}$），磁滯損約為渦流損的 4 倍。

13.(A)。 $Z_{eq1} = \dfrac{125}{2.5} = 50\Omega$，$R_{eq1} = \dfrac{225}{2.5^2} = 36\Omega$，$R_{eq2} = \dfrac{36}{10^2} = 0.36\Omega$

14.(B)。 漏電抗、激磁電流及電壓調整率較同容量的變壓器小。

15.(A)。 二次側額定電流為 5A。

16.(B)。 $S = 4k \times (1 + \dfrac{200}{600 - 200}) = 6kVA$

17.(C)。 $N_s = \dfrac{120f}{P} = \dfrac{120 \times 50}{4} = 1500rpm$

18.(B)。 $S_i＝450k÷90\%＝500kVA$，$S_{loss}＝500－450＝50kVA$

19.(A)。 短路比愈小，電樞反應愈大。

20.(A)。 此為正交磁效應。

21.(C)。 $600＝\dfrac{120×50}{P}$，$P＝10$

22.(B)。 $S＝80×10＝800$，$pf＝\cos\theta＝\dfrac{P}{S}＝\dfrac{480}{800}＝0.6$

23.(A)。 (A)(B)短路試驗，高壓端（高壓端不一定是一次側）加額定電流，低壓端短路。(C)(D)開路試驗，低壓端（低壓端不一定是二次側）加額定電壓，高壓端開路。

24.(B)。 △接：$V_L＝V_p＝100V$，$I_p＝\dfrac{1}{\sqrt{3}}I_L＝\left|\dfrac{100}{6+j8}\right|＝10A$，$I_L＝10\sqrt{3}\ A$，

$pf＝\cos\theta＝0.6$，$Z＝\left|6+j8\right|＝10\Omega$

25.(B)。 效率最大時，銅損等於鐵損，$6k×(n\%)^2＝2.16k$，$n＝60\%$負載時效率最大，此時 $S＝400k×60\%＝240kVA$

26.(C)。 串激式：匝數少、線徑粗。分激式：匝數多、線徑細。

27.(B)。 採用斜口槽之目的為減少運轉噪音。

28.(D)。 串激式在無載時不能成功建立感應電動勢。

29.(B)。 過複激式端電壓隨負載加大而上升。

30.(D)。 (A)分激式電樞電流會變小(B)差複激式不會燒毀電機(C)串激式電樞電壓及電流會慢慢減小。

31.(B)。 $T＝\dfrac{P}{\omega}＝\dfrac{\left(31-\dfrac{200}{200}\right)×\left[200-\left(31-\dfrac{200}{200}\right)×0.5\right]}{200}＝27.75N－m$

32.(D)。 (A)(B)$\phi\propto I_a$，(C)(D)$T＝k\phi I_a＝k'I_a^2\propto I_a^2$

33.(A)。 $E=\dfrac{PZ\phi n}{60a}$ ，$n=\dfrac{60aE}{PZ\phi}=\dfrac{60\times(2\times1)\times(220-50\times0.4)}{4\times500\times(1.5\times10^{-2})}=800rpm$

34.(C)。 分激場繞組銅損是唯一與負載大小無關的銅損。

35.(D)。 負載特性曲線係端電壓與負載電流之關係曲線。

36.(A)。 直流電機均壓線可改善換向作用。

37.(D)。 $N_s=\dfrac{120f}{P}=\dfrac{120\times60}{6}=1200rpm$ ，$S=\dfrac{1200-900}{1200}=0.25$ ，$S'=2-S$
　　　 $=2-0.25=1.75$

38.(D)。 $P_1:P_2:P_3=1:(1-S):S$

39.(C)。 最大轉矩的轉差率 $S_{Tmax}=\dfrac{R_2'}{\sqrt{R_1^2+(X_1+X_2')^2}}\cong\dfrac{R_2'}{X_2'}$ ，R_2'：轉子換

　　　 算至定子之等效電阻

40.(D)。 $n_s=\dfrac{120f}{P}=\dfrac{120\times60}{4}=1800$ ，$S=\dfrac{1800-1200}{1800}=\dfrac{1}{3}$ ，$\dfrac{0.6}{\frac{1}{3}}=\dfrac{0.6+r}{1}$ ，
　　　 $r=1.2\Omega$

41.(C)。 並接電力電容器，其主要目的為改善功率因數。

42.(D)。 轉子加入電阻法適用於繞線式感應電動機。

43.(A)。 75%同步轉速時，離心開關會切斷啟動繞組（輔助繞組）的電流。

44.(A)。 $1000=(1-4\%)\times\dfrac{120f}{4}$ ，$f=34.7Hz$

45.(A)。 $\theta=\dfrac{360°}{mN}=\dfrac{360°}{6\times30}=2°$

46.(D)。 $N_s = \dfrac{120f}{P} = \dfrac{120 \times 60}{6} = 1200rpm$，$S = \dfrac{1200-1080}{1200} = 0.1$，f'$=0.1 \times 60 = 6Hz$

47.(D)。 $80\% = \dfrac{3000 \times 0.5}{3000 \times 0.5 + 200 + 0.5^2 P_c} \times 100\%$，$P_C = 700W$

48.(A)。 $\dfrac{1200}{1} = \dfrac{P_r}{0.03}$，$P_r = 36W$

49.(A)。 $V = E - I_aR_a = 110 - 40 \times 0.1 = 106V$，$I_L = 40 - \dfrac{106}{53} = 38A$，

$P = I_LV = 4028W$

50.(D)。 發電機：NsSn，電動機：NnSs

112 年 經濟部所屬事業機構新進職員

一、兩部相同的三相 Y 接同步發電機 G_1 與 G_2 並聯運轉，每部之同步電抗每相為 $X_s=50\Omega$，若電樞電阻不計，磁飽和所引起的影響亦不予考慮。設輸出線電壓為 6.6KV、總輸出功率為 800KW，功率因數為 0.8 落後，G_1 與 G_2 的磁場電流分別為 I_{f1} 與 I_{f2}，若輸出之有效功率兩發電機平均分攤，G_1 發電機電樞電流 $I_1=51A$（相位落後電壓），試求（計算至小數點第 2 位，以下四捨五入）：

(一)G_2 發電機電樞電流 I_2 為多少？

(二)G_1 與 G_2 的磁場電流的比值 $\dfrac{I_{f1}}{I_{f2}}$ 為多少？

(三)G_1 與 G_2 的發電機功率角分別為多少？

答：$\cos\theta=0.8$、$\sin\theta=\sqrt{1-0.8^2}=0.6$

$Q=800\times\dfrac{0.6}{0.8}=600\text{KVAR}$

$P_1=P_2=800\times\dfrac{1}{2}=400\text{KW}$

$\sqrt{3}\times6.6\text{k}\times51\times\cos\theta_1=400\text{k}\Rightarrow\theta_1=46.68°$

$Q_1=\sqrt{3}\times6.6\text{k}\times51\times\sin46.68°=424.14\text{ KVAR}$

$Q_2=600-424.14=175.86\text{ KVAR}$

$S_2=\sqrt{175.86^2+400^2}=436.95\text{ KVA}$

$\cos\theta_2=\dfrac{400}{436.95}=0.92$，$\theta_2=25.64°$

(一)$I_2=\dfrac{436.95\text{k}}{\sqrt{3}\times6.6\text{k}}=38.22\text{A}$

(二)$\dfrac{I_{f1}}{I_{f2}}=\dfrac{E_1\angle\delta_1}{E_2\angle\delta_2}=\dfrac{\dfrac{6.6\text{k}\angle0°}{\sqrt{3}}+51\angle(-46.68°)\times j50}{\dfrac{6.6\text{k}\angle0°}{\sqrt{3}}+38.22\angle(-25.64°)\times j50}=\dfrac{5926.64\angle17.16°}{4902.61\angle20.91°}$

$=1.21$

(三)$\delta_1=17.16°$，$\delta_2=20.91°$

二、 如果一個消耗 9KVA 的三相電感性負載連接至線間電壓為 380V 的
　　三相供電系統時，其操作功因為 0.707 落後。此時若將一個具有每
　　相等效同步電抗為 0.72Ω 之三相同步電動機並聯至電源側，該三相
　　同步電動機將可提供 12KW 的三相實功輸出（假設機械與鐵心損失
　　可以忽略），同時電動機與電感性負載組合將可操作功因為 1.0 的
　　情形下，試求（計算至小數點第 2 位，以下四捨五入）：
　　(一)供應至三相電感性負載的線路電流為多少？
　　(二)供應至三相同步電動機的線路電流為多少？
　　(三)由電源所供應出來的線路總複數功率（實功與虛功）為多少？

答：(一)$I=\dfrac{9k}{\sqrt{3}\times 380}=13.67A$

　　(二) 三相電感性負載：$\theta=\cos^{-1}0.707=45°$

　　　　三相同步電動機提供之超前虛功率

　　　　$\Rightarrow Q=9k\times\sin45°=6363.96VAR$

　　　　三相同步電動機提供之視在功率

　　　　$\Rightarrow S=\sqrt{12^2+6.36396^2}=13.58KVA$

　　　　三相同步電動機提供之線路電流 $I=\dfrac{13.58k}{\sqrt{3}\times 380}=20.64A$

　　(三) $S=9k\times\cos45°+j\times9k\times\sin45°+12k-j\times9k\times\sin45°=18363.96+j0$
　　　　$P=18363.96W$，$Q=0VAR$

三、 一 10KVA、2200/110V、60HZ 之單相變壓器，在額定電壓及額定電
　　流運用時，渦流耗損 $P_e=20W$，磁滯耗損 $P_n=40W$，銅損 $P_{cu}=190W$，
　　最大磁通密度 $B_m=1Wb/m2$，若電源頻率改為 50HZ，初級電壓仍為
　　2200V，試求改頻率後（計算至小數點第 2 位，以下四捨五入）：
　　(一)渦流耗損為多少？
　　(二)磁滯耗損為多少？
　　(三)銅損為多少？
　　(四)額定功率為多少？

答：(一)渦流損 $P_e = K_2 E^2 \Rightarrow P_e = 20w$

　　(二) 磁滯損 $P_h = k_1 \dfrac{E^2}{f} \Rightarrow P_h = 40 \times \dfrac{60}{50} = 48w$

　　(三) 銅損 $P_c = I_2^2 (\dfrac{R_1}{a^2} + R_2) \Rightarrow P_c = 190w$

　　(四) 電壓不變，電流也不變，故額定功率不變 $\Rightarrow S = 10KVA$

112 年　鐵路特考員級

一、某變電站的降壓變壓器一次側線電壓為 22.8kV，二次側線電壓為 380V，二次側總負載量為 750kVA，若採用下列 6 種單相變壓器接線：(1)Y-Y；(2)Y-Δ；(3)Δ-Y；(4)Δ-Δ；(5)V-V；(6)開 Y-開Δ。請分別計算採用這 6 種接線時，單相變壓器一、二次側相電壓及每相容量之規格為多少？

答：$a = \dfrac{22.8k}{380} = 60$、$S_2 = 750kVA$

(1) Y － Y

$V_{1P} = \dfrac{22.8k}{\sqrt{3}} = 7600\sqrt{3}$ V

$V_{2P} = \dfrac{380}{\sqrt{3}}$

$S = \dfrac{1}{3} \times 750k = 250kVA$

(2) Y － △

$V_{1P} = \dfrac{22.8k}{\sqrt{3}} = 7600\sqrt{3}$ V

$V_{2P} = 380V$

$S = \dfrac{1}{3} \times 750k = 250kVA$

(3) △ － Y

$V_{1P} = 22.8kV$

$V_{2P} = \dfrac{380}{\sqrt{3}}$ V

$S = \dfrac{1}{3} \times 750k = 250kVA$

(4) △ － △

$V_{1P} = 22.8kV$

$V_{2P} = 380V$

$$S=\frac{1}{3}\times750k=250kVA$$

(5) V−V（開△）

V₁ₚ=22.8kV

V₂ₚ=380V

$$S=\frac{1}{2}\times\frac{750k}{\frac{\sqrt{3}}{2}}=250\sqrt{3}\ kVA$$

(6) 開 Y−開△

$$V_{1P}=\frac{22.8k}{\sqrt{3}}=7600\sqrt{3}\ V$$

V₂ₚ=380V

$$S=\frac{1}{2}\times\frac{750k}{\frac{\sqrt{3}}{2}}=250\sqrt{3}\ kVA$$

二、兩部他激式發電機 A 和 B 要並聯供應 220V，120kW 的負載，假設
　　兩台發電機額定電壓均為 220V，且 A 機額定容量為 80kW、電壓調
　　整率為 2%，B 機額定容量為 60kW、電壓調整率為 3%。求要滿足
　　負載條件下：

　　(一)各發電機之輸出電流？

　　(二)各發電機之輸出功率為多少？

答：(一)

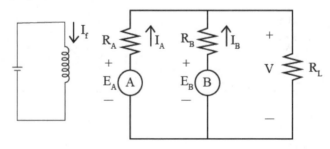

$E_A = 220 \times 1.02 = 224.4V$

$E_B = 220 \times 1.03 = 226.6V$

$R_A = \dfrac{224.4 - 220}{\dfrac{80k}{220}} = 0.0121\Omega$

$R_B = \dfrac{226.6 - 220}{\dfrac{60k}{220}} = 0.0242\Omega$

$\begin{cases} 224.4 - I_A \times 0.0121 = 226.6 - I_B \times 0.0242 \\ I_A + I_B = \dfrac{120k}{220} \end{cases}$

$\Rightarrow I_A = \dfrac{10000}{33} A，I_B = \dfrac{8000}{33} A$

(二) $V = 224.2 - \dfrac{10000}{33} \times 0.0121 = \dfrac{7284.2}{33}$ V

$P_A = \dfrac{7284.2}{33} \times \dfrac{10000}{33} = \dfrac{602000}{9}$ W

$P_B = \dfrac{7284.2}{33} \times \dfrac{8000}{33} = \dfrac{481600}{9}$ W

三、某 60Hz 三相同步發電機，若定子之結構為 84 槽，4 極，試求

　(一)最低的 4 個槽諧波（Slot harmonic）頻率為多少 Hz？

　(二)請說明改善槽諧波的方法。

答：(一)諧波成分數目 $V = \dfrac{2MS}{P} \pm 1$ L，

　　　S：定子槽數，M：整數，P：極數

　　　$V_s = \dfrac{2 \times M \times 84}{4} \pm 1 = 42M \pm 1$

　　　M=1⇒V=41.43⇒f=41×60=2460Hz、43×60=2580 Hz

　　　M=2⇒V=83.85⇒f=83×60=4980Hz、85×60=5100 Hz

(二) 1.採用分數槽繞組：即每相每極之槽數變成分數（ex:$2\frac{1}{2}$、$3\frac{1}{3}$……等）

2.轉子斜導體：將電機轉子的導體置成斜向

四、試比較三相感應電動機和單相感應電動機之優缺點。

答：

單相	三相
結構簡單	結構複雜
無法自行啟動	可自行啟動
啟動轉矩低	啟動轉矩高
效率低	效率高
同容量下體積大	同容量下體積小
改變轉向麻煩	改變轉向簡單
Pf 低	Pf 高
適用於小負載	適用於各種負載
價格高	價格低

112 年　鐵路特考佐級

( )　1. 下列何者稱作變壓器的激磁電流？
　　(A)變壓器輸出電流
　　(B)變壓器無載下輸入電流
　　(C)變壓器有載下輸入電流
　　(D)變壓器額定電壓下二次側電流。

( )　2. 下列何者不是變壓器的試驗項目？
　　(A)無載試驗　　(B)堵住試驗　　(C)堵住試驗　　(D)溫升試驗。

( )　3. 某一變壓器一次側額定電壓 220 伏特、頻率 60Hz，磁路最大磁通量 0.002 韋伯（Web），一次側合理繞組應為幾匝？
　　(A)220　　　　(B)320　　　　(C)420　　　　(D)520。

( )　4. 若要選用三相 750kVA 之變壓器，則下列何種變壓器效率較高？
　　(A)模鑄式變壓器　　　　　(B)油浸式變壓器
　　(C)鋁合金線圈變壓器　　　(D)乾式變壓器。

( )　5. 有三台變壓比均為 20 之單相變壓器，連接成 Y－△接線，假設一次側線電壓為 2000V，則二次側相電壓約為多少？
　　(A)220V　　　(B)220.3V　　(C)173.2V　　(D)57.7V。

( )　6. 下列何者二次側不能開路？
　　(A)自耦變壓器　　　　　(B)比壓器
　　(C)比流器　　　　　　　(D)高壓變壓器。

( )　7. 某比壓器的電壓比為 50:1，若低壓側之電壓表顯示為 30V 時，則高壓側電壓為：
　　(A)1.5kV　　　(B)15kV　　　(C)22.8kV　　(D)45000V。

( ) 8. 若變壓器一次側電源電壓保持不變下，當一次側匝數減少時，二次側匝數不變時，則其二次側的電壓會：
(A)無法判斷　　　　　　　(B)不變
(C)下降　　　　　　　　　(D)上升。

( ) 9. 某 22.8kV/380V 配電系統中，若採 Y－△三相供電變壓器，若二次側總負載量為 600kVA，則高壓側相電流為多少？
(A)100A　　　　　　　　　(B)26A
(C)15A　　　　　　　　　(D)8.7A。

( ) 10. 一個 10kVA，60Hz，3000/300 伏特的降壓變壓器，若一次（3000V）側電源阻抗為 10Ω，交付（等效）至低壓側阻抗為幾 Ω？
(A)0.01　　　　　　　　　(B)0.1
(C)1　　　　　　　　　　(D)100。

( ) 11. 一個三相 10MVA、33/3.45kV 的三相變壓器，若要滿足負載側電壓調整率不大於 5%，則負載側滿載電壓最低幾 kV？
(A)3.225　　　　　　　　(B)3.245
(C)3.265　　　　　　　　(D)3.285。

( ) 12. 一個三相 100MVA、161/33kV 的三相配電變壓器，在一次側裝置有載分接頭（OLTC），在負載側電壓降至 32.175kV 時，若希望將負載側電壓調整回 33kV，則有載分接頭應置於那一個電壓位置？
(A)154kV　　　　　　　　(B)157kV
(C)160kV　　　　　　　　(D)163kV。

( ) 13. 有關自耦變壓器的敘述下列何者有誤？
(A)可設計成可調式電壓源輸出設備
(B)可由雙繞組變壓器適當接線完成
(C)為隔離式變壓器
(D)可用以啟動交流感應電動機。

( )　14. 三台單相變壓器連接成一部三相變壓器，如附圖所示，其中大寫字母
　　　（A,B,C）為一次側，小寫字母（a,b,c）為二次側，此三相變壓器的
　　　接法為何？

　　　(A)Y/△ 接線　　(B)△-Y 接線　(C)Y/Y 接線　　　(D)△/△ 接線。

( )　15. 下列何種接線可改接成 U-V 接線，繼續供應三相電力？
　　　(A)Y－Y　　　　(B)Y－△　　　(C)△－△　　　(D)△－Y。

( )　16. 三相配電系統要降低三次諧波成份，則下列何種接線方法較不適合？
　　　(A)△－Y 接線　　　　　　　(B)△－Y 接線
　　　(C)Y－Y 接線　　　　　　　(D)△－△接線。

( )　17. 下列何種馬達構造簡單且價格較低？
　　　(A)直流無刷馬達　　　　　　(B)分激馬達
　　　(C)蔽極式馬達　　　　　　　(D)通用馬達。

( )　18. 臺北火車站要裝設一部地下室至 8 樓頂之揚水泵，則下列何種馬達最
　　　適合？
　　　(A)三相感應馬達　　　　　　(B)通用馬達
　　　(C)三相同步馬達　　　　　　(D)分相式馬達。

( )　19. 目前下列何種工業馬達之效率較高？
　　　(A)直流無刷馬達　　　　　　(B)直流有刷馬達
　　　(C)三相感應馬達　　　　　　(D)繞線式馬達。

( )　20. 若要量取三相感應馬達的銅損，需做何種試驗？
　　　　　(A)無載試驗　　　(B)堵住試驗　　　(C)直流測試　　　(D)短路試驗。

( )　21. 某臺鐵車站之三相 4 極感應馬達，則該馬達之旋轉磁場轉速為多少？
　　　　　(A)3600rpm　　　(B)3400rpm　　　(C)1800rpm　　　(D)1760rpm。

( )　22. 下列何種馬達不能無載運轉？
　　　　　(A)永磁同步馬達　　　　　　　　(B)感應馬達
　　　　　(C)步進馬達　　　　　　　　　　(D)串激馬達。

( )　23. 某三相感應馬達其定子為△接線，若以額定電壓 220V，60Hz 直接啟
　　　　　動時，啟動電流為 120A，若改為 Y－△起動，則其啟動電流變為多
　　　　　少？
　　　　　(A)360A　　　　　(B)240A　　　　　(C)60A　　　　　(D)40A。

( )　24. 一台 220V、10Hp、60Hz 三相感應電動機定子以接線啟動時，啟動
　　　　　電流為 150A、啟動轉矩為 3 公斤-米，若定子改成 Y-△啟動，啟動
　　　　　時的啟動電流與啟動轉矩為何？
　　　　　(A)啟動電流 50A、啟動轉矩 1 公斤-米
　　　　　(B)啟動電流 75A、啟動轉矩 1.5 公斤-米
　　　　　(C)啟動電流 87A、啟動轉矩 1.7 公斤-米
　　　　　(D)啟動電流 120A、啟動轉矩 2.4 公斤-米。

( )　25. 有關三相感應電動機的轉速控制範圍，以下方法何者最廣？
　　　　　(A)改變定子端電壓　　　　　　　(B)改變定子極數
　　　　　(C)改變轉子電阻值　　　　　　　(D)改變定子端頻率。

( )　26. 直流電機其鐵心採用矽鋼片疊成，其最主要目的為何？
　　　　　(A)降低磁滯損　　　　　　　　　(B)降低渦流損
　　　　　(C)降低電樞反應　　　　　　　　(D)降低磁阻。

( )　27. 在直流電機的磁路中，主要的磁阻來源是下列何者產生的？
　　　　(A)氣隙　　　　　　(B)電樞鐵心　　(C)外殼　　　　　　(D)磁軛。

( )　28. 某分激直流發電機，額定電壓為 200V，額定電流為 40A，若其電壓
　　　　調整率為 10%，則無載時其端電壓多少？
　　　　(A)210V　　　　　(B)215V　　　　(C)220V　　　　　(D)225V。

( )　29. 在直流電動機的轉速控制方法中，下列何者能達成定馬力控速？
　　　　(A)電樞電阻控制法　　　　　　(B)電樞電壓控制法
　　　　(C)磁場電阻控制法　　　　　　(D)電刷移動控制法。

( )　30. 一部 220V、50Hp 並激式直流電動機在額定 1800rpm 操作，此時輸
　　　　出轉矩多少公斤-米？
　　　　(A)14.2　　　　　(B)16.2　　　　(C)18.2　　　　　(D)20.2。

( )　31. 某 Y 接三相同步發電機之相電壓為 220V，頻率為 60Hz；若轉速為
　　　　600rpm，則其極數應為多少？
　　　　(A)48　　　　　　(B)24　　　　　(C)12　　　　　　(D)6。

( )　32. 有一部 10 極之三相同步發電機，每相每極有 3 槽，每槽的導體數為
　　　　12 根，則每相之匝數為：
　　　　(A)360 匝　　　　(B)280 匝　　　(C)220 匝　　　　(D)180 匝。

( )　33. 三相同步發電機定子繞組中，採用短節距線圈之感應電勢與全節距線
　　　　圈感應電勢之比值稱為：
　　　　(A)分佈因數　　　　　　　　　(B)節距因數
　　　　(C)繞組因數　　　　　　　　　(D)線圈因數。

( )　34. 某發電廠之三相同步發電機，經量測得出每相之電樞感應電勢滯後電
　　　　樞電流 90° 時，則此時之電樞反應會產生何種效應？
　　　　(A)去磁及交磁效應　　　　　　(B)去磁效應
　　　　(C)加磁效應　　　　　　　　　(D)交磁效應。

( )　35. 某三相同步發電機供電給感應馬達,若馬達負載變動時,若欲維持其
　　　　電壓之穩定,應如何處理?
　　　　(A)增加原動機轉速　　　　　　　(B)增加場電流
　　　　(C)減少場電流　　　　　　　　　(D)降低原動機轉速。

( )　36. 有關同步電動機的啟動方法,以下何者有誤?
　　　　(A)以感應機原理啟動　　　　　　(B)以另一部電動機帶動啟動
　　　　(C)改變定子極數啟動　　　　　　(D)改變定子頻率啟動。

( )　37. 三相同步發電機並聯時,下列何者非並聯的必要條件?
　　　　(A)每相電壓須相同　　　　　　　(B)頻率須相同
　　　　(C)相序須一致　　　　　　　　　(D)容量須相同。

( )　38. 某同步電動機其規格為 60Hz,10 極,30Hp,試求其滿載轉矩約為多
　　　　少?
　　　　(A)594N-m　　(B)297N-m　　(C)154kg-m　　(D)80kg-m。

( )　39. 下列何種馬達之轉子只有鐵心且無導體配置?
　　　　(A)磁阻馬達　　　　　　　　　　(B)通用馬達
　　　　(C)同步馬達　　　　　　　　　　(D)鼠籠式感應馬達。

( )　40. 直流串激電動機在磁路未飽和狀況下,其轉矩與電樞電流成:
　　　　(A)反比　　　　(B)平方反比　　(C)正比　　　　(D)平方正比。

【解 答 與 解 析】

答案標示為#者,表官方公告更正該題答案。

1.(B)。 變壓器激磁電流為無載下輸入電流。

2.(B)。 堵住試驗為感應機的試驗。

3.(C)。 $E=4.44Nf\phi$,$220=4.44×N×60×0.002$,$N\cong420$

4.(B)。 油浸式變壓器效率較高。

5.(D)。　△接：$V_L = V_p$，$I_L = \sqrt{3}\, I_p$

　　　　Y 接：$V_L = \sqrt{3}\, V_p$，$I_L = I_p$

　　　　$V_{2p} = (2000 \times 1/20) / \sqrt{3} = 57.7V$

6.(C)。　比流器二次側不能開路，比壓器二次側不能短路。

7.(A)。　$V = 30 \times 50 = 1500V = 1.5kV$

8.(D)。　$\dfrac{V_1}{V_2} = \dfrac{N_1}{N_2}$，$V_2 \propto \dfrac{1}{N_1}$，

　　　　∴當一次側匝數減少，其二次側的電壓會上升

9.(C)。　△接：$V_L = V_p$，$I_L = \sqrt{3}\, I_p$

　　　　Y 接：$V_L = \sqrt{3}\, V_p$，$I_L = I_p$

　　　　$I_{1p} = \dfrac{600k}{380} \times \dfrac{380}{22.8k} \times \dfrac{1}{\sqrt{3}} = 15A$

10.(B)。　$Z' = 10 \times \left(\dfrac{300}{3000}\right)^2 = 0.1\Omega$

11.(D)。　電壓調整率 $VR\% = \dfrac{V_{無載} - V_{滿載}}{V_{滿載}} \times 100\%$，$\dfrac{3.45 - V_{滿載}}{V_{滿載}} \le 0.05$，

　　　　$V_{滿載} \ge 3.285$

12.(B)。　$161k \times 32.175k = V \times 33k$，$V = 157kV$

13.(C)。　自耦變壓器非隔離式變壓器。

14.(B)。　此為△-Y 接線。

15.(B)。　U-V 接線又稱為開 Y-開△連接，是由 Y–△移除一台變壓器後改接而成。

16.(C)。　Y－Y 接線無法降低三次諧波。

17.(C)。　蔽極式馬達構造簡單且價格較低。

18.(A)。　三相感應馬達最適合。

19.(A)。 直流無刷馬達效率較高。

20.(B)。 銅損需做堵住試驗。

21.(C)。 $N_s = \dfrac{120f}{P} = \dfrac{120 \times 60}{4} = 1800 \text{rpm}$

22.(D)。 串激馬達不能無載運轉。

23.(D)。 此為降壓啟動，$I' = 120 \times \dfrac{1}{3} = 40\text{A}$

24.(A)。 此為降壓啟動，$I' = 150 \times \dfrac{1}{3} = 50\text{A}$，$T' = 3 \times \dfrac{1}{3} = 1\text{N}-\text{m}$

25.(D)。 改變定子端頻率可以得到最廣的轉速控制範圍。

26.(B)。 採用矽鋼片可降低渦流損。

27.(A)。 氣隙為主要的磁阻來源。

28.(C)。 $10\% = \dfrac{V_{無載} - 200}{200} \times 100\%$，$V_{無載} = 220\text{V}$

29.(C)。 定馬力表示功率不變，故為磁場電阻控制法。

30.(D)。 $T = \dfrac{P}{\omega} = \dfrac{60 \times 50 \times 746}{1800 \times 2\pi} = 198\text{N}-\text{m} = 20.2\text{kg}-\text{m}$

31.(C)。 $n = \dfrac{120f}{P}$，$P = \dfrac{120f}{n} = \dfrac{120 \times 60}{600} = 12$ 極

32.(D)。 匝數 $= \dfrac{10 \times 3 \times 12}{2} = 180$ 匝

33.(B)。 節距因數。

34.(C)。 電樞感應電勢滯後電樞電流 90° 時，會產生加磁效應。

35.(B)。 增加場電流可維持其電壓之穩定。

36.(C)。 改變定子極數無法啟動同步機。

37.(D)。並聯條件中，容量不須相同。

38.(B)。$n = \dfrac{120f}{P} = \dfrac{120 \times 60}{10} = 720$，$T = \dfrac{P}{\omega} = \dfrac{60 \times 30 \times 746}{2\pi \times 720} = 297N - m$

39.(A)。磁阻馬達之轉子只有鐵心且無導體配置。

40.(D)。$T = \dfrac{PZ}{2\pi a}\phi I_a$，其中 $\phi \propto I_a$，$\therefore T \propto I_a^2$

112 年　普考

一、以下是以兩部單相變壓器作三相電壓轉換的兩種方法，分別繪出其電路圖並標示變壓器繞組的極性：

(一)V－V 連接

(二)開 Y－開△連接

答：(一)V－V 連接

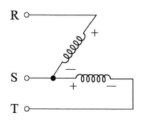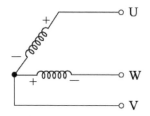

(二)開 Y－開△連接

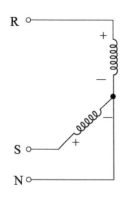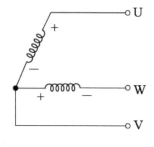

二、繪出下列三種直流發電機的等效電路，標示輸出端電壓及電樞電壓的極性，也標示電樞電流及磁場電流的方向：

(一)分激式發電機（shunt generator）

(二)串激式發電機（series generator）

(三)長並聯式複激發電機（long-shunt compound generator）

答：(一)分激式發電機

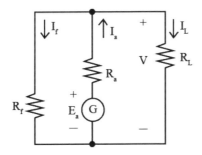

(二)串激式發電機

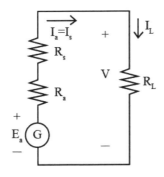

(三)長並聯式複激發電機

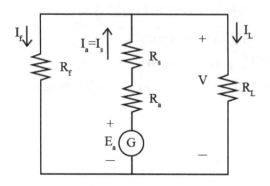

三、 額定 208V、60Hz、Y 接之三相同步電動機,每相同步電抗為 0.8Ω,
從 208V 三相電源汲取單位功率因數 40A 之電流,此時電動機之磁
場電流 I_f =3.5A,忽略磁飽和效應及一切損失。

(一)求每相內部生成電壓 E_a 之大小及功率角 δ。

(二)若機械負載保持不變,欲使此電動機運轉於功率因數 0.5 超前,
求新的磁場電流 I_f 之值。

答:

（一）$E_a \angle \delta = \overrightarrow{V_p} - \overrightarrow{I_a} \times jX_s = \dfrac{208}{\sqrt{3}} \angle 0° - 40 \angle 0° \times j0.8 = 124.3 \angle -14.9°$

E_a=124.3V，δ=$-14.9°$

$(\underline{\hspace{0.3cm}})I'_a = \dfrac{40}{0.5} \angle \cos^{-1}0.5 = 80 \angle 60°$

$E'_a \angle \delta = \dfrac{208}{\sqrt{3}} \angle 0° - 80 \angle 60° \times j0.8 = 178.4 \angle -10.3°$

$\dfrac{178.4}{124.3} = \dfrac{I_f}{3.5}$ ，$I_f = 5.0A$

四、 繪出三相感應電動機典型的轉矩—速度特性曲線，標示出座標軸變數、發電機區、電動機區、煞車區、啟動轉矩及脫出轉矩（pull-out torque）。

答：

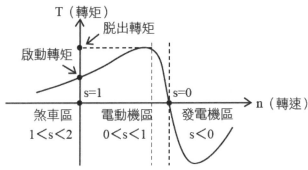

NOTE

一試就中，升任各大
國民營企業機構
高分必備，推薦用書

書號	書名	作者	定價
2B251121	捷運法規及常識(含捷運系統概述) 👑 榮登博客來暢銷榜	白崑成	560元
2B321131	人力資源管理(含概要)	陳月娥、周毓敏	690元
2B351131	行銷學(適用行銷管理、行銷管理學) 👑 榮登金石堂暢銷榜	陳金城	590元
2B421121	流體力學（機械）‧工程力學（材料）精要解析	邱寬厚	650元
2B491121	基本電學致勝攻略 　　👑 榮登金石堂暢銷榜	陳新	690元
2B501131	工程力學(含應用力學、材料力學) 👑 榮登金石堂暢銷榜	祝裕	630元
2B581111	機械設計(含概要) 　　👑 榮登金石堂暢銷榜	祝裕	580元
2B661121	機械原理(含概要與大意)奪分寶典	祝裕	630元
2B671101	機械製造學(含概要、大意)	張千易、陳正棋	570元
2B691131	電工機械(電機機械)致勝攻略	鄭祥瑞	590元
2B701111	一書搞定機械力學概要	祝裕	630元
2B741091	機械原理(含概要、大意)實力養成	周家輔	570元
2B751131	會計學(包含國際會計準則IFRS) 👑 榮登金石堂暢銷榜	歐欣亞、陳智音	590元
2B831081	企業管理(適用管理概論)	陳金城	610元
2B841131	政府採購法10日速成👑 榮登博客來、金石堂暢銷榜	王俊英	630元
2B851121	8堂政府採購法必修課：法規+實務一本go！ 👑 榮登博客來、金石堂暢銷榜	李昀	500元
2B871091	企業概論與管理學	陳金城	610元
2B881131	法學緒論大全(包括法律常識)	成宜	690元
2B911131	普通物理實力養成 　　👑 榮登金石堂暢銷榜	曾禹童	650元
2B921101	普通化學實力養成	陳名	530元
2B951131	企業管理(適用管理概論)滿分必殺絕技 👑 榮登金石堂暢銷榜	楊均	630元

以上定價，以正式出版書籍封底之標價為準

原來這樣會違規！

適用於考選部舉辦之考試

試場規則

扣考

若發生以下情形，應考人不得繼續應考，其已考之各科成績不予計分。

- 把小抄藏在身上或在附發之參考法條中夾帶標註法條條次或其他相關文字之紙張。

- 考試試題註明不可以使用電子計算器時，使用電子計算器(不論是否為合格型號)。

- 在桌子上、椅子、墊板、原子筆、橡皮擦、修正帶、尺、手上、腿上、或入場證背面等刻寫小抄。

- 電腦化測驗時，因為題目不會寫，憤而破壞電腦設備。

依試場規則第4條第1項第5、7、10款；第5條第1項第1、5款規定處理。

不予計分

- 混合式試題考試結束時誤將試卷或試卡夾在試題上攜出試場。

- 非外國文科目，使用外國文作答。（外國文科目、專有名詞及有特別規定者，不在此限）。

依試場規則第4條第2項、第10條規定處理。

-20分

- 考試開始45分鐘內或規定不得離場時間內，就繳交試卷或試卡，未經監場人員同意，強行離開試場。

- 電腦化測驗僅能用滑鼠作答，自行使用鍵盤作答。

依試場規則第5條第1項第1、6款規定處理。

-5分 視以下情節輕重，扣除該科目成績5分至20分。

- 坐錯座位因而誤用別人的試卷或試卡作答。

- 裁割或污損試卷（卡）。

- 在試卷或試卡上書寫姓名、座號或不應有文字。

- 考試時用自己準備的紙張打草稿。

- 考試前沒有把書籍、筆記、資料等文件收好，並放在抽屜或桌子或椅子或座位旁。

- 考試時，行動電話放在衣服口袋中隨身攜帶，或放在抽屜或桌子或椅子或座位旁。

- 考試開始鈴響前在試卷或試卡上書寫文字。

- 考試結束鈴聲響畢，仍繼續作答。

- 使用只有加減乘除、沒有記憶功能的陽春型計算器，但不是考選部公告核定的電子計算器品牌及型號。

依試場規則第6條第1、2、4、6、7、8、9款。

-3分 視以下情節輕重，扣除該科目成績3分至5分。

- 攜帶非透明之鉛筆盒或非必要之物品，經監場人員制止而再犯。

- 考試時間結束前，把試題、答案寫在入場證上，經監場人員制止，仍強行帶離試場。

依試場規則第6條第1、2、4、6、7、8、9款。

 千華數位文化股份有限公司
新北市中和區中山路三段136巷10弄17號
TEL: 02-22289070　FAX: 02-22289076

千華會員享有最值優惠!

立即加入會員

會員等級	一般會員	VIP 會員	上榜考生
條件	免費加入	1. 直接付費 1500 元 2. 單筆購物滿 5000 元	提供國考、證照相關考試上榜及教材使用證明
折價券	200 元	500 元	
購物折扣	·平時購書 9 折 ·新書 79 折 (兩周)	·書籍 75 折　·函授 5 折	
生日驚喜		●	●
任選書籍三本		●	●
學習診斷測驗(5科)		●	●
電子書(1本)		●	●
名師面對面		●	

學習方法 系列

如何有效率地準備並順利上榜，學習方法正是關鍵！

榮登金石堂暢銷排行榜

—— 連三金榜 黃禕 ——

三次上榜的國考達人經驗分享！

運用邏輯記憶訓練，教你背得有效率！

記得快也記得牢，從方法變成心法！

作者線上分享

網 路 書 店

作者在投入國考的初期也曾遭遇過過書中所提到類似的問題，因此在第一次上榜後積極投入記憶術的研究，並自創一套完整且適用於國考的記憶術架構，此後憑藉這套記憶術架構，在不被看好的情況下先後考取司法特考監所管理員及移民特考三等，印證這套記憶術的實用性。期待透過此書，能幫助同樣面臨記憶困擾的國考生早日金榜題名。

最強校長 謝龍卿

榮登博客來暢銷榜

作者線上分享

經驗分享＋考題破解

帶你讀懂考題的know-how！

open your mind！

讓大腦全面啟動，做你的防彈少年！

108課綱是什麼？考題怎麼出？試要怎麼考？書中針對學測、統測、分科測驗做統整與歸納。並包括大學入學管道介紹、課內外學習資源應用、專題研究技巧、自主學習方法，以及學習歷程檔案製作等等。書籍內容編寫的目的主要是幫助中學階段後期的學生與家長，涵蓋普高、技高、綜高與單高。也非常適合國中學生超前學習、五專學生自修之用，或是學校老師與社會賢達了解中學階段學習內容與政策變化的參考。

推薦學習方法　影音課程

立即試看

每天 10 分鐘！
斜槓考生養成計畫

斜槓考生 / 必學的考試技巧 / 規劃高效益的職涯生涯

看完課程後，你可以學到　　　　講師 / 謝龍卿
1. 找到適合自己的應考核心能力
2. 快速且有系統的學習
3. 解題技巧與判斷答案之能力

立即試看

國考特訓班
心智圖筆記術

筆記術 + 記憶法 / 學習地圖結構

本課程將與你分享　　　　　　講師 / 孫易新
1. 心智圖法「筆記」實務演練
2. 強化「記憶力」的技巧
3. 國考心智圖「案例」分享

千華影音函授

打破傳統學習模式，結合多元媒體元素，利用影片、聲音、動畫及文字，
達到更有效的影音學習模式。

- 自我安排學習時段
- 循序漸進厚植實力
- 節省通勤時間
- 提升準備效率

課程品質
業界No.**1**

2014、2017 獲頒學習科技金質獎

自主學習彈性佳
- 時間、地點可依個人需求好選擇
- 個人化需求選取進修課程

補強教學效果好
- 獨立學習主題　　・區塊化補強學習
- 一對一教師親臨教學

嶄新的影片設計
- 名師講解重點　　・簡單操作模式
- 趣味生動教學動畫　・圖像式重點學習

優質的售後服務
- FB粉絲團、Line@生活圈
- 專業客服專線

系統化學習流程

四大關鍵階段
學習安排，
突破國考重重難關！

- 04 STEP 考前衝刺期
- 01 STEP 實力養成期
- 02 STEP 專業強化期
- 03 STEP 能力檢驗期

超越傳統教材限制，
系統化學習進度安排。

推薦課程

- ■ 公職考試
- ■ 特種考試
- ■ 國民營考試
- ■ 教甄考試
- ■ 證照考試
- ■ 金融證照
- ■ 學習方法
- ■ 升學考試

影音函授包含：
・名師指定用書+板書筆記
・授課光碟・學習診斷測驗

頂尖名師精編紙本教材
超強編審團隊特邀頂尖名師編撰，
最適合學生自修、教師教學選用！

千華影音課程
超高畫質，清晰音效環
繞猶如教師親臨！

TTQS 銅牌獎

多元教育培訓
數位創新

現在考生們可以在「Line」、「Facebook」
粉絲團、「YouTube」三大平台上，搜尋【千
華數位文化】。即可獲得最新考訊、書
籍、電子書及線上線下課程。千華數位
文化精心打造數位學習生活圈，與考生
一同為備考加油！

面授

實戰面授課程
不定期規劃辦理各類超完美
考前衝刺班、密集班與猜題
班，完整的培訓系統，提供
多種好康講座陪您應戰！

遍布全國的經銷網絡
實體書店：全國各大書店通路

電子書城：
Google play、Hami 書城 …
Pube 電子書城

網路書店：
千華網路書店、博客來
MOMO 網路書店…

書籍及數位內容委製
服務方案
課程製作顧問服務、局部委外製
作、全課程委外製作，為單位與教
師打造最適切的課程樣貌，共創
1+1= 無限大的合作曝光機會！

多元服務專屬社群 @ f You Tube
千華官方網站、FB 公職證照粉絲團、Line@ 專屬服務、YouTube、
考情資訊、新書簡介、課程預覽，隨觸可及！

國家圖書館出版品預行編目(CIP)資料

(國民營事業)電工機械(電機機械)致勝攻略/鄭祥瑞編著. --
第 18 版. -- 第十一版. -- 新北市：千華數位文化股份
有限公司, 2024.03
　　面；　公分
ISBN 978-626-380-345-9 (平裝)

1.CST: 電機工程

448　　　　　　　　　　113002367

[國民營事業] 　電工機械(電機機械)致勝攻略

編 著 者：鄭 祥 瑞

發 行 人：廖 雪 鳳
登 記 證：行政院新聞局局版台業字第 3388 號
出 版 者：千華數位文化股份有限公司
　　　　　地址：新北市中和區中山路三段 136 巷 10 弄 17 號
　　　　　電話：(02)2228-9070　傳真：(02)2228-9076
　　　　　網路客服信箱：chienhua@chienhua.com.tw

法律顧問：永然聯合法律事務所
編輯經理：甯開遠
主　　編：甯開遠
執行編輯：黃郁純
校　　對：千華資深編輯群
設計主任：陳春花
編排設計：邱君儀

千華官網
／購書

千華蝦皮

出版日期：2024 年 3 月 10 日　　第十一版／第一刷

本書如有勘誤或其他補充資料，
將刊於千華官網，歡迎前往下載。